Inhaltsverzeichnis

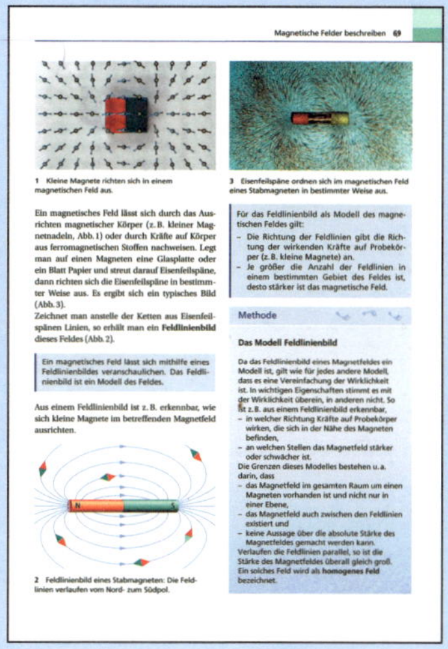

Inhaltsseiten
vermitteln dir – unterstützt durch **Merksätze,** Tabellen und Übersichten – physikalisches Grundlagenwissen über wichtige Begriffe, Gesetze, Erscheinungen und Zusammenhänge.

Das Mosaik
enthält zusätzliche Informationen aus Physik, Natur und Technik.

Denk- und Arbeitsweisen
sind durch eine farbige Unterlegung hervorgehoben.

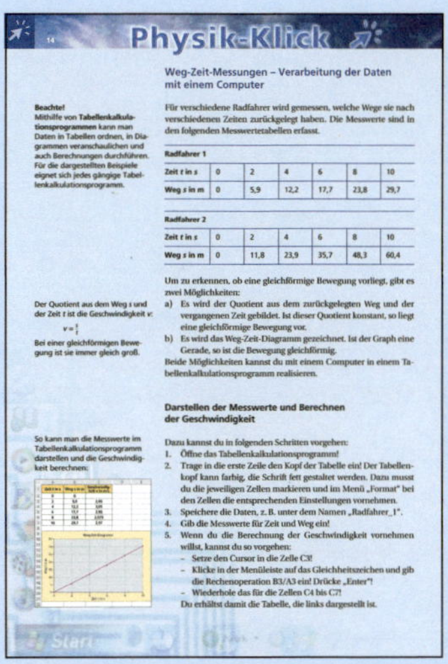

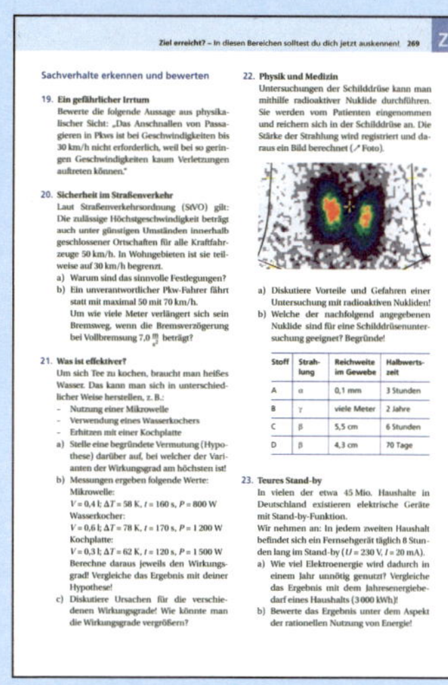

Physik-Klick
Beim Umgang mit neuen Medien, insbesondere mit dem Internet, ist ein planvolles Arbeiten sinnvoll. Auf diesen Seiten werden Hinweise und Anregungen zur zweckmäßigen Arbeit mit neuen Medien gegeben.

Wahlbereich
In den Wahlbereichen sind interessante Themen dargestellt, die in den Unterricht einbezogen werden können, mit denen du dich aber auch selbst beschäftigen kannst.

Ziel erreicht
Die Aufgaben am Ende des Lehrbuchs ermöglichen dir zu testen, ob du im Physikunterricht erfolgreich eine naturwissenschaftliche Handlungskompetenz erworben hast.

1 Kräfte und Bewegungen

1.1 Gleichförmige und gleichmäßig beschleunigte Bewegungen

Ruhe oder Bewegung?

Wenn man durch das Fenster eines Hauses auf die Straße schaut, kann man leicht erkennen, welche Körper sich auf der Straße bewegen und welche in Ruhe sind. Sitzt man dagegen auf einem fahrenden Schiff, so fällt es schon etwas schwerer zu sagen, ob eine Person oder das Schiff sich bewegen oder in Ruhe sind.
Woran kann man erkennen, ob sich ein Körper in Bewegung befindet oder ob er ruht? Was versteht man in der Physik unter Bewegung?

Durchschnitts- oder Momentangeschwindigkeit

Am Tachometer eines Pkw wird immer die Geschwindigkeit angezeigt, die der Pkw gerade hat. Sie liegt zwischen null und der Höchstgeschwindigkeit.
Wie unterscheidet sich diese Momentangeschwindigkeit von der Durchschnittsgeschwindigkeit? Wie kann man die Durchschnittsgeschwindigkeit eines Pkw bestimmen?

Entscheidend ist die Beschleunigung

Viele Pkws gleicher Bauart gibt es mit Motoren unterschiedlicher Leistung. Pkws mit stärkeren Motoren haben den Vorteil, dass man mit ihnen schneller und somit sicherer überholen kann. Allerdings verbrauchen sie in der Regel auch mehr Kraftstoff.
Warum kann man in einem Pkw mit stärkerem Motor schneller und somit sicherer überholen?

1 Die Personen sind je nach Wahl des Bezugssystems in Ruhe oder in Bewegung.

Bewegung und Ruhe

Bewegung und Ruhe sind Begriffe, die man sowohl in der Umgangssprache als auch in der Fachsprache verwendet. In der Mechanik ist eine Bewegung eine Orts- oder Lageveränderung eines Körpers gegenüber einem anderen Körper, dem Bezugskörper, oder einem Bezugssystem. Ein Bezugssystem ist ein Bezugskörper und ein damit verbundenes Koordinatensystem.

> Ein Körper ist in Bewegung, wenn er seine Lage gegenüber einem Bezugssystem verändert. Ein Körper ist in Ruhe, wenn er seine Lage gegenüber einem Bezugssystem nicht verändert.

Jede Bewegung ist somit relativ und kann nur gegenüber einem Bezugssystem angegeben werden. Häufig ist dieses Bezugssystem die Erdoberfläche. Es kann aber auch ein beliebiges anderes Bezugssystem gewählt werden.
Sitzt man z. B. in einem fahrenden Zug still, so ist man sowohl in Bewegung als auch in Ruhe (Abb. 1). Gegenüber dem Zug ist man in Ruhe, denn man ändert seine Lage gegenüber dem Zug nicht. Gleichzeitig fährt aber der Zug mit hoher Geschwindigkeit auf den Gleisen entlang und zusammen mit ihm bewegt man sich. Gegenüber stehenden Personen auf dem Bahnsteig sind Zug und Personen in ihm in Bewegung.

Das Modell Massepunkt

Bei vielen Bewegungen sind Form und Volumen des bewegten Körpers wichtig. Eine Turnerin kann z. B. durch Veränderung der Form ihres Körpers ganz verschiedene Bewegungen ausführen (Abb. 2).
Auch bei dicht befahrenen Straßen oder beim Einparken eines Autos in eine Parklücke sind Form und Volumen des Autos sorgfältig zu beachten.
Bei einer Reihe von Bewegungen kann man in der Physik jedoch auch von Form und Volumen des Körpers absehen und annehmen, dass sich der Körper wie ein Punkt bewegt. Dabei stellt man sich vor, dass die gesamte Masse des Körpers in einem Punkt, dem Massepunkt, vereinigt ist.

2 Die Schönheit von Turnübungen ist vor allem davon abhängig, wie die Turnerin während der Vorführung ihre Körperform verändert.

Ein realer Körper wird damit vereinfacht dargestellt. Statt des realen Körpers zeichnet man einen Punkt (Abb. 1). Durch eine solche Vereinfachung der Wirklichkeit erhält man ein **Modell.**
Der **Massepunkt** ist ein solches Modell. Durch Nutzung dieses Modells können viele Berechnungen und Beschreibungen von Bewegungen vereinfacht werden. Bei der Anwendung des Modells Massepunkt benutzt man in der Regel den Massemittelpunkt des Körpers, auch Schwerpunkt genannt, zur Darstellung des Massepunkts (Abb. 1, 2).

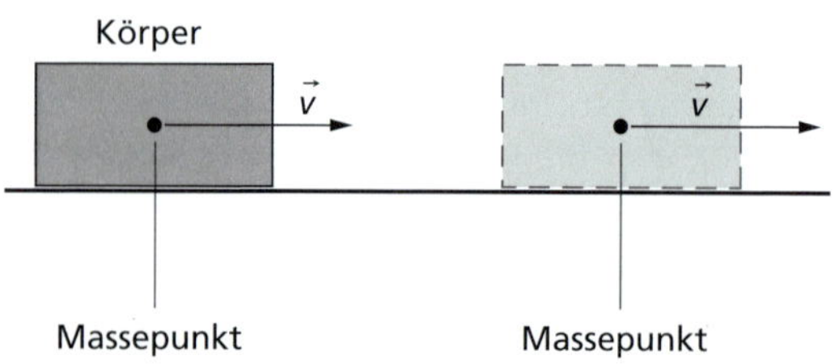

1 Vereinfachung mit dem Modell Massepunkt

2 Das Auto als realer Körper

Bahnformen und Bewegungsarten

Körper bewegen sich entlang einer **Bahn,** deren Form sehr unterschiedlich sein kann. Die verschiedenen Bahnformen sind unten dargestellt. Längs einer Bahn kann sich ein Körper auf unterschiedliche Art bewegen.

Bahnformen und Bewegungsarten

Geradlinige Bewegung	Krummlinige Bewegung	Schwingung

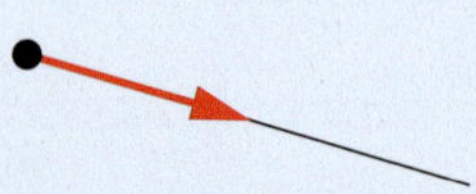	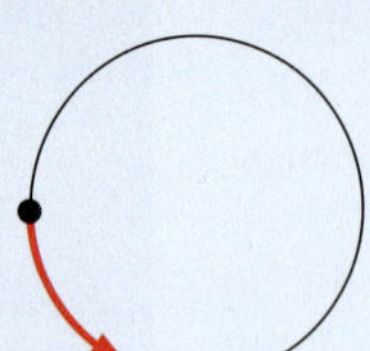	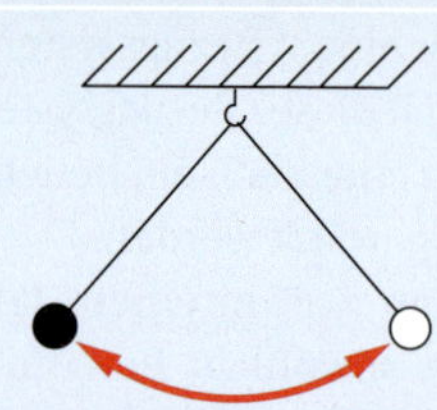
Der abgebildete Zug bewegt sich auf den Schienen immer in der gleichen Richtung. Er führt demzufolge eine **geradlinige Bewegung** entlang den Schienen aus.	Die Gondeln des Riesenrads bewegen sich auf einer Kreisbahn. Sie führen eine Kreisbewegung aus. Die Kreisbewegung ist eine spezielle **krummlinige Bewegung.**	Das Mädchen bewegt sich ständig zwischen zwei Punkten hin und her. Die Bahn ihrer Bewegung ist ein Teil eines Kreises. Das Mädchen führt eine **Schwingung** aus.

Mosaik

„Und sie bewegt sich doch!"

Die Relativität der Bewegung war einer der Gründe für einen jahrhundertelangen und z.T. erbitterten Streit.
Bereits im Altertum konnten die Menschen die Bewegungen der Himmelskörper, vor allem der Sonne, des Monds und der Sterne, am Himmel beobachten. Das führte zu der naheliegenden Vermutung, dass sich die Erde fest im Zentrum der Welt befindet und sich alle Himmelskörper um die Erde bewegen. Zugleich erkannte man in den Bewegungen der Himmelskörper eine Reihe von Regelmäßigkeiten und nutzte sie, um Termine für Saat und Ernte zu bestimmen. All diese und weitere Erkenntnisse wurden von CLAUDIUS PTOLEMÄUS (um 100–160) aus Alexandria in seinem Hauptwerk „Syntaxis mathematike" (Mathematische Zusammenstellung), arabisch auch „Almagest" genannt, zusammengefasst.
Mit diesem Werk begründete er das **geozentrische Weltbild** (Abb. 1), nach dem die Erde sich im Mittelpunkt der Welt befindet und sich alle anderen Himmelskörper auf Kreisbahnen um die Erde bewegen. Eine Reihe astronomischer Beobachtungen konnte damit aber nicht widerspruchsfrei erklärt werden. Außerdem war die Genauigkeit der Berechnungen für die Seefahrt im Zeitalter der Entdeckungen und auch für den Kalender nicht mehr ausreichend.
Um diese Probleme zu lösen, wurde das Weltbild von PTOLEMÄUS immer weiter ausgebaut. Vor allem im Mittelalter wurden aber auch zunehmend Zweifel am immer komplizierter werdenden geozentrischen Weltbild laut.

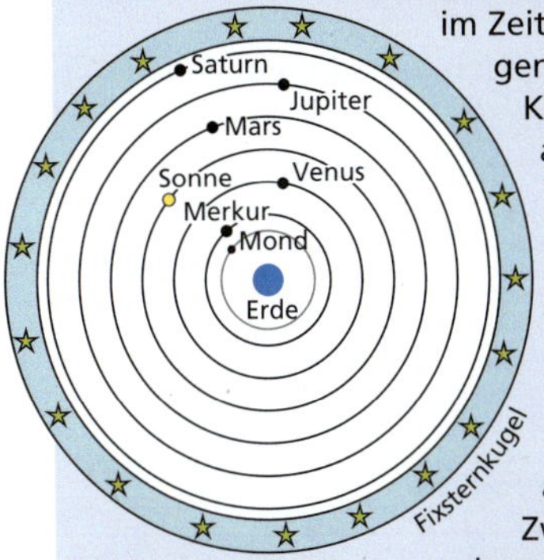

1 Das geozentrische Weltbild

NIKOLAUS KOPERNIKUS (1473–1543) griff als Erster den früher bereits vereinzelt geäußerten Gedanken wieder auf, dass nicht die Erde, sondern die Sonne als Zentralstern im Mittelpunkt unseres Planetensystems steht und sich alle Planeten auf Kreisbahnen um die Sonne bewegen. Fast 30 Jahre lang arbeitete KOPERNIKUS diese Idee mathematisch zum **heliozentrischen Weltbild** (Abb. 2) aus.

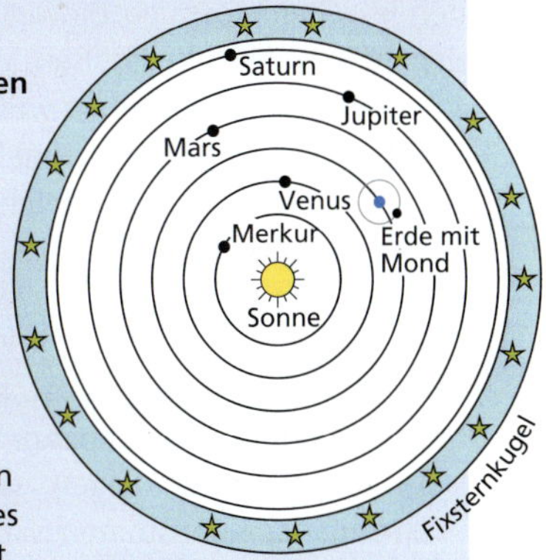

2 Das heliozentrische Weltbild (um 1700)

Ein berühmter Vertreter des heliozentrischen Weltbilds war GALILEO GALILEI, der aufgrund eigener Untersuchungen von der Richtigkeit dieses Weltbilds überzeugt war (Abb. 3). Damit geriet er als berühmter Gelehrter in Zwiespalt mit der Kirche und deren eindeutigem Bekenntnis zum geozentrischen Weltbild.

1633 wurde GALILEI von einem Inquisitionsgericht in Rom gezwungen, öffentlich dem heliozentrischen Weltbild abzuschwören. Beim Hinausgehen aus dem Gericht soll er der Legende nach gesagt haben: „Und sie bewegt sich doch!" Im Jahre 1992 wurde GALILEI rehabilitiert.

3 GALILEO GALILEI (1564–1642)

Gleichförmige Bewegungen

Aus dem bisherigen Physikunterricht weißt du bereits: Gleichförmige Bewegungen können mit den physikalischen Größen Weg, Zeit und Geschwindigkeit beschrieben werden.
Eine gleichförmige Bewegung liegt vor,
- wenn ein Körper in gleichen Zeiten gleiche Wege zurücklegt,
- wenn der Quotient aus Weg und Zeit immer konstant ist,
- wenn die in einem Weg-Zeit-Diagramm dargestellten Messwertepaare auf einer ansteigenden Geraden liegen, die durch den Ursprung des Koordinatensystems verläuft; dazu werden die Messwertepaare als Punkte in ein *s*-*t*-Diagramm eingetragen und miteinander verbunden (Abb. 1),
- wenn die in einem Geschwindigkeit-Zeit-Diagramm dargestellten Messwertepaare auf einer Geraden liegen, die parallel zur Zeitachse liegt (Abb. 3).

Verläuft der Graph in Abb. 1 parallel zur Zeit-Achse, so ruht der Körper. Seine Geschwindigkeit ist dann null.

> Die Geschwindigkeit eines Körpers bei einer gleichförmigen Bewegung kann berechnet werden mit der Gleichung:
>
> $v = \frac{s}{t}$ — *s* zurückgelegter Weg, *t* benötigte Zeit

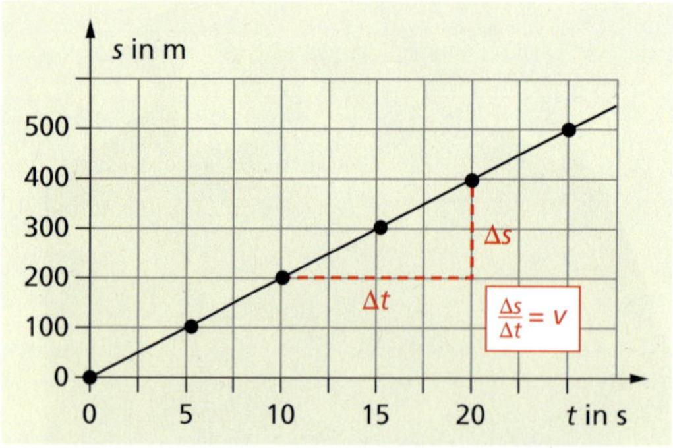

1 Weg-Zeit-Diagramm (*s*-*t*-Diagramm) für eine gleichförmige Bewegung: Es ergibt sich eine Gerade, die durch den Ursprung des Koordinatensystems verläuft.

2 Auf einem Rollband stehende Personen bewegen sich gleichförmig.

Diese Gleichung gilt sowohl für **geradlinige Bewegungen** als auch für **Kreisbewegungen.** Für solche gleichförmigen Kreisbewegungen kann der Weg mithilfe des Radius der Kreisbahn und die Zeit durch die Umlaufzeit (Zeit für einen Umlauf) ausgedrückt werden:

> Für eine gleichförmige Kreisbewegung kann die Geschwindigkeit berechnet werden mit der Gleichung:
>
> $v = \frac{2\pi \cdot r}{T}$ — *r* Radius der Kreisbahn, *T* Umlaufzeit

Dabei bestehen zwischen den Einheiten folgende Beziehungen:

$1\,\frac{\text{m}}{\text{s}} = 3{,}6\,\frac{\text{km}}{\text{h}}$ $\qquad$ $1\,\frac{\text{km}}{\text{h}} = \frac{1}{3{,}6}\,\frac{\text{m}}{\text{s}} \approx 0{,}28\,\frac{\text{m}}{\text{s}}$

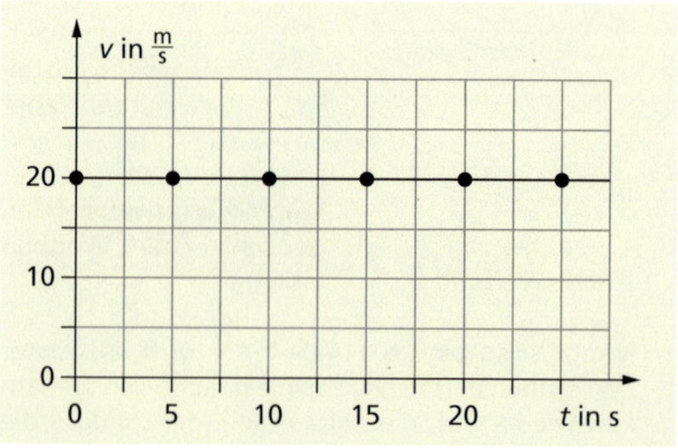

3 Geschwindigkeit-Zeit-Diagramm (*v*-*t*-Diagramm) für eine gleichförmige Bewegung: Es ergibt sich eine Gerade parallel zur *t*-Achse. Die konstante Geschwindigkeit kann man an der *v*-Achse ablesen.

Mosaik

So schnell sind Tiere, Menschen, Autos und Raketen

Manche Vorgänge in der Natur laufen so langsam ab, dass man sie nur erkennt, wenn man über längere Zeiträume sehr exakt misst.
So bewegen sich z. B. die Kontinente der Erde gegeneinander: Europa entfernt sich von Amerika pro Jahr um etwa 2 cm.
In der lebenden Natur sind sehr unterschiedliche Geschwindigkeiten zu beobachten, wobei man zwischen Durchschnittsgeschwindigkeiten und Höchstgeschwindigkeiten unterscheiden muss. Die Durchschnittsgeschwindigkeiten liegen meist weit unter den Höchstgeschwindigkeiten.

Höchstgeschwindigkeiten einiger Tiere

beim Fliegen

Stubenfliege	8 km/h
Biene	29 km/h
Sperling	45 km/h
Mauersegler	180 km/h
Wanderfalke (Sturzflug)	280 km/h

beim Kriechen oder Laufen

Weinbergschnecke	0,003 km/h
Klapperschlange	4 km/h
Hase	65 km/h
Rennpferd	69 km/h
Gepard	120 km/h

beim Schwimmen

Eisbär	10 km/h
Forelle	35 km/h
Hai	36 km/h
Thunfisch	75 km/h
Schwertfisch	90 km/h

Unter den Tieren sind die Vögel die schnellsten; Schnecken, wie die Große Wegschnecke oder die Weinbergschnecke, sind dagegen ausgesprochen langsam.

Die Tabelle oben gibt dazu einen Überblick.

Auch der Mensch erreicht sehr unterschiedliche Geschwindigkeiten. Verschiedene Beispiele sind in der Tabelle angegeben.
100-m-Läufer, die Durchschnittsgeschwindigkeiten von 36 km/h erzielen, also für die 100 m nur ca. 10 s benötigen, gehören zur Weltspitze.

Geschwindigkeiten des Menschen

normales Gehen	5 km/h
100-m-Freistil	7 km/h
Radwandern	15 km/h
800-m-Lauf	27 km/h
100-m-Lauf	36 km/h
Radrennen	40–60 km/h
Skispringer beim Absprung	100 km/h
frei fallender Fallschirmspringer	180 km/h

Mit technischen Hilfsmitteln können noch wesentlich größere Geschwindigkeiten erzielt werden. Nachfolgend sind einige Beispiele für Geschwindigkeiten in Natur und Technik genannt.

Geschwindigkeiten in Natur und Technik

Wachstum eines Haars	0,3 mm/Tag
Regentropfen	25 km/h
Orkan Windstärke 12	120 km/h
Autobahnrichtgeschwindigkeit	130 km/h
Passagierflugzeug	900 km/h
Schall in Luft	1 200 km/h
Raketenauto (1997)	1 228 km/h
Geschoss eines Gewehrs	2 800 km/h
Rakete in Erdumlaufbahn	28 440 km/h
Lichtgeschwindigkeit	300 000 km/s

Damit ein Satellit die Erde umkreisen kann, benötigt er eine Geschwindigkeit von 7,9 km/s. Um den Anziehungsbereich der Erde zu verlassen, muss seine Geschwindigkeit bereits 11,2 km/s betragen. Beim Start von der Erde aus benötigt ein Satellit immerhin eine Geschwindigkeit von 16,7 km/s, um unser Planetensystem verlassen zu können. Unsere Erde bewegt sich mit einer mittleren Geschwindigkeit von etwa 29,7 km/s im Laufe eines Jahres einmal um die Sonne.

Weg-Zeit-Messungen – Verarbeitung der Daten mit einem Computer

Beachte!
Mithilfe von **Tabellenkalkulationsprogrammen** kann man Daten in Tabellen ordnen, in Diagrammen veranschaulichen und auch Berechnungen durchführen. Für die dargestellten Beispiele eignet sich jedes gängige Tabellenkalkulationsprogramm.

Für verschiedene Radfahrer wird gemessen, welche Wege sie nach verschiedenen Zeiten zurückgelegt haben. Die Messwerte sind in den folgenden Messwertetabellen erfasst.

Radfahrer 1

Zeit *t* in s	0	2	4	6	8	10
Weg *s* in m	0	5,9	12,2	17,7	23,8	29,7

Radfahrer 2

Zeit *t* in s	0	2	4	6	8	10
Weg *s* in m	0	11,8	23,9	35,7	48,3	60,4

Um zu erkennen, ob eine gleichförmige Bewegung vorliegt, gibt es zwei Möglichkeiten:

Der Quotient aus dem Weg *s* und der Zeit *t* ist die Geschwindigkeit *v*:

$$v = \frac{s}{t}$$

Bei einer gleichförmigen Bewegung ist sie immer gleich groß.

a) Es wird der Quotient aus dem zurückgelegten Weg und der vergangenen Zeit gebildet. Ist dieser Quotient konstant, so liegt eine gleichförmige Bewegung vor.
b) Es wird das Weg-Zeit-Diagramm gezeichnet. Ist der Graph eine Gerade, so ist die Bewegung gleichförmig.

Beide Möglichkeiten kannst du mit einem Computer in einem Tabellenkalkulationsprogramm realisieren.

Darstellen der Messwerte und Berechnen der Geschwindigkeit

So kann man die Messwerte im Tabellenkalkulationsprogramm darstellen und die Geschwindigkeit berechnen:

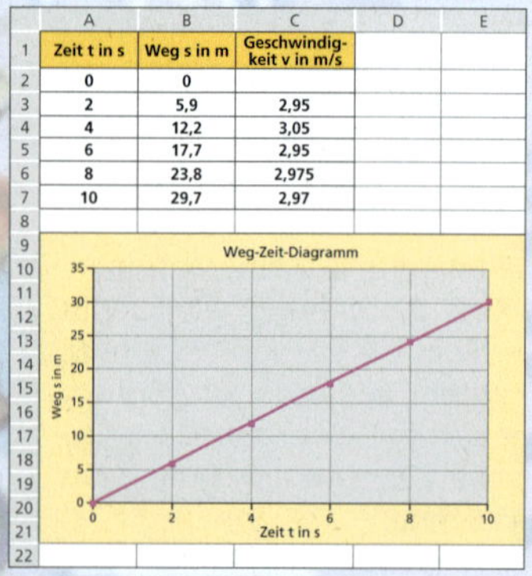

Zeit t in s	Weg s in m	Geschwindigkeit v in m/s
0	0	
2	5,9	2,95
4	12,2	3,05
6	17,7	2,95
8	23,8	2,975
10	29,7	2,97

Dazu kannst du in folgenden Schritten vorgehen:

1. Öffne das Tabellenkalkulationsprogramm!
2. Trage in die erste Zeile den Kopf der Tabelle ein! Der Tabellenkopf kann farbig, die Schrift fett gestaltet werden. Dazu musst du die jeweiligen Zellen markieren und im Menü „Format“ bei den Zellen die entsprechenden Einstellungen vornehmen.
3. Speichere die Daten, z. B. unter dem Namen „Radfahrer_1“.
4. Gib die Messwerte für Zeit und Weg ein!
5. Wenn du die Berechnung der Geschwindigkeit vornehmen willst, kannst du so vorgehen:
   - Setze den Cursor in die Zelle C3!
   - Klicke in der Menüleiste auf das Gleichheitszeichen und gib die Rechenoperation B3/A3 ein! Drücke „Enter“!
   - Wiederhole das für die Zellen C4 bis C7!

   Du erhältst damit die Tabelle, die links dargestellt ist.

Darstellen der Messwerte in einem Weg-Zeit-Diagramm

	A	B	C
1	Zeit t in s	Weg 1 in m	Weg 2 in m
2	0	0	0
3	2	5,9	11,8
4	4	12,2	23,9
5	6	17,7	35,7
6	8	23,8	48,3
7	10	29,7	60,4

Die aufgenommenen Messwerte können auch in einem Weg-Zeit-Diagramm dargestellt werden. Ein solches Weg-Zeit-Diagramm lässt sich mit einem Tabellenkalkulationsprogramm zeichnen. Man kann jeweils den Graphen für einen einzelnen Radfahrer oder auch die Graphen für beide Radfahrer in einem Diagramm darstellen. Dabei kannst du in folgenden Schritten vorgehen:

1. Trage die Messwerte so in die Tabelle ein, wie es rechts dargestellt ist!
2. Markiere die Zellen, in denen die Messwerte stehen!
3. Rufe dann den Diagramm-Assistenten durch Klicken auf das entsprechende Symbol in der Menüleiste auf!
   Wähle ein **Liniendiagramm mit Datenpunkten** aus! Drücke dann auf die Schaltfläche „Weiter“!
4. Gehe im zweiten Schritt zum Bereich „Reihe“! Da Reihe 1 die Zeitachse ist, muss sie bei Datenreihe entfernt werden. Dann werden der Cursor in die Beschriftung der Rubrikenachse (X) gesetzt und die Messwerte für die Zeit in der Tabelle markiert. Mit „Weiter“ kommst du zum 3. Schritt.
5. Nun kannst du das Diagramm und die Achsen beschriften und das Diagramm fertigstellen.
6. Die Graphen verlaufen zunächst nicht durch den Punkt (0;0). Um das zu ändern, bewege den Mauszeiger in die Nähe der Zeitachse! Wenn das Wort „Rubrikenachse“ erscheint, öffnet sich durch Doppelklick ein Menü. Öffne dort „Skalierung“ und entferne bei der Größenachse das Häkchen. Damit erhältst du das unten abgebildete Weg-Zeit-Diagramm.

Das oben beschriebene Herangehen lässt sich auf analoge Sachverhalte übertragen. Du kannst auf diese Weise z. B. auch den Zusammenhang zwischen Geschwindigkeit und Zeit, Ausdehnung einer Feder und wirkender Kraft oder Spannung und Stromstärke darstellen.

Der Diagramm-Assistent hat das Symbol 

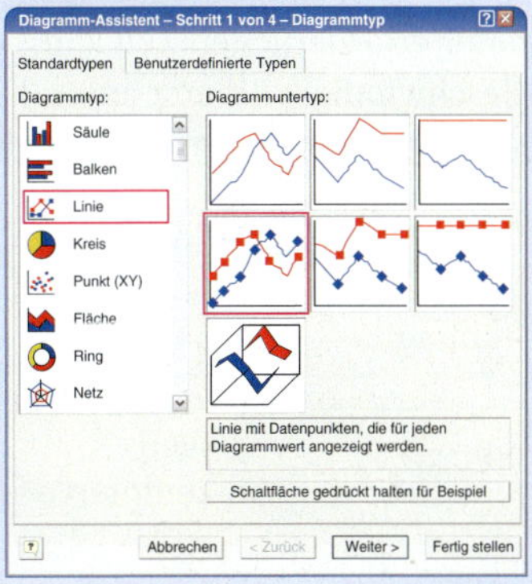

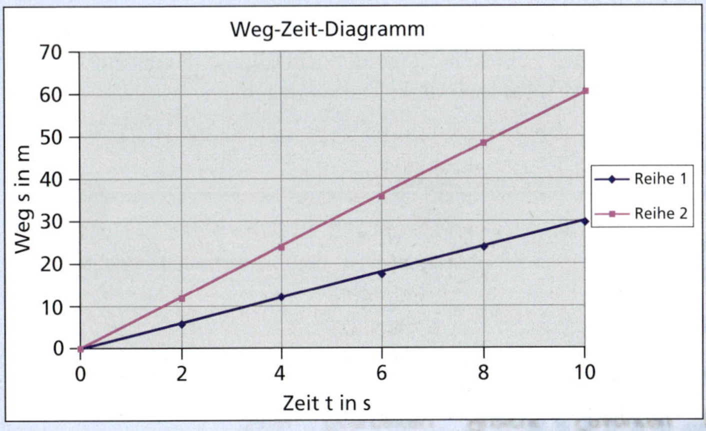

Aus dem Diagramm ist erkennbar: Die Graphen sind Geraden. Das bedeutet: Beide Radfahrer bewegen sind näherungsweise gleichförmig.
Die Farben der Graphen und der Flächen kannst du beliebig ändern.

Ungleichförmige Bewegungen

Bei einem anfahrenden Auto wird die Geschwindigkeit größer. Betätigt man beim Radfahren die Bremsen, so verringert sich die Geschwindigkeit.

> Die Geschwindigkeit, die ein Körper zu einem bestimmten Zeitpunkt hat, wird als Momentangeschwindigkeit bezeichnet.

Es ist die Geschwindigkeit, die vom Tachometer eines Autos oder vom Fahrradcomputer angezeigt wird.
Aus dem insgesamt zurückgelegten Weg und der dafür erforderlichen Zeit kann man eine mittlere Geschwindigkeit berechnen. In der Physik wird sie **Durchschnittsgeschwindigkeit** genannt.

> Die Durchschnittsgeschwindigkeit eines Körpers kann berechnet werden mit der Gleichung:
>
> $v = \frac{\Delta s}{\Delta t}$ — Δs insgesamt zurückgelegter Weg; Δt Zeitintervall (benötigte Zeit)

Legt ein Auto einen Weg von 30 km in einer halben Stunde zurück, so beträgt seine Durchschnittsgeschwindigkeit:

$$v = \frac{30\ \text{km}}{0{,}5\ \text{h}} = 60\ \frac{\text{km}}{\text{h}}$$

Seine Momentangeschwindigkeit kann während der Fahrt unterschiedlich groß gewesen sein. Die Momentangeschwindigkeit eines Körpers hat zu jedem Zeitpunkt eine bestimmte Richtung und einen bestimmten Betrag. Sie ist eine **gerichtete Größe** (Abb. 1). Dagegen ist die Durchschnittsgeschwindigkeit keine gerichtete Größe.

Ändern sich bei der Bewegung eines Körpers der Betrag der Geschwindigkeit oder ihre Richtung oder beides, so liegt eine **beschleunigte Bewegung** vor. Die Schnelligkeit der Geschwindigkeitsänderung wird in der Physik durch die Größe **Beschleunigung** beschrieben.

> Die Beschleunigung gibt an, wie schnell sich Betrag oder Richtung der Geschwindigkeit eines Körpers ändern.
>
> Formelzeichen: a
> Einheit: ein Meter je Quadratsekunde $\left(1\ \frac{\text{m}}{\text{s}^2}\right)$

Aus dieser Festlegung folgt:
- Jede Bewegung auf einer geradlinigen Bahn, bei der sich die Geschwindigkeit vergrößert oder verkleinert, ist eine beschleunigte Bewegung.
- Jede Bewegung auf einer krummlinigen Bahn ist eine beschleunigte Bewegung, da sich dort die Richtung der Geschwindigkeit ändert.
  Damit ist auch jede Bewegung auf einer kreisförmigen Bahn, z. B. die Bewegung der Gondel eines Riesenrads, eine beschleunigte Bewegung.

Nachfolgend betrachten wir nur geradlinige Bewegungen. Für solche Bewegungen gilt:

> Die Beschleunigung eines Körpers kann berechnet werden mit der Gleichung:
>
> $a = \frac{\Delta v}{\Delta t}$ — Δv Geschwindigkeitsänderung; Δt Zeitintervall

Vergrößert sich die Geschwindigkeit, so ist die Beschleunigung positiv. Bei Verringerung der Geschwindigkeit ist sie negativ.

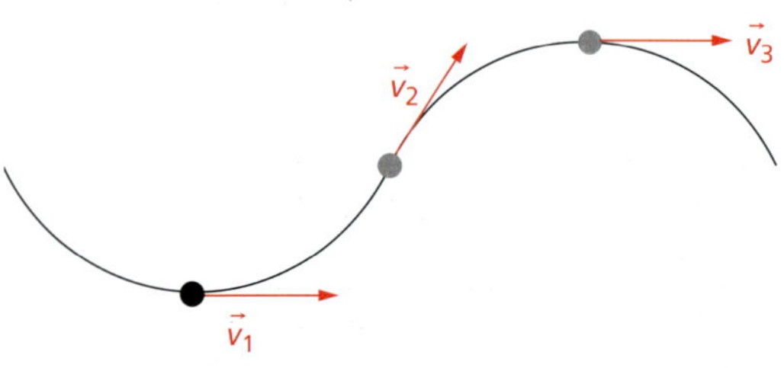

1 Die Momentangeschwindigkeit ist eine gerichtete Größe. Sie ist durch Betrag und Richtung bestimmt.

2 Aus $\Delta v = v_2 - v_1$ und Δt ergibt sich als Beschleunigung: $a = 0{,}9\ \text{m/s}^2$

Mosaik

Bewegungen in Sport

Fast alle sportlichen Betätigungen sind mit Bewegungen verbunden. Beim Wandern oder beim Dauerlauf geht es um möglicherweise gleichförmige Bewegungen über einen längeren Zeitraum hinweg. Beim 100-m-Lauf (Abb. 2) soll die Strecke aus dem Stillstand heraus in einer möglichst kurzen Zeit zurückgelegt werden. Beim Handball oder Fußball soll der Ball möglichst geschickt bis ins Tor der gegnerischen Mannschaft gelangen. Betrachten wir als Beispiel einen 100-m-Lauf genauer.

Beim 100-m-Lauf kommt es darauf an, möglichst schnell die höchste Geschwindigkeit zu erreichen und bis zum Ziel zu halten. Durch Messungen lassen sich Zeiten und Geschwindigkeiten ermitteln.

In Abb. 1 sind die zeitabhängigen Wege und Geschwindigkeiten für einen Lauf des amerikanischen Sprinters CARL LEWIS dargestellt. Die Reaktionszeit beim Start betrug 0,14 Sekunden, die Laufzeit insgesamt 9,86 Sekunden. Das war 1991 ein neuer Weltrekord.

Aus dem Diagramm ist erkennbar:

- Die Geschwindigkeit (rot gezeichneter Graph) nimmt nach dem Start schnell zu und erreicht ca. 4,5 s nach dem Start den höchsten Wert von knapp 12 $\frac{m}{s}$.

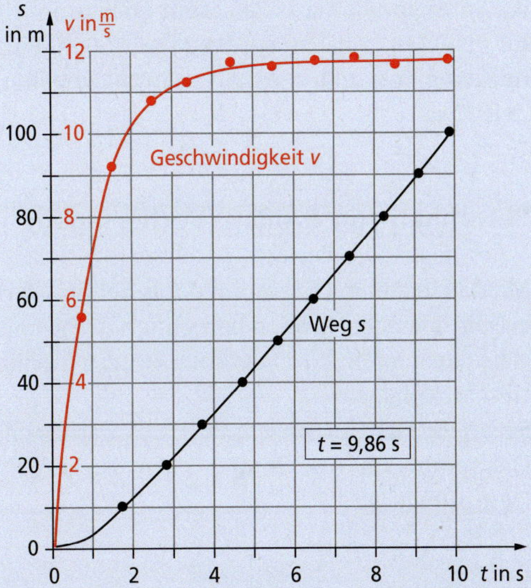

1 Zeit-Ort-Diagramm und Zeit-Geschwindigkeit-Diagramm für einen 100-m-Lauf

2 Beim Start erfolgt näherungsweise eine gleichmäßig beschleunigte Bewegung.

- Die Höchstgeschwindigkeit liegt deutlich über der Durchschnittsgeschwindigkeit, die folgenden Wert hätte:

$$v = \frac{100 \text{ m}}{9{,}86 \text{ s}} = 10{,}1 \frac{\text{m}}{\text{s}} = 36{,}4 \frac{\text{km}}{\text{h}}$$

- Die Bewegung ist in der Anfangsphase näherungsweise gleichmäßig beschleunigt, in der zweiten Phase des Laufs näherungsweise gleichförmig.

1. Diskutiert Möglichkeiten, wie man die Laufzeit verkürzen könnte! Ist es sinnvoller, stärker zu beschleunigen oder in erster Linie eine höhere Endgeschwindigkeit anzustreben?

2. Zu einem solchen Lauf kann man eine energetische Betrachtung durchführen.
   a) Beschreibe die Energieumwandlungen vom Start bis zum Ziel!
   b) Wie groß ist die maximale kinetische Energie, wenn der Läufer 78 kg wiegt?

3. Zur Beschleunigung des Läufers und zur Aufrechterhaltung der Geschwindigkeit sind Kräfte erforderlich. Wie könnte das *t-F*-Diagramm aussehen? Begründe!

Bei großen Wettkämpfen erfolgt eine elektronische Zeitmessung bis auf $\frac{1}{100}$ s genau.

4. Welchem Wegunterschied entspricht ein Zeitunterschied von 0,01 s, wenn man von einer Geschwindigkeit von 12 $\frac{m}{s}$ ausgeht? Bewerte das Ergebnis!

Arbeiten mit Diagrammen

Diagramme sind ein wichtiges Hilfsmittel in Wissenschaft und Technik. Zum einen lässt sich in einem Diagramm der Zusammenhang zwischen zwei Größen anschaulich darstellen. Zum anderen ermöglicht das Interpretieren von Diagrammen, Zusammenhänge zu erkennen. Darüber hinaus ist es möglich, mithilfe eines Diagramms Vorhersagen zu machen. Als Beispiel betrachten wir das nachfolgende Weg-Zeit-Diagramm, das die Bewegung eines Autos beschreibt.

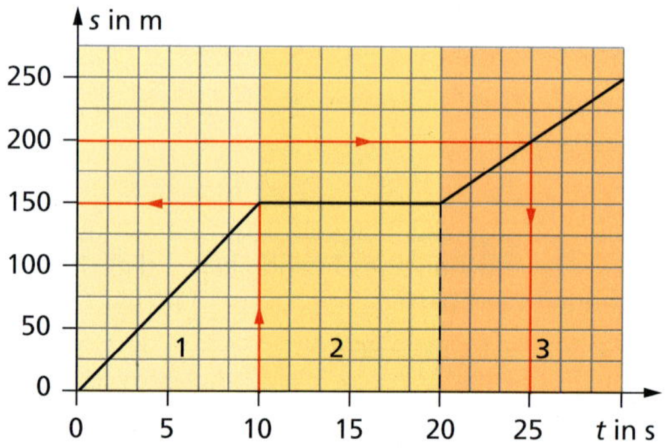

Beim Interpretieren eines solchen Diagramms sollte man folgendermaßen vorgehen:

1. Nenne die physikalischen Größen, die auf den Achsen abgetragen sind!

Im Diagramm ist der Zusammenhang zwischen dem Weg *s* und der Zeit *t* dargestellt.

2. Beschreibe den Zusammenhang zwischen den Größen, die auf den Achsen abgetragen sind! Unterscheide dabei, wenn es zweckmäßig ist, zwischen verschiedenen Abschnitten!

In **Abschnitt 1** nimmt der Weg mit der Zeit gleichmäßig zu. Das bedeutet: Das Auto bewegt sich gleichförmig.

In **Abschnitt 2** ändert sich der Weg nicht. Das Auto steht.

In **Abschnitt 3** vergrößert sich wiederum der Weg gleichmäßig mit der Zeit. Das Auto bewegt sich mit bestimmter Geschwindigkeit.

3. Nenne charakteristische Werte! Gehe, wenn möglich, auf die Bedeutung der Fläche unter dem Graphen und des Anstiegs des Graphen ein!

Von 0 bis 10 s bewegt sich das Auto gleichförmig und legt dabei einen Weg von 150 m zurück. Dann steht es 10 s lang und fährt 20 s gleichförmig weiter. In Abschnitt 3 ist allerdings die Geschwindigkeit kleiner als in Abschnitt 1, da der Anstieg des Graphen dort kleiner ist.

Manchmal ist es auch zweckmäßig, die Schritte 2 und 3 zusammenzufassen.

Ablesen von Werten

Aus einem Diagramm kann man den Wert einer Größe ablesen, wenn die andere Größe bekannt ist. So ergibt sich z. B. aus dem Diagramm links für eine Zeit von 10 s ein Weg von 150 m. Für einen Weg von 200 m erhält man als zugehörige Zeit 25 s.

Berechnen von Größen (Vorhersagen)

Mit den in einem Diagramm dargestellten Werten lassen sich auch Größen berechnen, so beispielsweise aus einem *s*-*t*-Diagramm unterschiedliche Geschwindigkeiten.
So ergibt sich für Abschnitt 1 des dargestellten Diagramms: In 10 s wurden 150 m zurückgelegt. Demzufolge ist:

$$v_1 = \frac{s}{t} = \frac{150\text{ m}}{10\text{ s}} = 15\,\frac{\text{m}}{\text{s}}$$

Für Abschnitt 2 erhält man $v_2 = 0$ und für den dritten Abschnitt $10\,\frac{\text{m}}{\text{s}}$. Die Durchschnittsgeschwindigkeit für 30 s beträgt $\bar{v} = \frac{250\text{ m}}{30\text{ s}} = 8{,}3\,\frac{\text{m}}{\text{s}}$.

Gleichmäßig beschleunigte Bewegungen

Mit einer Experimentieranordnung, wie sie in Abb. 1 dargestellt ist, untersuchen wir eine gleichmäßig beschleunigte geradlinige Bewegung. Eine solche Bewegung liegt dann vor, wenn sich ein Körper auf einer geraden Bahn bewegt und dabei seine Beschleunigung immer gleich bleibt. Die experimentell ermittelten Zusammenhänge sind in der Übersicht unten dargestellt.

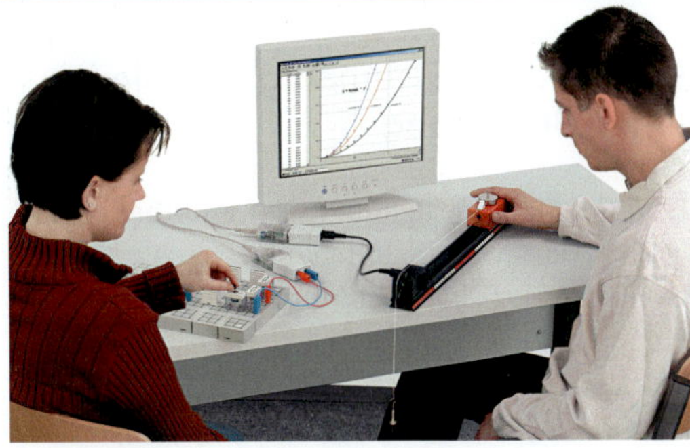

1 Versuchsaufbau zur Erfassung von Weg *s* und Zeit *t* für die Bewegung eines Körpers

Zusammenhänge zwischen Weg, Geschwindigkeit, Beschleunigung und Zeit

Weg-Zeit-Diagramm (*s*-*t*-Diagramm)

Der zurückgelegte Weg vergrößert sich mit der Zeit. Es liegt keine Proportionalität vor. Vielmehr wird der Weg je Zeitintervall immer größer.

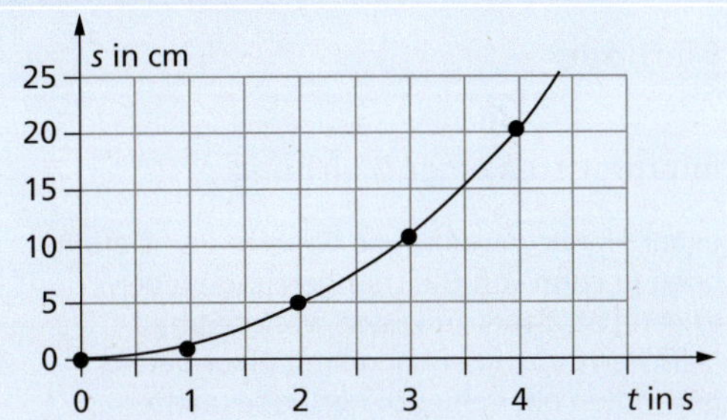

Geschwindigkeit-Zeit-Diagramm (*v*-*t*-Diagramm)

Die Geschwindigkeit des Körpers vergrößert sich gleichmäßig mit der Zeit. Der Graph ist eine ansteigende Gerade.
Das bedeutet: Geschwindigkeit und Zeit sind proportional zueinander.
Es gilt: $v \sim t$

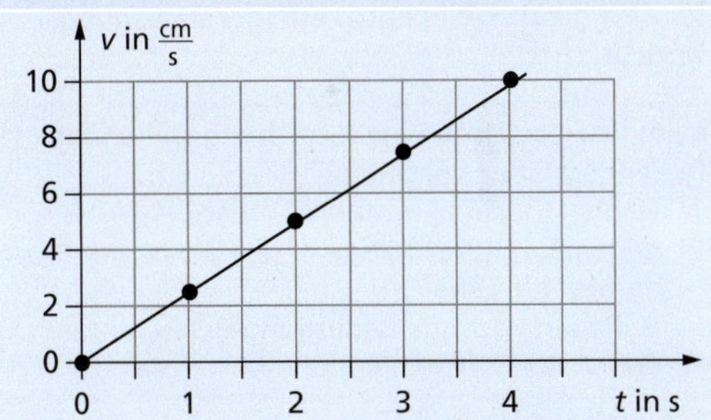

Beschleunigung-Zeit-Diagramm (*a*-*t*-Diagramm)

Die Beschleunigung bleibt immer gleich groß.
Es gilt: a = konstant
Der Graph ist eine Gerade parallel zur *t*-Achse.

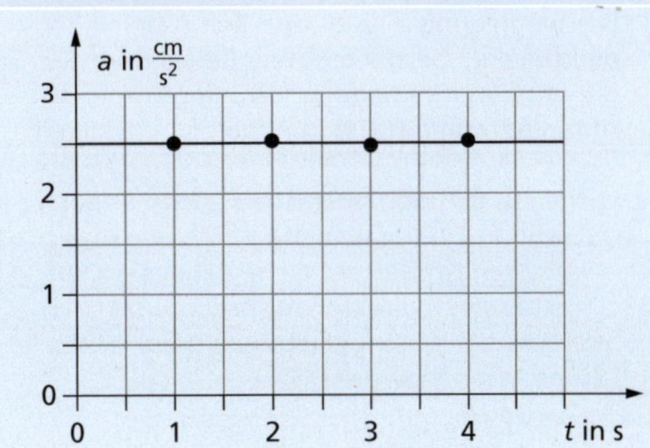

Gesetze der gleichmäßig beschleunigten Bewegung

Die auf S. 19 dargestellten Zusammenhänge zwischen Weg, Geschwindigkeit, Beschleunigung und Zeit lassen sich auch durch Gleichungen beschreiben.

> Für eine gleichmäßig beschleunigte, geradlinige Bewegung eines Körpers (a = konstant) aus dem Stillstand heraus gilt
>
> das Geschwindigkeit-Zeit-Gesetz $v = a \cdot t$
>
> und das Weg-Zeit-Gesetz $s = \frac{a}{2} \cdot t^2$.

1 Für Autos, die an einer Ampelkreuzung anfahren, gelten näherungsweise die Gesetze der gleichmäßig beschleunigten Bewegung.

Methode

Interpretieren einer Gleichung

In der Physik werden viele Gesetze und Definitionen in Form von Gleichungen angegeben. Wichtig ist, dabei zu wissen, welche physikalischen Zusammenhänge mit einer bereits bekannten oder einer bisher unbekannten Gleichung beschrieben werden. Wir wollen das nachfolgend am Beispiele des Weg-Zeit-Gesetzes für eine gleichmäßig beschleunigte Bewegung verdeutlichen.

Beim Interpretieren einer Gleichung sollte man folgendermaßen vorgehen:

1. Nenne die physikalischen Größen, zwischen denen Zusammenhänge in der Gleichung dargestellt sind!
   Gehe auf wichtige Bedingungen ein, unter denen die Gleichung gilt!

> Die Gleichung $s = \frac{a}{2} \cdot t^2$ beschreibt die Zusammenhänge zwischen dem Weg s, der Beschleunigung a und der Zeit t bei einer gleichmäßig beschleunigten Bewegung. Sie gilt unter der Bedingung, dass der Körper im Anfangszustand ($t = 0$) in Ruhe ist.

2. Leite aus der mathematischen Struktur der Gleichung Zusammenhänge zwischen physikalischen Größen ab! Gehe dabei z. B. auf direkte oder indirekte Proportionalität und auf wichtige Bedingungen ein, unter denen Zusammenhänge gelten!

> a) Unter der Bedingung, dass die Beschleunigung konstant ist, gilt für den Zusammenhang zwischen Weg s und Zeit t:
>
> $$s \sim t^2$$
>
> Das heißt, der Weg nimmt bei einer gleichmäßig beschleunigten Bewegung mit dem Quadrat der Zeit zu. Verdoppelt man die Zeit für eine Bewegung, so wird der vierfache Weg zurückgelegt. Dies kann man z. B. bei Anfahrvorgängen feststellen. Ein Auto mit konstanter Beschleunigung legt in 2 s einen viermal so langen Weg zurück wie in 1 s.
>
> b) Unter der Bedingung, dass die Zeit konstant ist, gilt für den Zusammenhang zwischen Weg s und Beschleunigung a:
>
> $$s \sim a$$
>
> Das heißt: In einer bestimmten Zeit ist der zurückgelegte Weg umso größer, je größer die Beschleunigung ist.

3. Leite, wenn möglich, praktische Folgerungen aus den Zusammenhängen zwischen den Größen ab!

> Eine Folgerung wäre: Je stärker ich mit dem Fahrrad beschleunige, desto größer ist der Weg, den ich in einer bestimmten Zeit zurücklege.

Experimentelle Überprüfung der Bewegungsgesetze

Das Weg-Zeit-Gesetz für die gleichmäßig beschleunigte Bewegung kann man theoretisch herleiten. Solche Gesetze bedürfen der experimentellen Prüfung. Dazu kann man eine Versuchsanordnung nutzen, wie sie Abb. 1 zeigt.
Für die Massen $M = 150$ g und $m = 10$ g (Abb. 1) erhält man folgende Werte:

Ort s in m	0	0,30	0,60	0,90	1,20
Zeit t in s	0	0,98	1,41	1,71	1,98
$\frac{s}{t^2}$ in $\frac{m}{s^2}$	–	0,31	0,30	0,31	0,31

Wenn das Weg-Zeit-Gesetz gilt, kann man daraus folgern, dass bei konstanter beschleunigender Kraft der Quotient

$$\frac{s}{t^2} = \frac{a}{2}$$

konstant sein muss. Prüft man das für die experimentell bestimmten Werte nach, dann zeigt sich: Der Quotient s/t^2 ist näherungsweise konstant. Die Abweichungen kommen durch die unvermeidlichen Messfehler zustande. Auch durch viele weitere Experimente wurde das Weg-Zeit-Gesetz bestätigt.

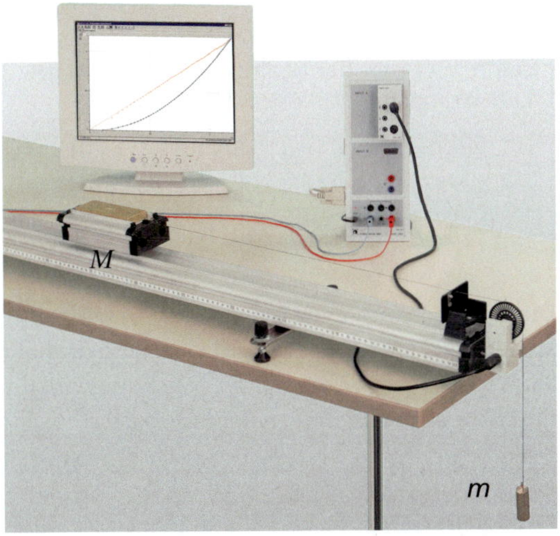

1 Experimentieranordnung zur Untersuchung des Zusammenhangs zwischen Ort und Zeit

Methode

Die experimentelle Methode

Der italienische Naturforscher GALILEO GALILEI (1564–1642) war nicht nur ein bedeutender Forscher – er formulierte die Gesetze für den freien Fall von Körpern und entdeckte die vier hellsten Monde des Planeten Jupiter. Er gilt auch als Begründer der modernen Naturwissenschaften, weil er theoretische Überlegungen und experimentelle Untersuchungen eng miteinander verband und somit eine Herangehensweise entwickelte, die heute als **experimentelle** oder **galileische Methode** bezeichnet wird. Sie ist nicht die einzige, aber eine wichtige und häufig genutzte Methode.

Auf der Grundlage bisheriger Erkenntnisse, aber auch durch Beobachtungen oder Experimente, kann man begründete Vermutungen ableiten. In der Physik spricht man von einer **Hypothese.** Eine solche Hypothese ist z. B.: Bei einer gleichmäßig beschleunigten Bewegung wächst der Weg mit dem Quadrat der Zeit.

Hypothesen müssen geprüft werden. Eine solche Prüfung kann experimentell oder auf der Grundlage bisheriger Erkenntnisse erfolgen. Die Übersicht zeigt das typische Herangehen.

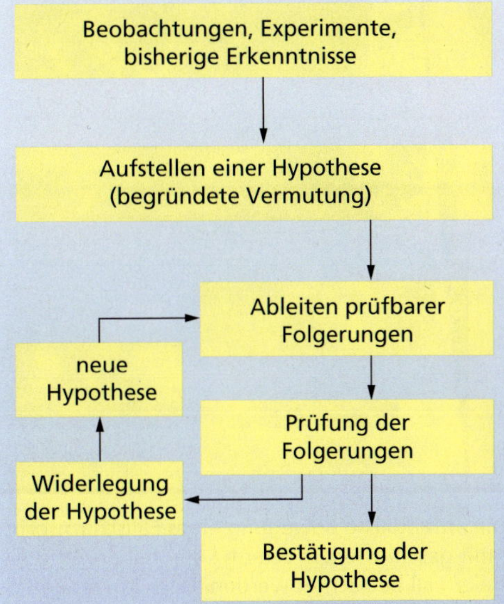

Der freie Fall

Alle Körper auf der Erde werden von dieser angezogen. Diese Anziehungskraft bewirkt, dass ein Körper, wenn er losgelassen wird, senkrecht nach unten fällt. Diese Fallbewegung kann sehr unterschiedlich verlaufen. So ist z. B. beim Herabschweben eines Fallschirmspringers der Luftwiderstand so groß, dass er sich näherungsweise gleichförmig bewegt. Das gilt auch für Regentropfen in der Nähe des Erdbodens oder für herabfallende Blätter.
Anders ist das z. B. bei einem aus 10 m Höhe herabfallenden Stein oder bei einem Körper, der sich im Vakuum bewegt. Der Luftwiderstand ist dann vernachlässigbar. Eine Fallbewegung, die nicht durch den Luftwiderstand behindert wird, nennt man in der Physik **freien Fall.**

1 Die anfängliche Bewegung eines Fallschirmspringers mit geschlossenem Schirm kann näherungsweise als freier Fall betrachtet werden. Nach kurzer Zeit erreichen aber die Fallschirmspringer eine konstante Fallgeschwindigkeit von maximal 200 $\frac{km}{h}$.

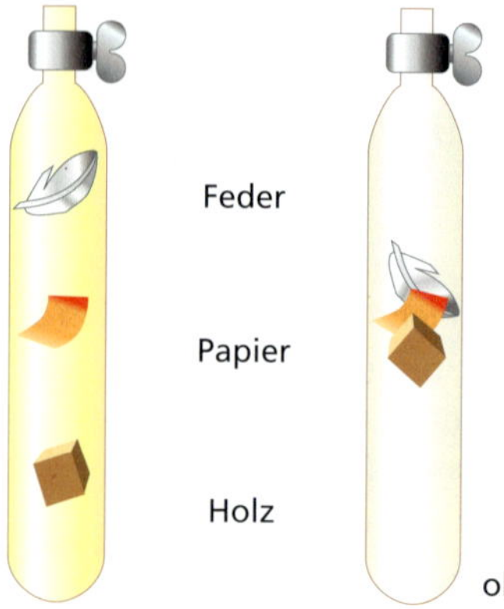

2 Im Vakuum fallen alle Körper gleich schnell.

Der freie Fall ist eine gleichmäßig beschleunigte geradlinige Bewegung. Deshalb gelten für den freien Fall auch dieselben Gesetze wie für alle anderen gleichmäßig beschleunigten Bewegungen. Der Physiker GALILEO GALILEI (1564–1642) hat erkannt, dass alle Körper beim freien Fall mit der gleichen Beschleunigung, der sogenannten **Fallbeschleunigung *g***, fallen.
Das kann man auch experimentell zeigen: Pumpt man aus einer Glasröhre die Luft heraus und lässt in dieser Röhre z. B. einen Holzwürfel, eine Feder und ein Stück Papier fallen, so bewegen sich alle drei gleich schnell (Abb. 2).
Die Fallbeschleunigung ist nicht von der Masse des fallenden Körpers abhängig.

Für den freien Fall eines Körpers aus dem Stillstand gilt unter der Bedingung, dass der Luftwiderstand vernachlässigt wird:

$g = \text{konstant}$	g Fallbeschleunigung
$v = g \cdot t$	v Geschwindigkeit
$s = \frac{g}{2} \cdot t^2$	t Zeit

Die Fallbeschleunigung ist von dem Ort abhängig, an dem sich ein Körper befindet. Sie wird deshalb auch als **Ortsfaktor** bezeichnet. Als Mittelwert für die Fallbeschleunigung an der Erdoberfläche gilt:

$$g = 9{,}81\ \frac{m}{s^2}$$

Am Äquator ist die Fallbeschleunigung etwas kleiner als der Mittelwert (9,79 $\frac{m}{s^2}$), an den Polen der Erde etwas größer (9,83 $\frac{m}{s^2}$).

Mosaik

Galilei und die Bewegungsgesetze

Der italienische Naturforscher GALILEO GALILEI (1564–1642) führte nicht nur die experimentelle Methode in die Naturwissenschaften ein, sondern entwickelte auch die mittelalterliche Bewegungslehre entscheidend weiter. Bis GALILEO GALILEI dominierten die Auffassungen des ARISTOTELES (384 bis 322 v. Chr.): *„Alles, was sich bewegt, bewegt sich entweder von Natur oder durch eine äußere Kraft oder vermöge seines freien Willens."* Daraus folgerte ARISTOTELES, dass schwere Körper schneller fallen als leichte Körper, eine Auffassung, die sich durchaus mit der Alltagserfahrung deckt.

GALILEI überlegte sich dazu folgendes Gedankenexperiment: Verbindet man einen schweren und einen leichten Körper miteinander, dann müssen einerseits nach ARISTOTELES beide zusammen schneller fallen als der schwere Körper, da ihre Masse größer ist. Andererseits würde der leichte Körper den Fall des schweren Körpers hemmen, da er – ebenfalls nach ARISTOTELES – langsamer fallen soll als der schwere Körper. Den Widerspruch löste GALILEI, indem er davon ausging, dass alle Körper gleich schnell fallen müssten.

In seinem 1638 in Leiden erschienenen Werk „Discorsi", einem in 6 Tage gegliederten Buch in Form von Gesprächen, formuliert er:

„Gleichförmig oder einförmig beschleunigte Bewegung nenne ich diejenige, bei der von Anfang an in gleichen Zeiten gleiche Geschwindigkeitszuwüchse dazukommen."

Im Weiteren leitet GALILEI den Zusammenhang zwischen Weg und Zeit aus geometrischen Überlegungen ab (Abb. 1). Heute ist gesichert, dass GALILEI auch sorgfältige quantitative Untersuchungen zu Bewegungen durchgeführt, aber nie veröffentlicht hat.

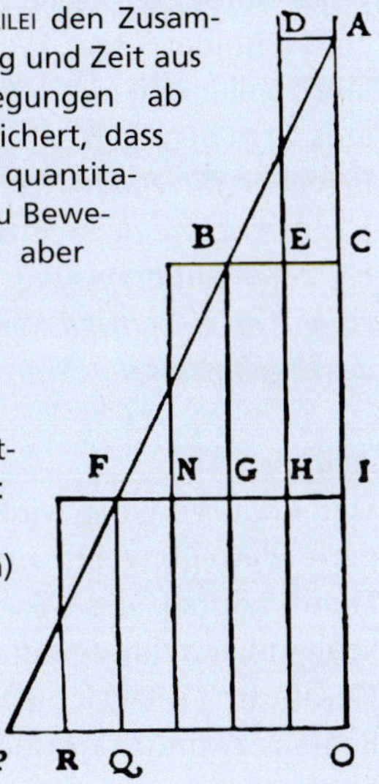

1 Originalzeichnung GALILEIS zu den Fallgesetzen aus dem „Discorsi": Die in gleichen Zeiten (senkrecht aufgetragen) zurückgelegten Wege (Flächen) verhalten sich wie 1:3:5, die Gesamtwege damit wie 1:4:9.

2 Der GALILEI-Arbeitsraum im Deutschen Museum in München

In seinem „Discorsi" ist folgender Dialog zwischen SIMPLICIO und SALVIATI enthalten:

„Simplicio: Ob aber die Beschleunigung, deren die Natur sich bedient, beim Fall der Körper eine solche sei, das bezweifle ich noch, und deshalb würden ich und andere ... es für sehr erwünscht halten, jetzt einen Versuch herbeizuziehen, deren es so viele geben soll.

Salviati: Ihr stellt in der Tat ... eine berechtigte Forderung auf. ... Der Autor hat es nicht unterlassen, Versuche anzustellen, und um mich davon zu überzeugen, dass die gleichförmig beschleunigte Bewegung im oben geschilderten Verhältnis vor sich gehe, bin ich wiederholt in Gemeinschaft mit unserem Autor in folgender Weise vorgegangen: ... auf einem Holzbrett von 12 Ellen Länge ... war ... eine Rinne von etwas mehr als einem Zoll Breite eingegraben. Dieselbe war sehr gerade gezogen, und um die Fläche recht glatt zu haben, war inwendig ein sehr glattes und reines Pergament aufgeklebt; in dieser Rinne ließ man eine sehr harte, völlig runde und glatt polierte Messingkugel laufen. Nach Aufstellung des Brettes wurde dasselbe auf einer Seite gehoben, bald eine, bald zwei Ellen hoch; dann ließ man die Kugel durch den Kanal fallen und verzeichnete ... die Fallzeit für die ganze Strecke. Darauf ließen wir die Kugel nur durch ein Viertel der Strecke laufen und fanden stets die halbe Fallzeit gegen früher; ... bei wohl hundertfacher Wiederholung fanden wir stets, dass die Strecken sich verhielten wie die Quadrate der Zeiten ..."

Physik in Natur und Technik

Wie schnell ist eine S-Bahn?

Jeder von euch hat schon auf einem S-Bahnhof eine anfahrende S-Bahn (Abb. 1) beobachtet. Die Geschwindigkeit, die eine solche S-Bahn beim Anfahren nach ein paar Sekunden erreicht, ist schwer abzuschätzen. Durch Messungen weiß man aber, dass die durchschnittliche Beschleunigung beim Anfahren 0,6 m/s^2 beträgt.

Welche Geschwindigkeit erreicht eine S-Bahn 15 Sekunden nach dem Anfahren?

Befindet sich das Ende des Zugs nach dieser Zeit noch im Bereich des Bahnhofs?

Analyse:

Die Bewegung der S-Bahn wird als gleichmäßig beschleunigt angenommen, sodass die Gesetze für gleichmäßig beschleunigte Bewegungen angewendet werden können.

Ob sich das Zugende 15 s nach dem Anfahren noch im Bahnhofsbereich befindet, ergibt sich aus dem Weg, der in dieser Zeit zurückgelegt wird.

Gesucht: v, s

Gegeben: $a = 0{,}6\,\frac{\text{m}}{\text{s}^2}$

$t = 15\,\text{s}$

Lösung:

Die Geschwindigkeit ergibt sich aus dem Geschwindigkeit-Zeit-Gesetz:

$$v = a \cdot t$$

$$v = 0{,}6\,\frac{\text{m}}{\text{s}^2} \cdot 15\,\text{s}$$

$$v = 9{,}0\,\frac{\text{m}}{\text{s}} \approx 32\,\frac{\text{km}}{\text{h}}$$

Den zurückgelegten Weg erhält man aus dem Weg-Zeit-Gesetz:

$$s = \frac{a}{2} \cdot t^2$$

$$s = \frac{0{,}6\,\frac{\text{m}}{\text{s}^2}}{2} \cdot (15\,\text{s})^2$$

$$\underline{s = 67{,}5\,\text{m}}$$

1 Die Beschleunigung eines Zugs beim Anfahren beträgt im Durchschnitt etwa 0,6 $\frac{\text{m}}{\text{s}^2}$.

Ergebnis:

15 s nach dem Anfahren einer S-Bahn beträgt ihre Geschwindigkeit etwa 30 $\frac{\text{km}}{\text{h}}$, der zurückgelegte Weg ca. 70 m. Da Bahnsteige länger als 70 m sind, befindet sich das Zugende noch im Bereich des Bahnhofs.

Abstand halten!

Um Auffahrunfälle zu vermeiden, gibt es für den Abstand von Fahrzeugen folgende Faustregel: Der Abstand von einem Fahrzeug zum nächsten sollte mindestens gleich der Hälfte der Anzeige am Tachometer sein. Wenn ein Auto z. B. mit 80 $\frac{\text{km}}{\text{h}}$ fährt, sollte sein Sicherheitsabstand also mindestens 40 m betragen.

Berechne für einen Pkw (v = 80 km/h) unter Berücksichtigung der Schrecksekunde den Bremsweg bei einer Vollbremsung, wenn die Bremsverzögerung 7 m/s^2 beträgt! Beurteile auf der Grundlage des Ergebnisses den Sinn der Faustregel!

Analyse:

Der Bremsvorgang wird als gleichmäßig verzögerte Bewegung bis zum Stillstand angesehen. Damit können die Gesetze der gleichmäßig beschleunigten Bewegung angewendet werden. Der Gesamtweg setzt sich aus dem Weg während der Schrecksekunde (s_1) und dem Bremsweg (s_2) zusammen.

Gesucht: s_{ges} in m

Gegeben: $v = 80\,\frac{km}{h} = 80 \cdot \frac{1}{3{,}6}\,\frac{m}{s} = 22\,\frac{m}{s}$

$a = 7\,\frac{m}{s^2}$

$t_1 = 1$ s

Lösung:

Der Bremsweg ergibt sich als Summe der Wege für beide Bewegungen: $s_{ges} = s_1 + s_2$

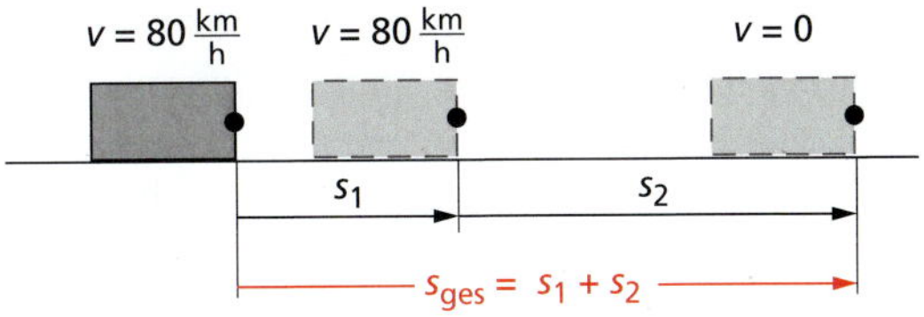

Den Weg für die gleichförmige Bewegung während der „Schrecksekunde" kann man mit dem Weg-Zeit-Gesetz für gleichförmige Bewegungen berechnen:

$$s_1 = v \cdot t_1$$

$$s_1 = 22\,\frac{m}{s} \cdot 1\,s$$

$$s_1 = 22\,m$$

Den Weg für die gleichmäßig verzögerte Bewegung kann man nach dem Weg-Zeit-Gesetz für gleichmäßig beschleunigte Bewegungen berechnen:

$$s_2 = \frac{a}{2} \cdot t_2^{\,2}$$

Da die Zeit t_2 für diese Bewegung nicht bekannt ist, kann das Geschwindigkeit-Zeit-Gesetz herangezogen werden, denn die Anfangsgeschwindigkeit v ist bekannt.

Somit erhält man ein Gleichungssystem aus zwei Gleichungen mit zwei unbekannten Größen (s_2 und t_2), das man lösen kann:

$$s_2 = \frac{a}{2} \cdot t_2^{\,2}$$

$$v = a \cdot t_2$$

$$t_2 = \frac{v}{a}$$

$$s_2 = \frac{a}{2}\left(\frac{v^2}{a^2}\right)$$

$$s_2 = \frac{v^2}{2a}$$

$$s_2 = \frac{22^2\,m^2 \cdot s^2}{2 \cdot 7\,m \cdot s^2}$$

$$s_2 = 35\,m$$

Damit erhält man für den Gesamtweg:

$$s_{ges} = 22\,m + 35\,m$$

$$\underline{s_{ges} = 57\,m}$$

Ergebnis:

Der Bremsweg bei einer Vollbremsung auf trockener Straße mit einer Anfangsgeschwindigkeit von 80 km/h beträgt unter Berücksichtigung der Schrecksekunde etwa 57 m. Das ist mehr als der Mindestabstand, der nach der Faustregel gefordert wird. Es ist jedoch zu berücksichtigen, dass das vorausfahrende Fahrzeug in der Regel nicht plötzlich zum Stillstand kommt, sondern nach einem gewissen Bremsweg. So könnte ein Auffahrunfall gerade vermieden werden. Dabei muss aber beachtet werden: Bei nasser oder gar vereister Fahrbahn ist die Bremsverzögerung wesentlich geringer, sodass der Sicherheitsabstand größer sein muss und die Faustregel nicht mehr gilt.

Ein Gurt ist Pflicht

Bei Fahrten im Pkw müssen alle Insassen mit einem Sicherheitsgurt angeschnallt sein (Abb. 1). Das ist mitunter zwar lästig, aber bei Unfällen oft lebensrettend. Manche Fahrer und Beifahrer sind jedoch der Meinung, dass sie sich bei Unfällen mit geringen Geschwindigkeiten auch ohne Gurt noch abstützen können.

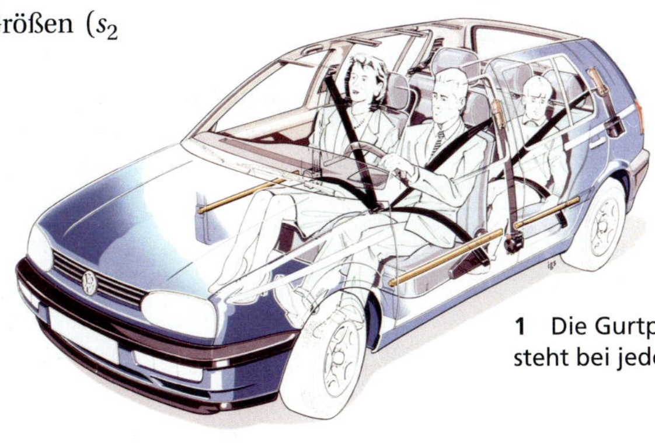

1 Die Gurtpflicht besteht bei jeder Fahrt.

1 Beim Abbremsen treten erhebliche Beschleunigungen und Kräfte auf.

Wie groß ist die Bremsverzögerung bei einem Aufprall auf ein Hindernis, wenn ein Fahrzeug mit einer Geschwindigkeit von zunächst 30 km/h in einer Sekunde zum Stehen kommt?

Analyse:
Der Aufprall auf ein Hindernis wird als gleichmäßig verzögerte Bremsbewegung eines Körpers bis zum Stillstand angesehen.

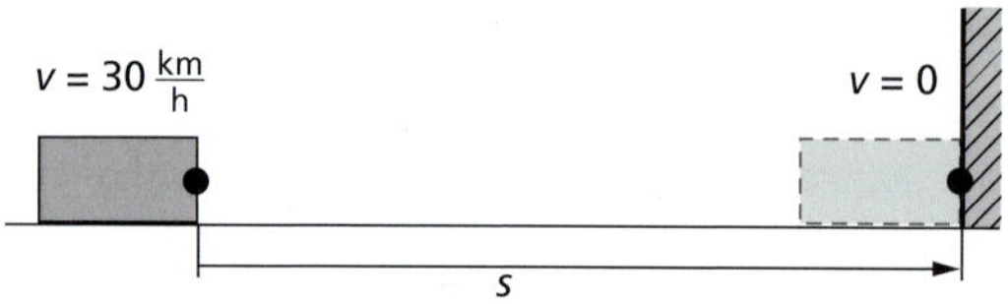

Gesucht: a

Gegeben: $v = 30\,\frac{\text{km}}{\text{h}} = 30 \cdot \frac{1}{3{,}6}\,\frac{\text{m}}{\text{s}} = 8{,}3\,\frac{\text{m}}{\text{s}}$

$t = 1\,\text{s}$

Lösung:
Die Beschleunigung für eine gleichmäßig verzögerte Bewegung kann man mit der folgenden Gleichung berechnen:

$$a = \frac{\Delta v}{\Delta t}$$

$$a = \frac{8{,}3\,\text{m}}{1\,\text{s} \cdot \text{s}}$$

$$a = 8{,}3\,\frac{\text{m}}{\text{s}^2}$$

Ergebnis:
Die Bremsbeschleunigung bei einem Aufprall auf ein Hindernis mit einer Anfangsgeschwindigkeit von 30 km/h beträgt 8,3 m/s^2 und ist damit etwas kleiner als die Fallbeschleunigung. Ein solcher Auffahrunfall ist vergleichbar mit einem Sprung aus 3,5 m Höhe auf ein hartes Hindernis.
Es ist deshalb unbedingt erforderlich, bei jeder Fahrt der Verpflichtung zum Angurten im Pkw nachzukommen.
Bedenke dabei, dass z. B. bei einem Frontalzusammenstoß mit einem entgegenkommenden Fahrzeug die Relativgeschwindigkeit, also die Summe der Geschwindigkeiten beider Fahrzeuge, beim Aufprall zur Wirkung kommt.

Methode

Lösen physikalisch-mathematischer Aufgaben

Beim Lösen physikalischer Aufgaben mit mathematischen Mitteln solltest du folgendermaßen vorgehen:

1. Versuche dir den Sachverhalt der Aufgabe vorzustellen! Fertige, wenn notwendig, eine anschauliche Skizze an!
2. Vereinfache den Sachverhalt aus der Sicht der Physik! Lass Unwesentliches weg! Fertige eine vereinfachte, schematische Skizze zum Sachverhalt an!
3. Stelle die gesuchten und die gegebenen Größen der Aufgabe zusammen!
4. Versuche Zusammenhänge und Gesetze im Sachverhalt zu erkennen! Gib Gleichungen für gesuchte und gegebene Größen an, die unter den gegebenen Bedingungen gelten!
5. Mitunter wird der Sachverhalt mit mehreren Gleichungen und mehreren Variablen (unbekannten Größen) beschrieben. Löse das Gleichungssystem, indem du die Gleichungen miteinander kombinierst!
6. Setze die Werte für die gegebenen Größen in die Endgleichung ein und berechne die gesuchten Größen! Manchmal müssen vor dem Einsetzen noch Einheiten umgerechnet werden.
7. Formuliere das Ergebnis der Aufgabe! Beantworte dabei die gestellten Fragen!

Ein Überholvorgang – physikalisch betrachtet

Im Straßenverkehr spielt das Begegnen und Überholen von Fahrzeugen eine wichtige Rolle. Gerade beim Überholen passieren viele Unfälle. Der Fahrer des überholenden Fahrzeugs muss vor allem den Überholweg und die erforderliche Zeit richtig einschätzen.

Ein 5,0 m langer blauer Pkw will einen roten Lkw überholen (Abb. 1). Der Pkw fährt gleichförmig mit 108 km/h, der Lkw mit 72 km/h. Im Ausgangszustand beträgt der Abstand der Fahrzeugspitzen 60 m.
Nach welcher Zeit und in welcher Entfernung vom Ausgangspunkt befinden sich beide Fahrzeuge auf gleicher Höhe? Welchen Abstand haben die Fahrzeuge nach 10 Sekunden?

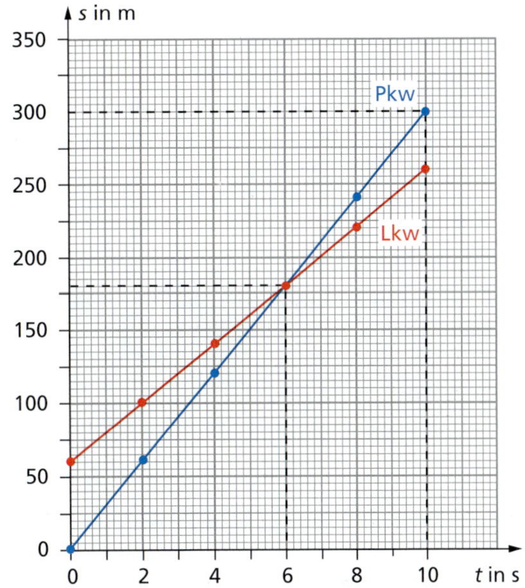

2 Weg-Zeit-Diagramm für beide Fahrzeuge

Die Aufgabe lässt sich grafisch oder rechnerisch lösen. Zur grafischen Lösung stellt man die Bewegung beider Fahrzeuge in einem s-t-Diagramm dar (Abb. 2). Als Bezugspunkte (bei $t = 0$) wählen wir die Spitzen der Fahrzeuge. Mit den genannten Geschwindigkeiten erhält man das in Abb. 2 dargestellte Diagramm.
Der Schnittpunkt der beiden Graphen ist die Stelle, bei der sich die beiden Fahrzeuge auf gleicher Höhe befinden. Das ist bei $t = 6$ s und $s = 180$ m der Fall.
Nach einer Zeit von 10 Sekunden befindet sich die Spitze des Pkw etwa 40 m vor der des Lkw. Bezogen auf das Heck des Pkw sind das etwa 35 m.
Dieses grafische Herangehen lässt sich auch anwenden, wenn Fahrzeuge in entgegengesetzter Richtung fahren oder wenn man wissen will, wann und an welchem Ort sie sich begegnen.

Die rechnerische Lösung dieser Aufgabe ist dann einfach, wenn man ein mit dem Lkw verbundenes Bezugssystem nutzt. In einem solchen Bezugssystem hat der Pkw gegenüber dem Lkw eine Relativgeschwindigkeit von:

$$108\,\frac{\text{km}}{\text{h}} - 72\,\frac{\text{km}}{\text{h}} = 36\,\frac{\text{km}}{\text{h}}$$

Das sind umgerechnet $10\,\frac{\text{m}}{\text{s}}$. Demzufolge werden die 60 m, die die Fahrzeugspitzen im Ausgangszustand voneinander entfernt sind, in 6 Sekunden zurückgelegt. Nach weiteren 4 Sekunden, also einer Gesamtzeit von 10 Sekunden, beträgt der Abstand 40 Meter.

Für ein sicheres Überholen ist entscheidend: Ein Überholvorgang geht umso schneller, je größer der Geschwindigkeitsunterschied zwischen den betreffenden Fahrzeugen ist.

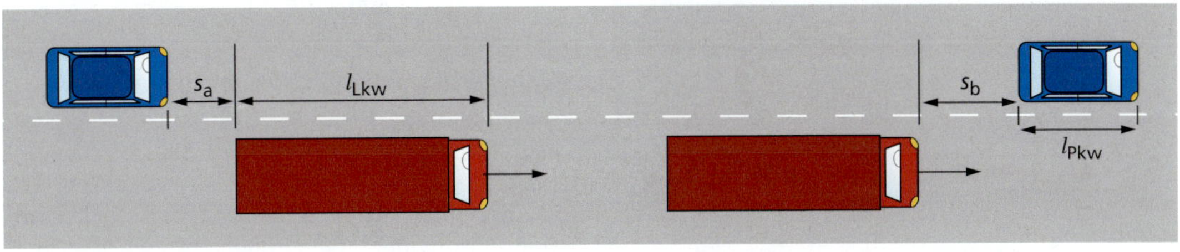

1 Überholvorgang: Der Pkw überholt den Lkw und legt dabei den größeren Weg zurück.

Die Fallbeschleunigung

Die Fallbeschleunigung ist eine wichtige Naturkonstante. Wie andere Naturkonstanten kann sie experimentell bestimmt werden.
Ermittle experimentell die Fallbeschleunigung!

Vorbereitung:
Für den freien Fall gilt das Weg-Zeit-Gesetz der gleichmäßig beschleunigten Bewegung:

$$s = \frac{g}{2} \cdot t^2$$

Die Umstellung dieser Formel nach g ergibt:

$$g = \frac{2s}{t^2}$$

Es müssen also Fallweg s und zugehörige Zeit t gemessen werden. Daraus lässt sich g berechnen. Um einen möglichst genauen Wert für g zu erhalten, sollte die zu messende Fallzeit nicht zu klein sein. Deshalb ist ein möglichst großer Fallweg zu wählen. Die Fallzeit wird mehrmals gemessen und anschließend ein Mittelwert berechnet. Die Auslösung des freien Falls erfolgt mit einem Magnetschalter, die Zeitmessung mit einer elektronischen Uhr. Der fallende Körper muss so gewählt werden, dass der Luftwiderstand möglichst gering ist.

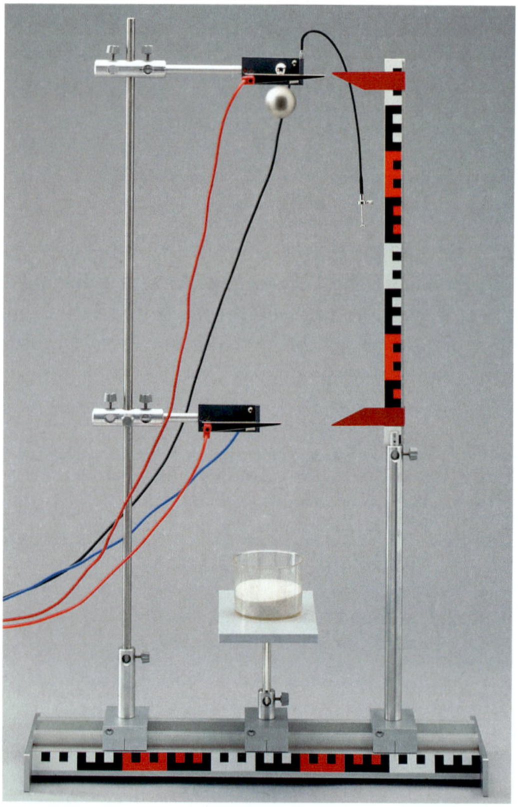

1 Experimentieranordnung zur Bestimmung der Fallbeschleunigung

Durchführung:
Der Fallweg beträgt $s = 96\ \text{cm} \pm 1{,}5\ \text{cm}$. Die Fallzeit wird zehnmal gemessen.

Messung Nr.	Zeit *t* in s
1	0,47
2	0,42
3	0,48
4	0,44
5	0,45
6	0,42
7	0,44
8	0,43
9	0,46
10	0,45

Auswertung:
Aus der Messreihe für die Zeit kann folgender Mittelwert berechnet werden:

$$\bar{t} = \frac{4{,}46\ \text{s}}{10} = 0{,}45\ \text{s}$$

Als Fehler für die Zeitmessung kann $\pm 0{,}02\ \text{s}$ angenommen werden.
Für die Fallbeschleunigung errechnet man mit den ermittelten Werten:

$$g = \frac{2 \cdot 0{,}96\ \text{m}}{(0{,}45)^2 \cdot \text{s}^2} = 9{,}48\ \frac{\text{m}}{\text{s}^2}$$

Berücksichtigt man die Fehler für Weg und Zeit, dann erhält man für g als größtmöglichen Wert:

$$g = \frac{2 \cdot (0{,}96\ \text{m} + 0{,}015\ \text{m})}{(0{,}45 - 0{,}02)^2\ \text{s}^2} = 10{,}55\ \frac{\text{m}}{\text{s}^2}$$

Analog erhält man als kleinstmöglichen Wert:

$$g = \frac{2 \cdot (0{,}96\ \text{m} - 0{,}015\ \text{m})}{(0{,}45 + 0{,}02)^2\ \text{s}^2} = 8{,}56\ \frac{\text{m}}{\text{s}^2}$$

Als Ergebnis erhält man unter Berücksichtigung sinnvoller Genauigkeit $g = 9{,}5\ \frac{\text{m}}{\text{s}^2} \pm 1{,}0\ \frac{\text{m}}{\text{s}^2}$. Der Messfehler beträgt also etwa 10 %.

Fehlerbetrachtungen bei experimentellen Untersuchungen

Jede Messung einer physikalischen Größe ist aus den verschiedensten Gründen mit Fehlern behaftet. Der **Messwert** x_i einer physikalischen Größe weicht also vom tatsächlichen Wert der Größe, dem **wahren Wert** x, mehr oder weniger stark ab. Bei experimentellen Untersuchungen wird man immer versuchen, die unvermeidlichen Messfehler möglichst klein zu halten.

Um möglichst genaue Messungen durchführen zu können bzw. um die Genauigkeit bereits durchgeführter Messungen einschätzen zu können, muss man die Ursachen für Messfehler, die Größen solcher Fehler und ihre Auswirkungen auf die Genauigkeit des Ergebnisses kennen.

Darüber hinaus muss man wissen, wie man in der Formulierung des Ergebnisses die Genauigkeit kenntlich macht.

> Jede Messung ist mit Fehlern behaftet. Die Messwerte x_i weichen vom wahren Wert x der betreffenden Größe ab.

Messfehler können ihre Ursachen haben
- in der Experimentieranordnung,
- in den Messgeräten bzw. Messmitteln,
- beim Experimentator,
- in der Umgebung, in der das Experiment (die Messung) durchgeführt wird.

Beispiele für Fehlerursachen aus den vier genannten Bereichen sind in der nachfolgenden Übersicht zusammengestellt.

Fehlerursache	Beispiele
Experimentieranordnung	– unzureichende Isolierung bei Versuchen in der Wärmelehre und damit unkontrollierter Energieaustausch mit der Umgebung – Verwendung einer stromrichtigen statt einer spannungsrichtigen Schaltung oder umgekehrt bei der Messung von Spannung und Stromstärke – Vernachlässigung der Widerstände von Zuleitungen bei elektrischen Schaltungen – unzureichende Kompensation der Reibung bei der Untersuchung von Bewegungsabläufen in der Mechanik – Verzögerungen beim Auslösen von Abläufen, die durch die Experimentieranordnung bedingt sind
Messgeräte, Messmittel	– Jedes Messgerät, z. B. Lineal, Thermometer, Spannungsmesser, hat nur eine bestimmte Genauigkeitsklasse bzw. hat eine bestimmte zulässige Fertigungstoleranz. – Messmittel wie Wägestücke, Hakenkörper, Widerstände haben ebenfalls Fertigungstoleranzen.
Experimentator	– Ablesefehler bei Messgeräten – Auslösefehler bei Zeitmessungen – Fehler durch eine nicht exakte Handhabung von Messgeräten (z. B. ungenaues Anlegen eines Lineals) – Fehler durch Verwendung unzweckmäßiger Messgeräte (z. B. kleine Wassermenge in großem Messzylinder, Thermometer mit 1°-Teilung bei der Messung kleiner Temperaturunterschiede) – Fehler durch Ablesen an falschen Bezugspunkten (z. B. wird statt des Schwerpunkts eines Körpers seine Unter- oder Oberkante als Bezugspunkt für Entfernungsmessungen gewählt)
Umgebung	– Nichtbeachtung der Temperatur oder von Temperaturschwankungen – Nichtbeachtung des Drucks oder von Druckschwankungen – Schwankungen der Netzspannung, Erschütterungen

Messgerät		Maximaler systematischer Fehler
Thermometer	1°-Teilung $\frac{1}{10}$°-Teilung	± 1 K ± 0,1 K
Lineal, Winkelmesser, Messuhren, Uhren, Präzisionswaagen		± 1 % (meist vernachlässigbar)
Brennweite von Linsen, Gitterkonstante eines optischen Gitters		± 1 % (meist vernachlässigbar)
Federkraftmesser		meist Genauigkeitsklasse 2,0 (2,0 %)
Spannungsmesser, Stromstärkemesser		aufgedruckte Genauigkeitsklasse

Je nach ihrem Charakter unterscheidet man zwischen groben, systematischen und zufälligen Fehlern.

Grobe Fehler sind Fehler, die aufgrund eines falschen Aufbaus, ungeeigneter Messgeräte, falschen Ablesens, defekter Messgeräte oder Unachtsamkeit auftreten. Bei sorgfältiger und planmäßiger Arbeit sind grobe Fehler grundsätzlich vermeidbar. Sie werden deshalb bei Fehlerbetrachtungen nicht berücksichtigt. Tritt ein grober Fehler auf, so sind die entsprechenden Werte zu streichen und die Messungen zu wiederholen.

Systematische Fehler sind Fehler, die vor allem durch die Experimentieranordnung oder durch die Messgeräte verursacht werden, aber auch vom Experimentator selbst hervorgerufen werden können. Sie sind teilweise erfassbar (z. B. Gerätefehler), teilweise aber nicht.
Die Fehler von Messgeräten werden über die Genauigkeiten oder die Toleranz erfasst.

So bedeutet z. B. bei einem Spannungsmesser die **Genauigkeitsklasse** 2,5 bei einem Messbereich von 10 V: Der maximale systematische Fehler beträgt bei allen Messungen in diesem Messbereich 2,5 % vom Messbereichsendwert, also 2,5 % von 10 V und damit ± 0,25 V. Entsprechend lassen sich auch für andere Messgeräte die maximalen systematischen Fehler angeben (↗ Übersicht oben).

Zufällige Fehler sind Fehler, die vor allem durch den Experimentator und durch Umwelteinflüsse zustande kommen. Dazu gehören z. B. Ablesefehler bei Messgeräten, Ablesefehler bei Zeitmessungen, ungenaues Einstellen der Schärfe eines Bilds in der Optik u. Ä.
Solche zufälligen Fehler lassen sich teilweise abschätzen, aber nie vollständig erfassen. Für einige dieser Fehler sind in der Übersicht unten Werte angegeben.
Zufällige Fehler haben statistischen Charakter. Bei mehrfacher Messung streuen sie um einen **Mittelwert.**

Art des zufälligen Fehlers	Größe des zufälligen Fehlers
Ungenaues Ablesen bei Messgeräten mit analoger Anzeige (Skalen)	Hälfte des kleinsten Skalenwertes (z. B. bei einem Lineal mit mm-Teilung: ± 0,5 mm, bei einem Thermometer mit $\frac{1}{2}$°-Teilung: ± 0,25 K)
Ungenauigkeit bei Messgeräten mit digitaler Anzeige (Ziffern)	Abweichung um 1 von der letzten Ziffer (z. B. bei einem elektronischen Thermometer mit der Anzeige 22,8 °C: ± 0,1 K)
Auslösefehler bei handgestoppter Zeit	± 0,25 s (Mittelwert)

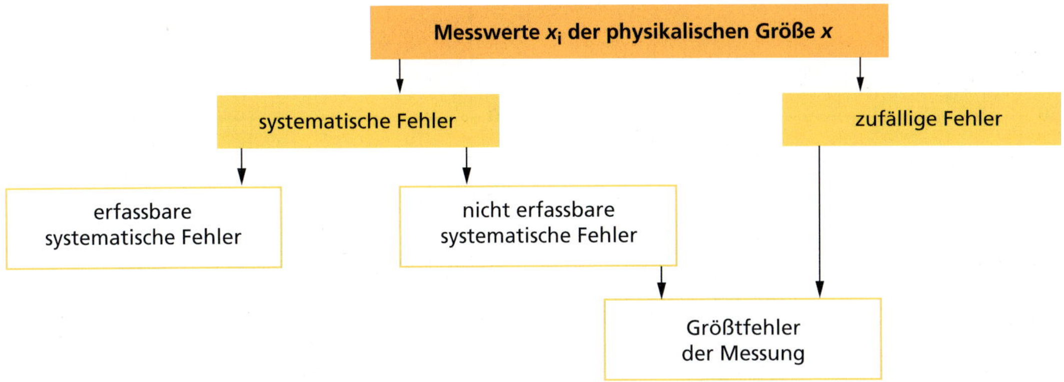

Bei Messungen können sowohl systematische als auch zufällige Fehler auftreten. Die Summe aller Fehler ergibt den **Größtfehler,** den man abschätzen kann. Die Zusammenhänge sind in der Übersicht oben dargestellt. Ein Beispiel ist auf S. 28 zu finden. Fehlerbetrachtungen haben sowohl vor der Durchführung von Messungen als auch in Auswertung von Messungen ihre Bedeutung.

Fehlerbetrachtungen vor Durchführung der Messungen haben das Ziel zu erkennen, welche Messfehler auftreten können und wie man sie möglichst klein halten kann. Zu entscheiden sind solche Fragen wie:

- Welches Messverfahren wähle ich?
- Wodurch können Messfehler verursacht werden?
- Gibt es Möglichkeiten, Fehler zu korrigieren, zu kompensieren oder zu minimieren?
- Welche Größen müssen besonders genau gemessen werden, weil ihr Fehler den Fehler des Gesamtergebnisses besonders stark beeinflusst?
- Ist es sinnvoll, eine Probemessung oder eine Kontrollmessung durchzuführen?
- Reicht eine einmalige Messung oder ist es zweckmäßig, die Messungen so oft zu wiederholen, dass eine statistische Auswertung (Mittelwertbildung) gemacht werden kann?

Fehlerbetrachtungen nach der Durchführung der Messungen ermöglichen es nur noch abzuschätzen, wie genau man gemessen hat, also folgende Fragen zu beantworten:

- Welche zufälligen und systematischen Fehler sind tatsächlich aufgetreten?
- Wie groß sind die einzelnen Fehler und die Größtfehler bei den einzelnen gemessenen Größen?
- Wie beeinflussen diese Fehler das Messergebnis? Wie groß ist der Fehler der zu bestimmenden Größe?

Berücksichtigung von Messfehlern in Diagrammen

In der Mathematik verlaufen Graphen stets genau durch die Wertepaare. In der Physik ist das aufgrund der meist beträchtlichen Messfehler in der Regel nicht der Fall.
So kann z. B. der Wert für die Stromstärke so angegeben werden: $I = 60\ \text{mA} \pm 5\ \text{mA}$.
Diese Angabe bedeutet, dass man bei Wiederholung der Messung mit hoher Wahrscheinlichkeit ein Ergebnis im Bereich zwischen 55 mA und 65 mA erhalten wird.
Je besser die Messgeräte und je geübter die ablesenden Experimentatoren sind, umso kleiner werden die Messfehler.

Zu einer Aussage über Messfehler kann man auf verschiedene Weise kommen:

- Man schätzt die Messfehler ab. Hinweise dazu sind auf S. 30 gegeben.
- Man beachtet die Gerätefehler, die auf dem Gerät oder in der Bedienungsanleitung stehen.

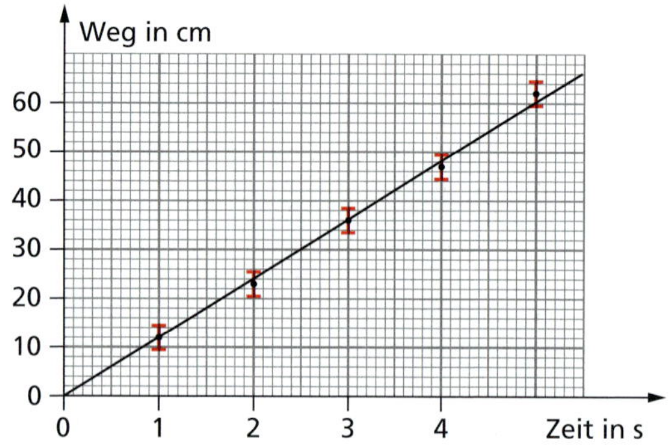

1 Weg-Zeit-Diagramm: Es wird angenommen, dass nur die Wegmessung mit einem Fehler von ±2 cm behaftet ist.

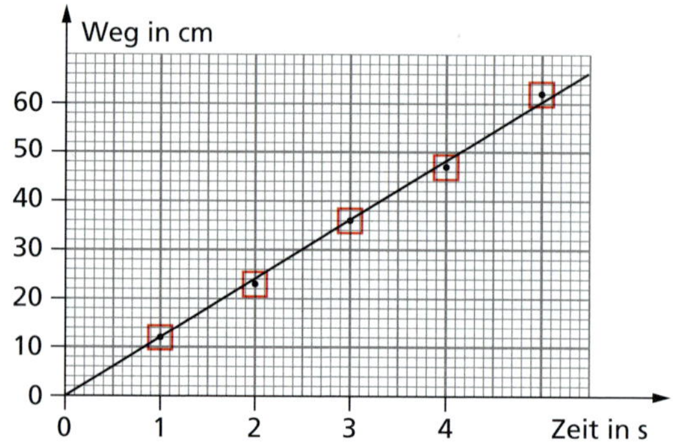

2 Weg-Zeit-Diagramm: Es wird angenommen, dass sowohl die Wegmessung als auch die Zeitmessung fehlerbehaftet sind.

Hat bei einer Messung eine der beiden Größen einen Messfehler und ist der Messfehler der anderen Größe vernachlässigbar, dann wird das im Diagramm mit einem **Fehlerbalken** verdeutlicht (Abb. 1).

Wenn beide Größen deutliche Fehler aufweisen, kennzeichnet man das im Diagramm häufig durch Fehlerbalken für jede der Größen oder durch ein **Fehlerkästchen** (Abb. 2).

Bei Abb. 2 wird angenommen, dass die Wegmessung wie bei Abb. 1 einen Fehler von ±2 cm und die Zeitmessung einen Fehler von ±0,1 s hat.

Beachte: Die angegebenen Fehler sind relativ klein. Bei vielen Messungen treten wesentlich größere Fehler auf.

Beim Einzeichnen des Graphen haben sich folgende Regeln bewährt:

1. Der Graph sollte möglichst durch alle Fehlerkästchen (oder wenigstens nahe daran vorbei) gehen.
2. Der Graph sollte möglichst wenige Krümmungsänderungen enthalten.

Sind die Messfehler sehr groß, haben auch die Fehlerkästchen eine entsprechende Größe. Es wird dann schwierig oder mitunter sogar unmöglich, einen eindeutigen Verlauf des Graphen anzugeben. Das gilt auch dann, wenn einzelne Messwerte sich nicht klar zuordnen lassen (↗ Übersicht unten).

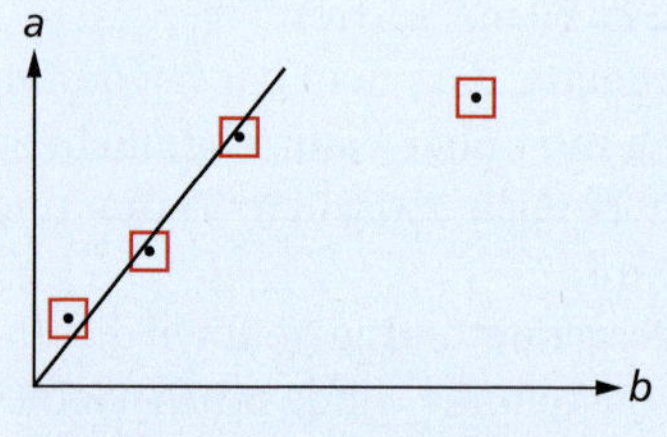

Durch die ersten drei Fehlerkästchen kann man eine Gerade zeichnen. Doch das vierte Fehlerkästchen ist von der Geraden zu weit entfernt. Die Ursache kann ein grober Messfehler sein oder der gemessene Zusammenhang kann eben nicht durch eine Gerade beschrieben werden.

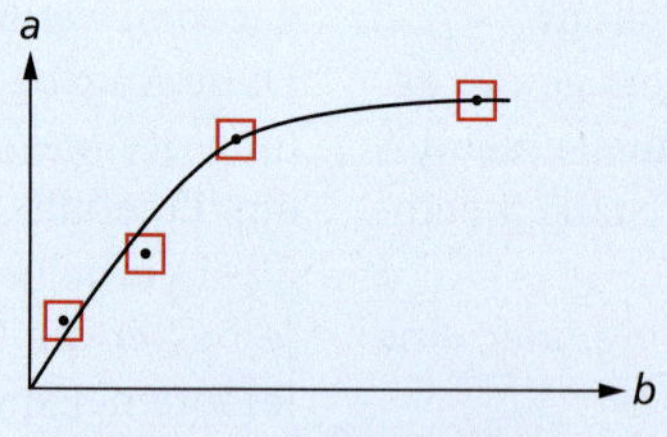

Wenn man alle vier Fehlerkästchen berücksichtigt, dann muss der Graph nach rechts abknicken. Er wird „in einem Schwung" gezeichnet.
Die Tatsache, dass dann der Graph nicht mehr genau auf allen Fehlerkästchen liegt, ist dagegen zweitrangig.

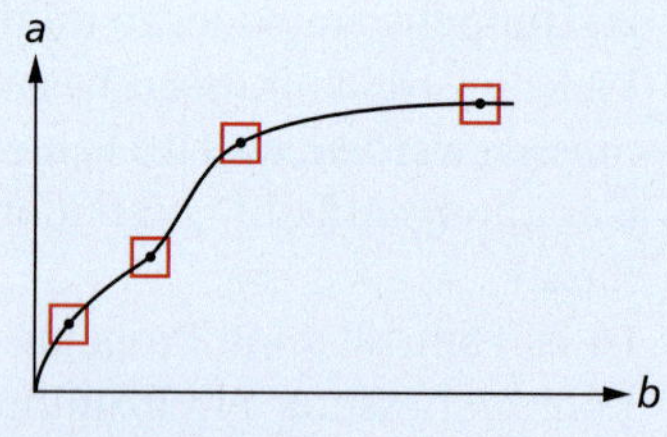

Dieser Graph enthält einige Krümmungen. Solche Krümmungen sind Hinweise auf physikalische Effekte.
Wenn die Kurven nicht physikalisch begründet werden können, dann sollte man versuchen, einen Graphen mit weniger Kurven an die Fehlerkästchen anzupassen.

Arbeiten mit physikalischen Größen

Diejenigen Eigenschaften oder Merkmale von Körpern, die sich quantitativ erfassen lassen, bezeichnet man als **physikalische Größen** oder kurz als Größen.
So wird die Eigenschaft eines Körpers, lang zu sein, durch die Größe Länge erfasst, während die Eigenschaft, schön zu sein, nicht durch eine physikalische Größe erfasst werden kann. Man kann nämlich für die Länge ein Messverfahren angeben, mit dem man feststellen kann, ob ein Stab doppelt so lang wie ein anderer Stab ist. Dagegen kann man nicht sagen, was man unter doppelt so schön verstehen soll.

Eine physikalische Größe beschreibt eine Eigenschaft bzw. ein Merkmal, das man quantitativ erfassen kann.

So kann man z. B. die Abmessungen eines Körpers mit der physikalischen Größe Länge beschreiben. Breite und Höhe, aber auch Entfernungen und Wege gehören alle zur Größe Länge. Die Körpertemperatur, die Zimmertemperatur usw. gehören zur Größe Temperatur.
Eigenschaften, von denen man sinnvoll Summen und Differenzen bilden kann, beschreibt man mit einer einzigen physikalischen Größe. Für die Angabe einer Größe gilt:

Eine Größenangabe besteht immer aus Zahlenwert und Einheit.

International vereinbart wurden sieben Basiseinheiten. Fast alle anderen Einheiten lassen sich aus diesen Basiseinheiten ableiten.
Beachte: Es gibt auch Größen mit der Einheit 1.

Alle physikalischen Größen haben bestimmte Merkmale, die in der Übersicht unten am Beispiel der Beschleunigung dargestellt sind.

Man kann in der Physik Größen nach unterschiedlichen Gesichtspunkten einteilen. Eine für die Mechanik wichtige Unterscheidung ist die zwischen ungerichteten (skalaren) Größen und gerichteten (vektoriellen) Größen. Die Masse ist eine skalare Größe, Kraft und Beschleunigung sind vektorielle Größen. Skalare Größen können problemlos addiert werden. So ergeben z. B. 100 g + 300 g = 400 g.
Bei vektoriellen Größen ist das anders. Haben zwei Kräfte die gleiche Richtung, so ergibt die Summe der Beträge die Gesamtkraft, z. B. 100 N + 300 N = 400 N. Sind die beiden Kräfte aber entgegengesetzt gerichtet, so ergibt sich als Betrag der resultierenden Kraft 200 N.
Größen sind meist gemessene Werte und damit Näherungswerte. Deshalb gilt:

Physikalische Größen sind stets mit sinnvoller Genauigkeit anzugeben. Das Ergebnis einer Rechnung mit Größen kann nie genauer als der ungenaueste Ausgangswert sein.

Das ist auch beim Rechnen mit einem Taschenrechner oder einem Computer zu beachten. Entscheidend sind immer die gültigen Ziffern der Ausgangswerte. Das sind die von links her erstmals von null verschiedenen Ziffern. So hat z. B. $s = 1{,}36$ m drei gültige Ziffern, $s = 0{,}42$ m hat zwei gültige Ziffern, $s = 12$ m ebenfalls zwei.

Der Wert mit der geringsten Anzahl gültiger Ziffern bestimmt die sinnvolle Genauigkeit des Ergebnisses.

Bezeichnung der Größe	Bedeutung der Größe	Formelzeichen	Einheit	Messgerät	Messverfahren Berechnung
Beschleunigung	Die Beschleunigung gibt an, wie schnell sich die Geschwindigkeit eines Körpers ändert.	a	$1\,\frac{\text{m}}{\text{s}^2}$	Beschleunigungsmesser	$a = \frac{\Delta v}{\Delta t}$

Gewusst · Gekonnt

1. Diskutiere, ob sich die folgenden Körper in Ruhe oder in Bewegung befinden!
a) Sitzende Person in einem haltenden Zug
b) Sitzende Person in einem fahrenden Zug
c) Person in einem Aufzug
d) Dachziegel auf einem Hausdach
e) Vogel auf einem Ast
f) Geostationärer Nachrichtensatellit

2. Auf den Fotos sind Körper in Bewegung abgebildet.

Gib jeweils die mögliche Bewegungsart und die Bahnform an!

3. Damit eine Raumsonde den Anziehungsbereich der Erde verlassen kann, muss sie auf eine Geschwindigkeit von mindestens $11{,}2\,\frac{\text{km}}{\text{s}}$ gebracht werden. Wie viele Kilometer je Stunde sind das?

4. a) Gib die Geschwindigkeiten $130\,\frac{\text{km}}{\text{h}}$; $50\,\frac{\text{km}}{\text{h}}$ und $5\,\frac{\text{km}}{\text{h}}$ in $\frac{\text{m}}{\text{s}}$ an!
b) Die Erde bewegt sich mit etwa $30\,\frac{\text{km}}{\text{s}}$ auf ihrer Bahn um die Sonne. Wie viele Kilometer je Stunde sind das?
c) Damit ein Satellit in eine Erdumlaufbahn kommt, muss er eine Geschwindigkeit von 28 440 km/h haben. Gib diese Geschwindigkeit in $\frac{\text{km}}{\text{s}}$ an!

5. Die besten Tennisspieler können beim Aufschlag dem Ball eine sehr große Geschwindigkeit verleihen. Bereits nach 0,3 s trifft der Ball bei diesen Spielern in 17 m Entfernung im Aufschlagfeld auf. Wie groß ist die Geschwindigkeit des Tennisballs?

6. Für ein Fahrzeug wurden folgende Messwerte aufgenommen:

Weg *s* in km	4,5	9,1	13,4	17,9	22,7	27
Zeit *t* in min	2	4	6	8	10	12

a) Zeichne das Weg-Zeit-Diagramm!
b) Ermittle die Wege für drei und für sieben Minuten!
c) Ermittle die Zeit für 20 km!
d) Wie bewegt sich dieses Fahrzeug? Begründe deine Aussage!
e) Berechne die Geschwindigkeit, mit der sich dieses Fahrzeug bewegt!
f) Zeichne das Geschwindigkeit-Zeit-Diagramm!

7. Wie lange benötigt das Licht von der Sonne bzw. vom Mond bis zur Erde?

8. In Wohngebieten werden in der Regel Tempo-30-Zonen eingerichtet. Dadurch ist es für Kraftfahrer besser möglich, auf spielende Kinder oder plötzliche Ereignisse zu reagieren. Unfälle können vermieden werden.
a) Erkunde, was man unter einer „Schrecksekunde“ versteht und wie groß sie im Durchschnitt ist!
b) Welchen Weg legt ein Pkw in der „Schrecksekunde“ bei $30\,\frac{\text{km}}{\text{h}}$ zurück?
*c) Um wie viel wäre der Weg länger, wenn der Pkw mit $50\,\frac{\text{km}}{\text{h}}$ fahren würde?

9. Wie groß wäre die Zeitersparnis bei einer Fahrt auf der Autobahn, wenn man die Strecke von 240 km statt mit 100 mit 130 $\frac{\text{km}}{\text{h}}$ fahren könnte?

10. Ein ICE (s. Abb.) braucht für die 284 km lange Strecke Berlin–Hannover eine Gesamtzeit von 1 Stunde und 35 Minuten.
Wie groß ist seine Durchschnittsgeschwindigkeit?

11. Ermittle deine Durchschnittsgeschwindigkeit!
a) beim 100-m-Lauf
b) mit dem Fahrrad
c) für einen Schulweg

12. Die Abbildung zeigt das stark vereinfachte Fahrtenschreiberdiagramm für einen Lkw.

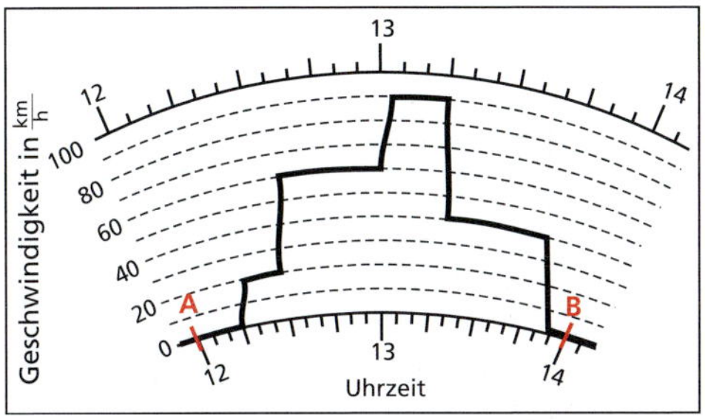

Interpretiere dieses Diagramm!

13. Ein neuer Pkw benötigt 9,8 s, um von null auf 100 km/h zu kommen.
a) Wie groß ist die Beschleunigung dieses Pkw?
Welche Annahme muss man über die Art der Bewegung machen?
b) Um von 80 auf 120 km/h zu kommen, benötigt derselbe Pkw 10,6 s.
Berechne auch hierfür die Beschleunigung und vergleiche diese mit der Beschleunigung bei Aufgabe a!
c) Wie sind die Unterschiede zu erklären?

***14.** Ein Sportwagen erreicht aus dem Stand in 6,8 s eine Geschwindigkeit von 100 $\frac{\text{km}}{\text{h}}$. Welchen Weg legt er dabei zurück?

15. Die Bewegung eines Radfahrers wird mit dem folgenden Geschwindigkeit-Zeit-Diagramm beschrieben:

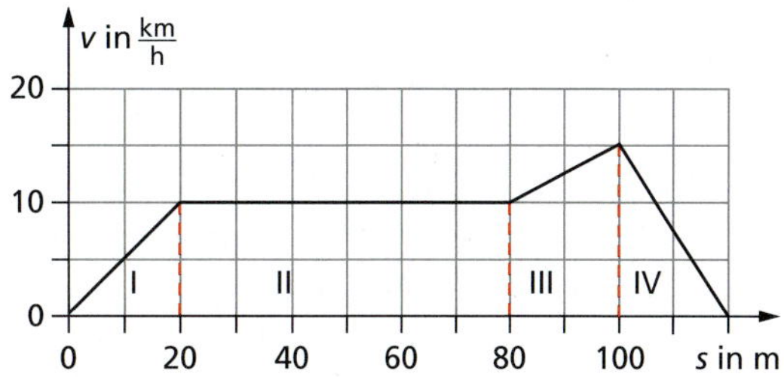

a) Interpretiere das Diagramm! Wie bewegt sich der Radfahrer in den vier gekennzeichneten Abschnitten?
b) In welchem Abschnitt hat er die größte Beschleunigung?
c) Zeichne das zugehörige Beschleunigung-Zeit-Diagramm!

***16.** Die Startgeschwindigkeit (Geschwindigkeit beim Abheben) eines Passagierflugzeugs liegt bei etwa 290 km/h. Die Beschleunigung in der Startphase beträgt etwa 2,8 $\frac{\text{m}}{\text{s}^2}$.

a) Ermittle aus diesen Daten, welche Strecke das Flugzeug auf der Startbahn rollt!
b) Zeichne für ein solches Flugzeug das Geschwindigkeit-Zeit-Diagramm und das Weg-Zeit-Diagramm!

17. Bei einem Test im Sportunterricht, der als Cooper-Test bezeichnet wird, haben die Schüler Gelegenheit, ihre Ausdauer zu testen. Gemessen wird dabei, welche Strecke in 12 Minuten zurückgelegt wird. Dem Test liegt folgende Bewertungstabelle zugrunde:

Jungen	14. J.	15. J.	16. J.	17. J.
ausgezeichnet	2950	3000	3050	3100
sehr gut	2750	2800	2850	2900
gut	2350	2400	2450	2500
befriedigend	1950	2000	2050	2100
mangelhaft	1350	1400	1450	1500
ungenügend	weniger Meter als mangelhaft			

Mädchen
200 Meter weniger als Jungen in allen Klassen

Berechne für dein Alter und Geschlecht die Durchschnittsgeschwindigkeiten für die verschiedenen Bewertungen!

18. Für zwei Fahrzeuge werden ab einem bestimmten Zeitpunkt ($t = 0$) Orte und Fahrzeiten registriert und in einem Diagramm dargestellt. Man erhält das nachfolgende Diagramm:

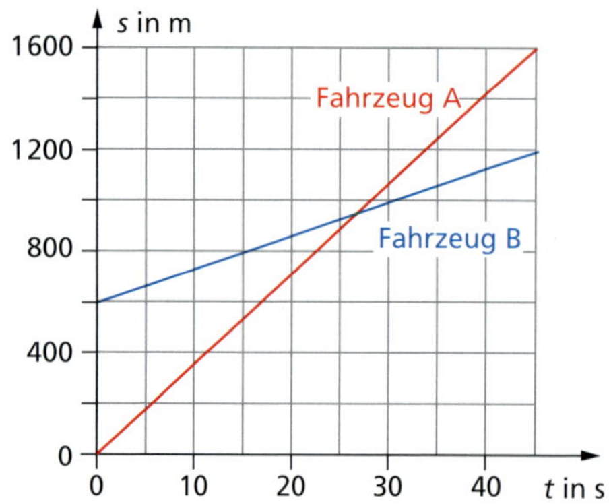

a) Interpretiere das Diagramm! Gehe auch auf die Bedeutung des Schnittpunkts der Graphen ein!
b) Berechne die Geschwindigkeiten beider Fahrzeuge und zeichne ein Geschwindigkeit-Zeit-Diagramm mit beiden Graphen in einem Diagramm!

19. Nina fährt mit ihrem Fahrrad 4 Minuten mit konstanter Geschwindigkeit. Dabei legt sie 1,5 km zurück. Anschließend bremst sie ihr Rad innerhalb von zwei Minuten gleichmäßig bis auf 10 km/h ab. Mit dieser Geschwindigkeit fährt sie noch einmal drei Minuten lang weiter. Abschließend bremst sie innerhalb von einer Minute gleichmäßig bis zum Stillstand ab. Zeichne ein Geschwindigkeit-Zeit-Diagramm dieser Bewegung!

20. Im folgenden Weg-Zeit-Diagramm ist die Bewegung eines Radfahrers dargestellt.

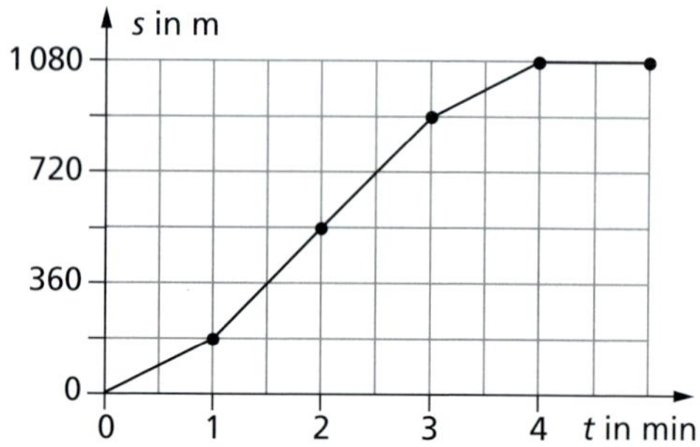

a) Beschreibe den Bewegungsablauf!
b) Zeichne das zugehörige Zeit-Geschwindigkeit-Diagramm!

21. Das nachfolgende Geschwindigkeit-Zeit-Diagramm zeigt die Bewegung eines Autos.

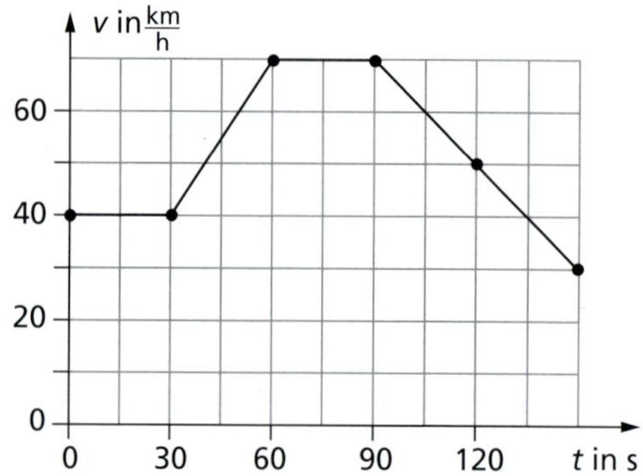

a) Beschreibe den Bewegungsablauf!
b) Berechne die Beschleunigungen! Zeichne ein a-t-Diagramm!
c) Welchen Weg legt das Auto in den ersten 30 s zurück?

22. Ein Lkw-Fahrer ist wegen eines plötzlich auf die Straße laufenden Kinds zum scharfen Bremsen und zum kurzfristigen Halten gezwungen. Im Diagramm ist der Bewegungsablauf für diesen Vorgang vereinfacht dargestellt.

a) Interpretiere das v-t-Diagramm!

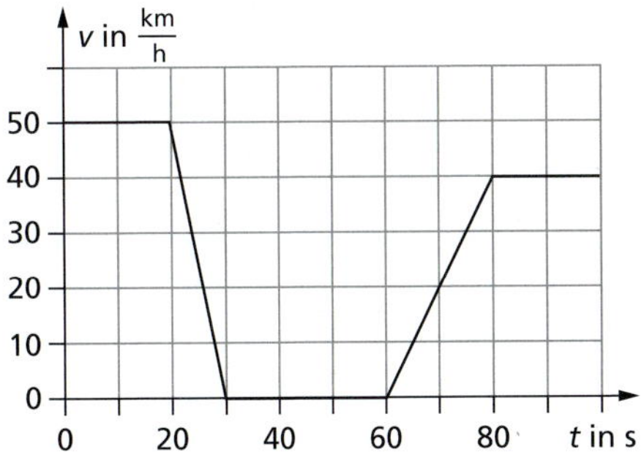

b) Berechne die Beschleunigungen für das Bremsen und das Anfahren!

c) Zeichne das Beschleunigung-Zeit-Diagramm!

***23.** Nach einem Unfall ermittelt die Verkehrspolizei für die Vollbremsung eines Motorrads einen Bremsweg von 26 m. Für den Straßenbelag kann man eine Bremsverzögerung von $6{,}8\ \text{m/s}^2$ annehmen.
Mit welcher Geschwindigkeit ist das Motorrad gefahren? Hat sich der Fahrer innerhalb einer geschlossenen Ortschaft damit vorschriftsmäßig verhalten?

***24.** Ein mit drei Personen und viel Gepäck beladener Pkw fährt mit einer Geschwindigkeit von 80 km/h auf einer nassen Landstraße. Plötzlich sieht der Fahrer etwa 100 m vor dem Fahrzeug ein Reh auf die Fahrbahn laufen.
Kann das Fahrzeug noch vor dem Reh zum Stehen gebracht werden, wenn für diesen Fall eine Bremsverzögerung von $4{,}2\ \text{m/s}^2$ angenommen wird und der Fahrer eine Reaktionszeit von 0,9 s hat?

25. Ermittle deine maximale Beschleunigung in den ersten 5 s beim Anfahren mit dem Rad! Beschreibe das Messverfahren! Vergleiche deine Werte mit denen deiner Mitschüler!

26. Im Vergleich zu einem Regentropfen schwebt eine Schneeflocke viel langsamer herab.
Wie können diese Unterschiede in den Fallbewegungen erklärt werden?

27. Gib für folgende Vorgänge an, ob man die Bewegungen mit den Gesetzen des freien Falls beschreiben kann oder nicht! Begründe!

a) Schweben der Samen von Pusteblumen
b) Fallschirmspringer
c) Fall eines Dachziegels vom Dach
d) Fall eines Apfels vom Baum
e) Fall von Hagelkörnern

***28.** Ein Stein löst sich von einem Felsen und schlägt nach 8 s auf dem Boden auf.
In welcher Höhe über der Auftreffstelle hat sich der Stein gelöst?

***29.** Um die Tiefe eines Brunnens zu ermitteln, wird ein Stein vom Brunnenrand aus fallen gelassen. Nach drei Sekunden hört man, wie der Stein aufschlägt.
Wie tief ist der Brunnen?

30. Ein Fallschirmspringer lässt sich zunächst mit nicht geöffnetem Fallschirm fallen. Seine Bewegung wird durch das v-t-Diagramm beschrieben.

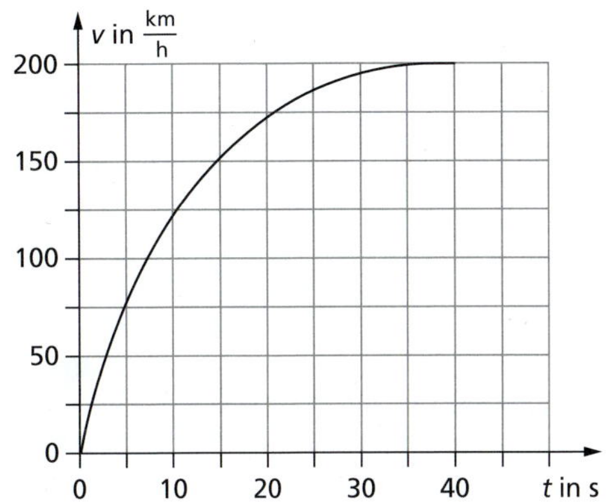

a) Interpretiere dieses Diagramm!

b) Gib die maximale Geschwindigkeit in $\frac{\text{km}}{\text{h}}$ und in $\frac{\text{m}}{\text{s}}$ an!

c) Erkunde, wie groß die maximale Geschwindigkeit von Regentropfen ist!

Gleichförmige und gleichmäßig beschleunigte Bewegungen

Ein Körper befindet sich in Bewegung, wenn er seine Lage gegenüber einem Bezugssystem ändert.

Die Geschwindigkeit
gibt an, wie schnell sich ein Körper bewegt.

$v = \frac{s}{t}$ $v = \frac{\Delta s}{\Delta t}$

Die Beschleunigung
gibt an, wie schnell sich die Geschwindigkeit eines Körpers ändert.

$a = \frac{\Delta v}{\Delta t}$

Nach der Art der Bewegung kann man unterscheiden:

Gleichförmige Bewegungen

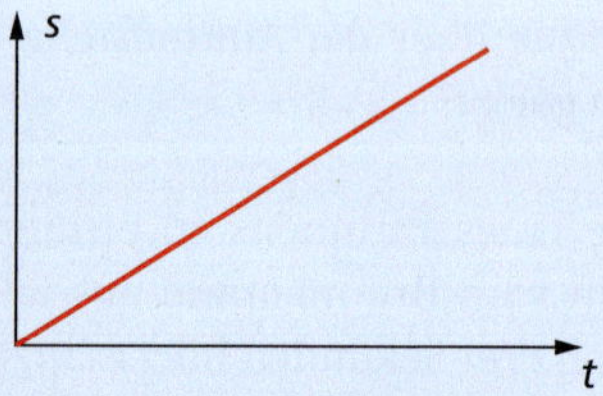

$s = v \cdot t$

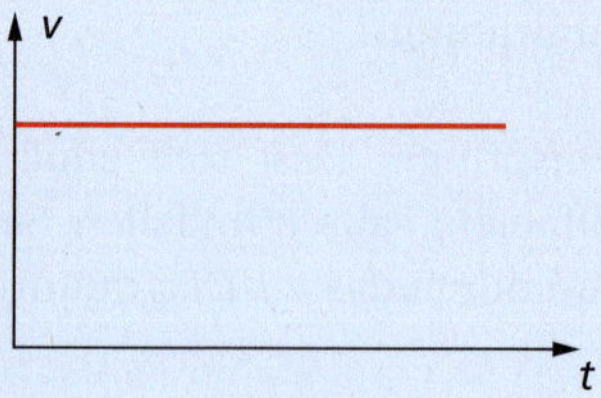

$v = \frac{s}{t}$

v = konstant

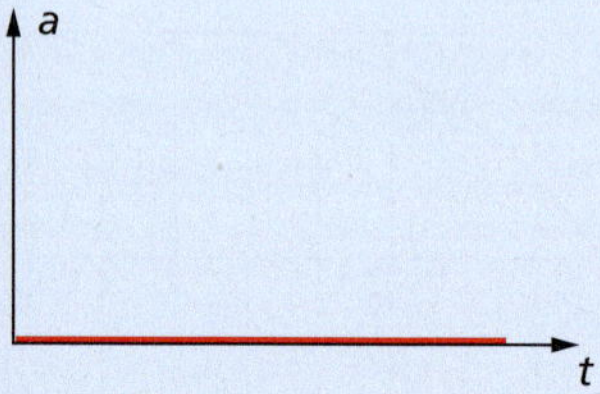

$a = 0$

Gleichmäßig beschleunigte Bewegungen

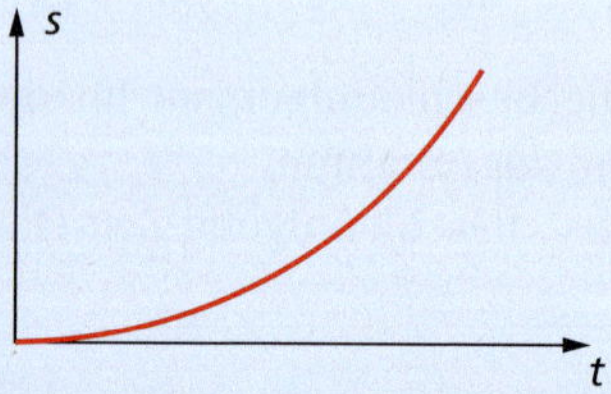

$s = \frac{a}{2} t^2$

$v = a \cdot t$

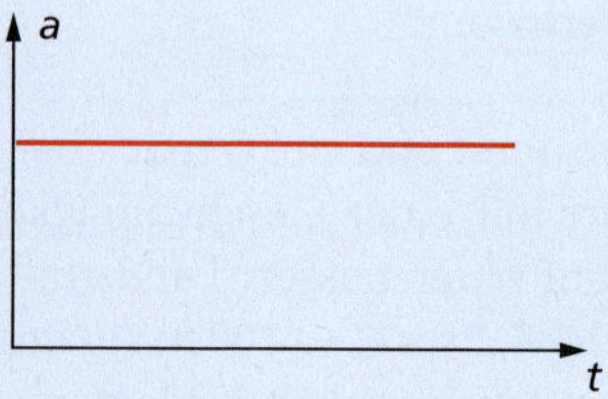

a = konstant

$a = \frac{\Delta v}{\Delta t}$

Eine spezielle gleichmäßig beschleunigte Bewegung ist der **freie Fall** mit
$a = g \quad (g = 9{,}81 \, \frac{\text{m}}{\text{s}^2})$.

Für den freien Fall gilt:

$s = \frac{g}{2} t^2$ $s = \frac{v^2}{2g}$ $v = g \cdot t$ $v = \sqrt{2g \cdot h}$

1.2 Kräfte und Änderungen der Bewegung

Körper sind träge

Bei zu hohen Geschwindigkeiten kann es leicht passieren, dass ein Fahrzeug aus einer Kurve herausgetragen wird, wegrutscht oder umkippt.
Unter welchen Bedingungen kann man eine Kurve sicher durchfahren? Gibt es dabei Unterschiede zwischen einem Lkw und einem Motorrad oder Fahrrad?

Kräfte beim Start

Als Fehlstart beim Sprint gilt, wenn sich ein Sportler schneller als 0,1 s nach dem Startschuss in Bewegung setzt. Um dies zu registrieren, sind bei großen Wettkämpfen in den Startblöcken elektronische Messeinrichtungen eingebaut, die die Beinkräfte der Sportler auf die Startblöcke messen.
Warum können solche elektronischen Messeinrichtungen für Kräfte einen Fehlstart registrieren?

Wie sicher ist ein Auto?

Autos haben aus Sicherheitsgründen eine Knautschzone. Dadurch können bei Unfällen die Unfallfolgen bei den Fahrzeuginsassen vermindert werden, indem bei einem Aufprall der vordere Teil des Autos zusammengeschoben wird. Das oben stehende Bild zeigt dies bei einem Crashtest.
Welche Kräfte führen zu einer Verformung der Knautschzone bei einem Unfall?
Welche Kräfte wirken auf Fahrzeuginsassen?

Die physikalische Größe Kraft

Um einen Körper zu beschleunigen, muss auf ihn eine Kraft einwirken. Ein Volleyball wird in Bewegung gesetzt und beschleunigt, wenn der Volleyballspieler mit seiner Hand eine Kraft auf den Ball einwirken lässt (Abb. 3).

Durch eine Kraft kann ein Körper auch verformt werden. Die Einwirkungen der Körper aufeinander sind wechselseitig, d. h., es wirken Kräfte auf beide Körper. Deshalb bezeichnet man die Kraft als eine **Wechselwirkungsgröße.**

Wie stark Körper aufeinander einwirken, wird durch die physikalische Größe **Kraft** beschrieben.

> Die Kraft ist ein Maß dafür, welche Bewegungsänderung oder Verformung bei einem Körper hervorgerufen wird.
>
> Formelzeichen: F
> Einheit: ein Newton (1 N)

Die Kraft ist eine gerichtete Größe. Dementsprechend können Kräfte durch Pfeile dargestellt werden (Abb. 1).

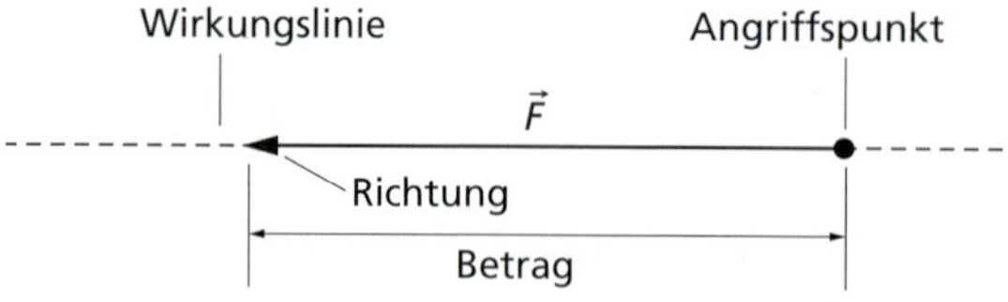

1 Darstellung einer Kraft: Für genaue Zeichnungen muss ein Maßstab vereinbart werden.

Die Wirkung einer Kraft auf einen Körper ist von ihrem Betrag, vom Angriffspunkt und von der Richtung der Kraft abhängig.

Die Einheit 1 N wurde nach dem englischen Physiker ISAAC NEWTON (1643–1727) benannt. NEWTON beschäftigte sich nicht nur mit Kräften, sondern fand auch wichtige physikalische Gesetze. Ein Newton ist die Kraft, die einem Körper mit der Masse 1 kg eine Beschleunigung von 1 m/s² erteilt. Es ist etwa die Kraft, mit der ein Körper der Masse 100 g auf der Erde auf eine ruhende Unterlage drückt oder an einer Aufhängung zieht (Abb. 2).

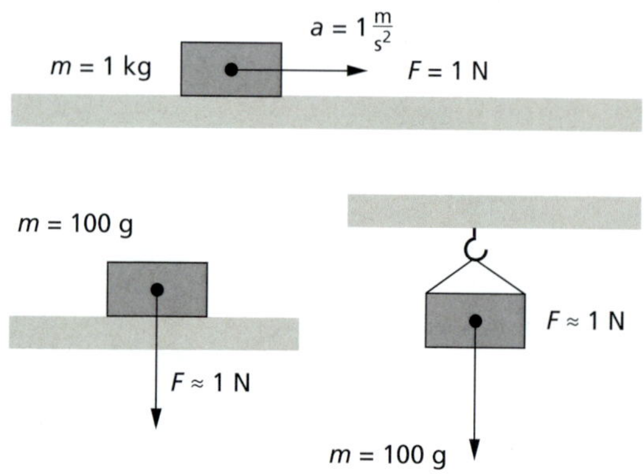

2 Die Kraft 1 N kann in verschiedener Weise dargestellt werden.

3 Durch Kräfte (Wechselwirkung Hand–Ball) wird der Ball beschleunigt.

Das Wechselwirkungsgesetz

Wirken zwei Körper aufeinander ein, so wirkt auf jeden der beiden Körper eine Kraft.
So zieht z. B. die Erde unseren Körper an, unser Körper zieht aber auch die Erde an. Beim Aussteigen aus einem Boot merkt man die Wechselwirkung zwischen Person und Boot (Abb. 1).
Bei einem Crashtest (Abb. 2) wirkt Auto 1 auf Auto 2, aber auch Auto 2 auf Auto 1.
Beim Heben einer Tasche müssen wir eine Muskelkraft nach oben aufwenden, zugleich wirkt aber die Gewichtskraft der Tasche nach unten. Solche zwischen verschiedenen Körpern auftretenden Kräfte werden als Wechselwirkungskräfte bezeichnet.
Für diese Kräfte gilt das **Wechselwirkungsgesetz.**

Wirken zwei Körper aufeinander ein, so wirkt auf jeden der Körper eine Kraft.
Die Kräfte sind gleich groß und entgegengesetzt gerichtet:

$$\vec{F}_1 = -\vec{F}_2$$

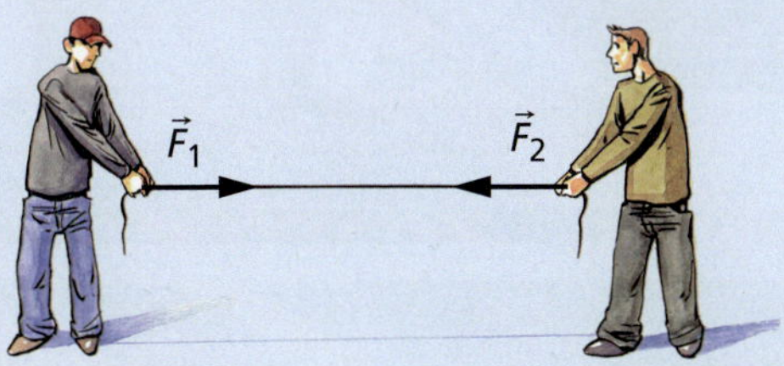

1 Boot und Mensch bewegen sich entgegengesetzt. Es gilt: actio = reactio.

2 Crash von Autos: Beide Autos wirken wechselseitig aufeinander ein.

In Kurzform formuliert man das Wechselwirkungsgesetz auch als „actio = reactio“ bzw. „Kraft = Gegenkraft“. Es gilt immer, wenn zwei Körper aufeinander einwirken, auch wenn man in einer Reihe von Anwendungen nur eine dieser Kräfte genauer betrachtet.
Das Wechselwirkungsgesetz ist auch der Grund dafür, dass beim Aussteigen einer Person aus einem Boot sich dieses entgegengesetzt wegbewegt (Abb. 1). Dieses Prinzip nennt man auch **Rückstoßprinzip.**

Das newtonsche Grundgesetz

Wirkt auf einen Körper eine Kraft, so kann dieser beschleunigt werden. So wird z. B. bei einem Startsprung (↗ S. 42, Abb. 1) der Körper einer Schwimmerin durch Muskelkräfte beschleunigt.

Wie stark ein Körper durch eine Kraft beschleunigt wird, hängt davon ab,
- wie groß die wirkende Kraft ist und
- wie groß die Masse des Körpers ist.

Zwischen der auf einen Körper wirkenden Kraft, seiner Masse und seiner Beschleunigung gibt es in der Mechanik gesetzmäßige Beziehungen, die im **newtonschen Grundgesetz** beschrieben sind.

Zwischen Kraft, Masse und Beschleunigung gilt folgender Zusammenhang:
$F = m \cdot a$

1 Beschleunigung der Körper durch Muskelkräfte beim Absprung

Dieses Gesetz bewirkt z. B., dass eine Schwimmerin mit einer größeren Absprungkraft eine größere Beschleunigung erreicht als eine gleich schwere Schwimmerin mit kleinerer Absprungkraft (Abb. 1).

Bei allen Anwendungen des newtonschen Grundgesetzes ist zu beachten: Die Kraft *F* ist immer die auf einen Körper wirkende Gesamtkraft. Wirken auf einen Körper mehrere Kräfte ein, so muss man die Gesamtkraft ermitteln. Wie man das machen kann, ist auf Seite 48 beschrieben.

Setzt man in die Gleichung $F = m \cdot a$ für m und a die Einheiten ein, so erhält man als Einheit der Kraft:

$$1\,\text{kg} \cdot 1\,\frac{\text{m}}{\text{s}^2} = 1\,\frac{\text{kg} \cdot \text{m}}{\text{s}^2}$$

Diese Einheit wird in der Physik als ein Newton (1 N) bezeichnet.

> Für die Einheiten der Kraft gilt:
>
> $$1\,\text{N} = 1\,\frac{\text{kg} \cdot \text{m}}{\text{s}^2}$$

Das Trägheitsgesetz

Aus dem newtonschen Grundgesetz ergibt sich, dass eine Kraft notwendig ist, um einen Körper der Masse m zu beschleunigen oder zu verzögern. Ist die Kraft null, bleibt ein Körper in Ruhe oder in gleichförmiger geradliniger Bewegung. Dies ist der Inhalt des **Trägheitsgesetzes.**

> Ein Körper bleibt in Ruhe oder in gleichförmiger geradliniger Bewegung, solange die Summe der auf ihn wirkenden Kräfte null ist:
>
> $\vec{F} = 0 \longrightarrow \vec{a} = 0 \longrightarrow \vec{v} = \text{konstant}$

Die Eigenschaft von Körpern, ohne Krafteinwirkung in gleichförmiger geradliniger Bewegung oder in Ruhe zu bleiben, bezeichnet man als **Trägheit.** Sie tritt z. B. beim Abbremsen eines Körpers auf (Abb. 2). Bei dem Aufprall eines Pkw auf ein Hindernis bewegt sich der Fahrer gleichförmig geradlinig weiter, wenn er nicht durch die Kraft eines Airbags bzw. durch einen Sicherheitsgurt abgebremst wird. Die beim plötzlichen Abbremsen auftretenden Kräfte sind sehr groß. Die Trägheit eines Körpers ist umso größer, je größer seine Masse ist. Sie macht sich vor allem bei schnellen Bewegungsänderungen und auch bei Kurvenfahrten bemerkbar.

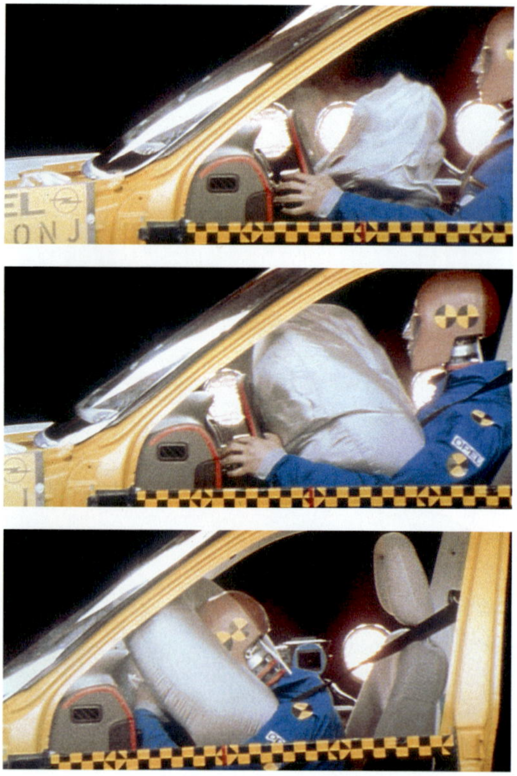

2 Trägheit eines Körpers beim plötzlichen Abbremsen im Auto und Auffangen mit einem Airbag

Mosaik

Newton und die Mechanik

Bereits im antiken Griechenland untersuchten Gelehrte die Frage, warum sich Körper bewegen.

ARISTOTELES (384–322 v. Chr.) unterschied Bewegungen im Himmel und auf der Erde. Außerdem teilte er die Bewegungen auf der Erde in natürliche und erzwungene Bewegungen ein und formulierte:

„Alles, was sich bewegt, bewegt sich entweder von Natur oder durch eine äußere Kraft oder vermöge seines freien Willens."

Eine natürliche Bewegung war z. B., dass ein schwerer Körper nach unten fällt und ein leichter Körper nach oben steigt. ARISTOTELES vertrat auch die Meinung, dass ein Körper nur dann in Bewegung bleibt, wenn eine Kraft auf ihn wirkt. Hört die Wirkung der Kraft auf, kommt der Körper zur Ruhe.

„Ein in Bewegung befindlicher Körper hält an in seiner Bewegung, wenn die Kraft, die ihn voranstößt, ihre Wirkung beendet." Diese Auffassung entspricht auch voll den Alltagserfahrungen mit Bewegungen von Körpern auf der Erde. Jedoch ist sie nur scheinbar richtig.

GALILEO GALILEI (1564–1642) löste sich von der scheinbaren Alltagserfahrung und überlegte sich, welche Bewegung Körper ausführen würden, wenn es keine Reibung gäbe. Er nahm an, dass Körper ohne Einfluss der Reibung in Ruhe oder in gleichförmiger geradliniger Bewegung wären. Eine äußere Kraft, die Reibungskraft, ist die Ursache dafür, dass Körper zur Ruhe kommen. Damit widersprach er ARISTOTELES und entdeckte das Trägheitsgesetz.

Diese und andere Erkenntnisse griff der englische Physiker ISAAC NEWTON auf und schuf daraus eine Theorie der Mechanik, die nach ihm benannte newtonsche Mechanik. Sie erschien 1687 als Werk mit dem Titel „Mathematische Prinzipien der Naturlehre". Das Werk bestand aus drei Teilen. Im ersten Band führt er alle Bewegungen auf drei grundlegende Gesetze zurück: das Trägheitsgesetz, das newtonsche Grundgesetz und das Wechselwirkungsgesetz. Im zweiten Band behandelt NEWTON die Bewegung in Flüssigkeiten. Im dritten Band beschäftigt er sich mit der Bewegung der Himmelskörper. Dabei wendete er die physikalischen Bewegungsgesetze für Körper auf der Erde auch auf Bewegungen von Himmelskörpern an.

So hob er die Unterscheidung zwischen Bewegungen im Himmel und auf der Erde auf und begründete eine einheitliche Physik.

Die Legende berichtet, dass NEWTON die zwischen zwei Körpern wirkende Kraft mit 23 Jahren entdeckte, als er auf einer Wiese lag und sah, wie ein Apfel vom Baum fiel. Dadurch wurde er zum Nachdenken darüber angeregt, warum der Apfel zur Erde fällt.

Als Ursache fand NEWTON, dass sich Körper aufgrund ihrer Massen gegenseitig anziehen. Dies wird als **Gravitation** bezeichnet.

1 ISAAC NEWTON (1643–1727)

Die Gewichtskraft von Körpern

Alle Körper ziehen sich aufgrund ihrer Massen gegenseitig an. Die Erde zieht alle Körper an, die sich auf ihr befinden. Hält man einen Gegenstand, z.B. ein Schulbuch, in der Hand, so spürt man eine Kraft, die nach unten zieht. Legt man das Schulbuch auf einen Tisch, so drückt es mit derselben Kraft auf diese Unterlage. Lässt man es los, fällt es nach unten, also in Richtung Erdmittelpunkt. Hängen wir es an einen Federkraftmesser, so zieht es mit derselben Kraft an der Aufhängung. Die Ursache dafür ist in allen Fällen die Erdanziehungskraft.

In der Physik wird die Kraft, die dadurch auf alle Körper auf der Erdoberfläche und in Erdnähe wirkt, als **Gewichtskraft** bezeichnet.

> Die Gewichtskraft F_G gibt an, wie stark ein Körper auf eine ruhende Unterlage drückt oder an einer Aufhängung zieht.

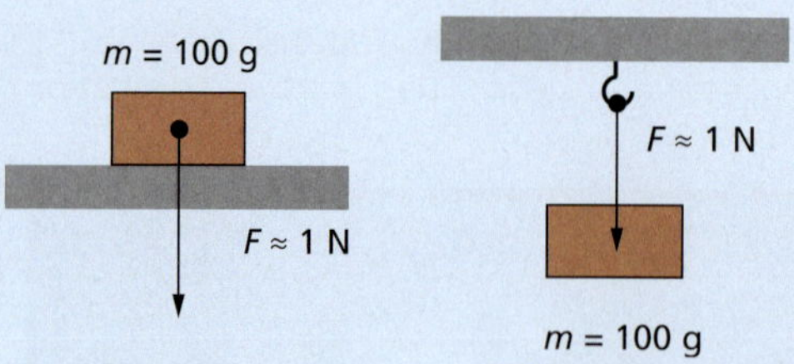

Die Gewichtskraft, die auf einen Körper wirkt, hängt ab

- von seiner Masse und
- von dem Ort, an dem er sich befindet.

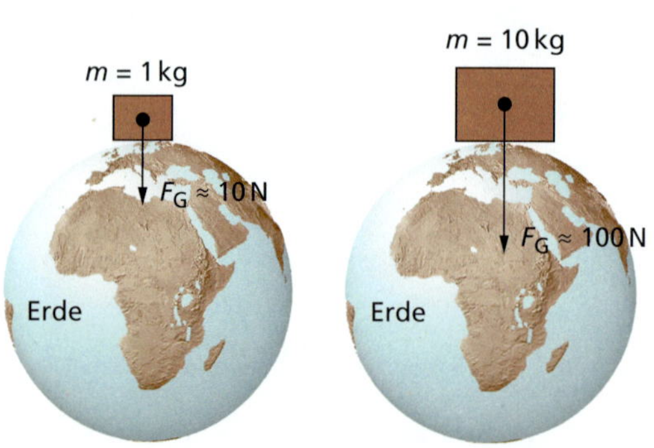

1 Je größer die Masse eines Körpers ist, desto größer ist am gleichen Ort auch seine Gewichtskraft.

Für relativ kleine Höhen, z.B. beim Aufstieg auf einen 3 000 m hohen Berg oder beim Flug mit einem Airbus in etwa 10 km Höhe, ist die Gewichtsverminderung so klein, dass man sie vernachlässigen kann.

In einer Entfernung von etwa 1 000 km über der Erdoberfläche ist die Gewichtskraft um etwa ein Viertel kleiner als auf ihr, in 10 000 km Höhe beträgt sie noch etwa ein Siebtel der Gewichtskraft auf der Erdoberfläche.

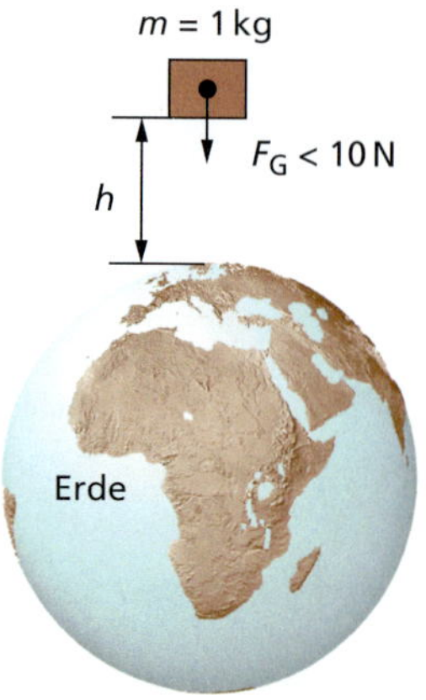

2 Je weiter ein Körper von der Erde entfernt ist, desto kleiner ist seine Gewichtskraft.

> Die Gewichtskraft kann berechnet werden mit der Gleichung:
>
> $F_G = m \cdot g$
>
> m Masse des Körpers
> g Ortsfaktor (Fallbeschleunigung)

Der Ortsfaktor ist eine Konstante, die vom jeweiligen Ort abhängig ist. Ihr durchschnittlicher Wert für die Erdoberfläche beträgt:

$$g = 9{,}81\,\frac{\text{N}}{\text{kg}} \approx 10\,\frac{\text{N}}{\text{kg}}$$

Für den Mars (Abb. 3) beträgt der Wert $3{,}71\,\frac{\text{N}}{\text{kg}}$.

3 Die Gewichtskraft des Mars-Rovers ist auf diesem Planeten nur 0,4-mal so groß wie auf der Erde.

Masse und Gewichtskraft In der Physik muss man die Masse und die Gewichtskraft eines Körpers voneinander unterscheiden.	
Masse *m*	**Gewichtskraft F_G**
Die Masse ist eine Eigenschaft eines Körpers. Sie ist nur von diesem Körper abhängig. In der Technik spricht man auch vom Gewicht.	Die Gewichtskraft kennzeichnet die Kraft zwischen zwei Körpern. Sie ist von beiden Körpern abhängig.
Die Masse eines Körpers ist überall gleich groß.	Die Gewichtskraft eines Körpers ist abhängig vom Ort, an dem sich der Körper befindet.
Einheit der Masse ist ein Kilogramm (1 kg).	Einheit der Gewichtskraft ist ein Newton (1 N).
Messgerät für die Masse ist die Waage.	Messgerät für die Gewichtskraft ist der Kraftmesser.

Die Schwerelosigkeit

Die Schwere eines Körpers ist nicht nur davon abhängig, wo sich der betreffende Körper befindet. Sie hängt auch davon ab, ob und wie sich der Körper bewegt. Steht z. B. eine Person auf einer ruhenden Unterlage, so wirkt auf die Unterlage, z. B. den Fußboden, ihre „normale" Gewichtskraft. Ursache dafür ist die Anziehungskraft zwischen Person und Erde. Diese Anziehungskraft zwischen Person und Erde wirkt auch, wenn sich die Person beliebig bewegt (Abb. 1). Bei einer Bewegung nach oben oder nach unten verändert sich aber die Kraft, die auf die Unterlage wirkt.

Beim Anfahren nach oben empfindet man eine größere Kraft als die „normale" Gewichtskraft. Beim Anfahren nach unten ist das Gegenteil der Fall: Man fühlt eine kleinere Kraft als die „normale" Gewichtskraft.

Auch in Flugzeugen kann man die Verminderung seiner eigenen Schwere spüren, wenn das Flugzeug in ein „Luftloch" gerät.

Fällt ein Körper frei herunter, so übt er keine Kraft mehr auf eine Unterlage aus. Der Körper ist dann **gewichtslos** oder, wie man auch sagt, **schwerelos.** Das ist ebenfalls bei Körpern der Fall, die sich um die Erde herumbewegen, z. B. bei Astronauten in einer Raumstation.

Astronauten müssen sich auf diese speziellen Bedingungen einrichten. So unterliegen z. B. die Muskeln einer völlig anderen Belastung. Bei längeren Raumflügen sind deshalb Trainingsmaßnahmen erforderlich. Flüssigkeiten lassen sich nicht einfach ausschütten. Sie bilden vielmehr Tropfen, die sich frei im Raum bewegen.

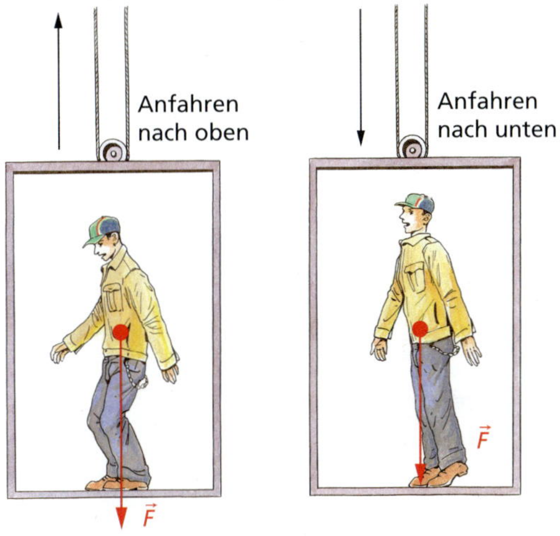

1 Beim Anfahren und Bremsen des Fahrstuhls kann man die unterschiedliche Kraft auf die Unterlage registrieren.

Zusammensetzung von Kräften

Auf einen Körper können gleichzeitig mehrere Kräfte wirken. Jeweils zwei Kräfte kann man zu einer resultierenden Kraft zusammenfassen. Das kann zeichnerisch oder rechnerisch geschehen. In der Übersicht unten sind die wichtigsten Fälle zusammengestellt.

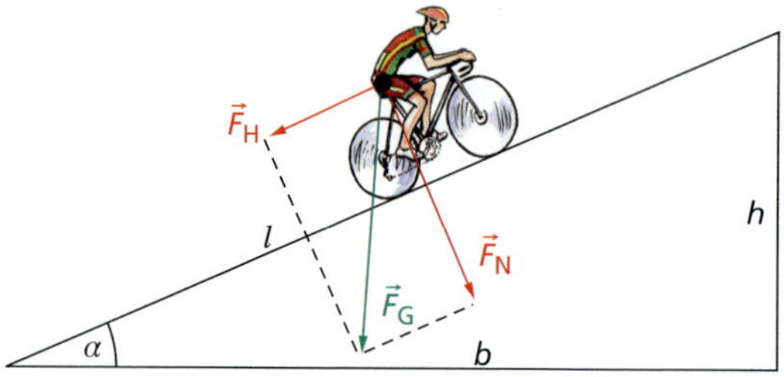

1 Zerlegung der Gewichtskraft F_G eines Körpers in zwei Komponenten

Zerlegung einer Kraft

Eine Kraft F kann in **Teilkräfte** oder Komponenten F_1 und F_2 zerlegt werden. Voraussetzung dafür ist, dass die Richtungen der **Komponenten** bekannt sind.

Von Bedeutung ist das z. B. für einen Körper, der sich auf einer geneigten Ebene befindet. Für einen solchen Körper möchte man wissen, mit welcher Kraft er senkrecht auf die Unterlage drückt und welche Kraft längs der geneigten Ebene wirkt. Dazu kann man die Gewichtskraft F_G des Körpers in zwei Komponenten zerlegen (Abb. 1). Die Teilkraft senkrecht zur geneigten Ebene wird als **Normalkraft** F_N bezeichnet. Die Teilkraft parallel zur Ebene nennt man **Hangabtriebskraft** F_H.

Der Betrag der Komponenten verändert sich mit dem Neigungswinkel α:

- Bei $\alpha = 0$ ist $F_H = 0$ und $F_N = F_G$.
- Mit Vergrößerung von α vergrößert sich F_H, während sich F_N verkleinert.
- Bei $\alpha = 90°$ ist $F_H = F_G$ und $F_N = 0$.

Für die Teilkräfte gilt:

$$F_H = F_G \cdot \sin\alpha = F_G \cdot \frac{h}{l}$$

$$F_N = F_G \cdot \cos\alpha = F_G \cdot \frac{b}{l}$$

Bei Straßen wird der Anstieg oder das Gefälle meist in Prozent angegeben. 10 % bedeutet: Bei $b = 100$ m beträgt $h = 10$ m. Das bedeutet einen Winkel von $\alpha = 5{,}7°$.

Zusammensetzung von zwei Kräften		
Zwei Kräfte wirken in gleicher Richtung	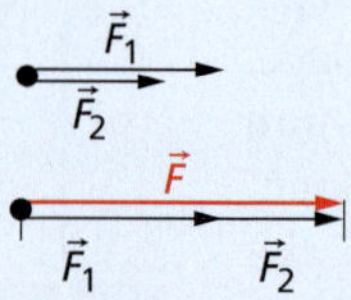	$F = F_1 + F_2$
Zwei Kräfte wirken in entgegengesetzer Richtung	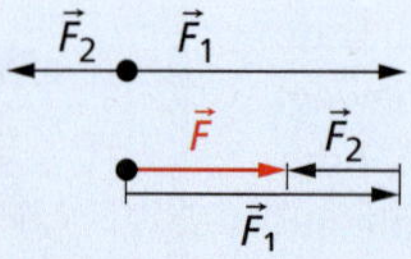	$F = F_1 - F_2$ Sind beide Kräfte gleich groß, so ist die resultierende Kraft null.
Zwei Kräfte wirken im rechten Winkel zueinander	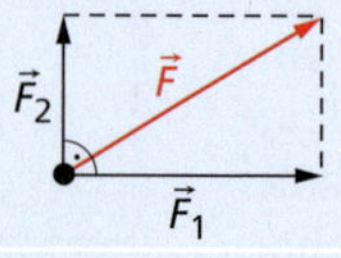	$F = \sqrt{F_1^2 + F_2^2}$ (Satz des Pythagoras)
Zwei Kräfte wirken in beliebiger Richtung zueinander	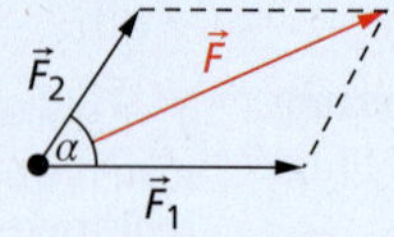	Die Resultierende wird zeichnerisch bestimmt.

Reibungskräfte

Zwischen zwei Körpern, die sich berühren, wirken Reibungskräfte. Das spüren wir z. B., wenn wir einen schweren Schrank wegschieben wollen oder wenn wir mit dem Fahrrad einen sandigen Weg entlangfahren.

> Reibungskräfte sind immer so gerichtet, dass sie der Bewegung entgegenwirken und diese hemmen oder verhindern.

Sie sind u. a. die Ursache für Bremsvorgänge und für Erwärmungen bei sich bewegenden Körpern. Dabei wird zwischen der **Haftreibungskraft, der Gleitreibungskraft** und der **Rollreibungskraft** unterschieden (↗ Übersicht unten).

Die wesentliche Ursache für das Auftreten von Reibungskräften liegt in der Oberflächenbeschaffenheit der Körper begründet, die sich berühren. Diese Oberflächen sind mehr oder weniger rau. Liegen die Körper aufeinander oder bewegen sie sich gegeneinander, so „verhaken" sich die Unebenheiten der Flächen. Die Bewegung wird dadurch gehemmt oder verhindert. Die Reibungskraft wirkt also stets entgegen der Bewegungsrichtung (Abb. 1).

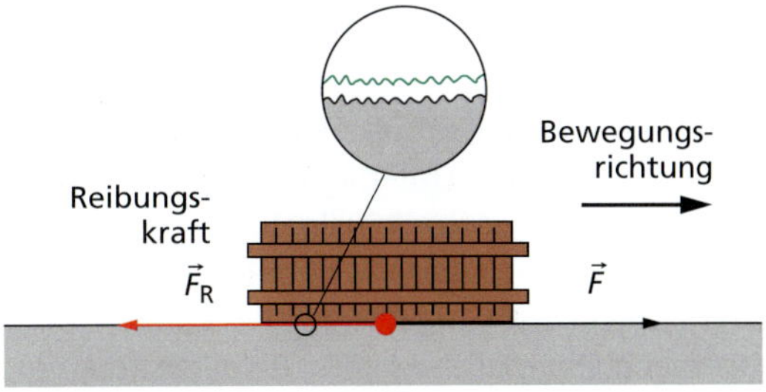

1 Beim Haften oder Gleiten eines Körpers auf einem anderen wird die Reibungskraft durch die Rauheit der Oberflächen hervorgerufen.

Die Vorgänge können auch mithilfe der Wechselwirkung zwischen den Oberflächen beschrieben werden. So kann z. B. ein Auto auf eisglatter Fahrbahn schlecht bremsen, weil aufgrund der geringen Reibungskraft nur eine schwache Wechselwirkung mit der Fahrbahn vorhanden ist. Analog ist das beim Anfahren.
Dagegen kann man einen schweren Schrank auf einem Holzboden nur unter großer Anstrengung wegschieben, weil die Reibungskraft zwischen Schrank und Fußboden und damit die Wechselwirkung zwischen den beiden Körpern groß ist. Steht der Schrank auf einem Teppich und dieser auf dem Holzboden, dann rutscht der Schrank wegen der unterschiedlichen Reibungskräfte mit dem Teppich auf dem Holzboden.

Arten der Reibung

Haftreibung	Gleitreibung	Rollreibung
liegt vor, wenn ein Körper auf einem anderen haftet.	liegt vor, wenn ein Körper auf einem anderen gleitet.	liegt vor, wenn ein Körper auf einem anderen abrollt.

Die Kraft, die zwischen Reifen und Straße wirkt und das Rutschen der Räder verhindert, nennt man **Haftreibungskraft.**	Kinder rutschen oder gleiten auf der Rutsche herab. Die bewegungshemmende Kraft nennt man **Gleitreibungskraft.**	Die Kraft, die zwischen rollenden Rädern und dem Weg auftritt und die Bewegung hemmt, nennt man **Rollreibungskraft.**

Der Betrag der **Reibungskraft** ist umso größer, je größer die Kraft ist, mit der ein Körper senkrecht auf seine Unterlage drückt (Abb. 1).
Bei waagerechten Unterlagen ist die **Normalkraft** F_N gleich der Gewichtskraft des Körpers. Bei einer geneigten Ebene ist die Normalkraft eine Komponente der Gewichtskraft (↗ S. 48).
Bei rauen Oberflächen ist die Reibungskraft größer als bei glatten (Abb. 2). Art und Beschaffenheit der Oberflächen kommen in der **Reibungszahl** μ zum Ausdruck. Die Reibungszahl hängt nicht von der Größe der Berührungsflächen ab.

Für die Reibungskraft gilt:

$F_R = \mu \cdot F_N$

F_R Reibungskraft
μ Reibungszahl
F_N Normalkraft

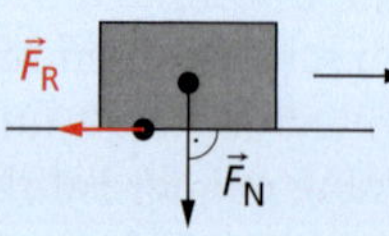

Reibung ist teils erwünscht und teils unerwünscht. Wenn wir gehen, ist eine große Haftreibung zwischen unseren Schuhen und der Straße erwünscht. Das gilt auch für die Reibung zwischen der Straße und den Reifen von Fahrrädern, Motorrädern oder Autos. Eine geringere Reibung, z. B. beim Vorhandensein einer Ölspur, ist gefährlich. Erwünscht ist dagegen eine geringe Reibung z. B. bei Kugellagern oder beim Bergabfahren mit Schlitten oder Ski.
Unerwünscht ist aber eine große Rollreibung bei den Rädern von Fahrzeugen.

Reibungszahlen in Natur und Technik

Stoff	Haftreibungszahl	Gleitreibungszahl	Rollreibungszahl
Holz auf Holz	0,6	0,5	–
Reifen auf			
Asphalt nass	0,5	0,3	–
Asphalt trocken	0,8	0,5	0,010
Beton trocken	0,9	0,6	0,015
Stahl auf Stahl			
trocken	0,15	0,06	0,001
geschmiert	0,11	0,05	–
Bremsbelag auf Stahl	–	0,6	–

Ist die Haftreibung bei Glatteis oder feuchtem Laub gering, so können wir leicht ausrutschen. In diesem Fall ist die geringe Haftreibung unerwünscht. Besonders im Straßenverkehr sind die unterschiedlichen Reibungskräfte bei verschiedenen Fahrbahnverhältnissen zu beachten.

Die Reibungskraft kann **vergrößert** werden durch
- Vergrößerung der Normalkraft,
- Aufrauung der Oberflächen.

Die Reibungskraft kann verringert werden durch
- Verkleinerung der Normalkraft,
- Glättung der Oberflächen,
- Schmiermittel (Fett, Öl, Wasser).

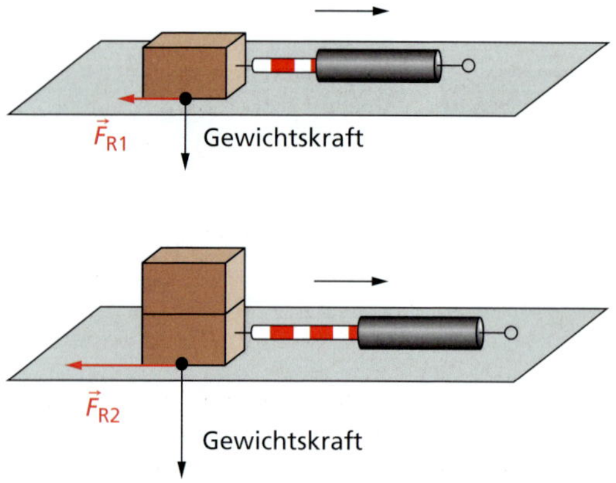

1 Reibungskraft bei unterschiedlicher Gewichtskraft

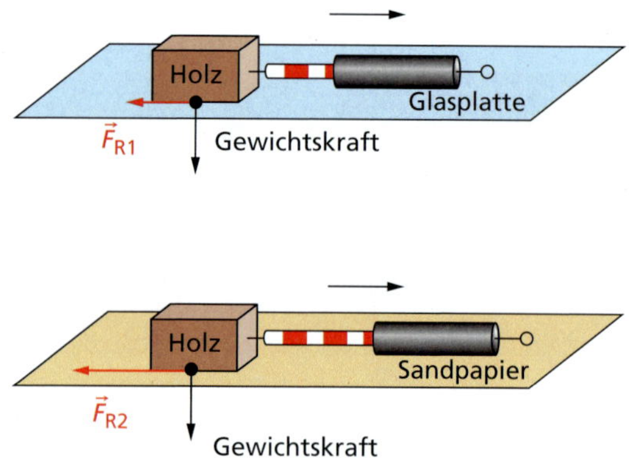

2 Reibungskraft bei unterschiedlichen Oberflächen

Der Strömungswiderstand

Wenn sich ein Auto oder ein Vogel gegenüber Luft bewegen, so wirken jeweils zwei Körper, z. B. das Auto und die umgebende Luft, wechselseitig aufeinander ein. Ähnlich ist das bei einem Fisch im Wasser. Diese Wechselwirkung führt zu einer Kraft, die der Bewegung einen Widerstand entgegensetzt. Man nennt diesen Widerstand **Strömungswiderstand,** die Kraft **Strömungswiderstandskraft.**

Bewegt sich ein Pkw oder ein anderes Fahrzeug in Luft, so spricht man vom **Luftwiderstand.** Die bewegungshemmende Kraft wird als **Luftwiderstandskraft** bezeichnet. Jeder Radfahrer weiß, dass seine Bewegung durch sie erheblich gehemmt werden kann.

> Die auf einen Körper wirkende Luftwiderstandskraft ist umso größer,
> - je größer die Querschnittsfläche des Körpers ist,
> - je größer die Strömungsgeschwindigkeit zwischen Körper und umgebendem Stoff ist und
> - je größer die Dichte des Stoffs ist.
>
> Sie ist auch abhängig von der Form und der Oberflächenbeschaffenheit des umströmten Körpers.

Luftwiderstandsbeiwerte

Körperform	Luftwiderstandsbeiwert c_W
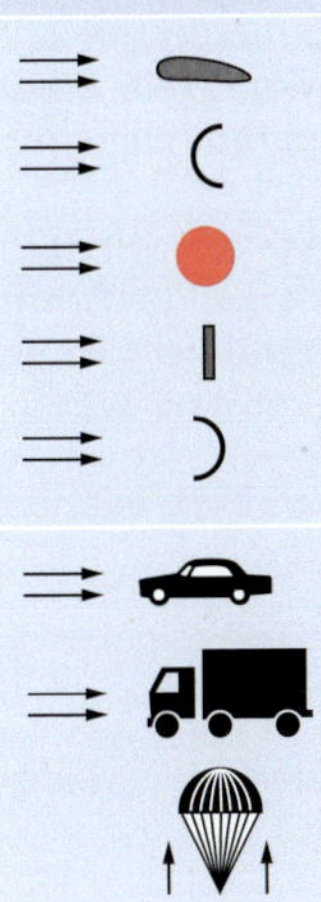	0,06
	0,35
	0,45
	1,1
	1,5
	0,3
	1,0
	1,4

1 Im Windkanal wird untersucht, wie die Strömungsverhältnisse bei einem Pkw sind und wo Wirbelbildung erfolgt.

Der Luftwiderstand entsteht vor allem durch eine Wirbelbildung hinter umströmten Körpern und durch Reibung.

Bei Körpern, die eine **Stromlinienform** besitzen oder die sich sehr langsam in einer Strömung bewegen, treten kaum Wirbel auf. Der Luftwiderstand ist in diesem Fall gering. Er kann auch durch Glättung der Körperoberfläche weiter verringert werden.

Bei einem Fallschirm ist dagegen der Luftwiderstand so groß, dass ein Fallschirmspringer relativ langsam herabschwebt.

Mosaik

Betrag der Luftwiderstandskraft

Die Luftwiderstandskraft kann mit folgender Gleichung berechnet werden:

$$F_W = \frac{1}{2} c_W \cdot A \cdot \varrho \cdot v^2$$

c_W Luftwiderstandsbeiwert
A Querschnittsfläche des Körpers
ϱ Dichte der Luft
v Relativgeschwindigkeit zwischen Luft und Körper

Aus der Gleichung ergibt sich:
Der Luftwiderstand wächst mit dem Quadrat der Geschwindigkeit zwischen Luft und Körper. So ist z. B. der Luftwiderstand eines Pkw bei 100 $\frac{km}{h}$ viermal so groß wie bei 50 $\frac{km}{h}$.

Bei fallenden Regentropfen ist der bewegungshemmende Luftwiderstand so groß, dass sie nur Geschwindigkeiten von etwa 30 km/h erreichen, auch wenn sie aus großer Höhe fallen.

Mosaik

Modellbildung mit dem Computer

Häufig braucht man für technische Anwendungen quantitative Voraussagen. Wenn man die geeigneten physikalischen Gesetze anwendet, stößt man oft auf mathematische Gleichungen, die nicht so ohne Weiteres aufzulösen sind. So können in einer Gleichung Größen auftreten, die gegenseitig voneinander abhängen.

Betrachtet man z. B. den Fall eines Körpers in Luft, dann hängt die Geschwindigkeit des Körpers zu einem bestimmten Zeitpunkt von der Beschleunigung ab, die er vorher hatte. Die Beschleunigung wiederum hängt aber von der momentanen Geschwindigkeit ab, weil der bewegungshemmende Luftwiderstand mit zunehmender Geschwindigkeit größer wird.
Solche komplexen Zusammenhänge zwischen physikalischen Größen können wir im Allgemeinen mit den Mitteln der Schulmathematik nicht auflösen.
Die moderne Rechentechnik ermöglicht es aber, auch solche komplexen Zusammenhänge zu bearbeiten. Dazu verwendet man **Modellbildungssysteme.**
Das Grundprinzip besteht darin, dass man alle für den jeweiligen Fall wichtigen Größen eingibt, dass der Computer in kleinen Zeitschritten Zwischenlösungen berechnet und diese zu einer Gesamtlösung zusammenfügt.

Für den Fall eines Körper in Luft muss man zunächst zusammenstellen, von welchen Größen die Beschleunigung a des Körpers abhängt.

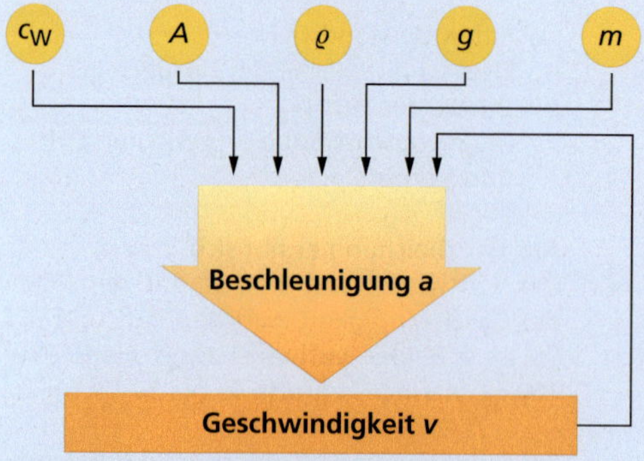

1 Größen, die die Beschleunigung a eines in Luft fallenden Körpers beeinflussen

Auf einen solchen Körper wirken Erdanziehungskraft (Gewichtskraft F_G) und Luftwiderstandskraft F_W. Die jeweilige Beschleunigung hängt von der beschleunigenden Kraft ab:

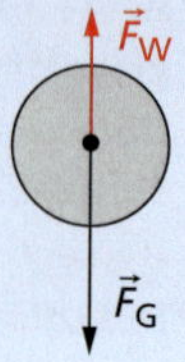

$$a = \frac{F}{m} = \frac{F_G - F_W}{m}$$

Für die Gewichtskraft gilt $F_G = m \cdot g$, für die Luftwiderstandskraft:

$$F_W = \frac{1}{2} c_W \cdot A \cdot \varrho \cdot v^2$$

Für die Beschleunigung ergibt sich somit die Formel:

$$a = g - \frac{1}{2m} \cdot c_W \cdot A \cdot \varrho \cdot v^2$$

Die Beschleunigung ist demzufolge von folgenden Größen abhängig:
- Fallbeschleunigung g
- Masse m des fallenden Körpers
- Luftwiderstandszahl c_W, eine von Form und Oberflächenbeschaffenheit des Körpers abhängige Zahl
- Querschnittsfläche A des Körpers
- Dichte ϱ der Luft
- Geschwindigkeit v

Die Beschleunigung bewirkt eine zeitliche Veränderung der Geschwindigkeit v des Körpers. Umgekehrt hängt die Beschleunigung rückgekoppelt wieder von der Geschwindigkeit ab. Diese Zusammenhänge sind in Abb. 1 dargestellt.

In einem nächsten Schritt gibt man die oben genannte Formel für die Beschleunigung ein. Den Rest übernimmt der Computer. Er berechnet Zeitschritt für Zeitschritt die Geschwindigkeit, ermittelt daraus die Beschleunigung, daraus wiederum die Geschwindigkeit usw.
Die Rechenweise des Computers können wir nachvollziehen. Er rechnet in vielen kleinen Zeitschritten, indem er während des Zeitintervalls Δt annimmt, dass die Beschleunigung konstant sei:

$$a = g - \frac{1}{2m} \cdot c_W \cdot A \cdot \varrho \cdot v^2$$

$$v_{neu} = v + a \cdot \Delta t$$

$$t_{neu} = t + \Delta t$$

Diese Schritte werden viele Hundert Mal wiederholt.

Wir beginnen zur Zeit $t = 0$ mit der Geschwindigkeit $v = 0$ und können die Rechnung des Computers in einer Tabelle darstellen. Dabei müssen wir kleine Zeitschritte Δt wählen, weil sonst die Näherung, dass während dieser Zeit die Beschleunigung konstant sei, zu ungenau wäre.
Für $\Delta t = 0{,}01$ s, $c_W = 0{,}45$, $A = 1\ \text{m}^2$, $\varrho = 1{,}25\ \text{kg/m}^3$ und $m = 1$ kg sieht der Anfang der Tabelle unter Berücksichtigung sinnvoller Genauigkeit so aus:

t in s	a in $\frac{\text{m}}{\text{s}^2}$	v in $\frac{\text{m}}{\text{s}}$
0	9,8	0
0,01	9,81	0,10
0,02	9,81	0,20
0,03	9,80	0,29
0,04	9,79	0,39
0,05	9,74	0,49

Die Abhängigkeit der Geschwindigkeit von der Zeit wird dann z.B. in einem Diagramm dargestellt (Abb. 1).

Dieses Diagramm muss interpretiert werden. Ohne Luftwiderstand ($c_W = 0$) nimmt die Geschwindigkeit eines fallenden Körpers proportional zur Zeit zu. Das erkennt man an der rot eingezeichneten Ursprungsgeraden.

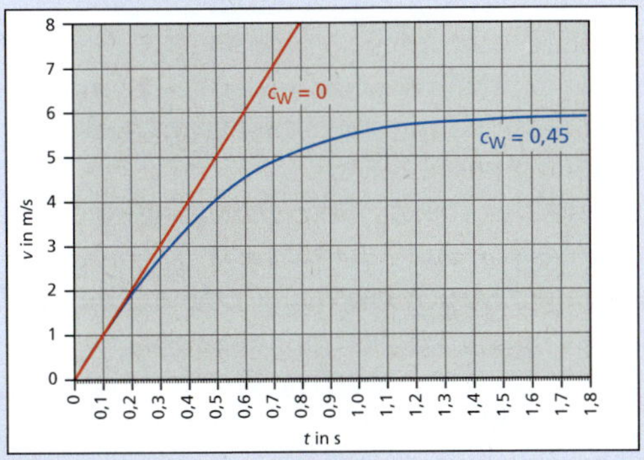

1 Ergebnis der Modellbildung mit einem Computer

2 Solche aufwendigen experimentellen Untersuchungen zu Strömungsverhältnissen und zum Luftwiderstand können heute am Computer simuliert und damit Autos optimiert werden.

Mit Luftwiderstand nimmt die Geschwindigkeit am Anfang ähnlich wie ohne Luftwiderstand zu, da sich dieser wegen der geringen Geschwindigkeit kaum auswirkt. Dann nimmt sie nicht mehr so stark zu, bis sie endlich konstant bleibt. Das ist dann der Fall, wenn die Luftwiderstandskraft genauso groß wie die Gewichtskraft ist. Die Resultierende der beiden Kräfte ist dann null. Damit ist auch die Beschleunigung null.

Mit solchen Modellbildungssystemen kann man die Frage „Was wäre, wenn?“ untersuchen. Dabei ist aber ein zentrales Problem der Modellbildung zu beachten: Der Mensch kann beliebige mathematische Modelle aufstellen. Ihre Bedeutung ergibt sich erst, wenn man mit ihnen Voraussagen machen kann, die mit der Beobachtung der realen Vorgänge übereinstimmen.

In der Technik hat man früher Experimente an maßstäblichen Modellen durchgeführt. So wurde z.B. der Luftwiderstand eines Autos an einem Modell im Maßstab 1 : 20 in einem Windkanal bestimmt und dann geschlossen, wie groß er am realen Auto sein wird. Heute werden die Berechnungen zum überwiegenden Teil mit Computermodellen durchgeführt.

Physik in Natur und Technik

Das Raketenprinzip

Um einen Satelliten oder ein Raumschiff (Abb. 1) auf eine Umlaufbahn um die Erde zu bringen, muss die Rakete beim Start stark beschleunigt werden und in kurzer Zeit eine hohe Geschwindigkeit erreichen. Um in eine Erdumlaufbahn zu gelangen, muss ein Raumschiff mindestens eine Geschwindigkeit von 7,9 km/s oder 28 440 km/h besitzen. Auf diese Geschwindigkeit ist das Raumschiff beim Start zu beschleunigen.
Erkläre, wie ein Raumschiff mit einer Rakete in kurzer Zeit auf hohe Geschwindigkeiten beschleunigt werden kann!

Raketen sind Körper mit einer großen Masse. Die Startmasse einer Rakete vom Typ Ariane 5 (Abb. 1) beträgt etwa 730 t. Um die Rakete beim Start von null auf hohe Geschwindigkeiten zu beschleunigen, müssen große Kräfte in Wegrichtung wirken. Nach dem newtonschen Grundgesetz müssen diese Kräfte umso größer sein, je größer die Masse der Rakete und je größer deren Beschleunigung ist ($F = m \cdot a$). Solche großen Kräfte erzeugt man,

1 Start der europäischen Trägerrakete Ariane 5

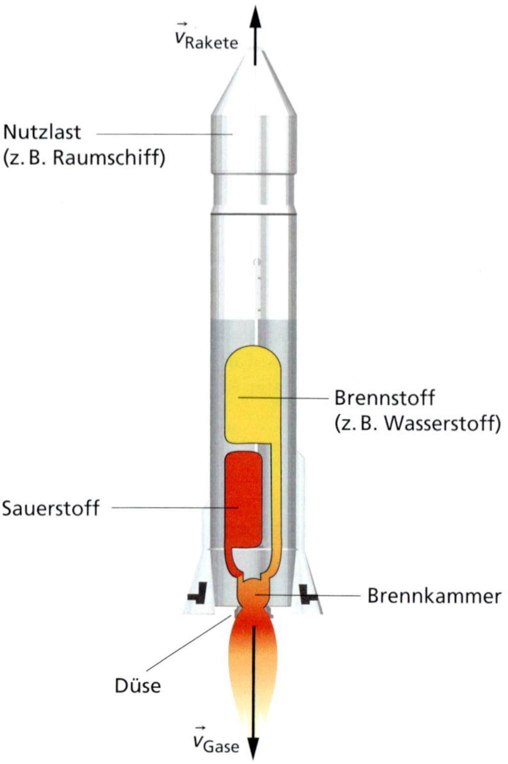

2 Prinzip der Arbeitsweise von Raketentriebwerken

indem im Innern der Rakete ein Brennstoff verbrannt wird. In einer Brennkammer dehnen sich die Verbrennungsgase aufgrund der hohen Temperatur schnell aus. Dabei werden die Gase stark beschleunigt und treten dann mit sehr hohen Geschwindigkeiten aus einer Düse entgegengesetzt zur Bewegungsrichtung der Rakete aus (Abb. 2).
Beim Start einer Ariane 5 (Abb. 1) werden durch die Raketentriebwerke etwa 6,8 t Verbrennungsgase je Sekunde mit einer Geschwindigkeit von etwa 2 500 $\frac{m}{s}$ ausgestoßen.
Aufgrund der starken Beschleunigung der Verbrennungsgase und ihrer Masse wirkt eine große Kraft entgegen der Bewegungsrichtung der Rakete. Nach dem Wechselwirkungsgesetz entsteht mit dieser Kraft eine gleich große, aber entgegengesetzt gerichtete Kraft ($\vec{F}_1 = -\vec{F}_2$). Diese Gegenkraft beschleunigt die Rakete in Bewegungsrichtung (Abb. 2). Bei einer Rakete nennt man das hier vorliegende Rückstoßprinzip auch **Raketenprinzip.**

Bei Verkehrsunfällen wirken gewaltige Kräfte

Bei Verkehrsunfällen wirken Kräfte, die zu großen Zerstörungen und zu schweren Verletzungen bei den Fahrzeuginsassen führen können. Um die Unfallfolgen für die Fahrgäste zu mindern, besitzen moderne Pkws eine Reihe von Einrichtungen wie Sicherheitsgurt, Airbag und Knautschzone. Trotzdem sind die wirkenden Kräfte auf die Fahrzeuginsassen noch gewaltig.
Ein Pkw fährt beispielsweise mit einer Geschwindigkeit von 50 km/h auf ein Hindernis. Dabei wird die Knautschzone des Fahrzeugs um 1,20 m zusammengedrückt und der Fahrer bewegt sich im Sicherheitsgurt noch einmal 20 cm nach vorn, bevor er zum Stillstand kommt.
Welche Bremsbeschleunigung erfährt der Kraftfahrer beim Unfall? Vergleiche diese mit der Fallbeschleunigung! Mit welcher Kraft wird ein Kraftfahrer der Masse 85 kg bei diesem Unfall abgebremst? Wie beeinflusst die Knautschzone eines Pkw die Unfallfolgen?

Analyse:
Beim Unfall wird der Pkw mit den Insassen aus der Bewegung bis zum Stillstand abgebremst. Dabei legt ein Fahrzeuginsasse noch einen Weg zurück, der sich aus dem Zusammendrücken der Knautschzone und dem Weg im Sicherheitsgurt ergibt.

Gesucht: F in N
a in $\frac{\text{m}}{\text{s}^2}$

Gegeben: $v = 50\,\frac{\text{km}}{\text{h}} = 13{,}9\,\frac{\text{m}}{\text{s}}$
$s_1 = 1{,}20\text{ m}$
$s_2 = 20\text{ cm} = 0{,}2\text{ m}$
$m = 85\text{ kg}$
$g = 9{,}81\,\frac{\text{m}}{\text{s}^2} \approx 10\,\frac{\text{m}}{\text{s}^2}$

Lösung:
Es wird angenommen, dass die Bremsbewegung eine gleichmäßig verzögerte Bewegung ist. Die Beschleunigung kann man aus der Geschwindigkeitsänderung und dem Weg berechnen. Der Weg ergibt sich als Summe aus den beiden Teilwegen (s_1 und s_2).

1 Verkehrsunfälle können zu Verletzungen führen.

Aus $a = \frac{v}{t}$ (1) und $s = \frac{a}{2}t^2$ (2) erhält man durch Einsetzen der Zeit t aus Gleichung (1) in Gleichung (2):

$$s = \frac{a}{2} \cdot \frac{v^2}{a^2} \qquad \text{und damit:}$$

$$a = \frac{v^2}{2s}$$

$$a = \frac{13{,}9^2\,\text{m}^2}{2 \cdot 1{,}4\,\text{m} \cdot \text{s}^2}$$

$$\underline{a = 69\,\frac{\text{m}}{\text{s}^2}}$$

Die Bremsbeschleunigung ist ca. 7-mal so groß wie die Fallbeschleunigung. Mit dem newtonschen Grundgesetz kann die Bremskraft auf den Kraftfahrer berechnet werden.

$$F = m \cdot a$$

$$F = 85\text{ kg} \cdot 69\,\frac{\text{m}}{\text{s}^2}$$

$$\underline{F = 5\,865\text{ N}}$$

Ergebnis:
Die Bremskraft beträgt fast 6 000 N. Das entspricht der Gewichtskraft eines Körpers mit einer Masse von 600 kg. Aufgrund des Wechselwirkungsgesetzes wird der Kraftfahrer beim Unfall mit dieser Kraft auf den Sicherheitsgurt geschleudert und durch diesen abgebremst. Durch die Knautschzone wird der Bremsweg und damit die Bremszeit für den Kraftfahrer verlängert. Würde es diese Knautschzone nicht geben, so wäre die Bremszeit kürzer und die Bremsbeschleunigung größer. Dadurch wäre auch die Bremskraft auf den Fahrer größer ($F = m \cdot a$). Die Unfallfolgen könnten für den Fahrer noch schlimmer sein.

Reibungsfrei im Weltraum

Auf der Erde lassen sich reibungsfreie Bedingungen nur sehr schwer herstellen. Im Weltraum dagegen herrscht ein Vakuum. Es gibt dort keine Luft und damit auch keine Luftreibung. Schwebt ein Astronaut im Weltraum, so erfährt er nahezu keine Reibung.
Wie bewegt sich ein solcher Astronaut, wenn auch die Summe aller ansonsten auf ihn wirkenden Kräfte null ist? Welche Konsequenzen ergeben sich daraus?

Der Astronaut bewegt sich so, wie es aus dem Trägheitsgesetz vorhersagbar ist: Er bleibt gegenüber der Raumstation in Ruhe oder in gleichförmiger geradliniger Bewegung.
Aus diesem Grund ist es für einen Astronauten, der die Raumstation kurzzeitig verlässt, lebensnotwendig, den Kontakt zur Raumstation nicht zu verlieren. Stößt sich der Astronaut nämlich auch nur leicht von der Raumstation ab, so bewegt er sich mit konstanter Geschwindigkeit geradlinig von dort weg. Ohne eine Sicherungsleine oder einen eigenen Antrieb hat der Astronaut keine Möglichkeit mehr, zur Raumstation zurückzugelangen. Die Gravitationskraft zwischen einem 10 t schweren Raumschiff und einem 80 kg schweren Astronauten beträgt bei 5 m Entfernung lediglich $2 \cdot 10^{-6}$ N.

1 Ein Astronaut in der Schwerelosigkeit: Er schwebt näherungsweise kräftefrei im Raum.

Methode

Erklären und Voraussagen von Erscheinungen

Mithilfe physikalischer Gesetze oder Modelle können Erscheinungen in Natur, Technik und Alltag erklärt oder vorausgesagt werden.

Beim **Erklären** wird zusammenhängend und geordnet dargestellt, warum eine Erscheinung in Natur, Technik oder Alltag so und nicht anders auftritt.

Beim Erklären sollte man deshalb in folgenden Schritten vorgehen:

1. Beschreibe die für das Wirken von Gesetzen oder das Anwenden von Modellen wesentlichen Seiten in der Erscheinung! Lasse unwesentliche Seiten unberücksichtigt!
2. Nenne Gesetze oder Modelle, mit denen die Erscheinung erklärt werden kann. Beachte dabei die Gültigkeitsbedingungen von Gesetzen oder die Anwendbarkeit von Modellen!
3. Führe die Erscheinung auf das Wirken physikalischer Gesetze bzw. auf das Anwenden von Modellen zurück!

Beim **Voraussagen** wird auf der Grundlage von Gesetzen oder Modellen eine Folgerung in Bezug auf eine Erscheinung in Natur, Technik oder Alltag abgeleitet und zusammenhängend dargestellt.
Dabei muss von den Wirkungsbedingungen der Gesetze bzw. den Grenzen der Modelle ausgegangen werden.

Beim Voraussagen sollte man deshalb so vorgehen:

1. Beschreibe die für das Wirken von Gesetzen oder Anwenden von Modellen wesentlichen Seiten in der Erscheinung! Lasse unwesentliche Seiten unberücksichtigt!
2. Nenne Gesetze oder Modelle, die der Erscheinung zugrunde liegen, weil deren Wirkungsbedingungen vorliegen!
3. Leite Folgerungen für die Erscheinung ab!

Hinweise für die Arbeit an Projekten

Beim Bearbeiten von Projekten geht es darum, eigene Ideen zum Thema zu entwickeln und sich Aufgaben zu stellen, die im Team möglichst selbstständig bearbeitet werden. Dabei wird das Thema von unterschiedlichen Seiten aus betrachtet. Folgende Schritte sind zweckmäßig:

1. Schritt

Ideenmarkt
Am besten veranstaltet man zuerst einmal einen Markt der Ideen und wählt daraus den Themenbereich und die Schwerpunkte aus, die die jeweilige Gruppe bearbeiten möchte.

2. Schritt

Arbeitsplan
Die Gruppe erstellt einen Arbeitsplan. Die Punkte, die unbedingt geklärt und klar abgesprochen werden sollten, sind auf der Pinnwand unten zu finden.

3. Schritt

Arbeit am Projekt
Es erfolgt die Umsetzung des Arbeitsplans. Treten bei der Arbeit am Projekt Fragen auf, kann man sich an den Lehrer wenden.
Bei umfangreichen Projekten ist es zweckmäßig, eine Zwischenbilanz zu ziehen und daraus Folgerungen für die weitere Arbeit abzuleiten.

4. Schritt

Präsentation der Ergebnisse vor den Mitschülern
Nach Beendigung der Gruppenarbeit werden die Ergebnisse präsentiert. Dabei muss man beachten, dass sich die Mitschüler meistens mit anderen Fragestellungen beschäftigt haben.
Die Art der Darstellung muss also in kurzer und übersichtlicher Form erfolgen, sodass alle Mitschüler die Versuche und Ergebnisse verstehen und die gewonnenen Erkenntnisse nachvollziehen können. Hinweise zum Präsentieren von Informationen findest du auf den Seiten 88 und 89.

5. Schritt

Präsentation der Ergebnisse im Schulhaus oder in der Öffentlichkeit
Abschließend kann eine Wandzeitung angefertigt werden, die einen Gesamtüberblick über die Arbeit der Klasse gibt. Diese wird an gut sichtbarer Stelle im Schulhaus ausgehängt. Möglich ist auch eine Präsentation im Internet, die mit speziellen Programmen gestaltet werden kann.

- Welche Fragen sollen in der Gruppe zum ausgewählten Themenbereich beantwortet werden?
- Welche Materialien und Medien sollen genutzt werden?
- Welcher zeitliche Rahmen steht zur Verfügung?
- Welche Methoden sollen bei der Informationsbeschaffung angewendet werden?
- Wer ist für welchen Bereich bzw. für welche Frage zuständig?
- Welche Experimente möchte die Gruppe durchführen?
- Wie sollen die Ergebnisse präsentiert werden?

Physik im Straßenverkehr

1 Nur technisch sichere Fahrzeuge und aufmerksame Fahrer gewährleisten Sicherheit.

Im Straßenverkehr bewegen sich nicht nur Fußgänger und Radfahrer, sondern vor allem viele Fahrzeuge unterschiedlicher Bauart (Abb. 1). Häufig muss angefahren und gebremst werden. Leichtsinniges Verhalten oder zu hohe Geschwindigkeit führen nicht selten zu schweren Unfällen. Viele dieser Unfälle könnten vermieden werden, wenn man grundlegende physikalische Gesetze nicht nur kennen, sondern auch beachten würde. Wir wollen nachfolgend einige ausgewählte physikalische Grundlagen und Aspekte der Sicherheit im Straßenverkehr genauer betrachten.

Beschleunigende Kräfte und Trägheitskräfte

Bei der Bewegung von Fahrzeugen wirken sehr unterschiedliche Kräfte. Welche Kräfte auftreten, hängt davon ab, ob das Fahrzeug auf gerader Strecke oder durch eine Kurve fährt.

Geradlinige Bewegung: Wie sich ein Fahrzeug längs einer geraden Strecke bewegt, hängt vom Verhältnis der Antriebskraft F_A zu den bewegungshemmenden Reibungskräften F_R ab. In der Übersicht unten sind die drei typischen Fälle zusammengestellt. Fährt ein Auto längs einer geraden Strecke mit konstanter Geschwindigkeit, so sind F_A und F_R gleich groß. Es herrscht dann **Kräftegleichgewicht.**

Bewegung durch eine Kurve: Bei einer Kurvenfahrt gelten für die Bewegung längs der Bahn die gleichen Zusammenhänge wie bei einer geradlinigen Bewegung. Hinzu kommt die Kraft, die das Fahrzeug auf seiner kreisförmigen Bahn hält. Man nennt sie **Radialkraft** (↗ S. 262).

Kräfte bei beschleunigten Fahrzeugen: Du weißt bereits, dass eine beschleunigte Bewegung dann vorliegt, wenn sich der Betrag der Geschwindigkeit, ihre Richtung oder beides ändern. Und jeder hat schon die Erfahrung gemacht, dass bei solchen beschleunigten Bewegungen Kräfte auf-

Kräfte auf einen Radfahrer bei geradliniger Bewegung

Anfahren		Die Antriebskraft ist größer als die Reibungskräfte. $F_A > F_R$	Die Bewegung erfolgt beschleunigt. $F_B = F_A - F_R = m \cdot a$
Fahren mit konstanter Geschwindigkeit		Die Antriebskraft und die Reibungskräfte sind gleich groß. $F_A = F_R$	Die Bewegung erfolgt gleichförmig. $F_B = 0 \longrightarrow a = 0$
Bremsen		Die Antriebskraft ist kleiner als die Reibungskräfte. $F_A < F_R$	Die Bewegung erfolgt verzögert. $F_B = F_A - F_R = m \cdot a$

1 Bremsen eines Busses

2 Anfahren eines Busses

treten. Die Insassen eines Pkw werden beim Anfahren in den Sitz gedrückt. Steht man in einem Bus, so muss man sich beim Abbremsen oder bei einer Kurvenfahrt festhalten, um nicht umzufallen. Die in beschleunigten Fahrzeugen auf Körper wirkende Kräfte hängen unmittelbar mit der Trägheit von Körpern (↗S. 42) zusammen und werden deshalb als **Trägheitskräfte** bezeichnet.

Bei geradlinigen Bewegungen wirkt eine Trägheitskraft immer entgegen der Richtung der Beschleunigung, also z. B. beim Anfahren entgegen der Bewegungsrichtung, beim Bremsen dagegen in die ursprüngliche Bewegungsrichtung. Die Trägheitskraft ist umso größer,

- je größer die Masse des Körpers ist und
- je größer die Beschleunigung bzw. die Verzögerung (negative Beschleunigung) ist.

Im Unterschied zu geradlinigen Bewegungen wirken bei Kreisbewegungen Trägheitskräfte stets radial nach außen. Besonders bemerkbar macht sich die Trägheit von Körpern bei schnellen Geschwindigkeitsänderungen, also beim scharfen Bremsen oder bei Auffahrunfällen.

1. *Begründe, warum es im Bus sinnvoll ist, sich im Stehen gut festzuhalten (Abb. 1, 2)!*

Um schwere Verletzungen möglichst zu vermeiden, ist es deshalb notwendig, auf allen Sitzen **Sicherheitsgurte** anzulegen. Durch die Sicherheitsgurte werden die Körper beim plötzlichen Abbremsen des Fahrzeugs festgehalten. Zusätzlichen Schutz bieten Airbags (Abb. 3), die bei modernen Fahrzeugen an verschiedenen Stellen eingebaut sind. Motorradfahrer müssen einen Schutzhelm tragen, für Moped- und Radfahrer ist das ebenfalls zu empfehlen.

Träge sind natürlich auch die Körper, die sich in einem Fahrzeug befinden, z. B. ein Verbandskasten, ein Fotoapparat oder ein Regenschirm auf der hinteren Ablage oder ein Kasten mit Getränken im Kofferraum. Sie können, wenn sie ungesichert abgelegt werden, bei Unfällen zu lebensgefährlichen „Geschossen" werden.

2. *Beschreibe und erkläre die Wirkungsweise von Sicherheitsgurt und Airbag in einem Pkw!*

3. *Warum ist es leichtsinnig und gefährlich, einen Gegenstand, z. B. einen Regenschirm, unbefestigt auf die hintere Ablage zu legen?*

4. *In vielen modernen Pkws befinden sich an den Sicherheitsgurten Gurtstraffer, die bei extremen Verzögerungen wirksam werden. Welchen Sinn haben solche Gurtstraffer?*

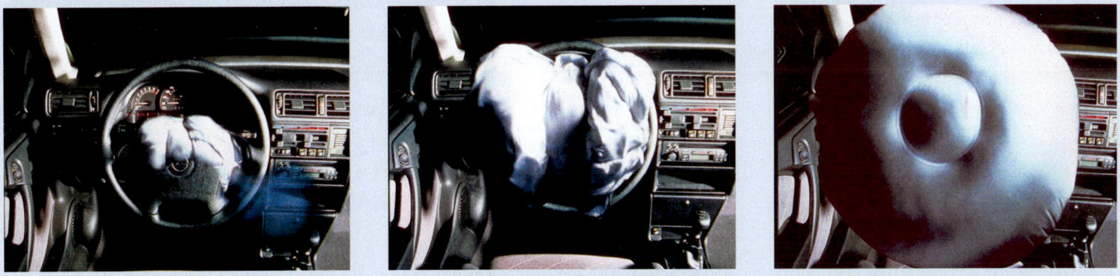

3 Das Füllen eines Airbags mit Gas dauert etwa 50 ms. Unfallfolgen werden durch ihn erheblich gemindert.

Bewegungen auf geneigten Ebenen

Straßen mit Anstieg oder Gefälle, Rollbänder in Einkaufszentren oder Skateboardbahnen sind geneigte Ebenen.
Auf Fahrzeuge, Radfahrer oder Personen, die sich auf einer solchen geneigten Ebene befinden, wirken unterschiedliche Kräfte. Diese Kräfte bewirken beispielsweise, dass ein Radfahrer bergab an Fahrt gewinnt oder ein Skateboardfahrer bergauf abgebremst wird.

5. *Stelle in einer Übersicht Beispiele für geneigte Ebenen zusammen! Gib jeweils an, für welchen Zweck die geneigte Ebene genutzt wird!*

6. *Die Neigung einer Ebene kann man mithilfe des Neigungswinkels α oder durch die drei Größen Länge l, Basis b und Höhe h charakterisieren (Abb. 2).*
   a) *Welche Werte kann der Neigungswinkel annehmen?*
   b) *Für welchen Winkel sind Basis und Höhe gleich lang?*
   c) *Welcher mathematische Zusammenhang besteht zwischen Basis, Länge und Höhe einer geneigten Ebene?*

7. *Bei Straßen wird der Anstieg oder das Gefälle in Prozent angegeben. So findet man z. B. auf Verkehrsschildern die Angabe 6 % oder 10 %. Was bedeutet eine solche Angabe? Wie groß ist der Neigungswinkel α bei 10 % Steigung?*

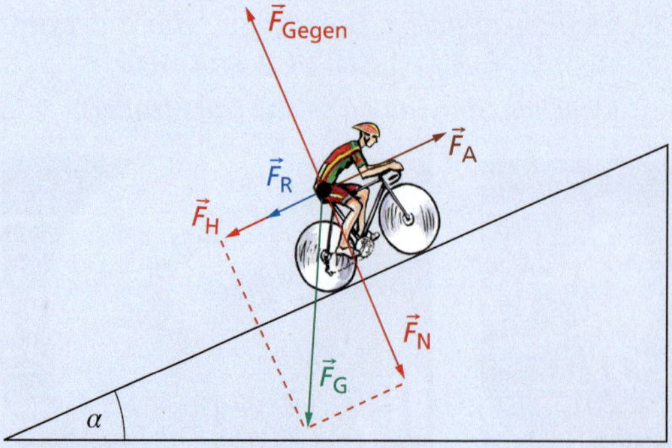

1 Auf einen bergauf fahrenden Radfahrer wirken unterschiedliche Kräfte.

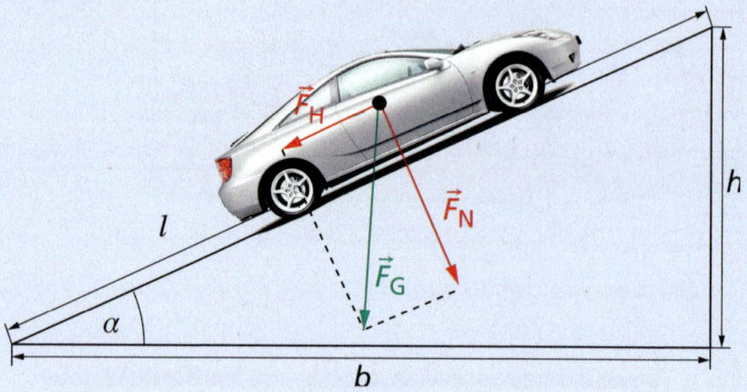

2 Hangabtriebskraft $\vec{F}_H$ und Normalkraft $\vec{F}_N$ sind Komponenten der Gewichtskraft $\vec{F}_G$.

8. *Erläutere anhand von Abb. 1, welche Kräfte auf einen bergauf fahrenden Radfahrer wirken!*

9. *Fertige analog zu der Übersicht auf S. 58 unten eine Tabelle an, in der erfasst wird, unter welchen Bedingungen sich ein Radfahrer auf einer gleichmäßig abfallenden Straße beschleunigt, gleichförmig bzw. verzögert bewegt!*

10. *Auch bei Strecken der Deutschen Bahn sind Anstiege oder Gefälle gekennzeichnet. Erkunde, wie das geschieht und was die Angaben auf den Schildern bedeuten!*

11. *Unter welchen Bedingungen bleibt ein Körper auf einer geneigten Ebene liegen bzw. stehen? Unter welchen Bedingungen bewegt er sich abwärts, unter welchen aufwärts?*

12. *Ein Auto fährt mit konstanter Geschwindigkeit eine gleichmäßig ansteigende Straße hinauf. Diskutiere, welche Kräfte dabei wirken! Welche Aussagen kann man über das Verhältnis der antreibenden Kräfte zu den bewegungshemmenden Kräften machen?*

13. *Häufig hört man folgende Meinung: Beim Bergabfahren erreicht unter sonst gleichen Bedingungen ein schwererer Radfahrer eine größere Geschwindigkeit als ein leichterer. Begründe physikalisch, ob diese Aussage richtig oder falsch ist!*
    Stelle dazu eine Kräftebilanz auf!

Fahrbahn und Reifen

Nässe bzw. schnee- oder eisbedeckte Fahrbahnen können die Reibungskraft zwischen Fahrbahn und Reifen erheblich verringern.
Wenn man diese äußeren Bedingungen nicht beachtet, kann es im Straßenverkehr zu schweren Unfällen kommen. Es wird empfohlen, bei Schnee und Eis vor allem Fahrräder und Zweiradfahrzeuge gar nicht erst zu benutzen.

14. Erkunde, welchen Einfluss Regen, Schnee und Eis auf die Reibung und damit auf den Bremsweg von Fahrzeugen haben!

15. Stelle Verhaltensregeln für Fahrzeugführer bei Regen, Schnee und Glatteis auf!

16. *Untersuche experimentell den Einfluss von Nässe auf die Reibung eines Fahrzeugs mit dem Boden!*
Nutze dazu ein Spielzeugauto als Modell!

Für die Sicherheit im Straßenverkehr müssen Fahrzeuge in technisch einwandfreiem Zustand sein. Dabei spielen die Reifen eine wichtige Rolle. Räder und Reifen von Fahrzeugen sehen ganz verschieden aus. Allein die Reifen von Fahrrädern, z.B. von Mountainbikes, Citybikes, Rennrädern oder Tourenrädern, unterscheiden sich stark voneinander.

1 Kopfsteinpflaster findet man heute noch in Nebenstraßen und in Fußgängerzonen.

17. Für Pkws gibt es Sommer-, Winter- und Allwetterreifen. Stelle in einer Übersicht deren Eigenschaften, Profilformen und Einsatzgebiete zusammen!

18. Erkunde, wie der Reifendruck die Reibung zwischen Reifen und Straße beeinflusst! Welche Schlussfolgerungen kann man daraus für einen optimalen Reifendruck ziehen?

Wintersicherheitsgrenze
Volle Sicherheit bei Frost, Schnee und Matsch gewährleisten Winterreifen nur bis zu einer Profiltiefe von 4 mm.

Sommersicherheitsgrenze
Besonders bei Breitreifen vergrößert sich bei dieser Profiltiefe die Gefahr des Aquaplanings erheblich.

Neue Reifen
Neue Reifen haben unterschiedliche Profiltiefen. Mit zunehmendem Verschleiß steigt die Aquaplaninggefahr.

Die **gesetzliche Mindestprofiltiefe** gewährt nur einen Rest an Sicherheit. Bei geringerer Profiltiefe darf das Fahrzeug nicht mehr gefahren werden.

Gewusst · Gekonnt

1. Ein Schüler hat eine Masse von 65 kg.
a) Mit welcher Kraft wird der Schüler von der Erde angezogen?
b) Mit welcher Kraft zieht der Schüler die Erde an? Begründe!

2. Zwei Schüler ziehen an zwei Kraftmessern mit unterschiedlichen Messbereichen (↗ Abb.). Ein Kraftmesser zeigt eine Kraft von 5 N an. Welche Kraft zeigt der andere Kraftmesser an? Begründe deine Aussage!

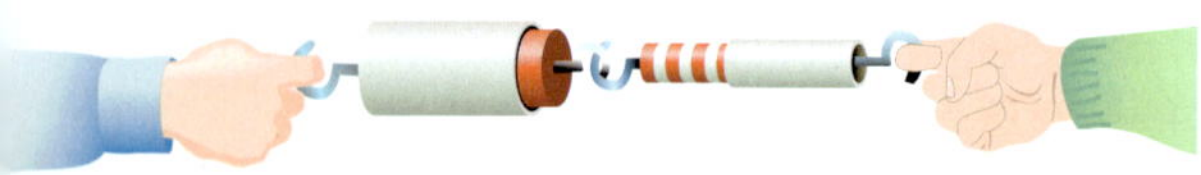

3. Zwei Schüler stehen sich auf Rollschuhen gegenüber. Robert stößt sich von Katharina ab.

a) Beschreibe die Bewegung beider Schüler nach dem Abstoßen!
Begründe deine Aussage!
b) Robert hat eine größere Masse als Katharina. Was kann man daraus für die Bewegung der beiden nach dem Abstoßen ableiten?

4. Nenne und erläutere Beispiele aus Natur und Technik, bei denen das Rückstoßprinzip angewendet wird!

5. Bei einem Experiment zur Untersuchung des Zusammenhangs zwischen der Beschleunigung eines Körpers und der beschleunigenden Kraft wurden folgende Messwertepaare aufgenommen:

F in N	0	1,0	2,0	3,0	4,0
a in $\frac{m}{s^2}$	0	0,0	0,59	0,91	1,20

a) Zeichne das Beschleunigung-Kraft-Diagramm!
b) Interpretiere das Diagramm!
c) Ermittle aus den Messwerten die Masse des Körpers!

6. Die Motoren eines IC können eine maximale Antriebskraft von 270 kN aufbringen. Die Masse des IC beträgt 500 t.
a) Wie groß ist die maximale Beschleunigung des IC beim Anfahren?
b) In welcher Zeit kann der IC mit dieser Beschleunigung eine Geschwindigkeit von 100 km/h erreichen?
*c) Warum dauert der Beschleunigungsvorgang in der Praxis länger?

***7.** Ein Verkehrsflugzeug hat eine Gesamtmasse von 330 t. Mit seinen vier Strahltriebwerken wird das Flugzeug auf der Startbahn bis zu einer Geschwindigkeit von 300 km/h beschleunigt, bis es abheben kann. Jedes Triebwerk entwickelt eine maximale Schubkraft von 200 kN.
a) Wie groß ist die Beschleunigung des Flugzeugs während der Startphase?
b) Wie lang muss die Startbahn mindestens sein?

***8.** Bei einem Unfall wird ein Pkw in 1,2 s von 40 km/h bis zum Stillstand abgebremst. Welche beschleunigende Kraft wirkt auf den Fahrer (m = 70 kg)?

9. Gute Fußballer verleihen dem Ball beim Abschuss eine Geschwindigkeit von 90 km/h. Die Wechselwirkung mit dem Ball beim Abschuss dauert 0,02 s. Der Ball hat eine Masse von 700 g.

a) Mit welcher Kraft muss der Fußballer gegen den Ball treten?

b) Wie groß ist die Beschleunigung des Balls?

***10.** Ein Bus bremst aus einer Geschwindigkeit von 50 km/h bis zum Stillstand in 6 s ab.

a) In welcher Richtung wirken dabei auf Personen im Bus Kräfte?

b) Mit welcher Kraft muss sich eine Person der Masse von 80 kg dabei festhalten?

11. Beim Start eines Flugzeugs wird man kräftig in den Sitz gedrückt.
Erkläre, wie das kommt!

12. Beim Abschleppen eines defekten Autos mit einem Seil sollte man langsam anfahren. Erkläre, warum bei einem ruckartigen Anfahren das Seil reißen kann!

13. Begründe, warum man Pkws, die defekte Bremsen haben, nicht mit einem Seil abschleppen darf!

14. Ein beladener Pkw mit einer Gesamtmasse von 1 350 kg wird aus dem Stand beschleunigt. Nach 4,5 s erreicht er eine Geschwindigkeit von 40 km/h.

a) Wie groß ist die Beschleunigung des Pkw?

b) Berechne die Antriebskraft des Motors, die allein für die Beschleunigung notwendig ist!

c) Für den Beschleunigungsvorgang muss der Motor noch weitere Kräfte aufbringen. Wofür sind sie notwendig?

15. Der Fahrer eines Pkw ($v = 50$ km/h) sieht einen Ball auf die Straße rollen und bremst. Auf trockener Straße hat das Fahrzeug bei Vollbremsung eine Bremsverzögerung von 6,6 m/s^2. Die Masse des Pkw beträgt 1 200 kg.

a) Wie groß ist die wirkende Bremskraft?

b) Wie lang ist der Bremsweg?

*c) Wie verändert sich der Bremsweg, wenn man die „Schrecksekunde“ des Fahrers berücksichtigt?

16. Bei einem Auffahrunfall fährt ein Pkw mit einer Geschwindigkeit von 30 km/h auf einen stehenden Lkw auf. Das Fahrzeug wird in 90 ms bis zum Stillstand abgebremst.

a) Wie groß ist die auf den Fahrer wirkende Kraft, wenn er eine Masse von 65 kg hat?

b) Welche Kraft wirkt auf einen Regenschirm ($m = 650$ g), der frei auf der hinteren Ablage liegt?

c) Setze dich mit der Aussage „Ein Auffahrunfall mit 30 km/h ist ungefährlich“ auseinander!

d) Einen Auffahrunfall kann man mit dem Auftreffen auf dem Erdboden nach einem freien Fall vergleichen.
Aus welcher Höhe müsste man springen, damit die Geschwindigkeitsänderung beim Auftreffen 30 km/h beträgt?

17. Verschiedene Körper haben folgende Massen: 2,5 g, 36 g, 1,5 kg, 7,8 kg, 3,2 t. Gib ihre Gewichtskräfte auf der Erdoberfläche an!

18. Verschiedene Körper haben auf der Erdoberfläche folgende Gewichtskräfte: 0,5 N, 5,8 N, 3,1 N, 25 kN, 680 N. Gib an, welche Massen diese Körper haben!

19. Ein Raumschiff mit einer Masse von 2,1 t wird mit einer Rakete von der Erdoberfläche aus gestartet. Sein Abstand von der Erdoberfläche wird immer größer. Wie verändern sich die Masse und die Gewichtskraft des Raumschiffs? Begründe!

20. Die Mondlandeeinheit, mit der Menschen im Jahre 1969 erstmals zum Mond gelangten, hatte eine Masse von 14 700 kg.

Wie groß war die Gewichtskraft der Mondlandeeinheit auf der Erde und auf dem Mond?

21. Die Oberfläche des Planeten Mars wurde in den letzten Jahren mit automatischen Sonden erkundet, u. a. mit dem US-amerikanischen Mars-Rover.

a) Erkunde, wie groß die Fallbeschleunigung auf der Marsoberfläche ist! Nutze dazu das Internet!

b) Vergleiche die Gewichtskraft des Rover auf dem Mars und auf der Erde!

c) Der Mars ist derjenige Planet, zu dem eine bemannte Mission möglich wäre. Erkunde, ob es Planungen gibt!

22. Die Fotos zeigen Beispiele für die Nutzung von Reibungskräften in der Technik. Wo wirken Reibungskräfte? Was bewirken sie?

23. Nenne Beispiele aus Natur, Technik und Alltag für das Auftreten von Reibungskräften! Erläutere, wie durch diese Kräfte Bewegungen beeinflusst werden!

24. Beim Abkippen einer Ladung Sand stellt der Fahrer die Ladefläche bis zu einem bestimmten Winkel schräg. Danach rutscht der Sand in einem Zug hinunter. Erkläre dies physikalisch! Stelle die wirkenden Kräfte in einer Zeichnung dar!

25. Eine Schlittschuhfahrerin ($m = 52$ kg) bewegt sich auf dem Eis. Wie groß ist die bewegungshemmende Gleitreibungskraft?

26. Bestimme experimentell die Reibungskräfte für die Haft- und Gleitreibung eines Holzklotzes auf einer Unterlage aus normalem Papier und aus Sandpapier!

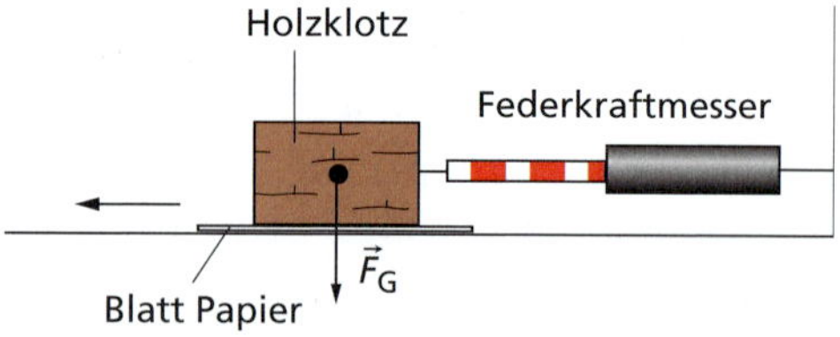

Eine Bewegung des Holzklotzes gegenüber seiner Unterlage wird durch Ziehen am Papier erreicht. Vergleiche die Kräfte miteinander! Formuliere ein Ergebnis!

***27.** Ein Pkw mit einer Masse von 1 000 kg fährt auf einer trockenen Asphaltstraße. Der Fahrer muss plötzlich bremsen.
Wie groß ist die maximale Bremskraft?

28. Ein Holzklotz wird über einen Holztisch gezogen. Er drückt mit der Gewichtskraft F_G von 0,5 N auf die Unterlage. Die dabei wirkende Gleitreibungskraft F_R beträgt 0,3 N.
Nun wird der Holzklotz nacheinander mit Wägestücken von jeweils 50 g beschwert und wieder die Gleitreibungskraft gemessen. Die Tabelle zeigt alle Messwerte.

F_G in N	0,5	1,0	1,5	2,0	2,5
F_R in N	0,3	0,5	0,7	1,0	1,3

a) Zeichne die Messwerte in ein Diagramm!
b) Welchen Zusammenhang zwischen der Gewichtskraft und der Gleitreibungskraft kann man aus dem Diagramm ableiten?

29. Informiere dich beispielsweise unter der Adresse **www.schuelerlexikon.de** über den Aufbau und die Wirkungsweise einer Scheibenbremse, wie sie bei Pkws genutzt wird! Bereite dazu einen Kurzvortrag vor!

30. Reibung ist teilweise nützlich und erwünscht, teilweise auch störend und unerwünscht. Bereite einen Kurzvortrag über die verschiedenen Reibungskräfte vor! Suche Beispiele aus Natur, Technik und Alltag für erwünschte und unerwünschte Reibung!
Nutze auch das Internet, z. B. die Adresse **www.schuelerlexikon.de!**

31. Diskutiere Möglichkeiten, wie man als Radfahrer die Luftwiderstandskraft verringern kann!
Gib für deine Vorschläge jeweils eine physikalische Begründung!

32. Für die Luftwiderstandskraft bei einem Fahrzeug gilt: $F_W \sim v^2$
a) Ein Pkw vergrößert seine Geschwindigkeit von 50 auf 100 km/h. Wie verändert sich die Luftwiderstandskraft bei ansonsten gleichen Bedingungen?
*b) Bei welcher Geschwindigkeit ist die Luftwiderstandskraft des Pkw doppelt so groß wie bei 50 $\frac{km}{h}$?

33. Ein 10 kg schweres Paket liegt auf einem Förderband.
a) Wie groß sind Normalkraft F_N und Hangabtriebskraft F_H?
b) Unter welcher Bedingung rutscht das Paket nicht?

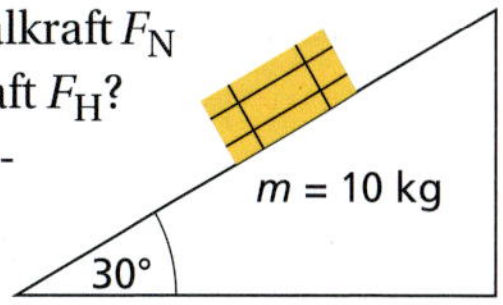

34. Ein 65 kg schwerer Radfahrer lässt sich eine Straße mit 8 % Gefälle hinabrollen. Die Masse seines Fahrrads beträgt 20 kg. Die Reibungszahl zwischen der Asphaltstraße und den Reifen seines Fahrrads beträgt 0,01.
a) Skizziere den Sachverhalt und zeichne alle wirkenden Kräfte ein!
b) Wie groß ist der Neigungswinkel der Straße?
c) Bestimme die Hangabtriebskraft, die auf den Radfahrer wirkt!
*d) Bewegt sich der Radfahrer insgesamt beschleunigt, gleichförmig oder verzögert? Begründe deine Aussage!

35. Um bei einem Pkw Kraftstoff einzusparen, werden unter anderem folgende Empfehlungen gegeben:
a) Die Fenster sollten geschlossen sein.
b) Ein nicht benötigter Dachgepäckträger sollte abgebaut werden.
c) Unnötige Sachen sollten aus dem Kofferraum herausgenommen werden.
d) Starkes Abbremsen und Beschleunigen sollte vermieden werden.
Gib für jede dieser Empfehlungen eine physikalische Begründung! Gehe dabei von der Gleichung für die Luftwiderstandskraft und von deinen Kenntnissen über Kräfte aus!

Kräfte und Änderungen der Bewegung

Die Wirkung einer Kraft auf einen Körper ist abhängig
- vom Betrag,
- von der Richtung,
- vom Angriffspunkt.

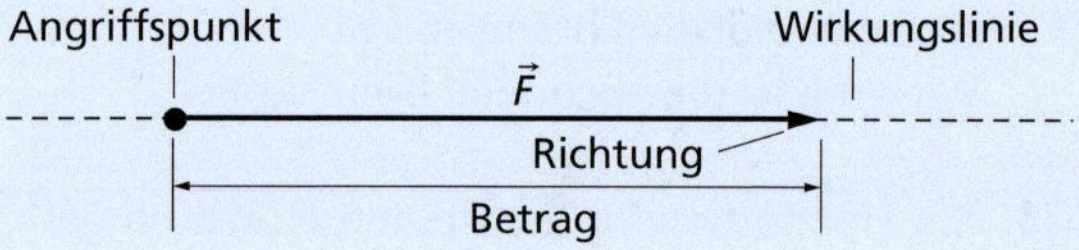

Grundlegende Gesetze der Dynamik sind die von Isaac Newton (1643–1727) gefundenen **newtonschen Gesetze.**

1. newtonsches Gesetz (Trägheitsgesetz)	Unter der Bedingung, dass die Summe der Kräfte auf einen Körper null ist, gilt: $\vec{v}$ = konstant	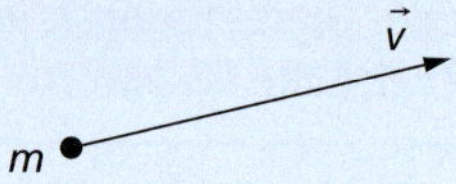 v Geschwindigkeit
2. newtonsches Gesetz (newtonsches Grundgesetz)	Wirkt auf einen Körper der Masse m die beschleunigende Kraft F, so erfährt der Körper in Richtung der Kraft die Beschleunigung a. $F = m \cdot a$	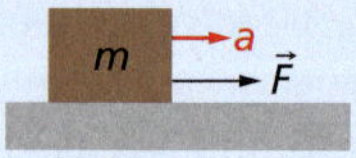 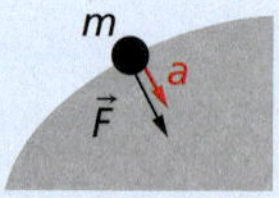 F Kraft m Masse a Beschleunigung
3. newtonsches Gesetz (Wechselwirkungsgesetz)	Wirken zwei Körper aufeinander ein, so wirkt auf jeden der Körper eine Kraft. $\vec{F}_1 = -\vec{F}_2$	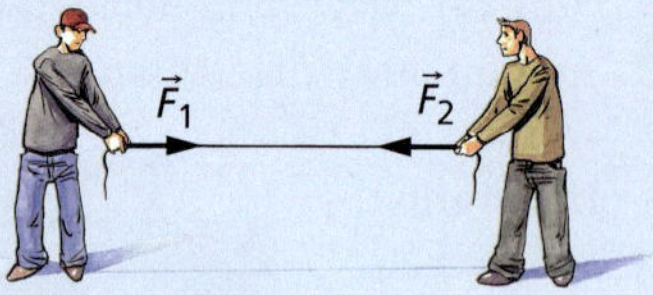

Die Bewegung von Körpern wird vor allem durch **beschleunigende Kräfte, Gewichtskräfte** und **Reibungskräfte** beeinflusst.

Beschleunigende Kräfte	**Gewichtskräfte**	**Reibungskräfte**
führen zu einer Änderung der Geschwindigkeit von Körpern. $F = m \cdot a$	können die Bewegung von Körpern bewirken oder beeinflussen. $F_G = m \cdot g$	hemmen oder verhindern die Bewegung von Körpern. $F_R = \mu \cdot F_N$
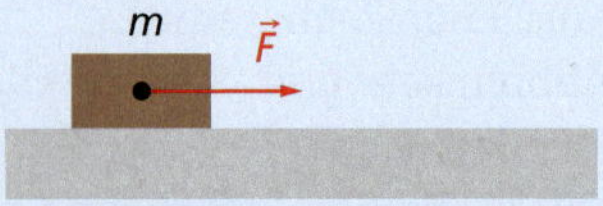	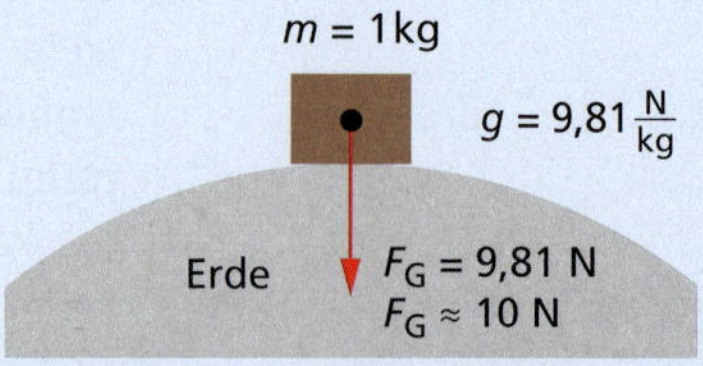	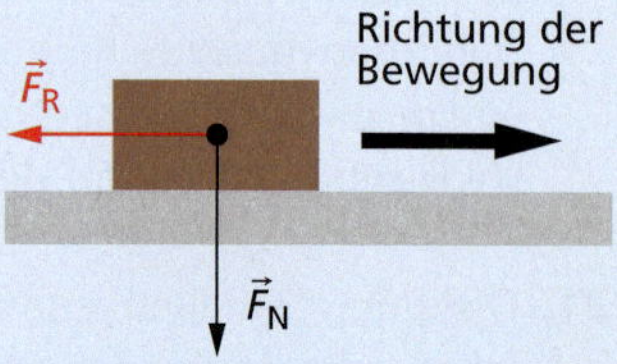
Es erfolgt eine beschleunigte oder verzögerte Bewegung.	Die Gewichtskraft ist ortsabhängig. Sie bewirkt z. B. den Fall von Körpern.	Eine spezielle Reibungskraft ist die **Luftwiderstandskraft.** Sie wirkt bewegungshemmend.

2 Magnetfelder und elektromagnetische Induktion

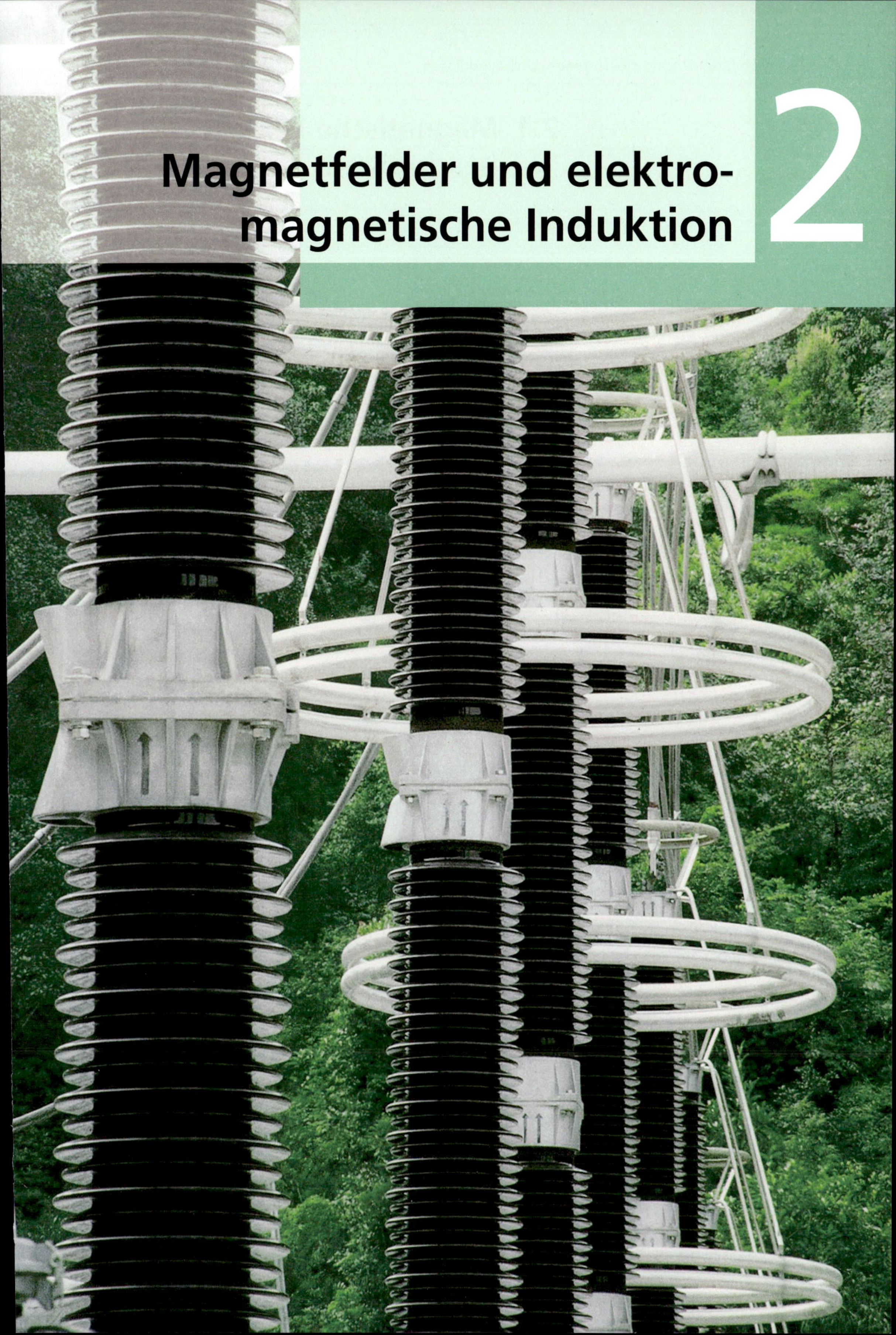

2.1 Magnetische Felder beschreiben

Ein Kompass weist die Richtung

Mit einem Kompass kann man die Himmelsrichtungen bestimmen und sich in unbekanntem Gelände orientieren. Auch in der Seefahrt wurden und werden Kompasse zur Orientierung genutzt.
Warum kann man mit einem Kompass die Himmelsrichtungen bestimmen?

Magnete zur Befestigung

Mit Haftmagneten kann man Informationszettel oder Nachbildungen für den Unterricht leicht an Wandtafeln anbringen, verschieben oder auch entfernen. Allerdings haften die Magnete nicht an allen Tafeln.
Aus welchen Stoffen müssen Wandtafeln bestehen, damit man Gegenstände mit Magneten daran befestigen kann?

Magnete in der Technik

Stromdurchflossene Leiter und Spulen sind mit einem Magnetfeld verbunden. Dabei wird die magnetische Wirkung des elektrischen Stroms genutzt. Beispiele für die Anwendung sind Lasthebemagnete und Elektromotoren.
Wie sind diese technischen Anordnungen aufgebaut?
Wie funktionieren sie?

Magnete und ihre Eigenschaften

Magnete werden heute vielfältig genutzt: als Haftmagnete, für Türverschlüsse, als Kompassnadeln, bei Türklingeln, als Lasthebemagnete sowie als Magnete in Elektromotoren oder in Fahrraddynamos.
Aus dem bisherigen Physikunterricht kennst du bereits einige Eigenschaften von Magneten.

> Magnete sind Körper, die andere Körper aus Eisen, Nickel oder Cobalt anziehen.

Körper, die diese magnetische Eigenschaft auf Dauer oder über sehr lange Zeit besitzen, nennt man **Dauermagnete** oder **Permanentmagnete.**
Dauermagnete werden heute meist aus speziellen Legierungen (Eisen-Nickel, Eisen-Aluminium, Eisen-Neodym) hergestellt. Dabei nutzt man, dass Körper aus Eisen, Nickel und Cobalt selbst magnetisch werden, wenn man sie in die Nähe eines starken Magneten bringt.

> Körper, die von Magneten angezogen werden, sind auch selbst magnetisierbar.

Diese Eigenschaft von Körpern aus Eisen, Nickel und Cobalt, den **ferromagnetischen Stoffen,** ergibt sich aus ihrem Aufbau (Abb. 1).
Magnetisierbare Stoffe bestehen aus winzigen Bereichen, von denen sich jeder wie ein kleiner Magnet verhält. Im unmagnetisierten Zustand sind diese **Elementarmagnete** völlig ungeordnet (Abb. 1a).
Der Körper ist nach außen hin unmagnetisch. Unter dem Einfluss eines Magneten können sich die Elementarmagnete ausrichten (Abb. 1b). Der Körper wird selbst magnetisch.

a)
b)

1 Unmagnetisiertes (a) und magnetisiertes (b) Eisen im Modell

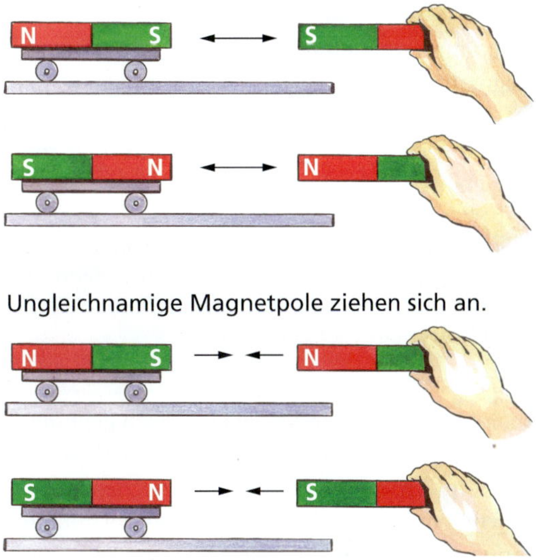

2 Kräfte zwischen Magneten

> Jeder Magnet hat mindestens zwei Pole, einen Nordpol und einen Südpol.

Welche Kräfte zwischen den Polen von Magneten wirken, ist in Abbildung 2 dargestellt.

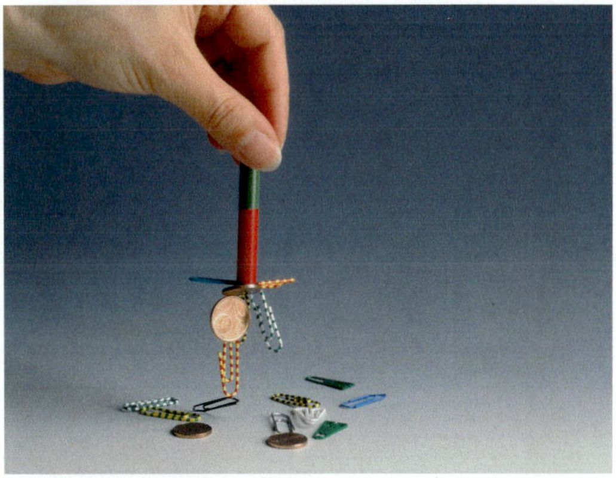

3 An den Polen eines Magneten sind die magnetischen Kräfte am größten.

Das magnetische Feld

Den Raum um einen Magneten, in dem eine magnetische Wirkung auf andere Magnete bzw. auf Körper aus Eisen, Nickel und Cobalt zu beobachten ist, nennt man **Magnetfeld** oder **magnetisches Feld.**

> Ein magnetisches Feld existiert im Raum um einen Magneten, in dem auf andere Magnete bzw. auf Körper aus ferromagnetischen Stoffen Kräfte ausgeübt werden.

1 Magnete wirken durch Holz und viele andere Stoffe hindurch. Das Magnetfeld durchsetzt diese Stoffe.

Analoges hast du bereits bei elektrisch geladenen Körpern kennengelernt: Um einen elektrisch geladenen Körper existiert ein elektrisches Feld. In der Übersicht unten sind die bereits vermittelten Kenntnisse zum elektrischen Feld zusammengestellt. Der Vergleich mit dem Magnetfeld zeigt, dass es zwischen elektrischen und magnetischen Feldern Gemeinsamkeiten, aber auch Unterschiede gibt. Wichtig ist: Wir können diese Felder experimentell nachweisen, haben aber weder ein Sinnesorgan für elektrische Felder noch eines für magnetische Felder.

Elektrisches Feld	Magnetisches Feld
Ein elektrisches Feld existiert um elektrisch geladene Körper.	Ein magnetisches Feld existiert um Dauermagnete und stromdurchflossene Leiter.
Ein elektrisches Feld kann mit einem Feldlinienbild beschrieben werden. Ein Feldlinienbild ist ein Modell des Felds. 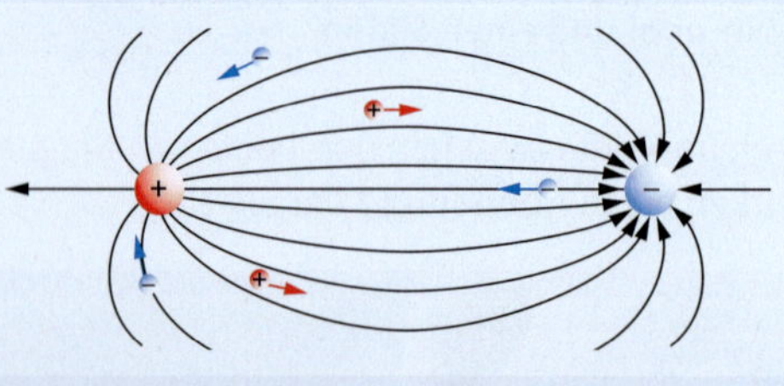	Ein magnetisches Feld kann mit einem Feldlinienbild beschrieben werden. Ein Feldlinienbild ist ein Modell des Felds. 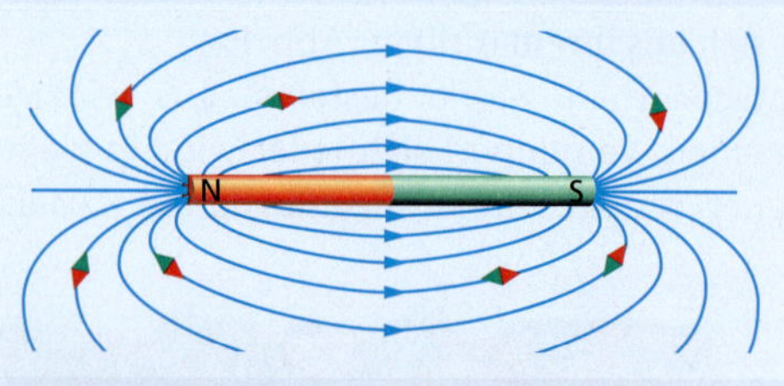
Die Feldlinien verlaufen von + nach –.	Die Feldlinien verlaufen im Außenraum vom Nord- zum Südpol.
Auf elektrisch geladene Körper wirkt im elektrischen Feld eine Kraft. 	Auf andere Magneten und auf ferromagnetische Stoffe wirken im Magnetfeld Kräfte. 
Elektronen oder positiv geladene Ionen bewegen sich gerichtet.	Kleine Magnetnadeln richten sich dadurch im Magnetfeld längs der Feldlinien aus.

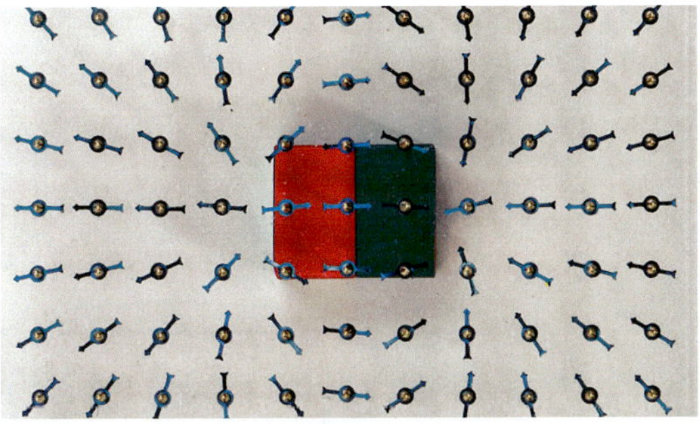

1 Kleine Magnete richten sich in einem magnetischen Feld aus.

Ein magnetisches Feld lässt sich durch das Ausrichten magnetischer Körper (z. B. kleiner Magnetnadeln, Abb. 1) oder durch Kräfte auf Körper aus ferromagnetischen Stoffen nachweisen. Legt man auf einen Magneten eine Glasplatte oder ein Blatt Papier und streut darauf Eisenfeilspäne, dann richten sich die Eisenfeilspäne in bestimmter Weise aus. Es ergibt sich ein typisches Bild (Abb. 3).
Zeichnet man anstelle der Ketten aus Eisenfeilspänen Linien, so erhält man ein **Feldlinienbild** dieses Feldes (Abb. 2).

Ein magnetisches Feld lässt sich mithilfe eines Feldlinienbildes veranschaulichen. Das Feldlinienbild ist ein Modell des Feldes.

Aus einem Feldlinienbild ist z. B. erkennbar, wie sich kleine Magnete im betreffenden Magnetfeld ausrichten.

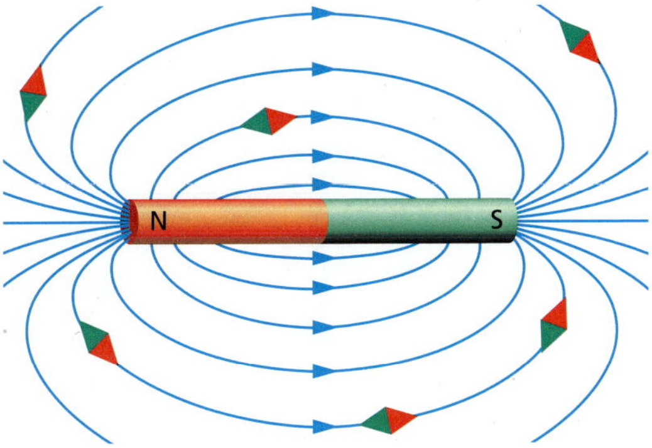

2 Feldlinienbild eines Stabmagneten: Die Feldlinien verlaufen vom Nord- zum Südpol.

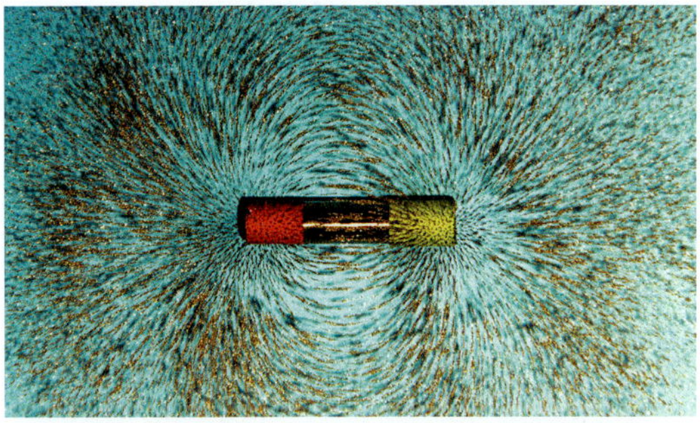

3 Eisenfeilspäne ordnen sich im magnetischen Feld eines Stabmagneten in bestimmter Weise aus.

Für das Feldlinienbild als Modell des magnetischen Feldes gilt:
- Die Richtung der Feldlinien gibt die Richtung der wirkenden Kräfte auf Probekörper (z. B. kleine Magnete) an.
- Je größer die Anzahl der Feldlinien in einem bestimmten Gebiet des Feldes ist, desto stärker ist das magnetische Feld.

Methode

Das Modell Feldlinienbild

Da das Feldlinienbild eines Magnetfeldes ein Modell ist, gilt wie für jedes andere Modell, dass es eine Vereinfachung der Wirklichkeit ist. In wichtigen Eigenschaften stimmt es mit der Wirklichkeit überein, in anderen nicht. So ist z. B. aus einem Feldlinienbild erkennbar,
- in welcher Richtung Kräfte auf Probekörper wirken, die sich in der Nähe des Magneten befinden,
- an welchen Stellen das Magnetfeld stärker oder schwächer ist.

Die Grenzen dieses Modelles bestehen u. a. darin, dass
- das Magnetfeld im gesamten Raum um einen Magneten vorhanden ist und nicht nur in einer Ebene,
- das Magnetfeld auch zwischen den Feldlinien existiert und
- keine Aussage über die absolute Stärke des Magnetfeldes gemacht werden kann.

Verlaufen die Feldlinien parallel, so ist die Stärke des Magnetfeldes überall gleich groß. Ein solches Feld wird als **homogenes Feld** bezeichnet.

Magnetfelder stromdurchflossener Leiter

1820 entdeckte der dänische Physiker HANS CHRISTIAN OERSTED (1777–1851), dass eine Magnetnadel in der Nähe eines stromdurchflossenen Leiters abgelenkt wird (Abb. 1). Ein stromdurchflossener Leiter besitzt ein Magnetfeld. Besonders stark ist die magnetische Wirkung, wenn der Leiter als Spule aufgewickelt ist und einen Eisenkern enthält. Man nennt eine solche stromdurchflossene Spule mit Eisenkern einen Elektromagneten (Abb. 3).

> Um eine Spule mit Eisenkern ist das Magnetfeld wesentlich stärker als um eine Spule ohne Eisenkern.

Schaltet man den Strom ab, hört die magnetische Wirkung auf.
Das Magnetfeld einer stromdurchflossenen Spule hat eine ähnliche Form wie das Magnetfeld eines Stabmagneten (↗ S. 211, Abb. 2).
Die Feldlinien sind geschlossen. Auch einem Elektromagneten kann man einen Nord- und Südpol zuordnen. Mit der Änderung der Polung der elektrischen Quelle ändert sich die Lage von Nord- und Südpol.
Im Äußeren der Spule verläuft das Magnetfeld wie bei einem Stabmagneten vom Nord- zum Südpol. Im Innern der Spule verläuft es dagegen vom Südpol zum Nordpol. Die Feldlinien sind beim magnetischen Feld im Unterschied zum elektrischen Feld immer geschlossene Linien.

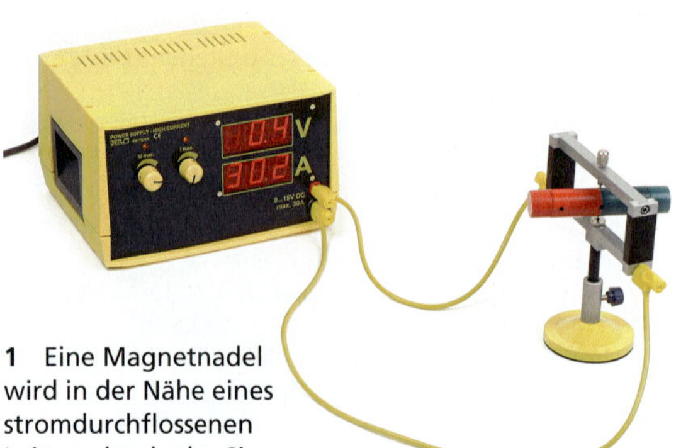

1 Eine Magnetnadel wird in der Nähe eines stromdurchflossenen Leiters abgelenkt. Sie stellt sich quer zum Leiter.

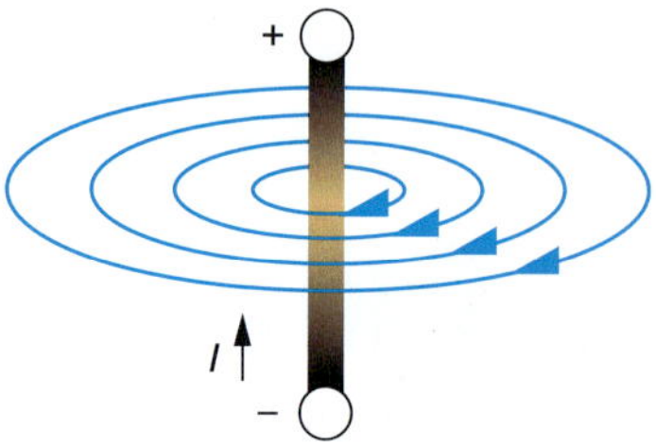

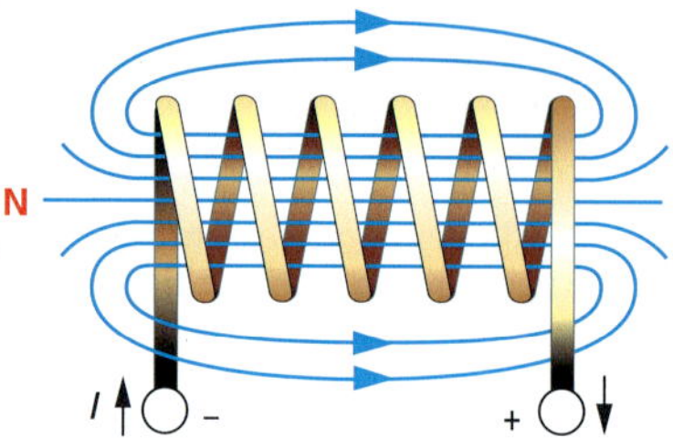

2 Feldlinienbilder um stromdurchflossene gerade Leiter und Spulen

> Um stromdurchflossene gerade Leiter und um stromdurchflossene Spulen existiert ein Magnetfeld.
> Die Stärke des Magnetfelds einer stromdurchflossenen Spule ist umso größer,
> - je größer die Stromstärke in der Spule ist,
> - je größer die Windungszahl der Spule ist und
> - je kürzer die Spule ist.

Im Innern einer Spule ist die Stärke des Magnetfelds überall gleich groß. Es ist ein **homogenes Magnetfeld.**

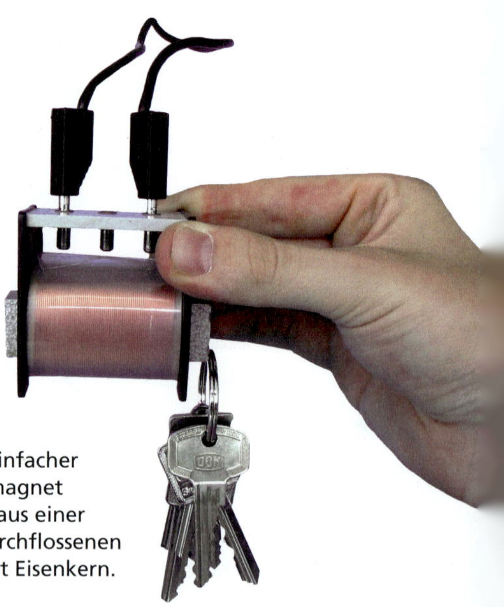

3 Ein einfacher Elektromagnet besteht aus einer stromdurchflossenen Spule mit Eisenkern.

Kräfte auf stromdurchflossene Leiter

Befindet sich ein stromdurchflossener Leiter senkrecht zu den Feldlinien in einem Magnetfeld, so wird auf ihn eine Kraft ausgeübt (Abb. 1). Diese Kraft ist umso größer,

- je stärker das Magnetfeld ist, in dem sich der Leiter befindet;
- je größer die Stromstärke in ihm ist und
- je größer die Länge des Leiters im Magnetfeld ist.

Diese Kraft nennt man **Lorentzkraft,** benannt nach dem niederländischen Physiker HENDRIK ANTOON LORENTZ (1853–1928), der sie 1895 einführte.

Die Lorentzkraft wirkt auf einen stromdurchflossenen Leiter im Magnetfeld senkrecht zum Stromfluss und zugleich senkrecht zur Richtung der Feldlinien.

Die Richtung der Kraft auf einen stromdurchflossenen Leiter ergibt sich nach der **Rechte-Hand-Regel (UVW-Regel).**

Rechte-Hand-Regel (UVW-Regel):

Daumen:	Stromrichtung von + nach – (Bewegungsrichtung positiver Ladungsträger, Ursache U)
Zeigefinger:	Richtung des Magnetfelds vom Nord- zum Südpol (Vermittlung V)
Mittelfinger:	Richtung der Kraft (Wirkung W)

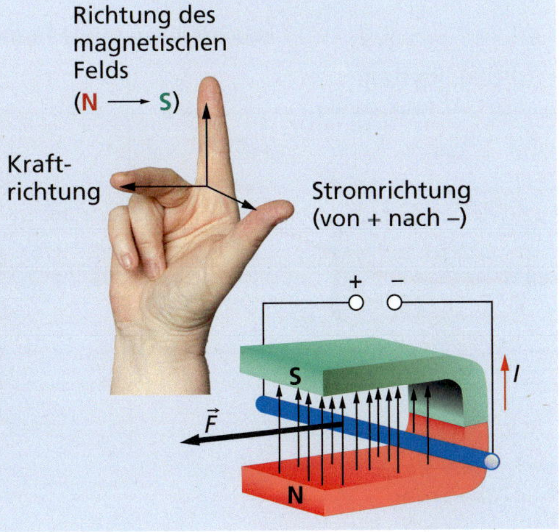

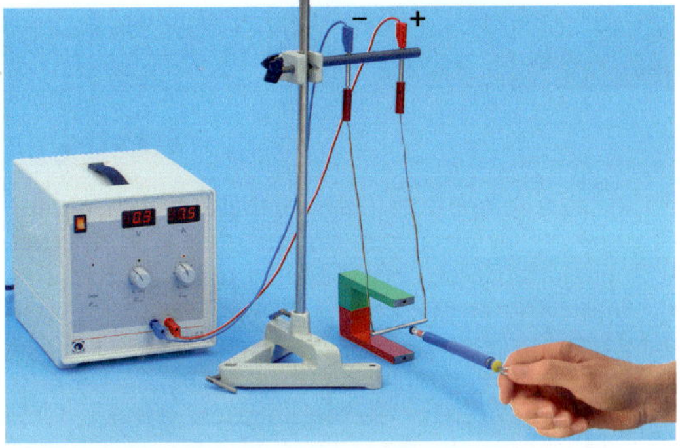

1 Auf einen stromdurchflossenen Leiter wirkt im Magnetfeld eine Kraft.

Die Erscheinung, dass auf einen stromdurchflossenen Leiter in einem Magnetfeld eine Kraft ausgeübt wird und damit der Leiter in Bewegung gesetzt werden kann, wird als **elektromotorisches Prinzip** bezeichnet. Es wird beim Elektromotor (↗ S. 16) genutzt.

Die Lorentzkraft wirkt auch auf einzelne bewegte Ladungsträger, ohne dass ein Leiter vorhanden sein muss.

Da die Lorentzkraft immer senkrecht zur Bewegungsrichtung wirkt, ändert sich durch sie nur die Richtung der Geschwindigkeit, nicht aber der Betrag der Geschwindigkeit der geladenen Teilchen (Abb. 2, 3).

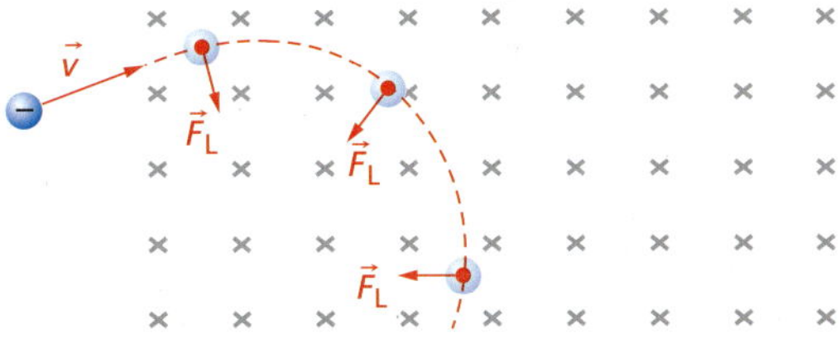

2 Bewegung von Elektronen: Das Magnetfeld zeigt in die Zeichenebene hinein.

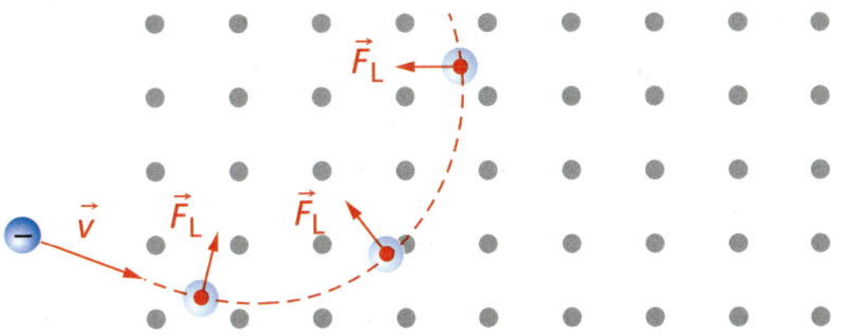

3 Bewegung von Elektronen: Das Magnetfeld zeigt aus der Zeichenebene heraus.

Mosaik

Elektronenstrahlröhren

In Fernsehgeräten, bei Computerbildschirmen oder in Oszillografen waren oder sind Elektronenstrahlröhren zur Bilderzeugung eingesetzt. Diese Röhren werden nach ihrem Erfinder, dem deutschen Physiker Karl Ferdinand Braun (1850 bis 1918), auch braunsche Röhren genannt (Abb. 2). Als Bildröhren in Fernsehgeräten wurden viele Jahrzehnte lang Elektronenstrahlröhren verwendet. Daneben nutzt man heute Flachbildschirme, die aber nach einem völlig anderen physikalischen Prinzip funktionieren.

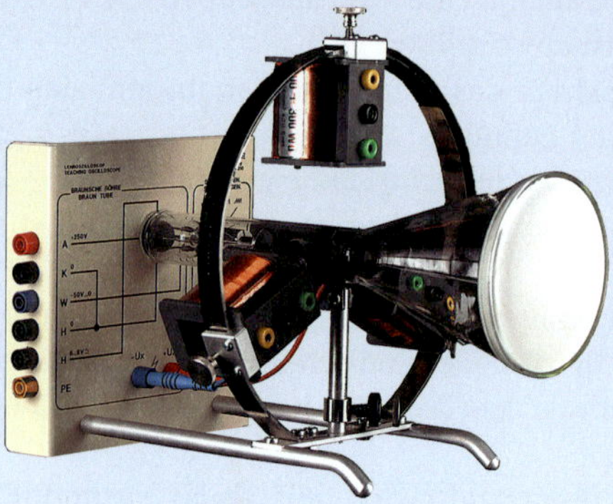

2 Einfache braunsche Röhre mit magnetischer Ablenkung (Ablenkspulen)

Prinzipiell besteht eine Elektronenstrahlröhre aus einem System zur Erzeugung eines Elektronenstrahls, einem Ablenksystem und einem Leuchtschirm (Abb. 1).
Mit Heizung, Katode, Anode und Wehneltzylinder wird ein Elektronenstrahl erzeugt, der sich durch die Anode hindurch weiterbewegt.
Der Wehneltzylinder, benannt nach dem deutschen Physiker Arthur Wehnelt (1871–1944), dient dabei der Fokussierung und der Helligkeitssteuerung.
Durch das Ablenksystem wird der Elektronenstrahl horizontal und vertikal so abgelenkt, dass er an einem bestimmten Punkt auf den Leuchtschirm auftrifft. Dort bringt er die Leuchtschicht an der inneren Seite des Schirms zum Leuchten. Bei **Oszillografenbildröhren** erfolgt die Ablenkung des Elektronenstrahls im Ablenksystem durch elektrisch unterschiedlich geladene Platten: ein Plattenpaar für die horizontale Ablenkung und ein zweites Plattenpaar für die vertikale Ablenkung.

In einer **Fernsehbildröhre** besteht das Ablenksystem aus stromdurchflossenen Spulenpaaren, die außen auf die evakuierte Glasröhre aufgesetzt sind (Abb. 1). Durch ein solches stromdurchflossenes Spulenpaar wird ein magnetisches Feld erzeugt, durch das sich der Elektronenstrahl bewegt. Auf die bewegten Ladungsträger des Elektronenstrahls, die Elektronen, wirkt in diesem Magnetfeld eine Kraft senkrecht zur Bewegungsrichtung und senkrecht zur Richtung des magnetischen Felds (Lorentzkraft).
Die Richtung der Ablenkung kann man mithilfe der Rechte-Hand-Regel bestimmen.
Beim Fernsehgerät wird der Elektronenstrahl sehr schnell zeilenweise über den Bildschirm geführt und so ein Bild erzeugt.

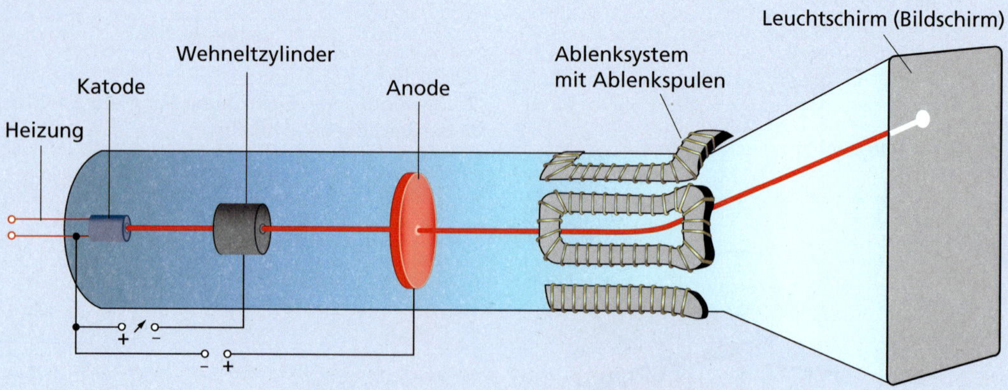

1 Aufbau einer Elektronenstrahlröhre mit magnetischer Ablenkung

Physik in Natur und Technik

Ein Elektromagnet als Kran

Große Elektromagnete werden genutzt, um schwere Lasten zu heben und zu transportieren. Solche Lasthebemagnete werden vor allem auf Schrottplätzen, in Stahlwerken und auf Baustellen eingesetzt (Abb. 1).

Wie ist ein Lasthebemagnet aufgebaut?
Wie kann man seine Wirkungsweise erklären?

1 Aufbau eines Lasthebemagneten

Ein Lasthebemagnet besteht aus einer Spule und einem Eisenkern. Fließt durch die Spule ein Strom, so entsteht ein Magnetfeld, das durch den Eisenkern verstärkt wird. Körper aus Eisen und Stahl werden von diesem Magneten angezogen. Beim Abschalten des Stroms fallen sie ab.

Ein klingender Magnet

Das wichtigste Bauteil einer elektrischen Klingel ist ein Elektromagnet. Auch in einem Türgong, der zwei Töne erzeugt, ist ein Elektromagnet enthalten.

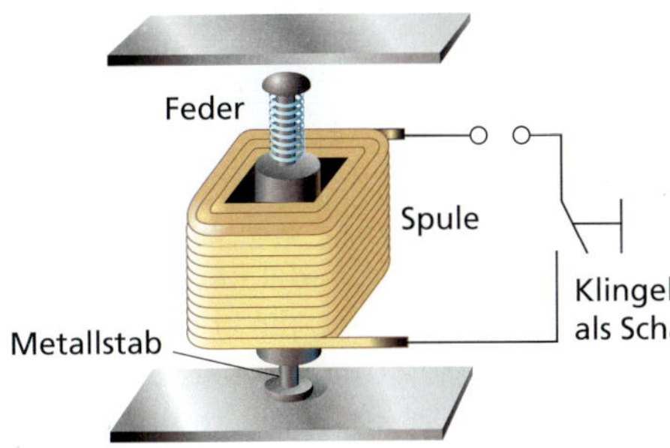

2 Aufbau eines Türgongs

Beschreibe den Aufbau und erkläre die Wirkungsweise eines solchen elektrischen Türgongs!

Der Türgong enthält einen Stromkreis mit einer Spule. In der Spule befindet sich ein Metallstab, der auf einer Feder gelagert ist. Oberhalb und unterhalb der Spule befinden sich die Klingstäbe (Abb. 2). Die Spule befindet sich in einem Stromkreis mit einer elektrischen Quelle und einem Schalter (Klingelknopf).

Wird durch Betätigung des Klingelknopfs (Schalter) der Stromkreis geschlossen, so fließt ein elektrischer Strom. Durch die magnetische Wirkung des elektrischen Stroms wird die Spule zu einem Elektromagneten. Der Elektromagnet übt eine Kraft auf den in der Spule befindlichen Metallstab aus, sodass dieser gegen den Klingstab stößt.
Dabei wird der Metallstab zunächst gegen den einen Klingstab gelenkt. Nach Loslassen des Klingelknopfs wird der Stromkreis geöffnet und die magnetische Wirkung auf den Metallstab hört auf.
Durch die Feder wird der Metallstab zurückgezogen und gegen den anderen Klingstab gelenkt. Danach bewegt er sich wieder in die Ruhelage.

Orientierung mit dem Kompass

Zur Orientierung in einer unbekannten Gegend kann man Karte und Kompass nutzen (Abb. 1). Insbesondere ist es möglich, mithilfe eines Kompasses die Himmelsrichtungen zu bestimmen, sich zu orientieren und die künftige Marschrichtung festzulegen.

Wie ist ein Kompass aufgebaut?
Wie funktioniert er?

Ein Kompass dient zur Bestimmung der Himmelsrichtungen. Er besteht aus einer drehbar gelagerten kleinen Magnetnadel und einer Skala mit den Himmelsrichtungen, die ebenfalls drehbar sein kann. Die Bauformen können dabei sehr unterschiedlich sein. Meist ist die Kompassnadel auf einer Spitze leicht drehbar gelagert, so wie das bei dem unten abgebildeten Kompass ist. Es gibt auch Kompasse, bei denen die Magnetnadel in Form einer Kugel ausgebildet und leicht drehbar in einer Flüssigkeit gelagert ist.

Um sich mit einem Kompass im Gelände orientieren zu können, nutzt man aus, dass die Erde selbst ein sehr großer, aber nicht sehr starker Magnet ist (Abb. 3).

Dabei ist zu beachten: Der magnetische Südpol liegt in der Nähe des geografischen Nordpols, der magnetische Nordpol in der Nähe des geografischen Südpols (Abb. 2).

Im Magnetfeld der Erde richtet sich die drehbar gelagerte Magnetnadel entsprechend der Richtung der Feldlinien dieses Magnetfelds aus.

1 Orientierung mit dem Kompass: Die Nadel richtet sich in Nord-Süd-Richtung aus.

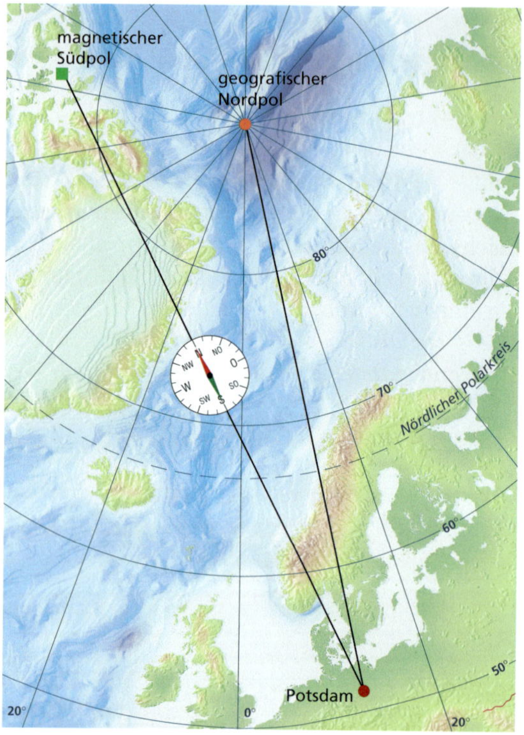

2 Der magnetische Südpol liegt in der Nähe des geografischen Nordpols.

Da die geografischen Pole und die magnetischen Pole der Erde nicht zusammenfallen, zeigt eine Magnetnadel nicht genau in Nord-Süd-Richtung. Die Abweichung beträgt in Deutschland 1° bis 2°. Sie hängt vom jeweiligen Ort ab. Hinzu kommt, dass sich die Lage der magnetischen Pole mit der Zeit ändert.

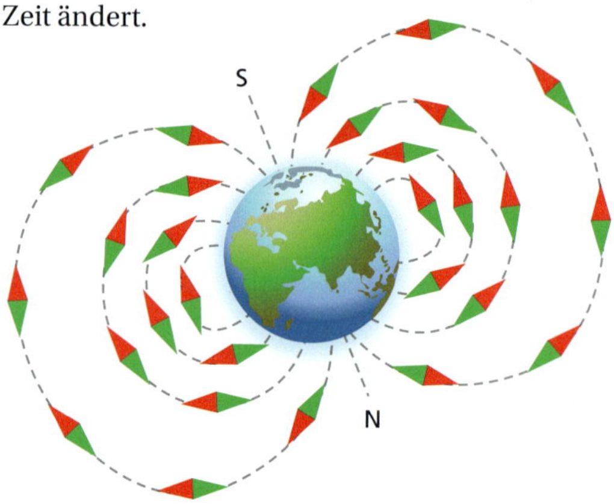

3 Magnetfeld der Erde in Erdnähe: Es ähnelt dem Magnetfeld eines Stabmagneten.

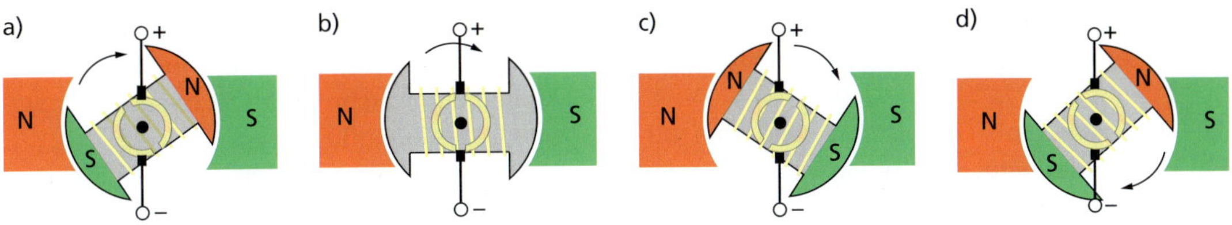

1 Wirkungsweise eines Gleichstrommotors: Die Lage der Magnetpole beim Rotor ändert sich, da durch den Kommutator (Polwender) nach jeder halben Drehung eine Umpolung erfolgt.

Der Elektromotor

Elektromotoren (Abb. 1, 3) werden heute in sehr vielen Geräten und Anlagen zum Antrieb genutzt. Einige dieser Motoren werden mit Gleichstrom betrieben, andere mit Wechselstrom.
Wie ist ein Gleichstrommotor aufgebaut?
Wie funktioniert ein Gleichstrommotor?

Die nachfolgende Skizze zeigt den Aufbau eines Gleichstrommotors. Die wichtigen Teile sind der Stator, der Rotor und der Kommutator.

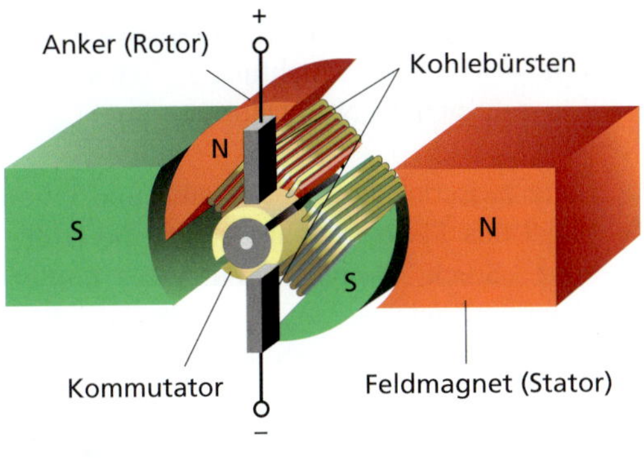

2 Aufbau eines Gleichstrommotors

Seine Wirkungsweise kann mit der Anziehung bzw. Abstoßung von Magnetpolen erklärt werden (Abb. 1).
Eine andere Möglichkeit besteht darin, eine Erklärung mithilfe der Lorentzkraft zu geben (Abb. 2).
Zwischen den beiden Polen des Feldmagneten besteht ein Magnetfeld. Über die Kohlenbürsten fließt der Strom durch die Leiterschleife. Auf die beiden Drahtstücke, die sich senkrecht zum Magnetfeld befinden, wirken nach der Rechte-Hand-Regel Kräfte in der in Abb. 3a angegebenen Richtung. Dieses Kräftepaar bewirkt eine Drehbewegung der Leiterschleife.
Bei senkrechter Stellung der Leiterschleife (Abb. 3c) wäre die Gesamtkraft null. Die Leiterschleife bewegt sich aber aufgrund ihrer Trägheit weiter. Zugleich wird in dieser Stellung durch den Kommutator (Polwender) dafür gesorgt, dass der Strom in der Leiterschleife seine Richtung ändert. Er fließt so, dass die Kräfte auf die Leiterschleife in der gleichen Richtung wie bei Abb. 3a wirken und damit die Drehbewegung in der gleichen Richtung fortgesetzt wird. Dieser Vorgang wiederholt sich ständig. Statt Leiterschleifen nutzt man in der Technik kompliziert aufgebaute Anker.

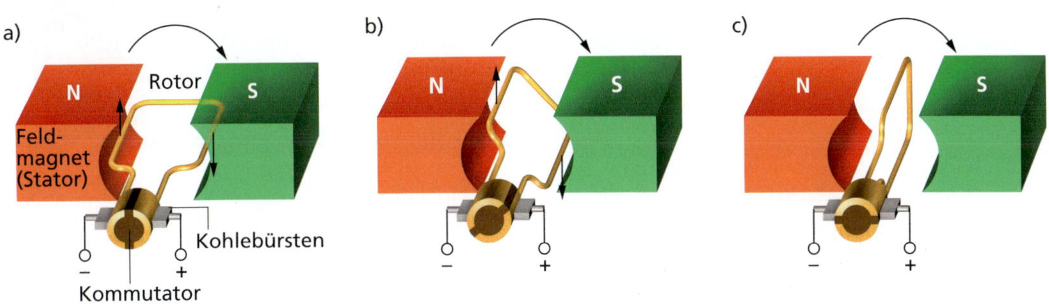

3 Wirkungsweise eines Gleichstrommotors: Auf Teile der stromdurchflossenen Leiterschleife im Magnetfeld wirkt ein Kräftepaar und ruft eine Drehbewegung hervor.

Gewusst · Gekonnt

1. Untersuche, ob Gegenstände wie eine Büroklammer, eine Schere, ein Kamm, Papier, Münzen, Nägel und Schrauben von einem Magneten angezogen werden!

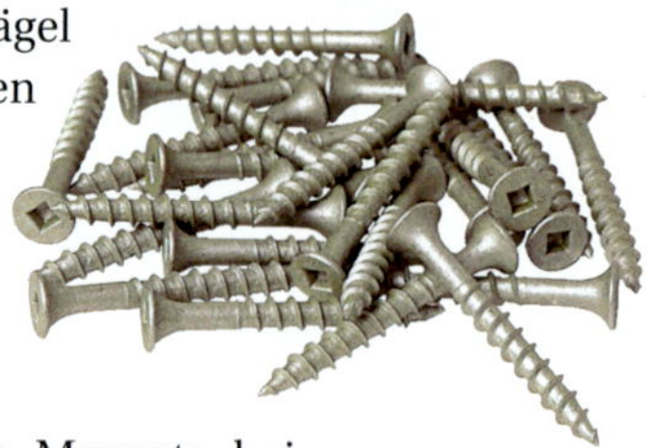

2. Erläutere, wie Magnete bei folgenden Geräten angewendet werden:
a) magnetischer Seifenhalter,
b) magnetischer Schraubendreher,
c) magnetischer Büroklammerspender,
d) magnetischer Türschließer!

3. Von zwei äußerlich gleich aussehenden Stäben ist der eine Stab ein unmagnetischer Eisenstab und der andere ein Permanentmagnet. Erläutere, wie man ohne spezielle Hilfsmittel feststellen kann, welcher der beiden der Eisenstab ist!

4. Wenn man an einem Nagel oder an einer Nadel aus Eisen mehrmals gleichmäßig mit einem Magneten in gleicher Richtung entlangstreicht, wird der Nagel oder die Nadel magnetisiert (↗ Abb.).

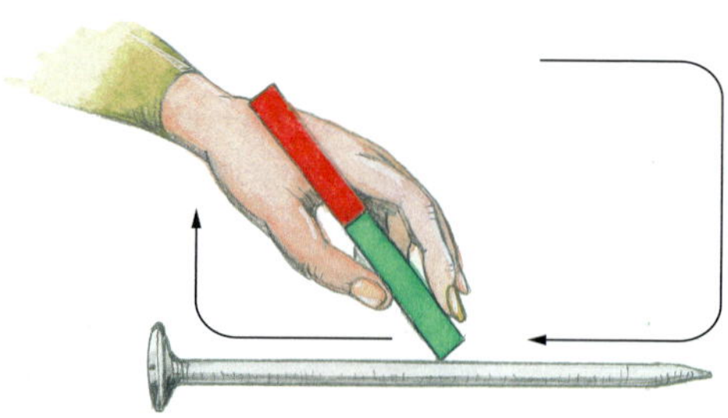

a) Stelle dir einen solchen Magneten her! Probiere aus, wie man aus einem solchen Magneten einen Kompass bauen könnte! Die Magnetnadel muss sich frei drehen können.
b) Ermittle, wo bei diesem Magneten der Nordpol liegt und wo der Südpol!

5. Ein Kompass zeigt dir nur dann die richtige Richtung an, wenn die Nadel nicht durch andere magnetische Kräfte als die des Erdmagnetfeldes beeinflusst wird.
Wodurch können Fehler bei der Richtungsbestimmung mit einem Kompass entstehen? Begründe!

6. Halte einen Kompass je einmal oben und unten an einen eisernen Heizkörper!
a) Beschreibe deine Beobachtungen!
*b) Erkläre deine Beobachtungen!

7. Ein Magnet ist nicht gekennzeichnet. Du weißt daher nicht, wo sich Nordpol und Südpol befinden.
Wie kann man experimentell herausfinden, welches der Nordpol ist?
Welche Hilfsmittel werden dazu benötigt?

8. Stelle dir vor, du befindest dich mit einer Expedition in der Antarktis. Genau unter deinen Füßen ist ein magnetischer Pol. Du hast einen Kompass, dessen Nadel so gelagert ist, dass sie sich in jede Richtung drehen kann.
Wie stellt sich die Nadel ein? Begründe!

9. Halte zwischen einen Magneten und einen Nagel aus Eisen verschiedene Stoffe (Holzbrett, Stück Pappe, Eisenblech, Kupferblech ...)! Welche Stoffe schirmen die Wirkung eines Magneten ab, welche nicht?

10. Wickle mehrere Male einen isolierten Draht um einen Kompass und halte die Enden des Drahts an die Pole einer Batterie! Beschreibe und erkläre deine Beobachtungen!

11. Du willst herausfinden, ob in einem bestimmten Raum ein magnetisches Feld vorhanden ist. Diskutiere Möglichkeiten!

12. Begründe, warum sich eine Magnetnadel immer in Nord-Süd-Richtung einstellt!

13. Aus einer Spule und einem Eisenkern kann man sich einen Elektromagneten herstellen. Untersuche mithilfe einer einfachen Versuchsanordnung, wovon die Stärke eines Elektromagneten abhängig ist! Baue den Versuch entsprechend der Abbildung auf!

a) Schalte die elektrische Quelle ein! Beschreibe und erkläre deine Beobachtung!

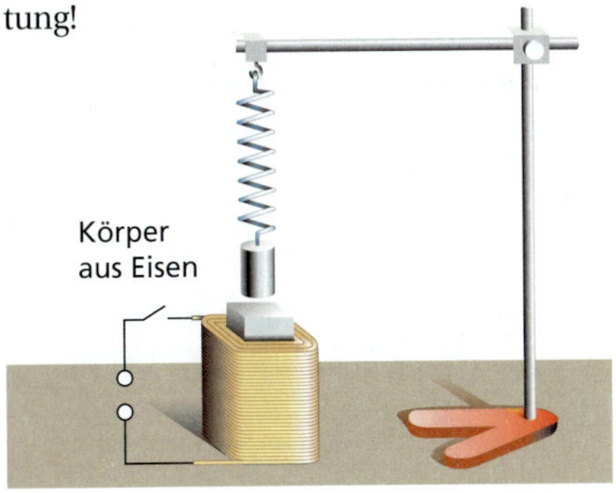

b) Wähle an der elektrischen Quelle eine größere Spannung! Was beobachtest du? Welche Vermutung kannst du aus der Beobachtung ableiten?

c) Führe den Versuch nacheinander mit zwei Spulen unterschiedlicher Windungszahl durch! Die Stromstärke muss in beiden Fällen gleich groß sein. Was beobachtest du?
Welche Vermutung kannst du daraus ableiten?

14. Eine elektrische Klingel hat den in der Abbildung dargestellten Aufbau.

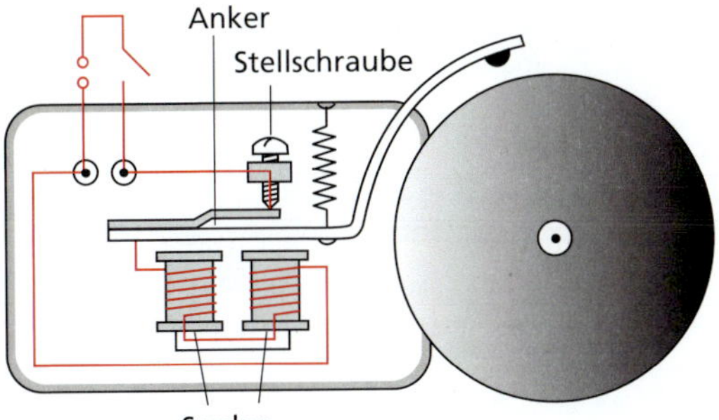

Beschreibe den Aufbau und erkläre die Wirkungsweise einer solchen Klingel!

15. Ein Relais ist ein elektromagnetischer Schalter. Es hat den in der Abbildung dargestellten Aufbau.

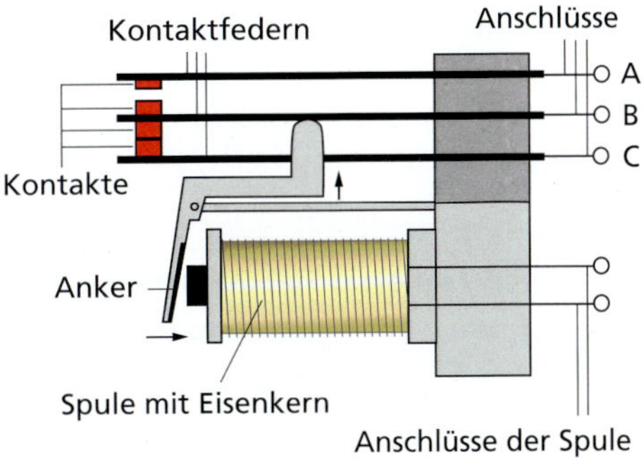

Beschreibe den Aufbau eines Relais! Erkläre seine Wirkungsweise!

***16.** Die Abbildung zeigt den Aufbau eines Lautsprechers.

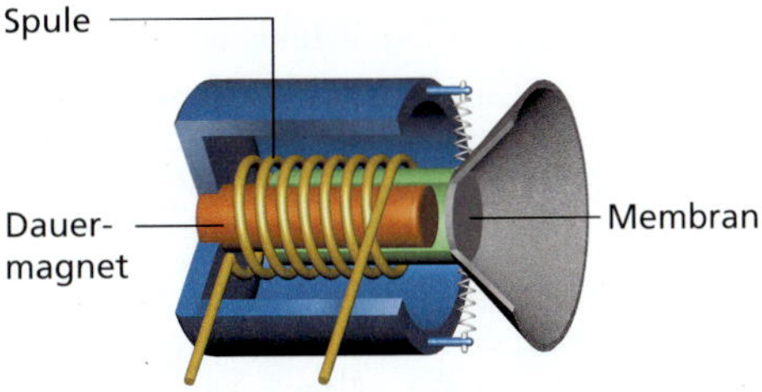

Beschreibe den Aufbau und erkläre die Wirkungsweise eines Lautsprechers !

17. Die Abbildung zeigt Eisenfeilspäne im Magnetfeld eines Dauermagneten aus einem Fahrraddynamo. Interpretiere!

Magnetische Felder

Ein **magnetisches Feld** existiert um Dauermagnete und stromdurchflossene Leiter.
- Jeder Magnet hat Nord- und Südpol.
- In einem Magnetfeld wirken Kräfte auf ferromagnetische Stoffe (Eisen, Nickel, Cobalt) und andere Magnete.
- Gleichnamige Pole stoßen sich ab, ungleichnamige Pole ziehen sich an.
- Magnetfelder lassen sich mithilfe von Feldlinienbildern veranschaulichen.

Feldlinienbild eines Stabmagneten

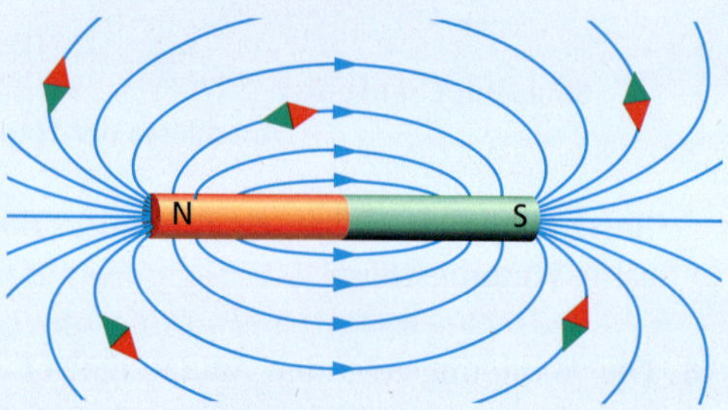

Feldlinienbild einer Spule

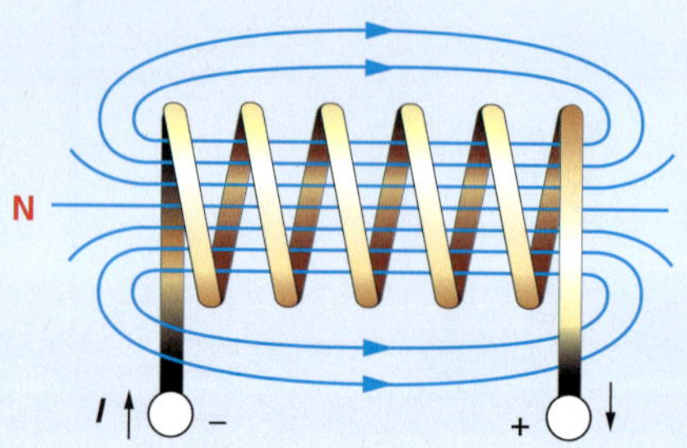

Die **Stärke des Magnetfelds** um eine stromdurchflossene Spule (Elektromagnet) ist umso größer,
- je größer die Stromstärke in der Spule ist,
- je größer die Windungszahl der Spule ist.
- je kürzer die Spule ist.

Um eine Spule mit Eisenkern ist das Magnetfeld wesentlich stärker als um eine Spule ohne Eisenkern.

Wichtige Anwendungen von Elektromagneten sind **Lasthebemagnete, Klingeln, Türgongs, elektromagnetische Relais** und **Elektromotoren.**

Auf stromführende Leiter und auf Ladungsträger, die sich senkrecht zu den Feldlinien des Magnetfelds bewegen, wirkt eine Kraft, die Lorentzkraft.

Für die Richtung der Lorentzkraft gilt die Rechte-Hand-Regel.

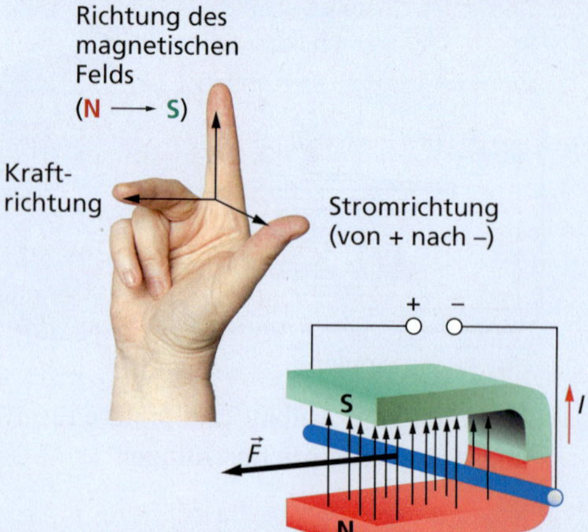

2.2 Induktionsvorgänge

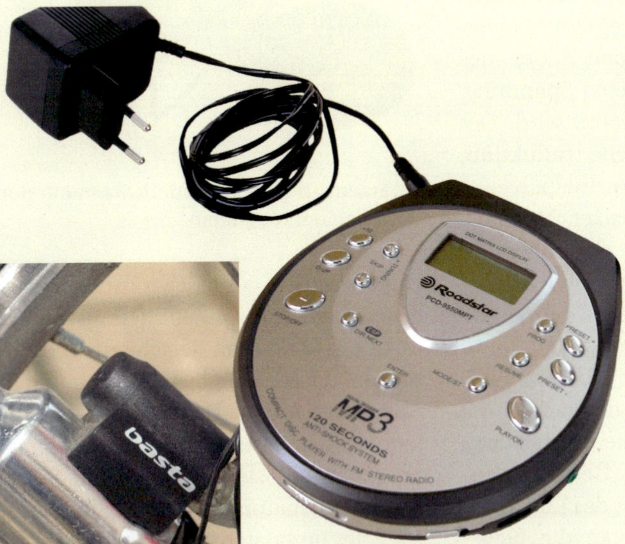

Netzadapter als Energieversorger

Tragbare elektronische Geräte wie MP3-Player, Handys oder Videokameras werden mit Batterien oder einem Netzadapter betrieben. Im Stecker des Adapters ist ein Transformator eingebaut, der die Netzspannung von 230 V auf die erforderliche Betriebsspannung von z. B. 6 V heruntertransformiert.
Wie sind Transformatoren aufgebaut und wie funktionieren sie?

Fahrraddynamo als Energiewandler

Wenn es dunkel wird, muss am Fahrrad die Beleuchtungsanlage angeschaltet werden. Dazu wird der Dynamo an den Reifen gebracht. Danach muss man wesentlich kräftiger in die Pedale treten, um mit der gleichen Geschwindigkeit zu fahren.
Wie ist das zu erklären? Warum geht es wieder leichter, wenn man am Dynamo den Draht abklemmt?

Generator als Energiequelle

Für den Betrieb der meisten Geräte und Anlagen reicht die elektrische Energie, die in Batterien oder Akkumulatoren gespeichert ist, nicht aus. Erst mithilfe von Generatoren als elektrischer Quelle kann ausreichend elektrische Energie für Industrie, Verkehrswesen und Haushalte zur Verfügung gestellt werden.
Wie sind Generatoren aufgebaut und wie funktionieren sie?

Das Induktionsgesetz

Beim Elektromotor wird elektrische Energie in mechanische Energie umgewandelt (elektromotorisches Prinzip). Kann man umgekehrt aus mechanischer Energie elektrische Energie gewinnen? Das ist tatsächlich möglich, wenn man einen Leiter oder eine Spule relativ zu einem Magnetfeld bewegt (Abb. 2). Zwischen den Enden des Leiters bzw. der Spule entsteht eine Spannung, die **Induktionsspannung** U_i genannt wird. Der Vorgang heißt **elektromagnetische Induktion,** das Prinzip nennt man **Generatorprinzip.**

Diese von dem englischen Physiker MICHAEL FARADAY (1791–1867) entdeckte elektromagnetische Induktion ist eine entscheidende Grundlage der gesamten Elektrotechnik (↗ S. 89).

Größere Induktionsspannungen entstehen, wenn anstelle eines Leiters eine Spule benutzt wird. Dabei ist es egal, ob man den Magneten oder die Spule bewegt. Entscheidend ist die Relativbewegung zwischen Spule und Magnet. Genauere Untersuchungen haben ergeben, dass das Entstehen einer Induktionsspannung nicht an die Bewegung eines Leiters im Magnetfeld gebunden ist, sondern an die Änderung des von der Spule bzw. von dem Leiter umfassten Magnetfelds (Abb. 1). Diese Erkenntnisse lassen sich zusammenfassen zu einer Aussage darüber, unter welchen Bedingungen eine Induktionsspannung entsteht.

> In einer Spule wird eine Spannung induziert, wenn sich das von der Spule umfasste Magnetfeld ändert.

Ändern kann sich dabei die Stärke des Magnetfelds oder der räumliche Anteil, den die Spule umfasst. Das Magnetfeld kann sowohl durch Dauermagnete als auch durch Elektromagnete erzeugt werden. Um Induktionsspannungen zu erhalten, kann man verschiedene Anordnungen nutzen. Einige mögliche Anordnungen sind in Abb. 1 dargestellt. Dabei ist zu beachten: Nicht jede Relativbewegung zwischen einer Induktionsspule und einem Magnetfeld führt zu einer Induktionsspannung. Entscheidend ist die Änderung des umfassten Magnetfelds.

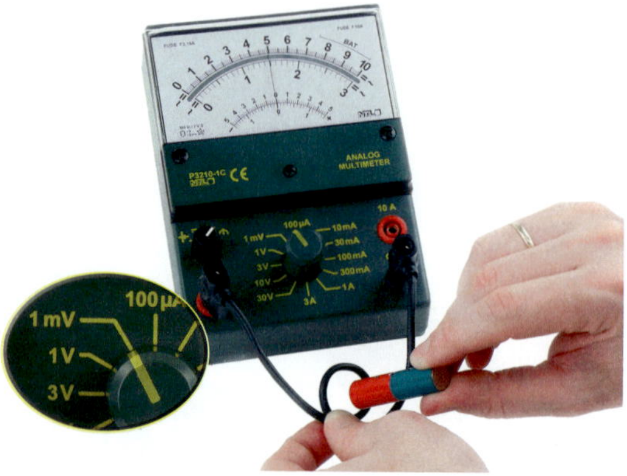

2 Erzeugen einer Induktionsspannung durch Bewegen des Magneten

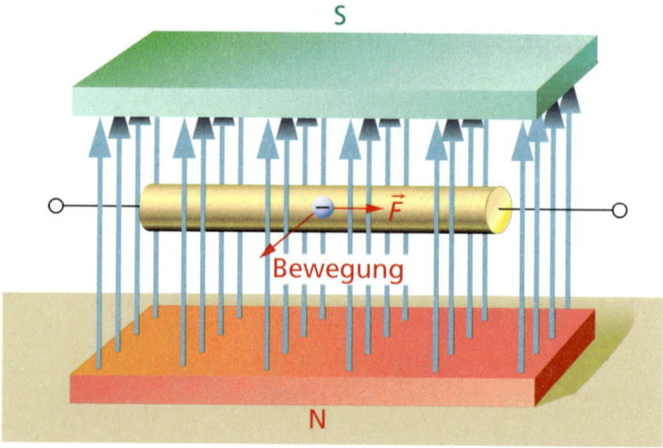

3 Kraft auf Elektronen bei der Bewegung eines Leiters im Magnetfeld (Lorentzkraft)

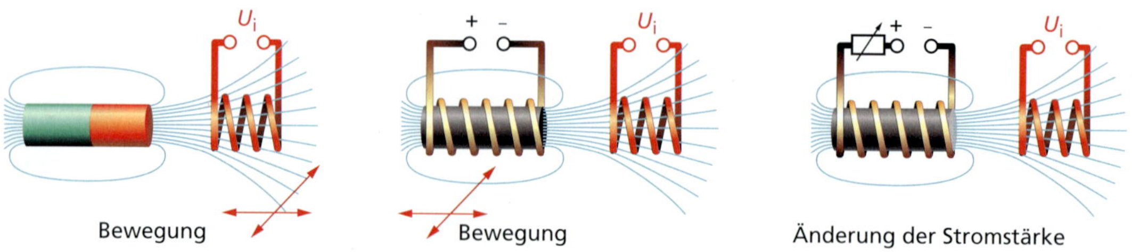

1 Anordnungen zur Erzeugung von Induktionsspannungen

Mosaik

Die Entdeckung der elektromagnetischen Induktion

1 Michael Faraday (1791–1867) entdeckte die elektromagnetische Induktion.

Durch die Entdeckungen von Luigi Galvani (1737 bis 1798) und Alessandro Volta (1745–1827) konnten erstmals leistungsfähige elektrische Quellen entwickelt werden. Mit diesen elektrischen Quellen wurden ab dem Jahre 1800 viele Untersuchungen zu Wirkungen des elektrischen Stroms durchgeführt.

Zu dieser Zeit waren Vorstellungen von der Einheit der Naturkräfte in der Wissenschaft weitverbreitet. Auch zwischen Elektrizität und Magnetismus vermutete man Zusammenhänge, gab es doch auffällige Analogien zwischen elektrischen und magnetischen Erscheinungen, wie z.B. die Polarität oder die Anziehung und Abstoßung zwischen Polen bzw. elektrischen Ladungen.

Der dänische Physiker Hans Christian Oersted (1777 bis 1851) war ein Anhänger der Auffassung vom Zusammenhang zwischen Elektrizität und Magnetismus. 1820 entdeckte er die magnetische Wirkung des elektrischen Stroms, also die Erzeugung von Magnetismus durch elektrischen Strom.

Die Entdeckung von Oersted wurde von anderen Wissenschaftlern aufgegriffen und weiterentwickelt. So entdeckte André Marie Ampère (1775 bis 1836) die Kräfte zwischen stromdurchflossenen Leitern und schuf die Grundlagen für den Elektromotor und das Stromstärkemessgerät.

Auch der englische Naturforscher Michael Faraday (Abb. 1) baute die Experimente von Oersted nach. Oersteds Entdeckung veranlasste Faraday zur Umkehrung der Fragestellung, zur Suche nach der Erzeugung von elektrischem Strom durch Magnetismus. 1822 schrieb Faraday in sein Tagebuch *„Verwandlung von Magnetismus in Elektrizität"* als Aufgabe. Zehn Jahre benötigte Faraday, bis er 1831 die elektromagnetische Induktion entdeckte und das Induktionsgesetz formulierte.
Innerhalb von drei Monaten entwickelte Faraday alle wichtigen Grundversuche zur elektromagnetischen Induktion und eine Urform eines Generators. Insbesondere fand er, dass die Ursache für die Entstehung einer Induktionsspannung in einer Spule die Änderung des von ihr umschlossenen Magnetfelds ist. Er entdeckte damit physikalische Zusammenhänge, die eine Grundlage der gesamten Elektrotechnik sind.
Michael Faraday leistete auch in anderen Bereichen der Physik Hervorragendes. So entwickelte er eine anschauliche Vorstellung von magnetischen Feldern mithilfe von Feldlinien. Er fand grundlegende Gesetze zum Stromfluss in leitenden Flüssigkeiten (faradaysche Gesetze) und prägte solche Begriffe wie Elektrode, Elektrolyt, Anode, Katode und Ion.
Faraday entwickelte auch Vorstellungen über das Wesen des Lichts, die sich erst lange Zeit nach seinem Tod als weitgehend zutreffend erwiesen.

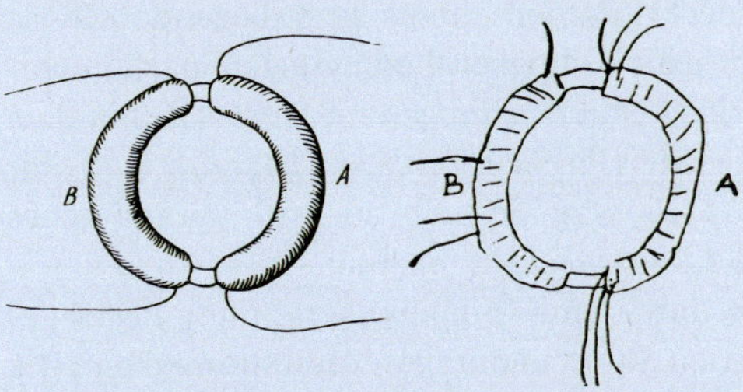

2 Versuchsgeräte Faradays: Zwei Spulen befinden sich auf einem eisernen Ring.

Der Betrag der Induktionsspannung ist davon abhängig, wie schnell und wie stark sich das von der Spule umfasste Magnetfeld ändert. Untersucht man die Zusammenhänge experimentell genauer, dann ergibt sich:

> Die in einer Spule induzierte Spannung ist umso größer,
> - je stärker sich das von der Spule umfasste Magnetfeld ändert,
> - je schneller die Änderung des von der Spule umfassten Magnetfelds erfolgt.

Auch der Bau der Spule hat Einfluss auf die Größe der Induktionsspannung. Insbesondere hängt die Induktionsspannung in einer Spule von ihrer Windungszahl ab und davon, ob sie einen Eisenkern besitzt.

> Die in einer Spule induzierte Spannung ist umso größer, je größer die Windungszahl der Spule ist.
> Bei einer Spule mit Eisenkern ist die induzierte Spannung größer als in einer Spule ohne Eisenkern.

Alle diese Erkenntnisse lassen sich zum **Induktionsgesetz** zusammenfassen. Es lautet:

> In einer Spule wird eine Spannung induziert, wenn sich das von ihr umfasste Magnetfeld ändert.
> Die Induktionsspannung hängt von der Schnelligkeit und Stärke dieser Änderung sowie vom Bau der Spule ab.

Entdeckt wurden dieses grundlegende Gesetz und seine Gültigkeitsbedingungen nach mehrjährigen Untersuchungen im Jahr 1831 von dem englischen Physiker MICHAEL FARADAY (1791 bis 1867). Es wird deshalb auch als **faradaysches Induktionsgesetz** bezeichnet.
Den durch eine Induktionsspannung hervorgerufenen Strom nennt man **Induktionsstrom.** Die Richtung des Induktionsstroms ist davon abhängig, in welcher Weise sich das von der Spule umfasste Magnetfeld ändert.

Das lenzsche Gesetz

Durch elektromagnetische Induktion entsteht elektrische Energie. Nach dem Gesetz von der Erhaltung der Energie kann diese nur durch Umwandlung anderer Energien, z. B. der Bewegungsenergie, entstehen. Diese Erkenntnis wird im **lenzschen Gesetz** beschrieben.

> Ein Induktionsstrom ist stets so gerichtet, dass er der Ursache seiner Entstehung entgegenwirkt.

Entdeckt wurde dieses Gesetz von dem deutschen Physiker HEINRICH FRIEDRICH EMIL LENZ (1804–1865), der in St. Petersburg wirkte.
Das Gesetz zeigt sich z. B. bei einer Spule, die sich in einem Stromkreis befindet.
Wird ein solcher Stromkreis, in dem sich eine Spule befindet, geschlossen, so steigt die Stromstärke an. Um die Spule wird damit ein Magnetfeld aufgebaut. Dieses sich ändernde Magnetfeld umfasst die Spule selbst und induziert in der Spule eine Spannung und einen Strom. Diesen Vorgang nennt man **Selbstinduktion.**
Nach dem lenzschen Gesetz ist der Induktionsstrom so gerichtet, dass er beim Einschalten dem ursprünglichen Strom entgegenwirkt, diesen also schwächt. Dadurch steigt die Stromstärke in einem solchen Stromkreis nur allmählich an.
Beim Ausschalten dagegen sinkt die Stromstärke aufgrund der Selbstinduktion in der Spule nur allmählich ab.
Für die Stromstärke durch die Spule ergibt sich beim Ein- und Ausschalten ein charakteristischer Verlauf (Abb. 1).

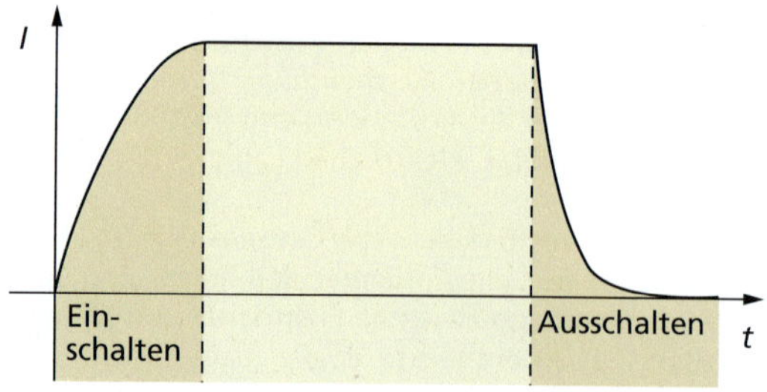

1 Typisch ist ein allmähliches Ansteigen und ein schnelles Abfallen der Stromstärke.

Mosaik

Wirbelströme

Spannungen werden nicht nur in Spulen induziert, sondern auch in anderen Leitern, wenn sich das von ihnen umfasste Magnetfeld ändert. Bringt man z. B. metallische Platten oder Stäbe in ein sich veränderndes Magnetfeld, so werden in diesen Körpern Spannungen induziert. Diese Spannungen rufen Ströme hervor, die nach ihrer Form als Wirbelströme bezeichnet werden (Abb. 1).

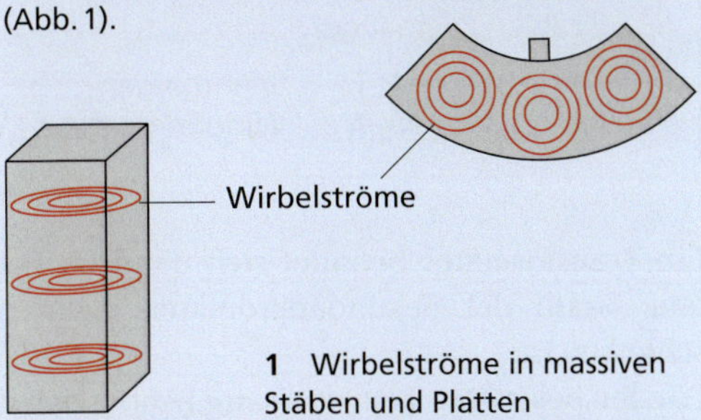

1 Wirbelströme in massiven Stäben und Platten

Diese Wirbelströme sind Induktionsströme. Sie sind demzufolge nach dem lenzschen Gesetz so gerichtet, dass sie der Ursache ihrer Entstehung entgegenwirken. Das wird z. B. bei Wirbelstrombremsen genutzt (Abb. 2).
Durch die Bewegung einer Scheibe im Magnetfeld werden in ihr Wirbelströme erzeugt. Nach dem lenzschen Gesetz wirkt das mit diesen Wirbelströmen verbundene Magnetfeld so, dass die Bewegung abgebremst wird.
Weitgehend vermeiden kann man Wirbelströme, wenn man massive Teile, z. B. die Kerne von Transformatoren, aus dünnen, gegeneinander isolierten Blechen (Dynamoblechen) zusammensetzt.

2 Modell einer Wirbelstrombremse

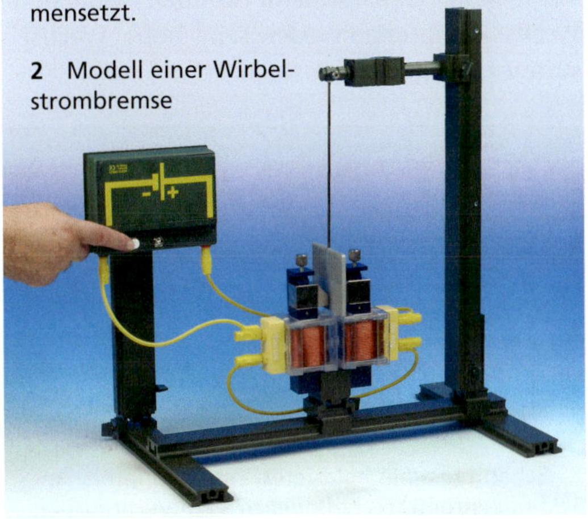

Der Transformator

Ein Transformator dient der Umwandlung von elektrischen Spannungen und Stromstärken. Dabei wird die elektromagnetische Induktion genutzt. Es wird das Induktionsgesetz angewendet.

Ein Transformator besteht aus zwei Spulen, die sich auf einem **geschlossenen Eisenkern** befinden (Abb. 3). Die Spulen sind miteinander nicht elektrisch leitend verbunden. An die eine Spule, die **Primärspule,** wird eine elektrische Wechselspannung angelegt, die in der Spule ein ständig wechselndes Magnetfeld erzeugt. Über den geschlossenen Eisenkern wird das magnetische Wechselfeld in die andere Spule, die **Sekundärspule,** übertragen (Abb. 3).

Die Sekundärspule umfasst also ein sich ständig änderndes Magnetfeld. Nach dem Induktionsgesetz wird deshalb in der Sekundärspule eine Wechselspannung induziert (Abb. 4).

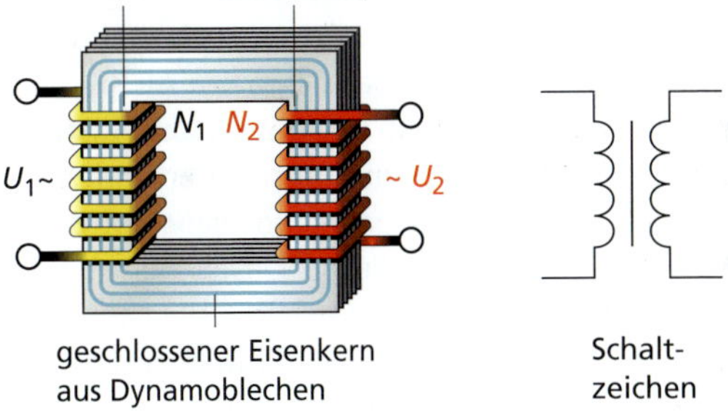

3 Aufbau eines Transformators

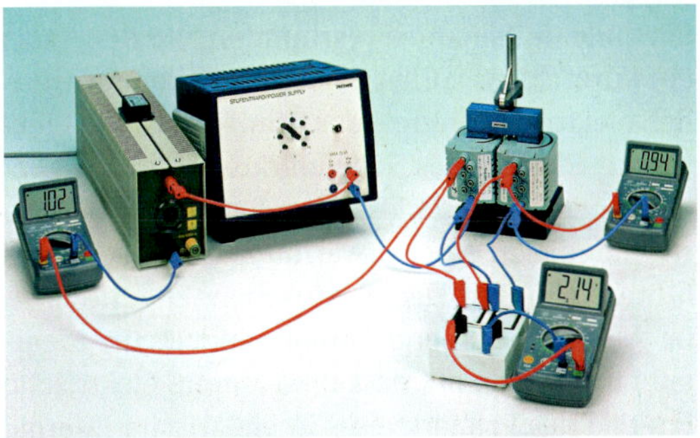

4 Mit einem Transformator kann der Wert einer Wechselspannung verändert werden.

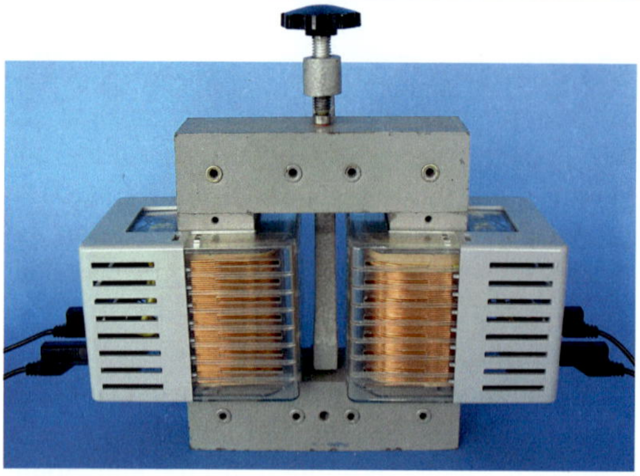

1 Transformator aus Aufbauteilen

Der Stromkreis, in dem sich die Primärspule mit der Windungszahl N_1 befindet, heißt **Primärstromkreis.** In ihm fließt ein Strom der Primärstromstärke I_1. Die Spannung an der Primärspule ist die Primärspannung U_1. Im **Sekundärstromkreis** wird in der Sekundärspule mit der Windungszahl N_2 die Sekundärspannung U_2 induziert.

Wird an die Sekundärspule kein Gerät angeschlossen und ist der Stromkreis nicht geschlossen, so fließt auch kein Sekundärstrom. Der Transformator befindet sich im **Leerlauf.** Da kein Strom fließt, wird der Transformator nicht belastet. Man spricht deshalb von einem **unbelasteten Transformator.** Wird ein Verbraucher in den Sekundärstromkreis geschaltet, so fließt ein Strom der Sekundärstromstärke I_2. Durch den Sekundärstrom wird der Transformator belastet. Man nennt ihn deshalb **belasteten Transformator.**

Je größer die Sekundärstromstärke ist, desto größer ist auch die Belastung des Transformators. Am größten ist sie, wenn beide Enden der Sekundärspule miteinander verbunden werden, also ein Kurzschluss vorliegt. Ein Transformator wandelt elektrische Energie des Primärkreises in elektrische Energie des Sekundärkreises um. Dabei entstehen im geschlossenen Eisenkern Wirbelströme, die zu einer Erwärmung des Eisenkerns führen. Ein Teil der elektrischen Energie wird in thermische Energie umgewandelt. Im Idealfall nimmt man an, dass die gesamte elektrische Energie des Primärkreises in elektrische Energie des Sekundärkreises umgewandelt wird. Ein solcher **idealer Transformator** ist ein Modell. Gute Transformatoren erreichen heute jedoch schon einen Wirkungsgrad von 99 %. In welcher Weise sich die Werte von Wechselspannungen und Wechselstromstärken mit einem Transformator ändern, hängt von den Windungszahlen der Primär- und Sekundärspule sowie von der Belastung des Transformators ab.

Für den unbelasteten Transformator gilt das **Gesetz für die Spannungsübersetzung.**

Die Spannungen verhalten sich wie die Windungszahlen zueinander.

$$\frac{U_1}{U_2} = \frac{N_1}{N_2}$$

U_1, U_2 Spannungen
N_1, N_2 Windungszahlen

Ein Transformator befindet sich dann im Leerlauf, wenn der Sekundärstromkreis nicht geschlossen ist.

Für den belasteten Transformator (Abb. 2) gilt das **Gesetz für die Stromstärkeübersetzung.**

Die Stromstärken verhalten sich umgekehrt wie die Windungszahlen zueinander.

$$\frac{I_1}{I_2} = \frac{N_2}{N_1}$$

I_1, I_2 Stromstärken
N_1, N_2 Windungszahlen

Dieses Gesetz gilt nur für den Kurzschluss. Diese Bedingung des Gesetzes ist umso besser erfüllt, je größer die Belastung des Transformators, je größer also I_2 ist.

Mit einem Transformator können sehr hohe Wechselspannungen oder sehr hohe Wechselströme erzeugt werden.

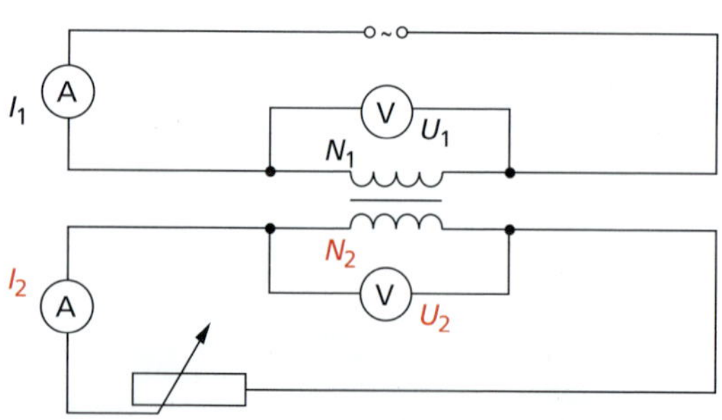

2 Schaltung eines belasteten Transformators: Im Sekundärstromkreis befindet sich ein Verbraucher.

Das Experiment – eine Frage an die Natur

Das Vorbereiten, Durchführen und Auswerten von Experimenten gehört zu den grundlegenden Arbeitsweisen des Physikers.
Mithilfe von Experimenten kann man Zusammenhänge erkennen und genauer erfassen. Es lassen sich Naturerscheinungen exakt untersuchen und Größen bestimmen, Gesetze erkennen oder bestätigen.

So kann man z. B. den Zusammenhang zwischen den Windungszahlen und den Spannungen an einem Transformator untersuchen.

Am Anfang steht eine Frage oder eine Aufgabe, die experimentell zu lösen ist. Ist die Aufgabenstellung klar, dann laufen Experimente im Wesentlichen in drei Etappen ab: Vorbereitung, Durchführung und Auswertung. In jeder dieser Etappen sind verschiedene Dinge zu beachten.

Beim **Vorbereiten eines Experiments** ist zu überlegen,
- welche Größen zu messen sind und wie sie gemessen werden können,
- welche Messfehler auftreten können und wie man sie klein halten kann,
- was verändert wird und welche Größen konstant gehalten werden müssen,
- welche Geräte und Hilfsmittel für die Durchführung erforderlich sind,
- wie die Experimentieranordnung gestaltet werden muss,
- wie die gewonnenen Messwerte ausgewertet werden sollen.

Will man den Zusammenhang zwischen Windungszahlen und Spannungen untersuchen, dann muss der Transformator unbelastet sein. Für die Messgeräte muss ein zweckmäßiger Messbereich ausgewählt werden, der während der Messungen nicht verändert wird.

Beim **Durchführen eines Experiments** wird die Experimentieranordnung aufgebaut und die Messung durchgeführt. Beachte dabei die Regeln für sicheres Experimentieren!

Dabei gilt:
- Mit Geräten und Hilfsmitteln ist sorgfältig umzugehen, um Schäden zu vermeiden.
- Es sind alle Sicherheitsvorschriften einzuhalten, damit nicht fahrlässig die eigene Gesundheit oder die Gesundheit anderer gefährdet wird.
- Das Experiment muss wiederholbar sein, d. h., es muss klar sein, welche Größen bzw. Bedingungen verändert und welche konstant gehalten werden.
- Alle Beobachtungen und Messwerte werden protokolliert.

Beim **Auswerten eines Experiments** werden Vergleiche durchgeführt, Diagramme angefertigt und Berechnungen vorgenommen. Es wird ein Ergebnis formuliert. Bestandteil der Auswertung vieler Experimente sind Fehlerbetrachtungen zur Abschätzung der Genauigkeit der Messungen.
Alle wichtigen Angaben zu einem Experiment und die Ergebnisse einschließlich der Auswertung werden in einem **Versuchsprotokoll** erfasst.

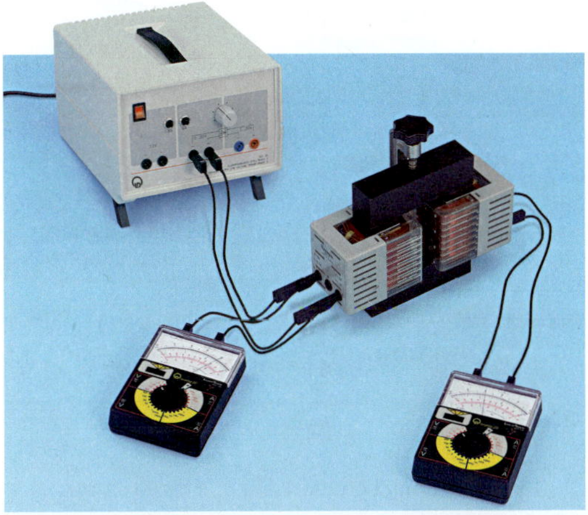

1 Jedes Experiment muss wiederholbar und damit müssen seine Ergebnisse überprüfbar sein.

Mosaik

Stromverbundnetze in Europa

Um eine stabile Versorgung von Haushalten und Wirtschaft mit elektrischer Energie zu sichern, sind die Kraftwerke und die Verbraucher in großen Stromverbundsystemen in Europa miteinander verbunden (Abb. 1).
Durch diesen europaweiten Stromverbund können unterschiedliche Spitzenbelastungszeiten in verschiedenen Ländern bei einem gleichbleibenden Betrieb der Kraftwerke ausgeglichen und alle Verbraucher stabil mit elektrischer Energie versorgt werden.
Kraftwerksgeneratoren liefern sehr hohe Spannungen von ca. 20 kV. Wenn man die vom Generator gelieferte 20-kV-Spannung direkt in das Netz einspeisen würde, dann hätte man in den Leitungen allerdings eine Stromstärke von ca. 50 000 A.

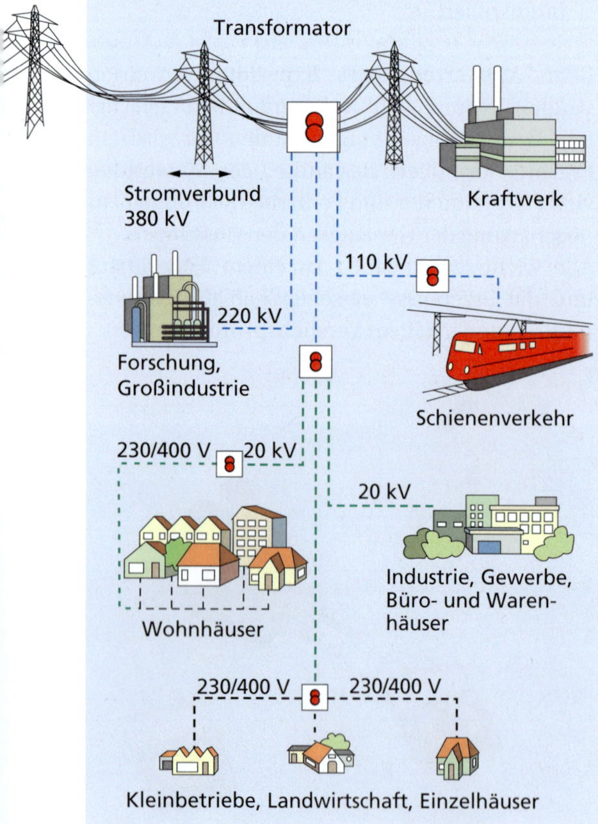

1 Aufbau eines Stromverbundnetzes

2 Hochspannungsleitung für 220 kV

Selbst auf mehrere Leitungen verteilt würden sich diese stark erwärmen. Durch die Erwärmung und Wärmeabgabe an die Umgebung würde wertvolle elektrische Energie verloren gehen. Deshalb wird schon am Kraftwerk die Spannung durch Transformatoren erhöht (Abb. 3). Die elektrische Leistung wird bei Spannungen bis 380 kV (Abb. 2) und einer geringeren Stromstärke von etwa 2 500 A übertragen, um die Energieverluste durch Wärmeabgabe gering zu halten.
Es gibt auch Hochspannungsleitungen mit Spannungen von 220 kV und mit 110 kV. In der Nähe der Verbraucher wird die Hochspannung in Umspannwerken auf 20 kV umgewandelt.
Für Haushalte wird in Transformatorenstationen in der Nähe von Wohnhäusern diese Spannung auf 230 V bzw. 400 V umgewandelt und an die Haushalte und andere Verbraucher verteilt.

3 Hochspannungstransformator im Kraftwerk

Physik in Natur und Technik

Der Wechselstromgenerator

In Kraftwerken werden mithilfe von riesigen Generatoren (Abb. 2) Wechselspannungen bis zu 20 000 V und Wechselströme bis zu 50 000 A erzeugt. Auch die Lichtmaschine eines Pkw oder der Dynamo eines Fahrrads sind kleine Wechselstromgeneratoren. Obwohl mit einem Fahrraddynamo wesentlich kleinere Wechselspannungen und Wechselströme erzeugt werden, besitzt er einen analogen Aufbau und eine ähnliche Wirkungsweise wie ein großer Generator im Kraftwerk.

Beschreibe den Aufbau und erkläre die Wirkungsweise eines Wechselstromgenerators!

Ein Wechselstromgenerator dient zur Erzeugung von Wechselspannungen und Wechselströmen. Es gibt sie in unterschiedlichen Größen und Bauformen. Allen Wechselstromgeneratoren ist aber gemeinsam, dass in ihnen Bewegungsenergie einer Drehbewegung in elektrische Energie umgewandelt wird.

Die wesentlichen Teile eines Wechselstromgenerators sind der Rotor, der Stator und die Schleifringe (↗ S. 88, Abb. 1).

2 Rotor eines Generators in einem Kraftwerk: Seine Abmessungen kann man anhand der Person abschätzen.

Der **Rotor** ist über die **Schleifringe** mit einer Gleichspannungsquelle verbunden. Fließt Strom durch die Spulen des Rotors, so wird er zu einem Elektromagneten. Der Rotor besitzt somit ein magnetisches Feld, das auch die Spulen des Stators durchsetzt.

Beim Drehen des Rotors ändert sich ständig das Magnetfeld, das von den Statorspulen umfasst wird. Damit wird nach dem Induktionsgesetz in ihnen eine Spannung induziert. Da die Änderung des Magnetfelds im Stator in Abhängigkeit von

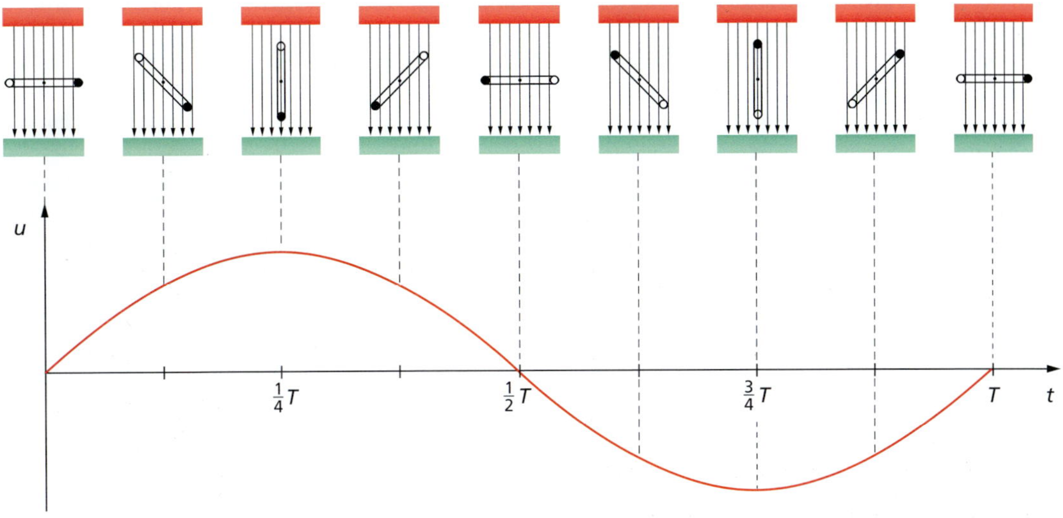

1 Induktion einer Wechselspannung: Die Spannung verläuft wie eine Sinusfunktion.

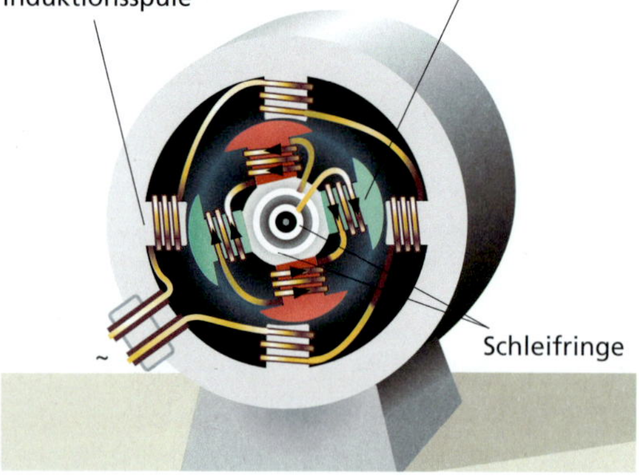

1 Aufbau eines Wechselstromgenerators

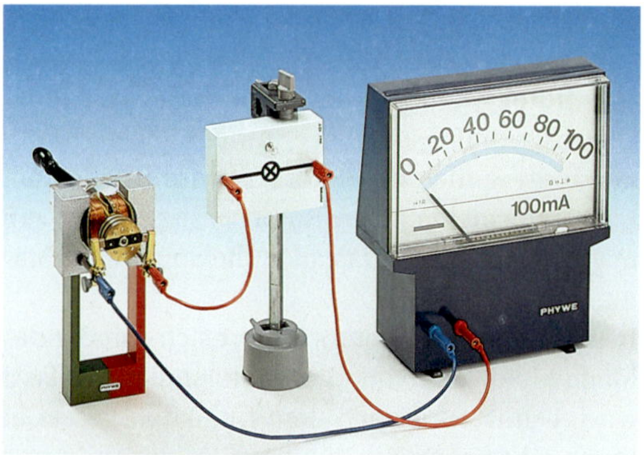

2 Modell eines Wechselstromgenerators

der Stellung des Rotors unterschiedlich ist, entsteht eine sinusförmige Wechselspannung.
Zur Vereinfachung ist auf S. 50 in Abb. 1 statt des relativ kompliziert aufgebauten Rotors eine Leiterschleife dargestellt. Bei einer **Wechselspannung** ändern sich ständig Polung und Betrag der Spannung.

Der Rotor eines Wechselspannungsgenerators kann statt eines Elektromagneten auch ein Dauermagnet sein (Abb. 2). Dies ist z. B. bei einem Fahrraddynamo der Fall. Dort rotiert ein tonnenförmiger Dauermagnet, die Induktionsspulen sind innen am Gehäuse des Dynamos angebracht. Bei einem solchen Fahrraddynamo entsteht eine Wechselspannung, die aber nur näherungsweise sinusförmig ist.

Das Mikrofon

Um Sprache und Musik aufzunehmen und über Lautsprecher verstärkt wiederzugeben, benutzt man Mikrofone. Auch für die Aufzeichnung von Sprache und Musik auf Tonbandgeräten oder für das Telefonieren benötigt man Mikrofone.
Wie ist ein Mikrofon aufgebaut und wie funktioniert es?

Ein Mikrofon dient der Umwandlung von Schall (z. B. Sprache, Musik) in elektrische Spannungsschwankungen, die verstärkt oder aufgezeichnet werden können. Dabei wird die elektromagnetische Induktion genutzt. Die wesentlichen Teile eines Mikrofons sind die Membran, die Spule und ein Dauermagnet (Abb. unten). Die Membran ist an Federn leicht beweglich aufgehängt. Gleichzeitig ist die Membran mit einer leicht beweglichen Spule verbunden, die im magnetischen Feld eines Dauermagneten hin- und herschwingen kann. Schall trifft auf die Membran und lässt diese im Takt der Sprache und der Musik schwingen. Dadurch schwingt auch die Spule im Feld des Dauermagneten in diesem Takt. Das von der Spule umfasste Magnetfeld ändert sich dabei im Takt der Sprache und der Musik. Nach dem Induktionsgesetz wird damit in der Spule eine Spannung induziert, die sich in diesem Takt ändert. Die induzierte Wechselspannung kann zu einem elektrischen Verstärker weitergeleitet werden. Mikrofone, die nach diesem Prinzip funktionieren, nennt man **dynamische Mikrofone.**

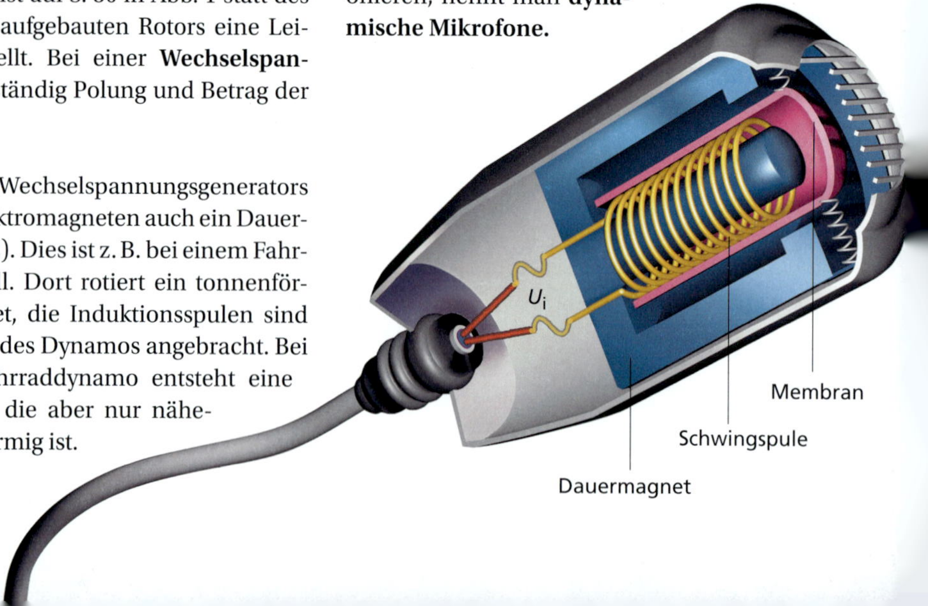

Thema

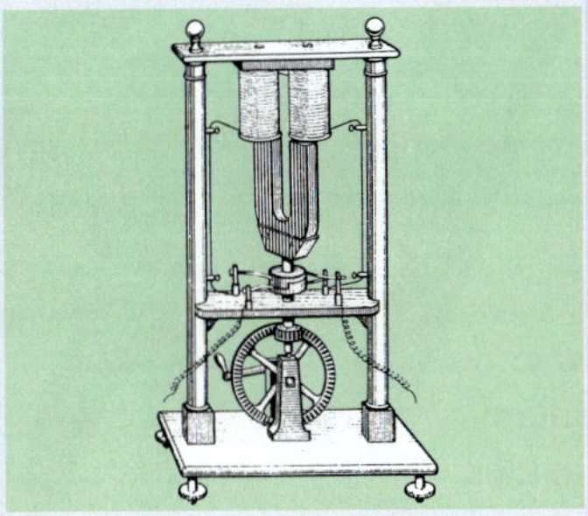

1 Generator von HIPPOLYTE PIXII (1832)

2 WERNER VON SIEMENS mit seiner Dynamomaschine

Aus der Entwicklung der Elektrotechnik

Die ersten Generatoren

Bald nach MICHAEL FARADAYS Entdeckung der elektromagnetischen Induktion und des Induktionsgesetzes im Jahre 1831 wurden erste Geräte gebaut, die diese Entdeckung ausnutzten. Dabei wurden z. B. Spulen vor fest stehenden Dauermagneten oder Dauermagnete vor fest stehenden Spulen gedreht. Einen ersten handbetriebenen **Generator** baute 1832 HIPPOLYTE PIXII, der Mechaniker von AMPÈRE.

Bei diesem Generator wurde ein Hufeisenmagnet vor zwei Spulen mit einer Handkurbel gedreht (Bild 1).

Die ersten Generatoren hatten kaum praktische Bedeutung. Vor allem war ihre Leistung für praktische Anwendungen zu gering. Die Magnetfelder für die Induktion wurden zumeist durch Dauermagnete erzeugt, die relativ schwach waren und deren Stärke durch die ständigen Erschütterungen der Generatoren noch abnahm.

Ein neues technisches Prinzip

Um stärkere Magnetfelder und größere Leistungen der Generatoren zu erhalten, brauchte man Elektromagnete. Diese mussten aber durch Batterien oder durch einen zweiten Generator erzeugt werden. Man sprach auch von **Fremderregung der Elektromagnete.** Das war insgesamt sehr aufwendig, und so wurden solche Anordnungen vor allem in Forschungslabors verwendet.

Für eine breite Anwendung der elektromagnetischen Induktion war vor allem eine Erfindung des Technikers und Unternehmers WERNER VON SIEMENS (1816–1892) von ausschlaggebender Bedeutung. SIEMENS entdeckte 1866 das **dynamoelektrische Prinzip** und trug dieses am 17. Januar 1867 der Berliner Akademie der Wissenschaften vor. Er erkannte, dass der Eisenkern eines Elektromagneten nach Abschalten des Stroms ein Restmagnetfeld behält. Dieses Magnetfeld reicht aus, um in einem Generator eine kleine Spannung zu induzieren. Diese Spannung kann man nutzen, um den Elektromagneten zu betreiben und das Magnetfeld zu verstärken. Dadurch wird eine größere Spannung induziert. So schaukeln sich das Magnetfeld des Elektromagneten und die induzierte Spannung wechselseitig bis zur vollen Leistung des Generators hoch.

... und mehr

Informiere dich auch unter: *Dynamoelektrisches Prinzip, Fahrraddynamo, Fehlerstromschutzschalter, elektromagnetische Induktion, Induktionshärten, Induktionsherd, Induktionsschleife, Induktivität ...*

Ein universelles Netzgerät

Verschiedene elektrische Geräte, wie Kassettenrekorder, CD-Player oder Radios, haben unterschiedliche Betriebsspannungen. Um diese trotzdem mit ein und demselben Netzgerät an eine 230-V-Steckdose anschließen zu können, gibt es Universalnetzgeräte (Abb. 1). Mit einem solchen Netzgerät kann man wahlweise 3 V; 4,5 V; 6 V; 7,5 V; 9 V und 12 V Betriebsspannung erhalten. Im Netzgerät befindet sich ein Transformator, dessen Primärspule 5 000 Windungen hat. Die Sekundärspule hat mehrere Abgriffe nach unterschiedlicher Anzahl von Windungen (Abb. 2).
Berechne die Anzahl der Windungen der Sekundärspule für die verschiedenen Sekundärspannungen des Universalnetzgeräts!

Analyse:
Der Transformator des Netzgeräts hat eine Sekundärspule mit mehreren Abgriffen.

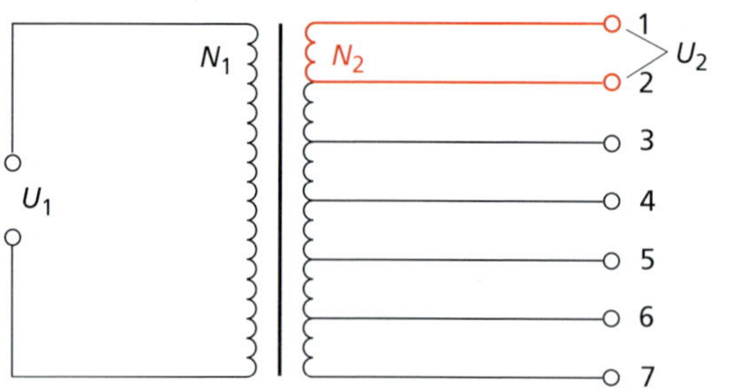

Um verschiedene Betriebsspannungen zu erhalten, müssen vom Abgriff 1 aus verschiedene Windungszahlen durch einen Schalter eingestellt werden. Die jeweilige Windungszahl N_2 kann man nach dem Gesetz für die Spannungsübersetzung am unbelasteten Transformator berechnen, da die gewünschten Betriebsspannungen Leerlaufspannungen sind. Man geht dabei von der vereinfachenden Annahme aus, dass ein idealer Transformator vorhanden ist und damit keine Energieverluste auftreten. Diese Annahme ist vertretbar, da moderne Transformatoren einen Wirkungsgrad von mehr als 95 % haben.

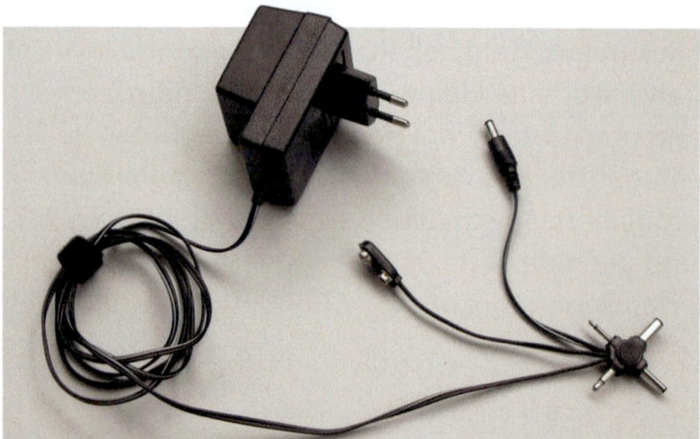

1 Universalnetzgerät für Spannungen bis 12 V

2 Transformator des Universalnetzgeräts

Gesucht: N_2 für verschiedene U_2
Gegeben: $U_1 = 230\ \text{V}$
$N_1 = 5\,000$
$U_2 = 3\ \text{V}\ (4{,}5\ \text{V};\ 6\ \text{V};\ 7{,}5\ \text{V};\ 9\ \text{V};\ 12\ \text{V})$

Lösung:
Für einen unbelasteten idealen Transformator gilt das Gesetz für die Spannungsübersetzung:

$$\frac{U_1}{U_2} = \frac{N_1}{N_2} \qquad |\cdot N_2 \qquad |\cdot \frac{U_2}{U_1}$$

$$N_2 = \frac{N_1 \cdot U_2}{U_1}$$

$$N_2 = \frac{5\,000 \cdot 3\ \text{V}}{230\ \text{V}}$$

$$\underline{N_2 = 65}$$

Analog kann man die anderen Windungszahlen berechnen.

Ergebnis:
An der Sekundärspule müssen für die gewünschten Betriebsspannungen folgende Windungszahlen abgegriffen werden:

U_2 in V	3	4,5	6	7,5	9	12
N_2	65	98	130	163	196	261

Mosaik

Magnetspeicher

Um Ton- und Bildinformationen zu speichern, müssen diese als Signale auf ein entsprechendes Speichermedium geprägt werden, von dem sie auch wieder abgerufen werden können. Weitverbreitet sind Magnetspeicher.
Zu solchen Speichern gehören **Magnetbänder** für Diktiergeräte, Videorekorder und Camcorder sowie **Magnetplatten** bei Disketten und Festplatten von Computern.

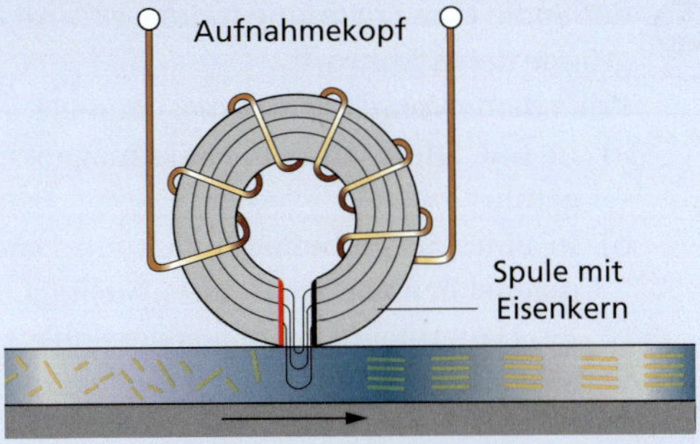

1 Aufnahme bei einem Magnetband

Auf Magnetbändern können analoge oder digitale Signale gespeichert werden. Auf Disketten und Festplatten speichert man digitale Signale, weil nur diese von Computern verarbeitet werden können. Die Festplatte eines Computers besteht meist aus mehreren übereinander angeordneten Magnetplatten.

Das Grundprinzip der magnetischen Speicherung ist überall gleich: Auf eine Trägerschicht ist eine sehr dünne, magnetisierbare Schicht aufgebracht, die häufig aus Cobalt und Nickel besteht. Die Elementarmagnete dieser Schicht sind zunächst ungeordnet. Zum Speichern wird das Magnetband oder die Magnetplatte an einer Spule, dem Aufnahme- oder Schreibkopf, vorbeigeführt (Abb. 1). Durch das Magnetfeld dieser Spule, das sich entsprechend den Signalen ändert, erfolgt eine Ausrichtung der Elementarmagnete und damit eine Magnetisierung. Das Abbild des Signals ist in der Ausrichtung der Elementarmagnete gespeichert.

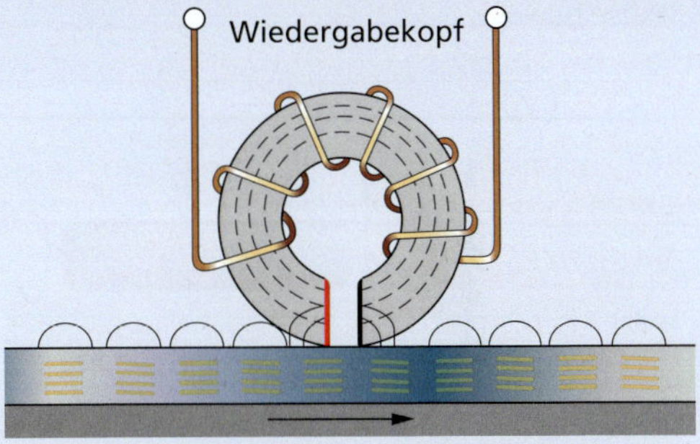

3 Wiedergabe bei einem Magnetband

Durch starke Magnetfelder kann sich diese Ausrichtung ändern. Deshalb gilt für alle Arten solcher Magnetspeicher:

Magnetspeicher dürfen keinen starken Magnetfeldern ausgesetzt werden.

Beim Auslesen des Signals wird das magnetisierte Band am Wiedergabe- oder Lesekopf vorbeigeführt (Abb. 3), wobei durch die sich ändernden Magnetfelder in der Spule eine Spannung hervorgerufen wird, die ein Abbild der gespeicherten Informationen ist.

2 Das Speichermedium einer Festplatte ist eine Magnetplatte.

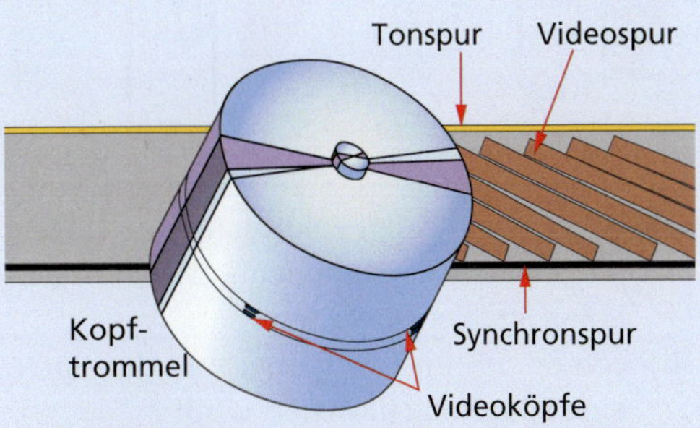

4 Bei Videobändern wendet man das Schrägspurverfahren an.

Gewusst · Gekonnt

1. Untersuche experimentell, unter welchen Bedingungen in einer Spule mithilfe eines Dauermagneten eine Spannung induziert wird!

   Durchführung:

   Eine Spule wird mit einem Spannungsmesser (Messbereich 1 V, Zeiger in Mittellage) verbunden (↗ Abb.).

   Der Dauermagnet wird in unterschiedlicher Weise bewegt.

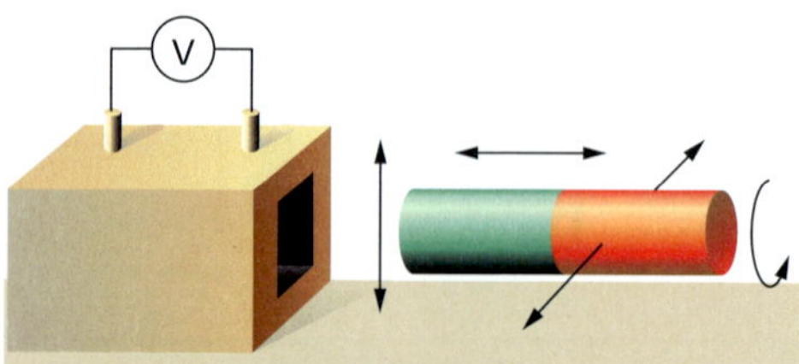

   Auswertung:

   Bei welchen Bewegungen zwischen Spule und Magnet entsteht eine Induktionsspannung?

   Trage deine Untersuchungsergebnisse in eine Tabelle ein!

2. In einem Magnetfeld wird eine Spule bewegt (↗ Abb.).

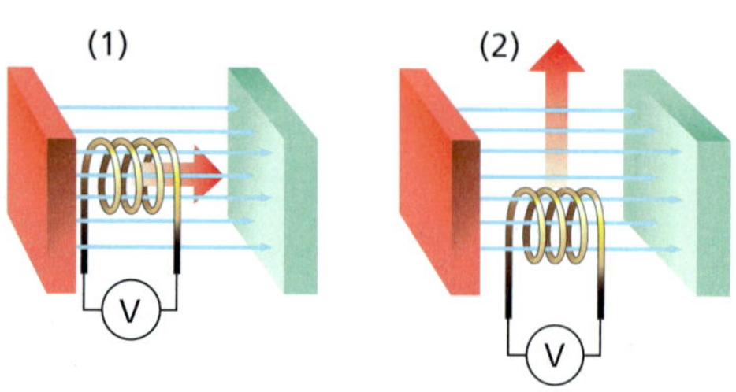

   a) Was kann aus den Feldlinienbildern über die Stärke des Magnetfelds zwischen den Polen abgeleitet werden?

   b) Gib an, ob im Fall 1 bzw. 2 in der Spule eine Spannung induziert wird!
   Begründe deine Antwort!

   *c) Gib eine weitere Variante an, bei der keine Spannung induziert wird!

3. Eine Spule wird neben einen Elektromagneten gestellt. Gib für jeden der folgenden Fälle an, ob in der Spule eine Spannung induziert wird! Begründe!

   a) Der Elektromagnet wird eingeschaltet.

   b) Im Elektromagneten fließt ein Gleichstrom.

   c) Im Elektromagneten fließt ein Wechselstrom.

   d) Der Elektromagnet wird ausgeschaltet.

4. Gib für jeden der folgenden Fälle an, ob in der Spule eine Spannung induziert wird! Begründe deine Antwort!

   Prüfe deine Voraussagen experimentell!

   a) In eine Spule wird ein Dauermagnet eingeführt.

   b) In einer Spule befindet sich ein Dauermagnet in einer bestimmten Stellung.

   c) Ein Dauermagnet wird aus der Spule herausgezogen.

5. In der Abbildung ist eine Experimentieranordnung dargestellt, mit der in der fest stehenden Spule 2 eine Spannung induziert werden soll.

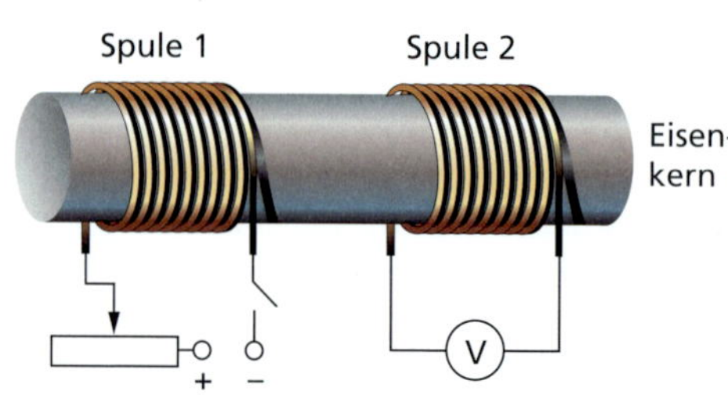

   a) Beschreibe mehrere experimentelle Möglichkeiten, wie mit dieser Anordnung in der Spule 2 eine Spannung induziert werden kann!
   Begründe deine Vorschläge!

   b) Durch welche experimentellen Maßnahmen kann die in der Spule 2 induzierte Spannung vergrößert werden? Begründe!

6. Entsprechend der Abbildung in Aufgabe 5 werden Experimentieranordnungen aufgebaut.

Entscheide für jeden der folgenden Fälle, ob mit Experiment I oder II bei sonst gleichem Aufbau des Experiments eine größere Spannung induziert wird!
Begründe deine Entscheidung!

	Experiment I	**Experiment II**
a)	Spule 2 hat 750 Windungen.	Spule 2 hat 1 000 Windungen.
b)	Stromstärke in Spule 1 ändert sich in 1 s von 0 A auf 2 A.	Stromstärke in Spule 1 ändert sich in 2 s von 0 A auf 2 A.
c)	Stromstärke in Spule 1 ändert sich in 1 s von 0 A auf 1 A.	Stromstärke in Spule 1 ändert sich in 1 s von 0 A auf 3 A.
*d)	Spule 2 hat 60 cm^2 Querschnittsfläche.	Spule 2 hat 40 cm^2 Querschnittsfläche.

7. In Elektromotoren, Transformatoren und Generatoren existieren sich ändernde magnetische Felder. Dadurch können in massiven Teilen dieser Geräte Spannungen induziert werden und Ströme (Wirbelströme) entstehen. Um das zu vermeiden bzw. um die Wirbelströme zu verringern, verwendet man für die entsprechenden Teile, z.B. für Eisenkerne, dünne, gegeneinander isolierte Bleche, die sogenannten Dynamobleche.

a) Erläutere, was Wirbelströme bewirken und warum sie in den genannten Geräten unerwünscht sind!
b) Erläutere, wie mit den speziell gefertigten Teilen dieser Geräte Wirbelströme vermieden bzw. verringert werden können!

***8.** Für spezielle Anwendungen müssen Werkstücke aus Metall sehr hart sein. Dazu werden sie zum Glühen gebracht und anschließend in Wasser oder Öl abgekühlt. Um sie zum Glühen zu bringen, stellt man sie in eine Spule (s. Abb.) und nutzt die elektromagnetische Induktion aus.

Wie funktionieren solche Anlagen zum Induktionshärten?

9. In Wechselstromkreisen werden Spulen häufig auch als zusätzliche Widerstände genutzt, um den Stromfluss zu drosseln. Man nennt sie deshalb „Drosselspule“ oder „Drossel“. Erkläre, wie durch eine Drossel der Strom in einem Wechselstromkreis begrenzt werden kann!

10. Bei einem Tonbandgerät wird ein leicht magnetisierbares Band vor einem Tonkopf bewegt. Der Tonkopf ist eine kleine Spule mit einem Eisenkern (↗ Abb.). Erkläre die Wirkungsweise der Tonaufzeichnung und der Tonwiedergabe bei einem solchen Tonbandgerät!

11. Bei Induktionsherden wird die elektromagnetische Induktion ausgenutzt. Unter der Kochfläche befindet sich eine Spule, die von Wechselstrom durchflossen wird. Das entstehende Magnetfeld durchsetzt auch den Topfboden.

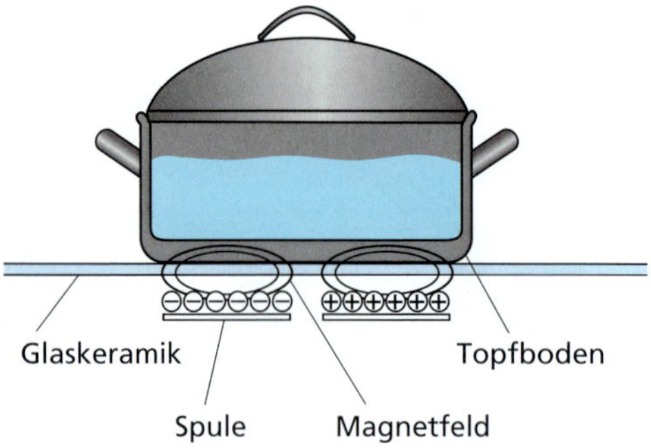

a) Erkläre die Wirkungsweise eines solchen Induktionsherds!

b) Warum können auf Induktionsherden nur Metalltöpfe genutzt werden?

*c) Welche Vorteile bzw. Nachteile haben Induktionsherde gegenüber herkömmlichen Herden?

12. Mithilfe einer in einer Straße verlegten Induktionsschleife (↗Abb. unten) kann der Straßenverkehr überwacht und gesteuert werden. Es können einzelne Fahrzeuge oder die Anzahl der Fahrzeuge in einer bestimmten Zeit registriert werden.

a) Erkläre, wie mit einer Induktionsschleife Fahrzeuge registriert werden können!

b) Erkunde, wo Induktionsschleifen genutzt werden!

c) Mithilfe von zwei Induktionsschleifen kann man die Geschwindigkeit eines Fahrzeugs messen. Erläutere das Messverfahren!

d) Die Entfernung zwischen zwei Induktionsschleifen beträgt 50 m. Wie groß ist die Zeit zwischen den Spannungsimpulsen, wenn ein Fahrzeug mit einer Geschwindigkeit von 100 $\frac{km}{h}$ darüberfährt?

13. Bei Schienenfahrzeugen mit einem Elektromotor als Antrieb, z. B. Straßenbahnen, kann zum Bremsen der Motor umgeschaltet und als Generator betrieben werden. Er gibt dann elektrische Energie an das Netz ab.

a) Warum kann man mit einer solchen Umschaltung das Fahrzeug bremsen?

b) Man bezeichnet eine solche Bremsung als „Nutzbremsung". Warum?

14. Beschreibe die Energieumwandlungen bei einem

a) Elektromotor,

b) Wechselstromgenerator,

c) Transformator!

***15.** Um in Pkw-Motoren das Kraftstoff-Luft-Gemisch zu zünden, benutzt man Zündkerzen, an denen bei einer Spannung von etwa 15 000 V ein Funke zwischen zwei Elektroden überspringt. Die Lichtmaschine des Pkw liefert aber nur 12 V. Deshalb schaltet man die Zündkerze in einen Stromkreis mit einer Zündspule und einen Unterbrecher.

a) Skizziere die Anordnung!

b) Wie kann mit einer solchen Schaltung die für die Zündung erforderliche Spannung erzeugt werden?

16. Mit einem Transformator kann man entweder hohe Spannungen (Hochspannungstransformatoren) oder hohe Stromstärken (Hochstromtransformatoren) erzeugen.

a) Wie müssen Transformatoren gebaut sein, damit sie eine hohe Spannung bzw. eine große Stromstärke liefern?

b) Warum kann man nicht gleichzeitig eine hohe Spannung und eine große Stromstärke erhalten?

c) Nenne Beispiele für die Anwendung von Hochspannungs- bzw. Hochstromtrafos!

17. Der abgebildete Transformator ist sekundärseitig (rechts) durch eine Windung (Schmelztiegel) kurzgeschlossen. Erkläre die Funktionsweise eines solchen Schmelztiegels!

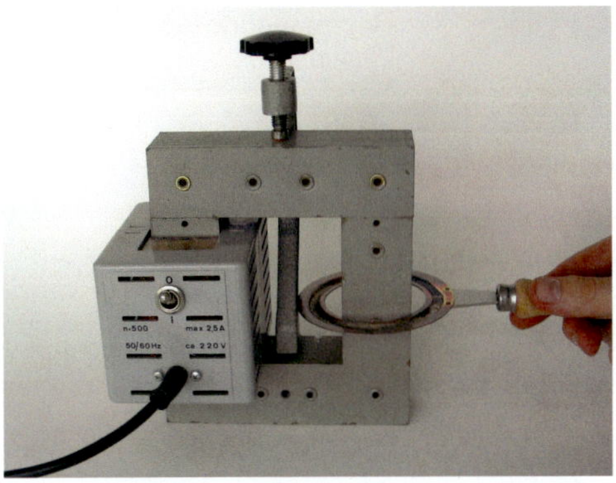

18. Gute Transformatoren haben heute einen Wirkungsgrad von 98 bis 99 %.
Was bedeutet diese Angabe?

19. Bestimme experimentell den Wirkungsgrad eines vorgegebenen Transformators bei einer bestimmten Belastung!

20. Eine elektrische Klingel, die eine Betriebsspannung von 8 V benötigt, wird über einen Transformator an die Netzspannung angeschlossen. Die Primärspule hat 5500 Windungen.

a) Wie viele Windungen muss die Sekundärspule haben?

b) Beim Klingeln fließt ein Sekundärstrom von 0,6 A. Wie groß ist in diesem Fall die Primärstromstärke?

21. Für eine elektrische Modelleisenbahn wird eine Spannung von bis zu 12 V benötigt.
Gib einige Kombinationen von Spulen an, mit denen diese Spannung durch einen Transformator aus der Netzspannung gewonnen werden kann!

22. Beim elektrischen Schweißen wird mit einem Strom der Stromstärke 100 A in einem Lichtbogen eine solche Hitze erzeugt, dass Metallteile schmelzen. Ein solches Schweißgerät kann man an 230 V Netzspannung (Absicherung 16 A) anschließen. Dazu benutzt man einen Schweißtrafo, der eine Sekundärspannung von 25 V liefert.
Erkläre, warum man trotz hoher Stromstärke beim Schweißen dieses Gerät an das übliche Haushaltsnetz anschließen kann!

23. Die Abbildung zeigt das Modell einer Fernübertragungsanlage für elektrische Energie.

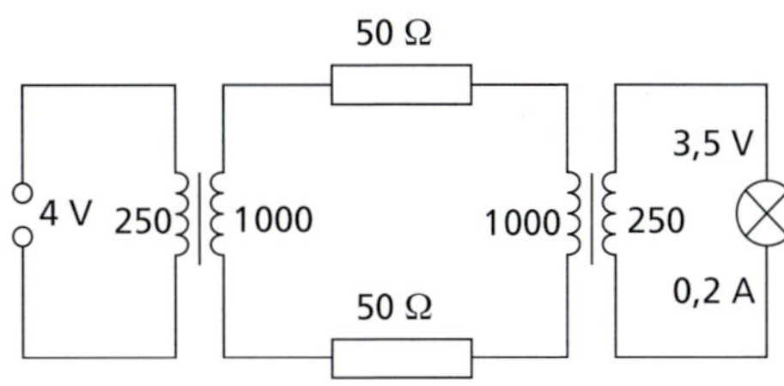

a) Erläutere anhand der Abbildung das Prinzip der Fernübertragung der elektrischen Energie!

b) Baue das Experiment auf und probiere die Funktionstüchtigkeit des Modells aus!

24. Generatoren in einem Kraftwerk liefern eine Spannung von 20 kV. Für die Fernleitung muss diese Spannung auf 380 kV hochtransformiert werden. Gib an, in welchem Verhältnis die Windungszahlen des entsprechenden Hochspannungstransformators stehen müssen! Wie verändert sich aufgrund der Transformation die Stromstärke?

***25.** Ein Transformator hat einen Wirkungsgrad von 98 %. Wie groß ist die Primärstromstärke, wenn die Primärspannung 220 kV beträgt und auf der Sekundärseite eine Leistung von 15 MW entnommen wird?

26. An der Bildröhre eines Fernsehgeräts muss eine hohe Spannung von ca. 15 kV angelegt werden, um den Elektronenstrahl zu beschleunigen. Dazu benutzt man einen Hochspannungstransformator, dessen Primärspule 400 Windungen hat.
Wie groß ist die Windungszahl der Sekundärspule dieses Transformators?

Induktionsvorgänge

Elektromotoren und Generatoren haben den gleichen prinzipiellen Aufbau. Sie unterscheiden sich in der Richtung des Energieflusses.

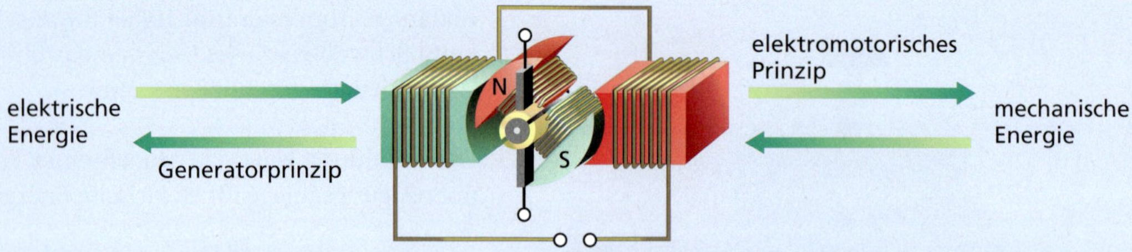

Bei Generatoren wird die **elektromagnetische Induktion** genutzt. Verändert sich das von einer Spule umfasste Magnetfeld, so wird in der Spule eine Spannung induziert. Es fließt ein Induktionsstrom.

Änderung des Magnetfelds durch Änderung der Stromstärke

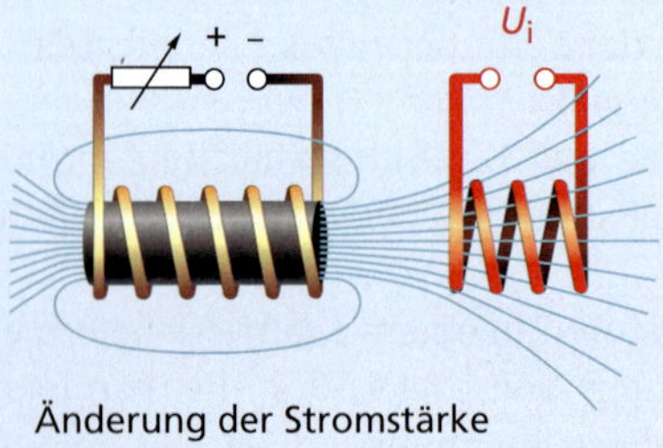

Änderung der Stromstärke

Änderung des Magnetfelds durch Relativbewegung

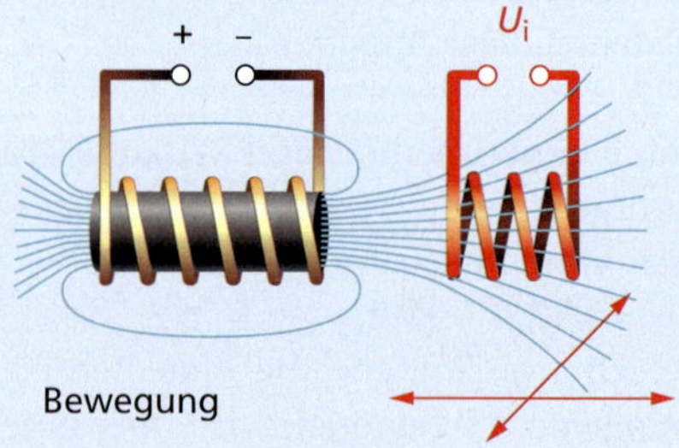

Bewegung

Die Erkenntnisse über die Induktion sind im **Induktionsgesetz** zusammengefasst.

> In einer Spule wird eine Spannung induziert, wenn sich das von ihr umfasste Magnetfeld ändert. Die Induktionsspannung hängt von der Schnelligkeit und Stärke dieser Änderung sowie vom Bau der Spule (Windungszahl, Eisenkern) ab.

Eine wichtige Anwendung der elektromagnetischen Induktion ist der **Transformator**.

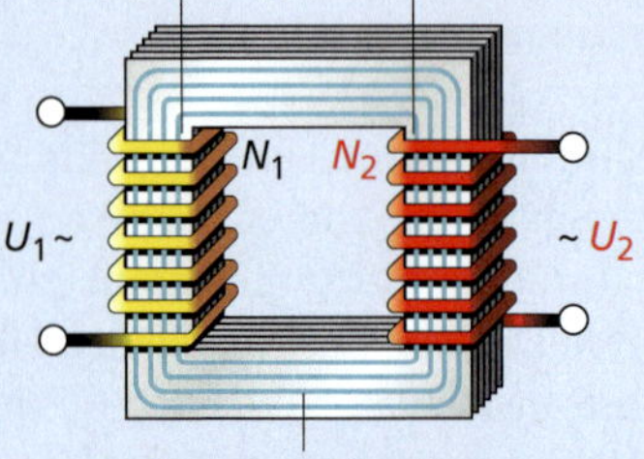

Für Transformatoren gelten folgende Gesetze:

Spannungsübersetzung $\frac{U_1}{U_2} = \frac{N_1}{N_2}$

Stromstärkeübersetzung $\frac{I_1}{I_2} = \frac{N_2}{N_1}$

3 Mechanische Schwingungen und Wellen

3.1 Mechanische Schwingungen

Schwingende Lasten

Kranführer müssen beim Heben und Schwenken von Lasten sehr vorsichtig und geschickt vorgehen, weil es sonst zu gefährlichen Schwingungen der Lasten kommen kann.
Was für Schwingungen können beim Heben und Schwenken von Lasten mit dem Kran auftreten? Wie entstehen diese Schwingungen? Warum können diese Schwingungen gefährlich werden?

Schwingende Saiten

Beim Spielen einer Gitarre muss man jeweils die richtige Saite anzupfen oder anschlagen. Darüber hinaus muss durch Greifen dafür gesorgt werden, dass die Saite die richtige Länge hat.
Was für Schwingungen führt eine Gitarrensaite aus? Wovon ist es abhängig, wie schnell bzw. wie stark sie schwingt?

Schwingende Federn

Die Räder von Fahrzeugen sind nicht einfach nur auf einer Achse befestigt, sondern mit einer starken Feder und einem Schwingungsdämpfer, auch Stoßdämpfer genannt, aufgehängt.
Welche Funktion haben Feder und Stoßdämpfer bei der Radaufhängung von Fahrzeugen?
Warum sind beide Teile für die Verkehrssicherheit von Fahrzeugen wichtig?

Entstehung mechanischer Schwingungen

In unserer Umwelt gibt es viele Vorgänge, bei denen sich ein Zustand nach einer bestimmten Zeit wiederholt. Man nennt solche Vorgänge auch **periodische Vorgänge.**
Die Kreisbewegung eines Riesenrads, das Hin- und Herschwingen der Saite einer Gitarre oder die Bewegung einer Schaukel (Abb. 2) sind solche periodischen Vorgänge.
Bei einer Reihe von periodischen Vorgängen, z. B. bei einer Schaukel (Abb. 2), bewegt sich ein Körper zeitlich periodisch um eine **Ruhelage,** manchmal auch Nulllage oder Gleichgewichtslage genannt. Dabei ändern sich verschiedene physikalische Größen periodisch, z. B. der Abstand des Körpers von der Ruhelage, seine Geschwindigkeit, seine Beschleunigung, seine potenzielle bzw. kinetische Energie. Solche Vorgänge nennt man **mechanische Schwingungen.**

> Eine mechanische Schwingung ist eine zeitlich periodische Bewegung eines Körpers um eine Ruhelage.

Stimmgabeln, die Flügel eines Vogels oder Federgabeln an Fahrrädern (Abb. 1) können mechanische Schwingungen ausführen. Das gilt ebenso für die Last an einem Kranseil oder die Luftsäule in einer Orgelpfeife.
Damit ein Körper überhaupt Schwingungen vollführen kann, müssen bestimmte Voraussetzungen erfüllt sein.

2 Die Schaukel pendelt zwischen zwei Umkehrpunkten hin und her.

Voraussetzungen für das Entstehen mechanischer Schwingungen sind:
- das Vorhandensein schwingungsfähiger Körper, wobei jeder Körper träge ist,
- die Auslenkung dieser Körper aus der Ruhelage (Energiezufuhr),
- das Vorhandensein rücktreibender Kräfte.

Es gibt auch Schwingungen, bei denen sich nichtmechanische Größen, z. B. die elektrische Spannung oder die elektrische Stromstärke, zeitlich periodisch ändern. In diesem Fall spricht man von elektromagnetischen Schwingungen.
Allgemein gilt:

> Eine Schwingung ist eine zeitlich periodische Änderung einer physikalischen Größe bzw. eines physikalischen Zustands.

1a Ein Vogel führt mit seinen Flügeln Schwingungen um eine mittlere Lage aus.

1b Nach einem Stoß schwingt die Federgabel eines Fahrrads um eine Ruhelage.

1c Eine angeschlagene Stimmgabel führt Schwingungen um eine Ruhelage aus.

Beschreibung mechanischer Schwingungen

Da sich bei mechanischen Schwingungen mechanische Größen zeitlich periodisch ändern, kann man diese Größen zur Beschreibung von Schwingungen nutzen.
Zur Verdeutlichung der Zusammenhänge können die Schwingungen aufgezeichnet (Abb. 1) oder mithilfe eines Oszillografen sichtbar gemacht werden. Damit erhält man Darstellungen vom zeitlichen Verlauf der Schwingung. Eine solche Darstellung kann auch in einem Diagramm erfolgen (Abb. 2), wenn man die zeitliche Änderung der jeweiligen Auslenkung y (Abstand des schwingenden Körpers von der Ruhelage) darstellt. Zur Beschreibung mechanischer Schwingungen werden unterschiedliche physikalische Größen genutzt.

1 Aufzeichnung einer Pendelschwingung mithilfe eines Sandpendels

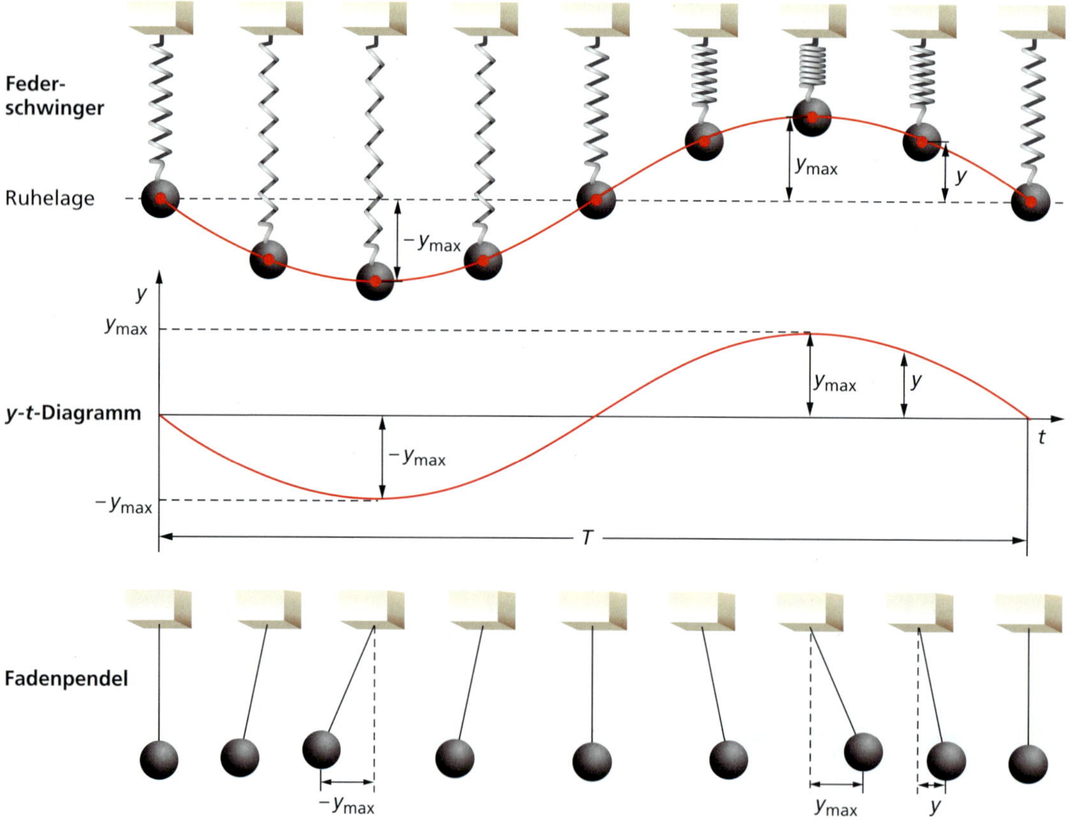

2 Federschwinger, Fadenpendel und *y*-*t*-Diagramm einer mechanischen Schwingung

> Die Auslenkung (Elongation) gibt den Abstand des schwingenden Körpers von der Ruhelage an.
>
> Formelzeichen: y
> Einheit: ein Meter (1 m)

Schwingende Körper bewegen sich zwischen zwei Umkehrpunkten hin und her. Diese Punkte haben den größten Abstand von der Ruhelage. Man nennt ihn **Amplitude** (Abb. 1).

> Die Amplitude einer Schwingung ist der maximale Abstand des schwingenden Körpers von der Ruhelage.
>
> Formelzeichen: y_{max}
> Einheit: ein Meter (1 m)

Ein schwingender Körper benötigt eine bestimmte Zeit für ein Hin- und Herschwingen. Eine vollständige Schwingung nennt man auch eine Periode. Die Zeit für eine solche vollständige Schwingung nennt man **Periodendauer.**

> Die Periodendauer gibt die Zeit für eine vollständige Hin- und Herbewegung an.
>
> Formelzeichen: T
> Einheit: eine Sekunde (1 s)

Je nachdem, wie groß die Schwingungsdauer ist, können unterschiedlich viele Schwingungen in einer bestimmten Zeit ablaufen. Das wird durch die **Frequenz** erfasst.

> Die Frequenz gibt an, wie viele Schwingungen in jeder Sekunde ablaufen.
>
> Formelzeichen: f
> Einheit: ein Hertz (1 Hz)
> $1\ \text{Hz} = \frac{1}{s}$

Die Einheit 1 Hz ist nach dem deutschen Physiker HEINRICH HERTZ (1857–1894) bezeichnet worden, der auch die hertzschen Wellen entdeckte, die man beim Rundfunk nutzt.

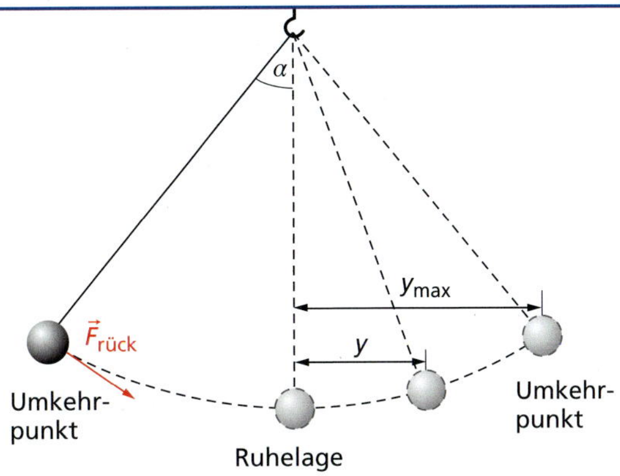

1 Kenngröße einer Schwingung

Er untersuchte deren Eigenschaften und schuf damit eine wichtige Grundlage für die drahtlose Nachrichtenübertragung.
Vielfache der Einheit 1 Hz sind ein Kilohertz (1 kHz) und ein Megahertz (1 MHz):

1 kHz = 1 000 Hz
1 MHz = 1 000 kHz = 1 000 000 Hz

> Die Frequenz einer Schwingung kann berechnet werden mit der Gleichung:
>
> $f = \frac{1}{T}$ oder $f = \frac{n}{t}$
>
> T Periodendauer
> n Anzahl der Schwingungen
> t Zeit für n Schwingungen

Wenn beispielsweise eine Schaukel in 10 Sekunden 6-mal hin- und herschwingt, so beträgt ihre Frequenz $f = \frac{6}{10\ \text{s}} = 0{,}6\ \text{Hz}$.

Frequenzen in Natur und Technik	
1 m langes Fadenpendel	0,5 Hz
durchschnittliche Frequenz des Herzschlags beim Menschen	1,3 Hz
tiefste vom Menschen hörbare Frequenz	16 Hz
Flügel einer Hummel	200 Hz
Kammerton a	440 Hz
Frequenzen beim Sprechen	100 Hz ... 1 000 Hz
höchste von jungen Menschen hörbare Frequenz	20 000 Hz
Ultraschall	über 20 000 Hz

Fadenpendel und Federschwinger

Körper, die sich in einer stabilen Gleichgewichtslage befinden, können mechanische Schwingungen ausführen, wenn sie aus der Ruhelage ausgelenkt werden und auf sie eine rücktreibende Kraft wirkt.
Einfache mechanische Schwinger sind das **Fadenpendel** und der **Federschwinger.** Mit ihnen kann man eine Reihe von mechanischen Schwingern vereinfacht darstellen. Beispiele für schwingende Körper, die man vereinfacht als Fadenpendel betrachten kann, sind eine Kinderschaukel, das Pendel einer Uhr oder Artisten am Trapez.

Für die Periodendauer eines Fadenpendels gilt unter der Bedingung kleiner Auslenkungen an einem bestimmten Ort:

$$T = 2\pi\sqrt{\frac{l}{g}}$$

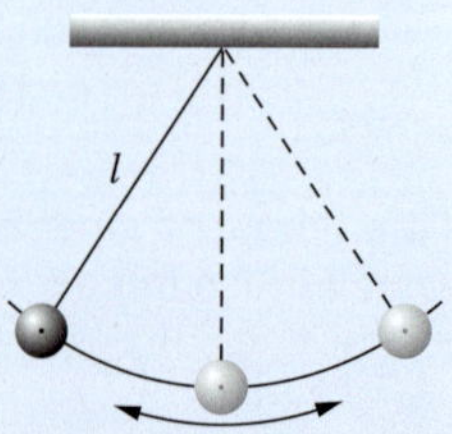

l Länge des Fadenpendels
g Fallbeschleunigung

Die Periodendauer eines Fadenpendels ist nur von der Pendellänge und von der Fallbeschleunigung abhängig, die am jeweiligen Ort herrscht. Die Masse des Pendelkörpers hat keinen Einfluss auf die Periodendauer.

Alle elastischen Körper können Schwingungen ausführen, wenn sie verformt und anschließend sich selbst überlassen werden. Ein Federschwinger ist ein einfacher elastischer Körper, der aus einer Feder und einem schwingenden Körper der Masse m besteht. Als rücktreibende Kraft wirkt die Gewichtskraft oder die Federkraft.
Die Periodendauer eines solchen Federschwingers ist von der Masse des schwingenden Körpers und von den Eigenschaften der Feder abhängig. Die Eigenschaften einer Feder werden mit der **Federkonstanten** D beschrieben. Die Federkonstante ist umso größer, je größer die Kraft ist, die man zum Dehnen der Feder um eine bestimmte Länge braucht.

Für die Periodendauer eines vertikalen Federschwingers gilt:

$$T = 2\pi\sqrt{\frac{m}{D}}$$

$$D = \frac{F}{s}$$

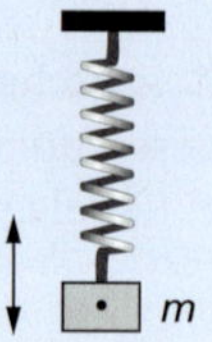

m Masse des schwingenden Körpers
D Federkonstante

Wird beispielsweise durch eine Kraft von 10 N eine Feder um 4 cm gedehnt, so hat die Federkonstante D einen Wert von:

$$D = \frac{F}{s} = \frac{10\ \text{N}}{4\ \text{cm}} = 2{,}5\ \frac{\text{N}}{\text{cm}}$$

Schwingungsfähige elastische Anordnungen sind z. B. die Federungen von Autos und Motorrädern, ein Kranseil mit angehängter Last, eine Stimmgabel oder ein Trampolin mit Springer.
Auch die Fundamente von Maschinen können schwingen, wenn sie elastisch verformbar sind. In grober Näherung können solche elastischen Anordnungen vereinfacht als Federschwinger dargestellt werden.

Mosaik

Der Herzschlag – eine Schwingung

Beim Herzschlag ändert sich zeitlich periodisch der Druck in den Blutgefäßen. Diese periodische Druckänderung kann als Puls registriert werden.
Nach der Definition einer Schwingung (↗ S. 195) ist somit der Herzschlag eine mechanische Schwingung, denn er ist mit der zeitlich periodischen Änderung einer physikalischen Größe – hier des Drucks – verbunden. Der normale Blutdruck schwankt dabei zwischen 16 und 11 kPa. Kilopascal (kPa) ist die Einheit des Drucks. Bei 10 kPa wirkt auf 1 cm^2 Fläche senkrecht eine Kraft von 1 N.
In der Medizin wird der Blutdruck meist nicht in der Einheit Pascal (Pa), sondern in Millimetern Quecksilbersäule (Torr) angegeben. Die Werte betragen dann 120 und 80 Torr (120/80).

Mosaik

Aus der Entwicklung der Zeitmessung

Die ältesten bekannten Uhren zur Zeitmessung sind **Sonnenuhren.** Man findet sie heute in den verschiedensten Varianten an Gebäuden. Viele Jahrhunderte hindurch wurden auch **Wasser-** oder **Sanduhren** benutzt, bei denen man eine fließende Wasser- oder Sandmenge für die Zeitmessung verwendet.
Die ersten mechanischen Uhren aus dem 14. Jahrhundert besaßen Räderwerke, die durch große Gewichte angetrieben wurden.

Im 16. Jahrhundert wurden die ersten tragbaren Taschenuhren entwickelt. So baute um 1512 der Nürnberger Schlosser Peter Henlein (1479–1542) Taschenuhren, die als „Nürnberger Eier" bekannt wurden. Als Antrieb für diese Taschenuhren wurden kleine Spiralfedern genutzt. Die verschiedenen Uhren hatten bis zu dieser Zeit den Nachteil, dass sie alle noch sehr ungenau waren. Die Schifffahrt und die astronomische Forschung in der damaligen Zeit verlangten aber nach genaueren Uhren. Einer, der wesentlich zur Verbesserung der Uhren beigetragen hat, war der Holländer Christiaan Huygens (1629–1695).

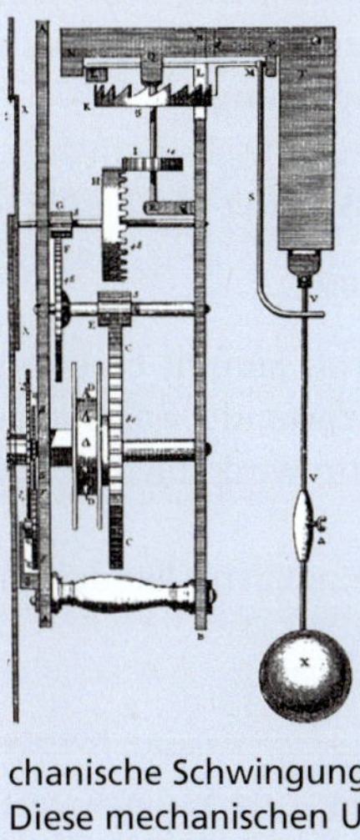

Huygens nutzte für seine Uhren die von ihm untersuchten Gesetze der Pendelbewegung und konstruierte 1656 eine Pendeluhr, in der er das bekannte Räderuhrwerk mit einem Pendel koppelte (↗ Abb.).
1657 erhielt er für diese geniale Idee ein Patent. 1674 konstruierte er unabhängig vom Engländer Robert Hooke (1635 bis 1703) eine Taschenuhr mit einer Spiralfeder als Unruh, die ebenfalls mechanische Schwingungen ausführte.
Diese mechanischen Uhren wurden in vielfältigen Formen und Größen gebaut, ihre Mechanik wurde ständig weiterentwickelt.
Auch die Genauigkeit der mechanischen Uhren wurde in den folgenden Jahrzehnten immer weiter verbessert. Die physikalischen Prinzipien aber, auf denen diese Uhren beruhten, die mechanischen Schwingungen, blieben gleich.

1 Uhr mit Unruh: Zur Steuerung werden mechanische Schwingungen genutzt.

Erst im 20. Jahrhundert wurden elektrische Uhren konstruiert, die elektromagnetische Schwingungen zur Steuerung der Zeiger nutzen. 1929 wurde in den USA die erste **Quarzuhr** gebaut. Eine noch größere Genauigkeit als Quarzuhren weisen **Atomuhren** auf, bei denen der Gang von Schwingungen in Atomen gesteuert wird. Die erste Atomuhr wurde 1948 für das National Bureau of Standards, das nationale amerikanische Normungsinstitut, gebaut. Eine der genauesten Atomuhren befindet sich in der Physikalisch-Technischen Bundesanstalt in Braunschweig (Abb. 2). Bei ihr tritt in 200 000 Jahren eine Abweichung von weniger als einer Sekunde auf.

2 Atomuhr in der Physikalisch-Technischen Bundesanstalt in Braunschweig

Energieumwandlungen bei Schwingungen

Bei mechanischen Schwingungen wird potenzielle Energie in kinetische Energie umgewandelt und umgekehrt.
Für ein Fadenpendel sind die Energieumwandlungen in Abb. 2 dargestellt. Die Werte für die kinetische bzw. potenzielle Energie schwanken zwischen null und einem Maximalwert. Dieser Maximalwert ist von der Masse des schwingenden Körpers und von der maximalen Auslenkung bzw. der Geschwindigkeit abhängig.
Lässt man ein solches Pendel längere Zeit hin- und herschwingen, dann zeigt sich: Die Amplitude der Schwingungen wird kleiner. Ursache dafür ist: Durch Reibung an der Aufhängung und durch den Luftwiderstand des schwingenden Körpers wird ein Teil der mechanischen Energie in thermische Energie umgewandelt und als Wärme an die Umgebung abgegeben. Dadurch verringert sich die mechanische Energie des schwingenden Körpers und damit die Amplitude. Allmählich kommt die Schwingung zum Erliegen. Eine solche Schwingung wird als **gedämpfte Schwingung** bezeichnet (Abb. 1). Für eine gedämpfte mechanische Schwingung gilt:

$$E_{pot} + E_{kin} + E_{therm} = \text{konstant}$$

Dabei verkleinert sich ständig der Anteil der mechanischen Energie. Die thermische Energie, die in Form von Wärme an die Umgebung abgegeben wird, vergrößert sich.
Beispiele für solche gedämpften Schwingungen sind das Hin- und Herschwingen eines Autos nach dem Durchfahren einer Bodenwelle oder die Schwingung einer Gitarrensaite.

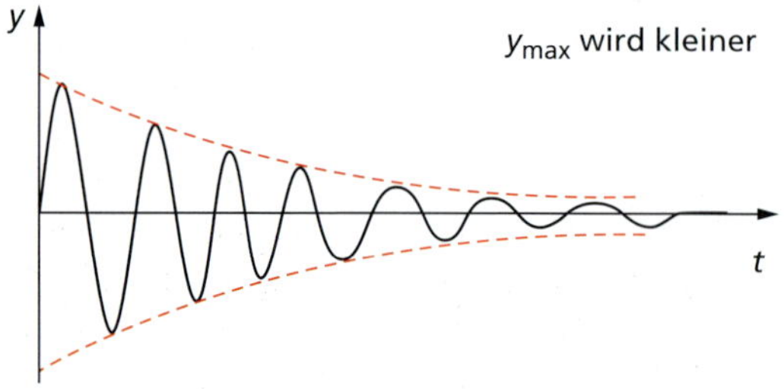

1 *y*-*t*-Diagramm einer gedämpften Schwingung

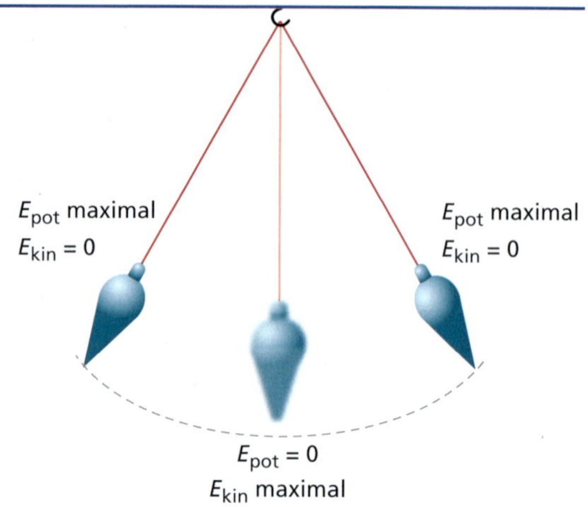

2 Energieumwandlung an einem Fadenpendel

Bei einer gedämpften Schwingung ändern sich die Form der Schwingungskurve und die Schwingungsdauer in vielen Fällen nicht, wohl aber die Amplitude der Schwingung. Sie wird immer kleiner und letztendlich null.

Führt man einem Schwinger die Energie, die ihm durch Reibung verloren geht, ständig wieder zu oder sieht man im Idealfall von der Reibung ab, so bleibt die Amplitude der Schwingung konstant (Abb. 3). In einem solchen Fall spricht man von einer **ungedämpften Schwingung.**
Für eine ungedämpfte mechanische Schwingung gilt der Energieerhaltungssatz der Mechanik:

$$E_{pot} + E_{kin} = \text{konstant}$$

Da überall Reibung auftritt, kommt eine ungedämpfte Schwingung nur zustande, wenn ständig genau die Energie zugeführt wird, die durch Reibung „verloren" geht.
Beispiele dafür sind die Pendel von Pendeluhren oder ein Metronom.

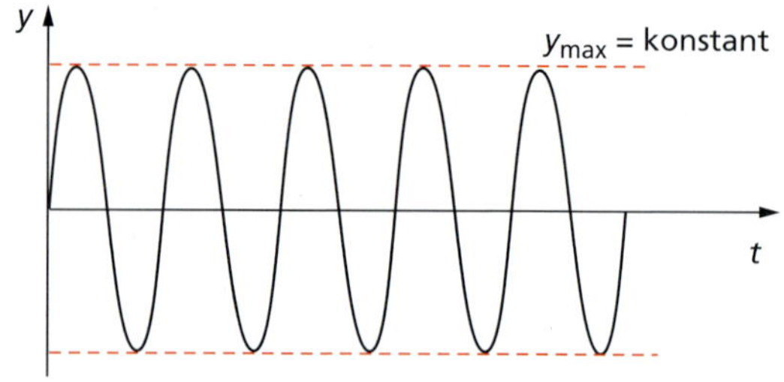

3 *y*-*t*-Diagramm einer ungedämpften Schwingung

Eigenschwingungen, erzwungene Schwingungen und Resonanz

Körper, die einmalig aus ihrer Ruhelage ausgelenkt werden und dann ohne jede Beeinflussung von außen hin und her schwingen, führen **freie Schwingungen** bzw. **Eigenschwingungen** aus. Dem schwingenden Körper wird nur einmalig Energie zugeführt. So führt z. B. eine Stimmgabel nach einem einmaligen Anschlagen Eigenschwingungen aus. Das gilt auch für die Saite einer Gitarre, die einmal gezupft wird. Ein solcher frei schwingender Körper schwingt mit einer bestimmten Frequenz, die nur von seinen Eigenschaften abhängig ist, seiner **Eigenfrequenz** f_0. Die Eigenfrequenz eines Fadenpendels hängt z. B. von seiner Länge ab, die eines Federschwingers von der Masse des schwingenden Körpers.

Ein Körper, dem ständig periodisch Energie von außen zugeführt wird, führt **erzwungene Schwingungen** aus. Wird z. B. ein Kind auf einer Schaukel periodisch von außen angestoßen, so treten erzwungene Schwingungen auf. Eine Maschine kann das Fundament, auf dem sie steht, zu erzwungenen Schwingungen anregen.

Die Energiezufuhr erfolgt von außen durch Kopplung verschiedener Schwinger (Abb. 1).

Dieser „Energielieferant" wird Erreger, seine Frequenz **Erregerfrequenz** f_E genannt (Abb. 1). Der Schwinger führt jetzt eine erzwungene Schwingung aus. Er ist ständig mit dem Erreger verbunden und wird von diesem beeinflusst.

> Ein Körper kann Eigenschwingungen oder erzwungene Schwingungen ausführen.

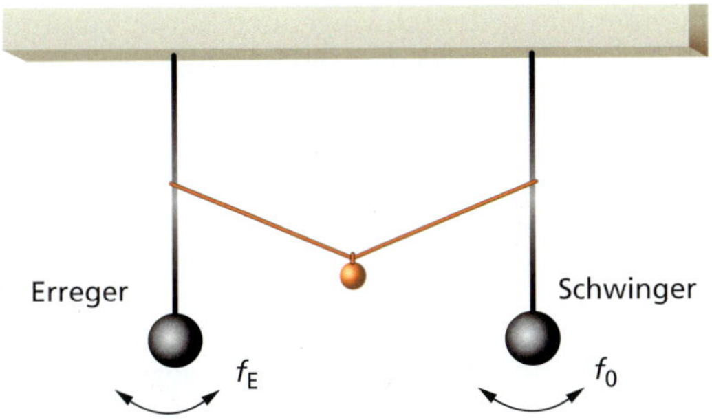

1 Kopplung zweier Fadenpendel

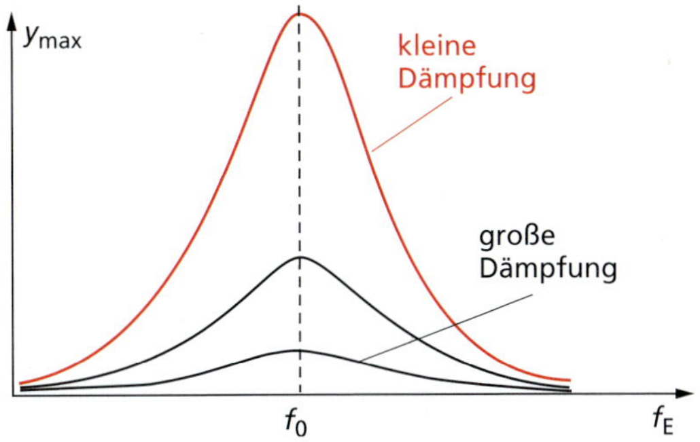

2 Abhängigkeit der Amplitude bei erzwungenen Schwingungen von der Erregerfrequenz und der Dämpfung

Liegt die Erregerfrequenz in der Nähe der Eigenfrequenz, so vergrößert sich die Amplitude des Schwingers. Ein Maximum wird erreicht, wenn die Erregerfrequenz gleich der Eigenfrequenz ist. Dieser Fall wird als **Resonanz** bezeichnet.

> Resonanz tritt bei erzwungenen Schwingungen unter folgender Bedingung auf:
>
> $f_E = f_0$ — f_E Erregerfrequenz, f_0 Eigenfrequenz

Wie stark sich die Amplitude des Schwingers im Resonanzfall vergrößert, hängt von der Dämpfung des Schwingers ab (Abb. 2). Bei geringer Dämpfung kann die Amplitude sehr groß werden. Dieses starke Mitschwingen kann auch zur Zerstörung des Schwingers führen. In diesem Fall spricht man von einer **Resonanzkatastrophe.**

Das Mitschwingen eines Körpers durch Resonanz kann erwünscht oder auch unerwünscht sein. Erwünscht ist z. B. das Mitschwingen des Resonanzkörpers von Musikinstrumenten bei möglichst vielen Frequenzen.

Fundamente, Fußböden, Brücken und Mauerwerke von Gebäuden sind elastische Körper, die zu Schwingungen angeregt werden können. Dabei ist Resonanz unerwünscht, weil Schwingungen zu Schäden führen können. Das bekannteste Beispiel dafür ist die Tacoma-Hängebrücke in den USA (1940, Abb. S. 109). Die Brücke wurde durch Windböen in so starke Schwingungen versetzt, dass sie einstürzte.

Physik in Natur und Technik

Die Schwingungsdauer eines Federschwingers

Die Schwingungsdauer eines vertikalen Federschwingers ist von der Masse des schwingenden Körpers abhängig.
Untersuche experimentell den Zusammenhang zwischen der Periodendauer eines Federschwingers und der Masse des schwingenden Körpers! Zeichne und interpretiere das Schwingungsdauer-Masse-Diagramm (T-m-Diagramm)!

Vorbereitung:
Um den genannten Zusammenhang zu untersuchen, muss die Periodendauer für Körper unterschiedlicher Massen bestimmt werden.
Um bei relativ kurzen Periodendauern möglichst genaue Werte für T zu erhalten, wird die Zeit für zehn vollständige Schwingungen gemessen und der Wert durch 10 dividiert. Die Massen der Körper können mit einer Waage gemessen oder auf den Körpern abgelesen werden.

Durchführung:
Die Experimentieranordnung wird so wie in der Zeichnung (Abb. 1) aufgebaut.
Um möglichst genaue Messwerte zu erhalten, sollte vor der Messung vorgezählt werden (z. B. „3 - 2 - 1 - 0 [Start] - 1 - 2 - ... - 10 [Stopp]“).
Für einzelne Massen können auch die Periodendauern mehrmals gemessen und daraus ein Mittelwert gebildet werden. Die Amplituden der Schwingungen sind nicht zu groß zu wählen.

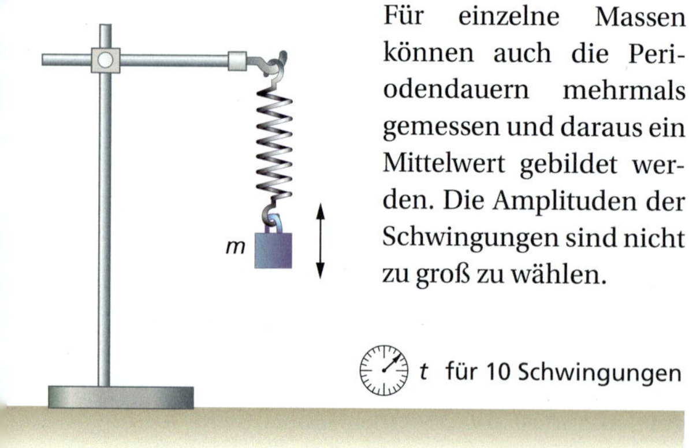

1 Experimentieranordnung zur Bestimmung der Periodendauer eines Federschwingers

Auswertung:

m in g	*T* in s
20	1,62
50	2,56
70	3,04
100	3,63
150	4,44
170	4,73
200	5,13

Die Messwerte können grafisch ausgewertet werden. Dazu werden die Messwerte in einem Diagramm dargestellt.

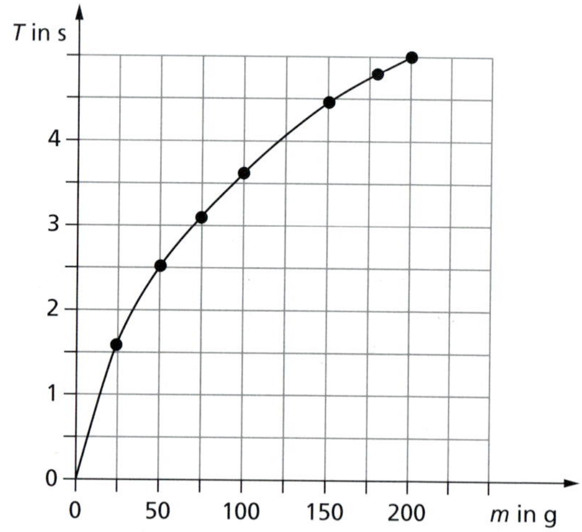

Aus diesem Diagramm ergibt sich: Je größer die Masse des schwingenden Körpers ist, umso größer ist die Periodendauer.
Es besteht aber keine direkte Proportionalität. Vielmehr nimmt die Periodendauer mit zunehmender Masse des schwingenden Körpers immer langsamer zu. Genauere Untersuchungen haben ergeben, dass für eine Feder gilt:

$$T \sim \sqrt{m} \quad \text{oder} \quad \frac{T}{\sqrt{m}} = \text{konstant}$$

Einen solchen Zusammenhang kann man auch grafisch darstellen. Trägt man auf der horizontalen Achse statt der Masse m die Wurzel aus der Masse ab, so erhält man im Diagramm eine Gerade, die durch den Koordinatenursprung verläuft.

Der Schwingungsdämpfer

Schwingungsdämpfer (Abb. 1) findet man heutzutage nicht nur bei Lkws, Pkws und Motorrädern, sondern teilweise auch bei Fahrrädern. Sie werden dort als Federgabeln bezeichnet.
Welche Aufgaben haben Schwingungsdämpfer bei Fahrzeugen?
Wie kann man die Funktionstüchtigkeit von Schwingungsdämpfern prüfen?

Schwingungsdämpfer bei Fahrzeugen, insbesondere bei Pkws, haben verschiedene Aufgaben.
Eine erste Aufgabe besteht darin, den Fahrkomfort zu verbessern. Unebenheiten der Fahrbahn werden über die Räder auf das Fahrzeug übertragen und führen zu Schwingungen. Ohne Schwingungsdämpfer würden diese Schwingungen auch auf die Personen im Fahrzeug übertragen, was auf Dauer sehr unangenehm wäre.
Schwingungsdämpfer verhindern, dass die aufgrund von Fahrbahnunebenheiten entstehenden Schwingungen auf die Personen im Fahrzeug übertragen werden.
Eine zweite Aufgabe von Schwingungdämpfern ist die Verbesserung der Verkehrssicherheit des betreffenden Fahrzeugs. Durch Schwingungsdämpfer wird vermieden, dass Räder aufgrund von Unebenheiten der Fahrbahn die Verbindung zur Fahrbahn verlieren. Damit wird die Gefahr des Rutschens oder Schleuderns, insbesondere in Kurven, wesentlich verringert. Das ist wegen der bei Kurvenfahrten auftretenden Kräfte besonders wichtig.

2 Prüfung von Schwingungsdämpfern: Dazu werden die Räder in vertikale Schwingungen versetzt.

Defekte Schwingungsdämpfer verringern die Verkehrssicherheit. Sie sollten deshalb umgehend erneuert werden.
Zur Prüfung der Funktionstüchtigkeit von Schwingungsdämpfern werden spezielle Anordnungen genutzt (Abb. 2). Die Räder des Autos werden mit einer „Rüttelmaschine“ in vertikale Schwingungen versetzt. Das erfolgt getrennt für jedes einzelne Rad und damit für jeden Schwingungsdämpfer. Die Frequenz dieser Schwingungen und auch ihre Amplituden können verändert werden. Die erzwungenen Schwingungen des Autos werden mit einem Schwingungsschreiber aufgezeichnet und anschließend ausgewertet (Abb. 3).
Aus der Form der aufgezeichneten Schwingungen ist für den Fachmann erkennbar, ob ein Schwingungsdämpfer noch voll funktionstüchtig ist oder ob er ersetzt werden muss. Das sollte aus Gründen der Verkehrssicherheit so schnell wie möglich geschehen.

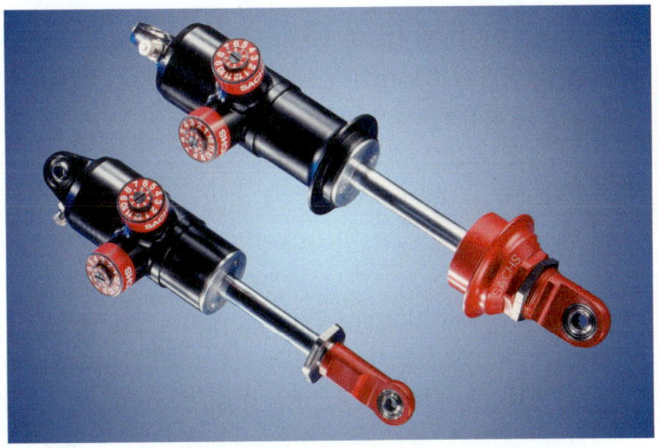

1 Schwingungsdämpfer unterschiedlicher Bauart

3 Schwingungen eines Schwingungsdämpfers

Gewusst · Gekonnt

1. Die folgenden Abbildungen zeigen periodische Vorgänge.

a)

b)

c)

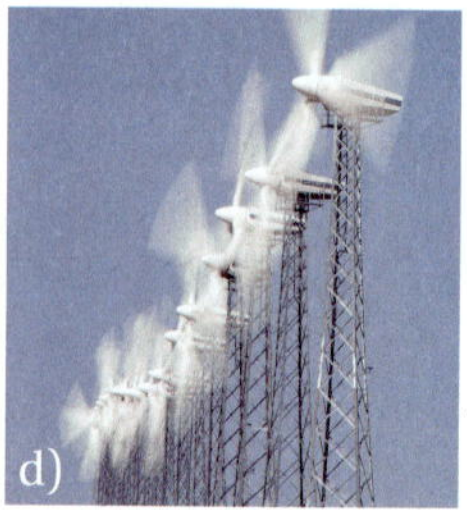
d)

Bei welchen dieser Vorgänge handelt es sich um mechanische Schwingungen, bei welchen nicht? Begründe deine Aussagen!

2. In Natur und Technik gibt es zahlreiche periodische Vorgänge. Nenne Beispiele für solche periodischen Vorgänge in Natur und Technik! Begründe, bei welchen dieser Vorgänge es sich um mechanische Schwingungen handelt und bei welchen nicht!

3. Um zu prüfen, ob ein Weinglas heil ist, kann man mit einem Löffel leicht dagegenschlagen. Beschreibe und erkläre, wie man mit dieser Methode eine Prüfung des Weinglases vornehmen kann!

4. Die Unruh eines mechanischen Weckers führt 120 Schwingungen in der Minute aus.
a) Wie groß ist die Frequenz dieser Schwingung?
b) Wie viele Schwingungen vergehen, bis der Sekundenzeiger um eine Stelle weiterrückt?

5. Die Schwingungen einer Stimmgabel wurden aufgezeichnet. Dabei ergab sich folgendes Schwingungsbild:

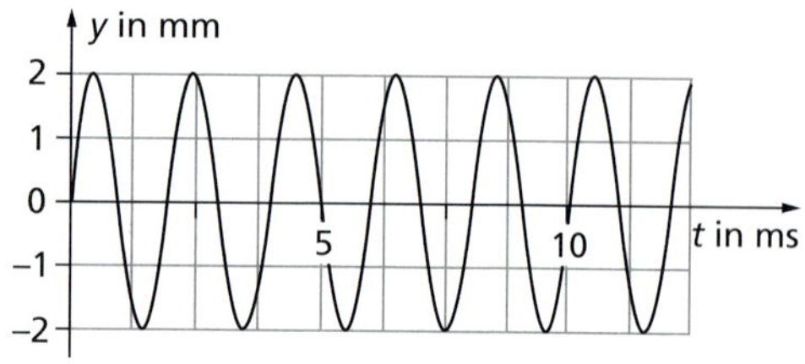

Ermittle aus dem y-t-Diagramm Amplitude, Schwingungsdauer und Frequenz der Schwingung!

6. Der Pulsschlag ist ein periodischer Vorgang.
a) Bestimme mithilfe des Pulsschlags die Frequenz deines Herzschlags! Miss dazu die Zeit für 10 Pulsschläge und ermittle daraus die Frequenz!
Um einen genaueren Wert zu erhalten, führe mehrere Messungen durch und bilde einen Mittelwert!
b) Diskutiere die Genauigkeit des Pulsschlags als Grundlage für eine Zeitmessung!

7. Wie groß ist die Schwingungsdauer beim Kammerton a (440 Hz)?

8. Beschreibe die Energieumwandlungen bei gedämpften Schwingungen
a) für ein Fadenpendel,
b) für einen Federschwinger!

9. In einem Pkw kann es bei bestimmten Drehzahlen des Motors zum Vibrieren von Fahrzeugteilen kommen. Erkläre!

10. Warum sollten Marschkolonnen nicht im Gleichschritt über Brücken marschieren?

11. Eine angeschlagene Stimmgabel ist in 1 m Entfernung kaum zu hören. Stellt man sie jedoch auf einen Holztisch oder einen Holzkasten, so hört man einen klaren, lauten Ton. Erkläre!

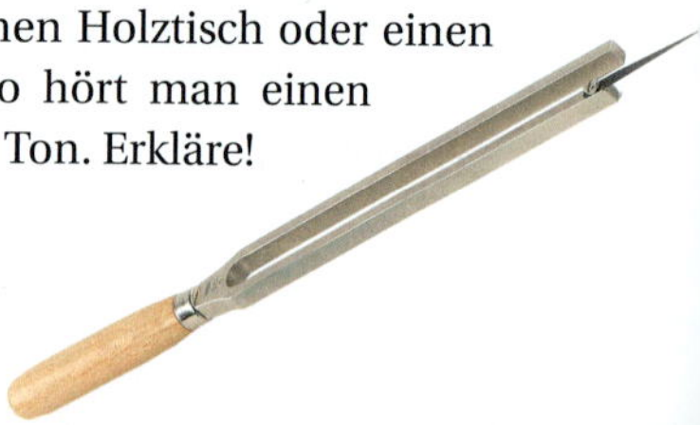

12. Die Abbildungen zeigen den Aufbau eines Schwingungsdämpfers (Stoßdämpfers), so wie sie beim Pkw verwendet werden.

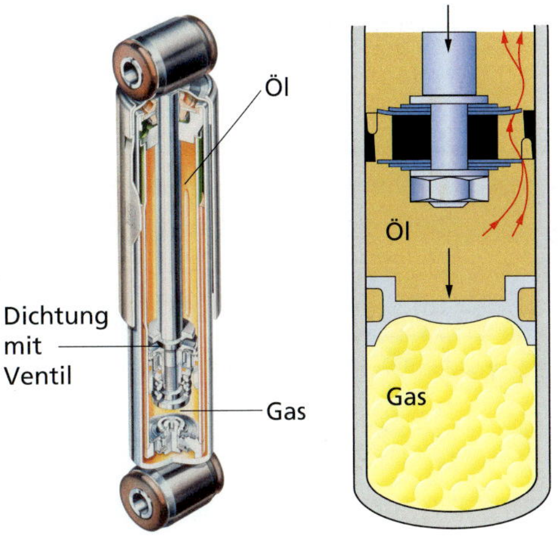

Beschreibe den Aufbau und erkläre die Wirkungsweise eines solchen Schwingungsdämpfers!

13. Die Melodie einer kleinen Spieluhr kann man nur richtig hören, wenn man sie auf einen Holztisch stellt. Warum?

***14.** Manche Sänger können ein Glas durch Singen eines Tons zum Zerspringen bringen. Dazu schlagen sie zunächst kurz mit dem Finger gegen das Glas und singen dann kräftig einen Ton in das Glas hinein. Wieso kann dadurch das Glas zerspringen?

15. Beim Tragen einer Tasse Tee oder eines Wassereimers muss man vorsichtig sein, damit nichts ausgeschüttet wird, selbst wenn die Tasse bzw. der Eimer nicht voll sind.
Wie kann es zum Verschütten von Tee bzw. Wasser aus einem nicht vollen Gefäß beim Tragen kommen? Begründe!

16. Beim Anschieben eines schweren Autos aus einer Kuhle nutzt man die Resonanz bei mechanischen Schwingungen aus.
Beschreibe und erkläre, wie man dabei vorgehen sollte!

17. Im Jahr 1940 stürzte die gerade erst neu erbaute ein Kilometer lange Tacoma-Hängebrücke (↗ Abb.) in den USA ein, obwohl nur eine relativ geringe Windstärke herrschte. Der Wind wehte allerdings nicht gleichmäßig, sondern böig. Erkläre, wie es trotz der geringen Windstärke zum Einsturz dieser großen Brücke kommen konnte!

18. Erst nach mehrmaligem geschicktem Ziehen an einem Seil kann ein Glöckner die schwere Glocke in einem Kirchturm zum Klingen bringen. Erkläre das Vorgehen!

***19.** Zur Messung der Frequenz kann man Zungenfrequenzmesser nutzen. Die Abbildung zeigt den Aufbau.

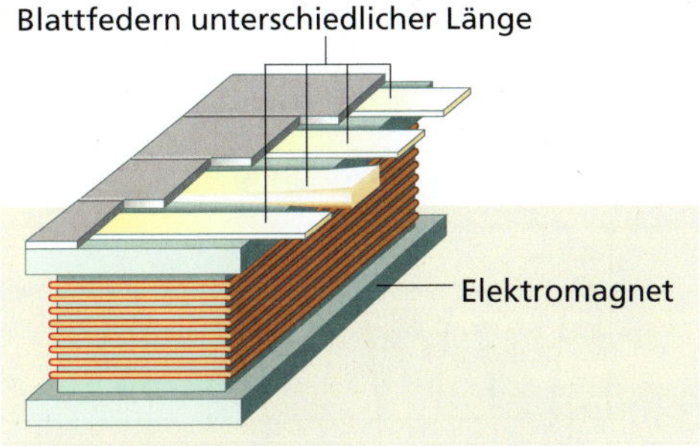

Beschreibe den Aufbau und erkläre die Wirkungsweise eines solche Zungenfrequenzmessers für die Messung der Frequenz von Wechselstrom!

20. Schwingungen können erwünscht oder unerwünscht sein. Stelle dafür Beispiele aus Natur, Technik und Alltag zusammen!

Mechanische Schwingungen

Eine **Schwingung** ist die zeitlich periodische Änderung einer physikalischen Größe (z. B. Auslenkung, Druck, Geschwindigkeit, Beschleunigung, Spannung, Stromstärke).

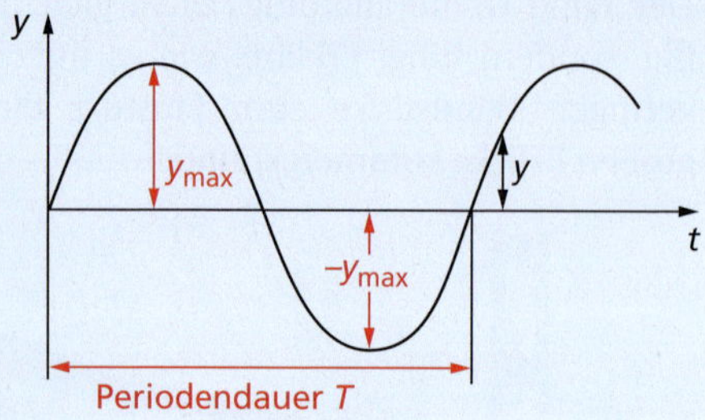

Wichtige Größen zur Beschreibung von Schwingungen sind:

y	Auslenkung
y_{max}	Amplitude (maximale Auslenkung)
T	Periodendauer
f	Frequenz

$$T = \frac{1}{f} \qquad f = \frac{1}{T}$$

Viele mechanische Schwingungen verlaufen sinusförmig. Das gilt auch für die Schwingungen eines Fadenpendels bei kleiner Auslenkung und für die Schwingungen eines Federschwingers.

Fadenpendel

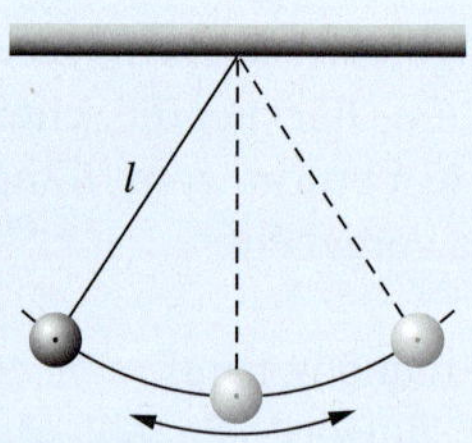

$$T = 2\pi\sqrt{\frac{l}{g}}$$

Federschwinger

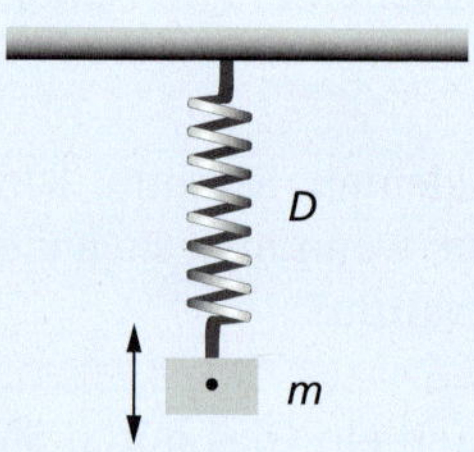

$$T = 2\pi\sqrt{\frac{m}{D}}$$

Nach dem **Verlauf der Amplitude** kann man zwischen ungedämpften und gedämpften Schwingungen unterscheiden.

Ungedämpfte Schwingung

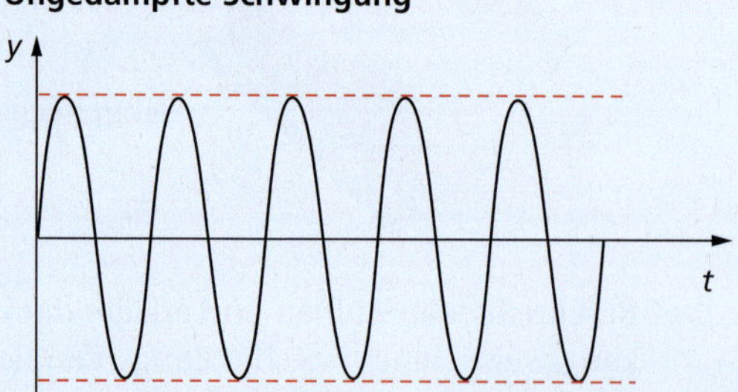

y_{max} = konstant und E_{mech} = konstant

Gedämpfte Schwingung

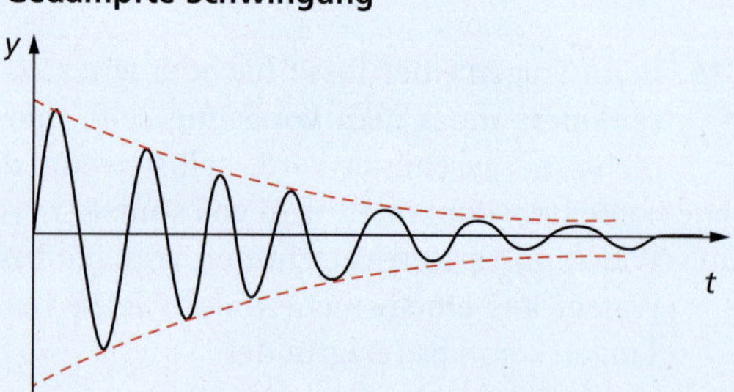

y_{max} und E_{mech} werden kleiner

Freie Schwingungen erfolgen bei einmaliger Auslenkung eines Körpers in der Eigenfrequenz des Schwingers. Wird die Schwingung eines Körpers ständig von außen beeinflusst (periodische Energiezufuhr), so führt er **erzwungene Schwingungen** mit der Erregerfrequenz aus.

3.2 Mechanische Wellen

Schnelle Flugzeuge
Flugzeuge, vor allem wenn sie tief fliegen, können laute Geräusche erzeugen. Blickt man dorthin, von wo man das Geräusch des Flugzeugs hört, sieht man es nicht. Es ist schon viel weitergeflogen. Jedoch von dort, wo man es sieht, hört man kein Geräusch.
Warum kann man ein schnell fliegendes Flugzeug in der Regel nicht dort sehen, wo man es hört?

Wasser in Bewegung
Wasserwellen sind eine spezielle Art von mechanischen Wellen. Sie können sehr unterschiedliche Größe und Form haben.
Wie kann man Wasserwellen genauer charakterisieren? Unterscheiden sich Wasserwellen in ihren Eigenschaften von anderen mechanischen Wellen?

Erdbeben sind gefährlich
Erdbeben können gewaltige Zerstörungen verursachen. Selbst in einiger Entfernung vom Erdbebenzentrum kann es zu Schäden an Gebäuden kommen. Auch Hunderte Kilometer vom Zentrum entfernt kann man Erdbeben mit Seismografen noch nachweisen.
Wieso können Erdbeben noch in einiger Entfernung vom Zentrum Schäden verursachen?
Warum sind Erdbeben auch in großen Entfernungen nachweisbar?

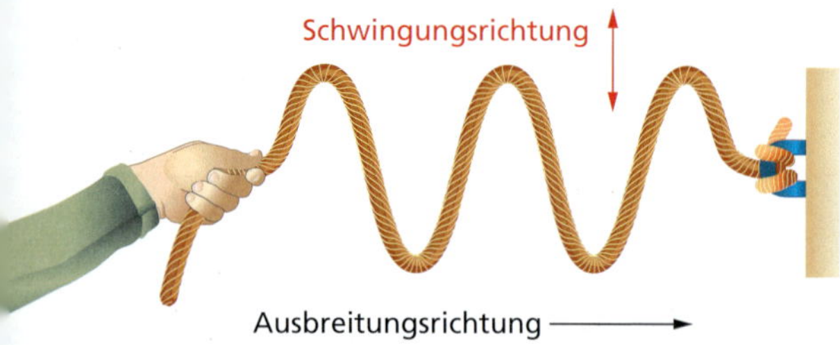

1 Schwingungsrichtung und Ausbreitungsrichtung der Welle stehen senkrecht zueinander.

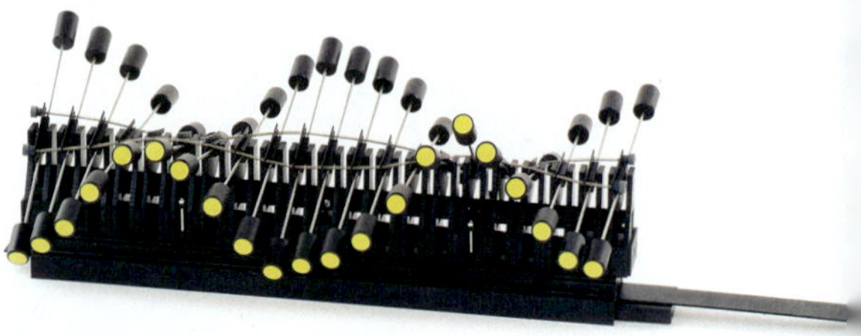

3 Wellenmaschine zur Demonstration der Ausbreitung von Schwingungen im Raum

Entstehung mechanischer Wellen

Durch Kopplung können schwingungsfähige Körper bzw. Teilchen von einem anderen Schwinger Energie erhalten und so selbst zu Schwingungen angeregt werden. Dadurch kann sich die Schwingung eines Körpers von Schwinger zu Schwinger in einem Raum ausbreiten (Abb. 1). Solche Vorgänge nennt man **mechanische Wellen.**

> Eine mechanische Welle ist die Ausbreitung einer mechanischen Schwingung im Raum.

Voraussetzungen für ihr Entstehen sind:
- das Vorhandensein schwingungsfähiger Teilchen,
- eine Kopplung zwischen den Teilchen,
- eine Anregung von Teilchen (Energiezufuhr).

Je nachdem, ob die einzelnen Schwinger längs oder quer zur Ausbreitungsrichtung der Welle schwingen, unterscheidet man zwischen **Längs-** und **Querwellen.**

Schallwellen sind Längswellen. Schallschwingungen eines Erregers führen zu Druckschwankungen, die als Welle weitergeleitet werden. Das wird am Beispiel eines Tamburins deutlich (Abb. 2). Man kann sich Schallwellen vereinfacht wie die Ausbreitung einer Erregung längs einer Schraubenfeder vorstellen.

Im Unterschied zu Schallwellen sind Wasserwellen oder Seilwellen Querwellen (Abb. 1). Wie bei gekoppelten Federschwingern (Abb. 4) schwingen die Teilchen dabei quer zur Ausbreitungsrichtung der Welle. Solche Querwellen lassen sich auch mithilfe einer Wellenmaschine (Abb. 3) demonstrieren.

Ausbreitungsrichtung und Schwingungsrichtung sind bei Querwellen stets senkrecht zueinander. Schall- oder Wasserwellen sind mechanische Wellen, da sich bei ihnen mechanische Größen wie die Auslenkung oder die Geschwindigkeit periodisch ändern.

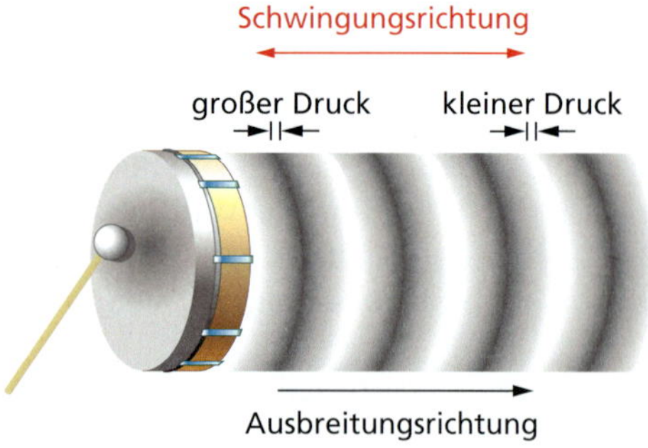

2 Ausbreitung einer Längswelle: Ausbreitungsrichtung und Schwingungsrichtung sind gleich.

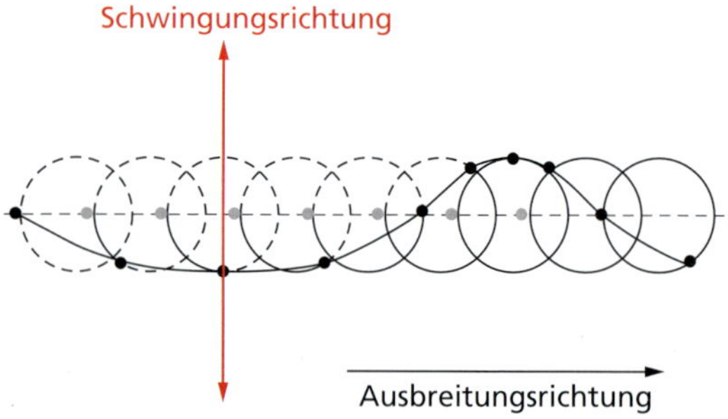

4 Ausbreitung einer Wasserwelle: Die Wasserteilchen bewegen sich kreisförmig.

Im Raum können sich aber nicht nur mechanische, sondern auch nicht mechanische Schwingungen ausbreiten. Dabei ändern sich nichtmechanische Größen zeitlich und räumlich periodisch.
Das ist z. B. bei den elektromagnetischen Wellen der Fall, die für Rundfunk und Fernsehen genutzt werden. Bei ihnen ändert sich u. a. die Stärke des magnetischen Felds. Man spricht auch dann von Wellen, z. B. von elektromagnetischen Wellen.

Allgemein gilt:

> Eine Welle ist eine zeitlich und räumlich periodische Änderung einer physikalischen Größe bzw. eines physikalischen Zustands.

Mit einer Welle wird Energie, aber kein Stoff transportiert.
Dieser Energietransport kommt durch die Kopplung der Schwinger zustande, wie sie z. B. in elastischen Stoffen (Luft, Wasser) besteht. So gelangt Schallenergie vom Lautsprecher eines Radios durch die Luft an unsere Ohren.
Durch Wasserwellen wird ebenfalls Energie transportiert, die z. B. am Ufer zu Abtragungen und Zerstörungen führen kann.

Beschreibung mechanischer Wellen

Da bei einer Welle jeder einzelne Körper bzw. jedes Teilchen mechanische Schwingungen ausführt, können solche Schwingungsgrößen wie **Auslenkung, Amplitude, Periodendauer** und **Frequenz** (↗ S. 101) zur Beschreibung genutzt werden.
Die Ausbreitung der Schwingung im Raum wird darüber hinaus mit den Größen **Wellenlänge** und **Ausbreitungsgeschwindigkeit** beschrieben. Dazu kann die Ausbreitung einer Schwingung als Welle in einem y-s-Diagramm dargestellt werden (Abb. 1). Die Bewegungen jedes einzelnen schwingenden Körpers oder Teilchens lassen sich wie bei Schwingungen in einem y-t-Diagramm (↗ S. 100) darstellen.

> Die Wellenlänge gibt den Abstand zweier benachbarter Schwinger an, die sich im gleichen Schwingungszustand befinden.
>
> Formelzeichen: λ
> Einheit: ein Meter (1 m)

Im gleichen Schwingungszustand befinden sich z. B. benachbarte Wellenberge bzw. Wellentäler.

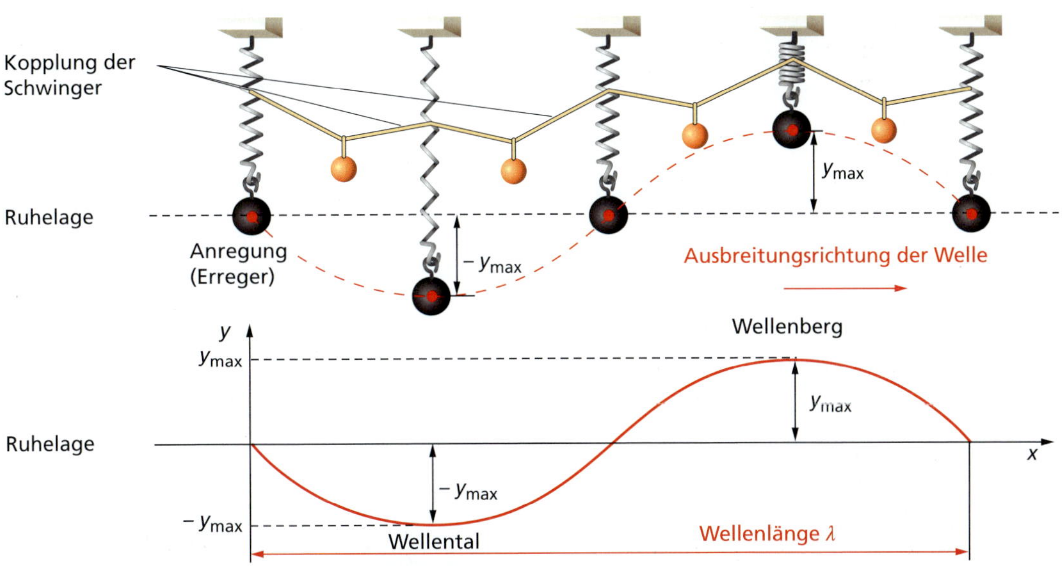

1 Gekoppelte Federschwinger und y-s-Diagramm einer mechanischen Welle: Der Verlauf der Welle ist sinusförmig. Man spricht von einer harmonischen Welle.

Das nutzt man zur Bestimmung von Wellenlängen: Der Abstand zweier benachbarter Wellenberge bzw. Wellentäler ist gleich der Wellenlänge.

> Die Ausbreitungsgeschwindigkeit einer Welle ist die Geschwindigkeit, mit der sich ein Schwingungszustand im Raum ausbreitet.
>
> Formelzeichen: v
> Einheit: ein Meter je Sekunde ($1\,\frac{m}{s}$)

Wellenlängen in Natur und Technik	
Ultraschallwellen in der Medizin (1 MHz–15 MHz)	1,5 mm bis 0,1 mm
Schallwellen bei 20 °C und 1 000 Hz	
in Luft	34 cm
in Wasser	148 cm
Wasserwellen	
in flachem Wasser	einige cm
im Meer bei Sturm	>10 m

Als Schwingungszustand kann z. B. ein Wellenberg oder ein Wellental angesehen werden.
Die Ausbreitungsgeschwindigkeit von Schallwellen nennt man auch **Schallgeschwindigkeit.** Schallwellen können sich in festen Körpern, Flüssigkeiten und Gasen ausbreiten. Die Schallgeschwindigkeiten sind dabei sehr unterschiedlich und auch von der Temperatur der Stoffe abhängig (↗ Übersicht unten).
Die unterschiedlichen Ausbreitungsgeschwindigkeiten mechanischer Wellen in verschiedenen Stoffen hängen mit den unterschiedlich starken Kopplungskräften zwischen den Teilchen der Stoffe zusammen. Die Ausbreitungsgeschwindigkeit ist umso größer, je stärker die Kopplungskräfte zwischen den Teilchen sind. Sie ist in der Regel auch umso größer, je höher die Temperatur des betreffenden Stoffs ist. Das ist auch zu beachten, wenn man Berechnungen mit Schallgeschwindigkeiten durchführt.
Zwischen der Ausbreitungsgeschwindigkeit, der Wellenlänge und der Frequenz mechanischer Wellen gibt es einen wichtigen gesetzmäßigen Zusammenhang.

Schallgeschwindigkeiten in verschiedenen Stoffen		
Stahl	bei 20 °C	4 900 $\frac{m}{s}$
Beton	bei 20 °C	3 800 $\frac{m}{s}$
Ziegelstein	bei 20 °C	3 600 $\frac{m}{s}$
Holz (Eiche)	bei 20 °C	3 400 $\frac{m}{s}$
Eis	bei −4 °C	3 250 $\frac{m}{s}$
Wasser	bei 0 °C bei 20 °C	1 404 $\frac{m}{s}$ 1 484 $\frac{m}{s}$
Luft	bei −20 °C bei 0 °C bei +20 °C	320 $\frac{m}{s}$ 332 $\frac{m}{s}$ 344 $\frac{m}{s}$
Gummi	bei 20 °C	50 $\frac{m}{s}$

> Bei allen mechanischen Wellen gilt für die Ausbreitungsgeschwindigkeit:
>
> $v = \lambda \cdot f$ λ Wellenlänge
> f Frequenz

Bei der Anwendung dieses Gesetzes ist zu beachten, dass die Frequenz einer Welle nur von der Frequenz der Erregerschwingung abhängig ist. Bei der Ausbreitung von Wellen ändert sich die Frequenz nicht. Das gilt auch dann, wenn mechanische Wellen von einem Stoff in einen anderen übergehen. Dagegen sind die Ausbreitungsgeschwindigkeiten und damit die Wellenlängen vom Stoff abhängig, in dem sich eine Welle ausbreitet.

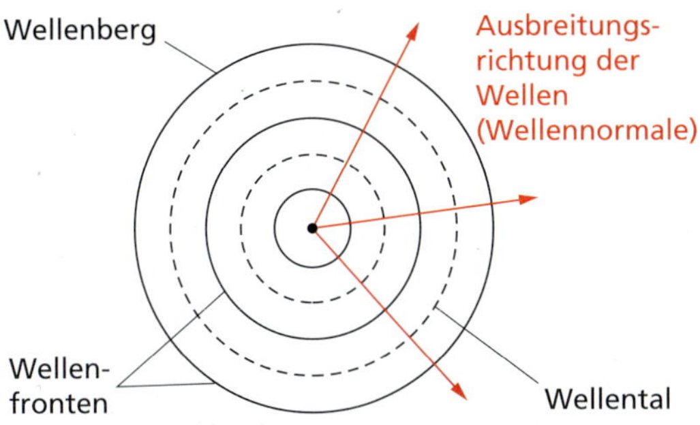

1 Wellenfronten und Wellennormale

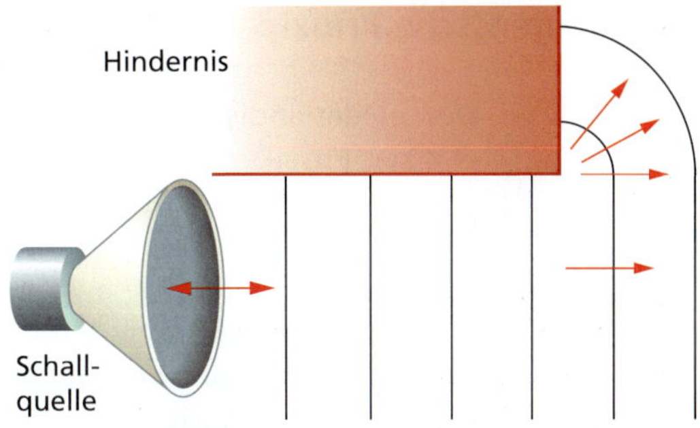

5 Beugung von Schallwellen an einer Kante

Eigenschaften mechanischer Wellen

Durch vielfältige Experimente und durch Beobachtungen in der Natur hat man die verschiedenen Eigenschaften mechanischer Wellen entdeckt.

Eine Eigenschaft mechanischer Wellen ist, dass sie sich in einem Stoff vom Erreger aus geradlinig ausbreiten. Es bilden sich **Wellenfronten** (Abb. 1). Die Ausbreitung erfolgt bei Wasserwellen senkrecht zu diesen Wellenfronten.

Um einen punktförmigen Erreger bilden sich kreisförmige Wellen (Abb. 1). Das kannst du beobachten, wenn du einen Stein auf eine glatte Wasseroberfläche wirfst.

Mechanische Wellen können **reflektiert** (zurückgeworfen) und **gebrochen** (in ihrer Ausbreitungsrichtung verändert) werden (Abb. 2).

Reflexion und Brechung sind dir als Eigenschaften von Licht schon bekannt. Sie treten aber auch bei Wasserwellen und anderen mechanischen Wellen auf, z. B. bei Schallwellen.

Für die Reflexion und die Brechung gelten für mechanische Wellen die gleichen Gesetze wie für Licht (Reflexionsgesetz, Brechungsgesetz).

Beugung ist eine Eigenschaft, die nur bei Wellen zu beobachten ist. Treffen mechanische Wellen, z. B. Schallwellen oder Wasserwellen, auf Spalte, Kanten oder Ecken, so breiten sie sich auch hinter diesen Hindernissen aus.

So hört man z. B. den Motor eines Autos auch, wenn es hinter einer Hausecke steht. Experimentell kann man diese Eigenschaft mithilfe von Wasserwellen zeigen (Abb. 4).

Die Erscheinung, dass sich Wellen auch „um Hindernisse herum" ausbreiten, wird als Beugung bezeichnet (Abb. 5).

Umgekehrt kann man folgern: Tritt irgendwo Beugung auf, so hat man es mit Sachverhalten zu tun, die Wellencharakter haben.

Gehen Wellen von mehreren Stellen aus, so breiten sie sich ungestört voneinander aus, so wie man das bei Wasserwellen beobachten kann.

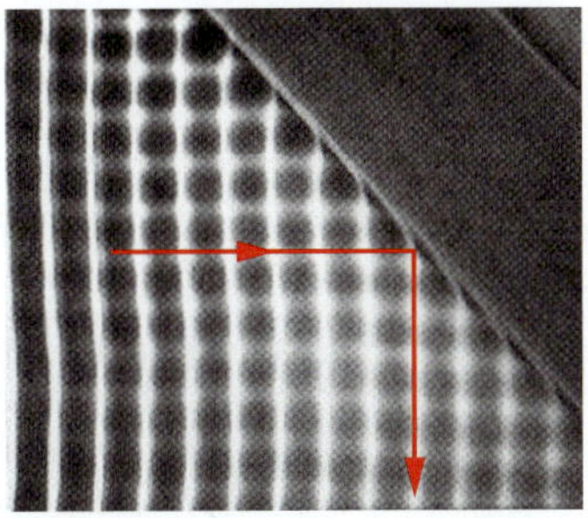

2 Reflexion von Wasserwellen an einem Hindernis

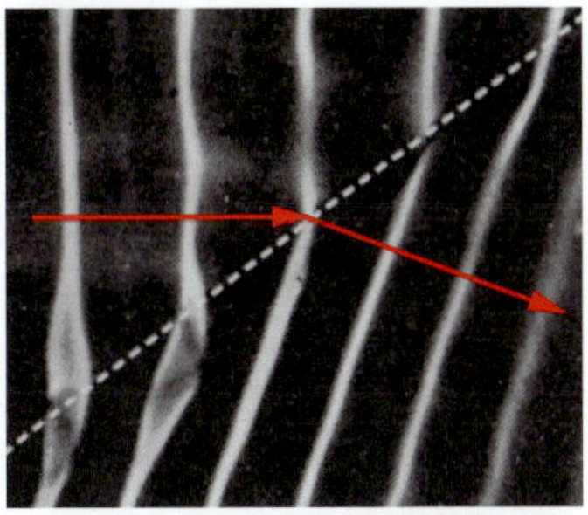

3 Brechung von Wasserwellen bei unterschiedlichen Wassertiefen

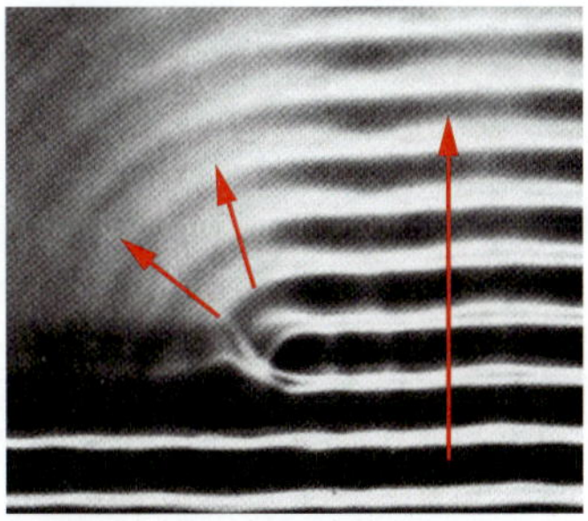

4 Beugung von Wasserwellen um ein Hindernis herum

Das huygenssche Prinzip

Der niederländische Mathematiker, Physiker und Astronom CHRISTIAAN HUYGENS (1629 bis 1695) entwickelte 1678 im Zusammenhang mit Untersuchungen zum Wesen des Lichts eine Vorstellung über die Ausbreitung von Wellen, die heute in der Physik als huygenssches Prinzip bezeichnet wird. Es lautet:

> Jeder Punkt einer Wellenfront ist Ausgangspunkt für kreis- bzw. kugelförmige Elementarwellen. Diese breiten sich mit der gleichen Geschwindigkeit wie die ursprüngliche Welle aus. Die Elementarwellen überlagern sich. Die Einhüllende aller Elementarwellen bildet die neue Wellenfront.

In Abb. 1 ist dieses Prinzip für Kreiswellen und für eine lineare Wellenfront dargestellt. Die blau eingezeichneten Elementarwellen gehen von jedem Punkt einer Wellenfront aus. In den Skizzen sind nur einige ausgewählte Punkte markiert, von denen die blau eingezeichneten Elementarwellen ausgehen.

Das von HUYGENS entwickelte Prinzip gilt für viele Arten von Wellen, z. B. für Wasserwellen oder Schallwellen. Es ermöglicht nicht nur die Erklärung der Ausbreitung von Wellen, sondern

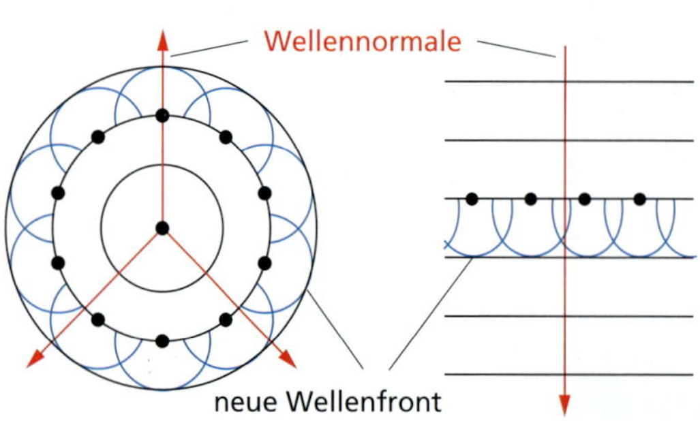

1 Die blau eingezeichneten Elementarwellen bilden in ihrer Gesamtheit eine neue Wellenfront.

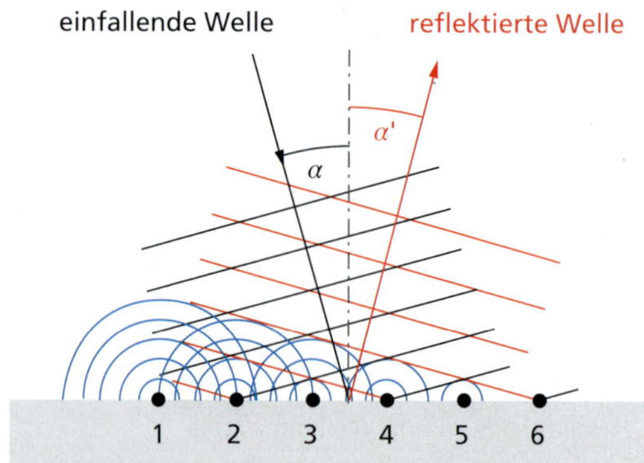

2 Reflexion von Wellen an einem Hindernis

auch solcher Erscheinungen wie der Reflexion von Wellen an einem Hindernis oder der Brechung von Wellen an einer Grenzfläche.
Trifft eine Wellenfront schräg auf ein reflektierendes Hindernis (Abb. 2), so gehen zunächst von Punkt 1, dann von Punkt 2 usw. Elementarwellen aus. Die Überlagerung aller Elementarwellen ergibt die neuen, in Abb. 3 rot eingezeichneten Wellenfronten.

Ähnlich ist der Sachverhalt auch dann, wenn Wellen auf die Grenzfläche zwischen zwei Stoffen treffen (Abb. 3). Jeder Punkt der Grenzfläche, auf den eine Welle trifft, ist Ausgangspunkt von Elementarwellen, die sich ihrerseits wieder überlagern. Da sich die Ausbreitungsgeschwindigkeit ändert, verändert sich auch die Wellenlänge und es erfolgt eine Brechung. Je nachdem, ob die Ausbreitungsgeschwindigkeit im Medium 2 größer oder kleiner als im Medium 1 ist, erfolgt eine Brechung vom Lot weg oder zum Lot hin.

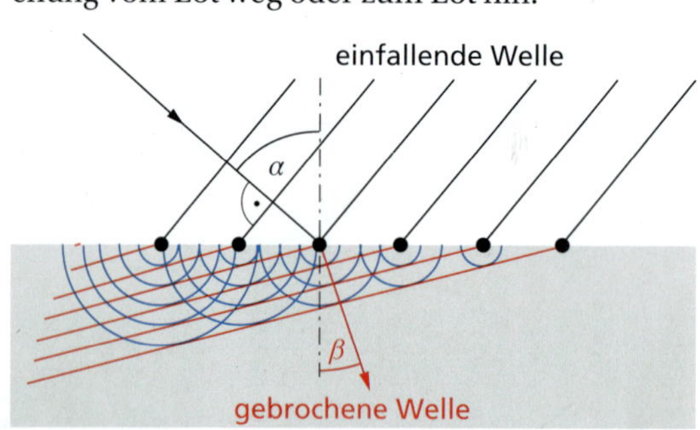

3 Brechung von Wellen: Ursache der Brechung ist die unterschiedliche Ausbreitungsgeschwindigkeit.

Diese ungestörte Ausbreitung verschiedener Wellen ist auch der Grund dafür, dass man Schall von verschiedenen Quellen (mehrere Menschen, Radio, Flugzeuggeräusche) getrennt voneinander wahrnehmen kann.
Treffen Wasserwellen oder Schallwellen, die von verschiedenen Punkten ausgehen, in einem Bereich aufeinander, so kann es zu einer Überlagerung kommen. Es entsteht eine resultierende Welle als Addition der Ausgangswellen. Diese Überlagerung von Wellen nennt man **Interferenz.** Dabei kommt es an verschiedenen Stellen zu typischen Interferenzerscheinungen wie einer Verstärkung und einer Auslöschung (Abb. 1).
Beugung und **Interferenz** sind Erscheinungen, die nur bei Wellen auftreten und deshalb auch zum Nachweis des Wellencharakters genutzt werden können. Man kann sagen: Wenn Beugung oder Interferenz auftreten, haben wir es mit Wellen zu tun.

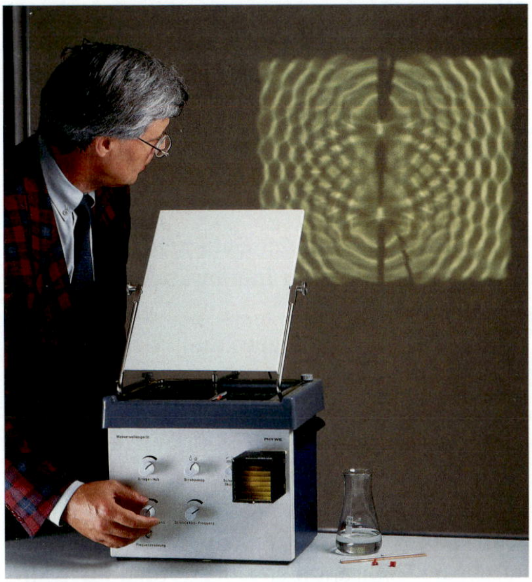

1 Interferenz zweier kreisförmiger Wasserwellen mit Bereichen der Verstärkung und Auslöschung

Reflexion	**Brechung**	**Beugung**	**Interferenz**
Wellen werden durch ein Hindernis zurückgeworfen.	Wellen verändern ihre Ausbreitungsrichtung beim Übergang von einem Stoff in einen anderen.	Wellen breiten sich auch hinter einer Kante oder hinter einem Spalt in den Raum aus.	Wellen überlagern sich zu einer resultierenden Welle mit Verstärkungen und Auslöschungen.
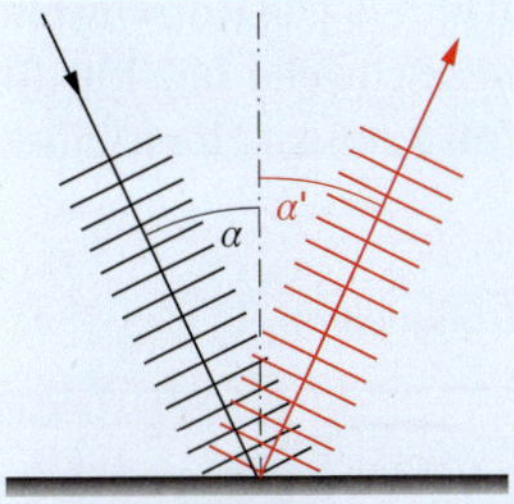	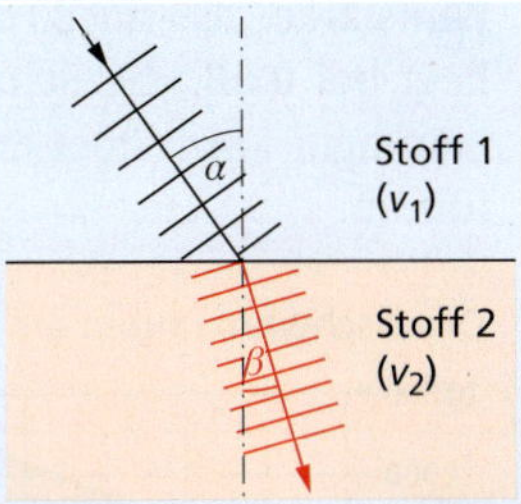	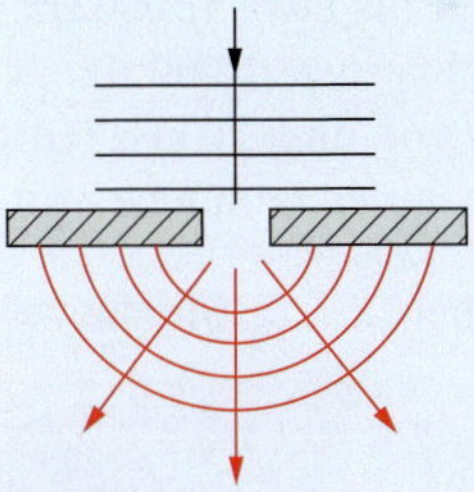	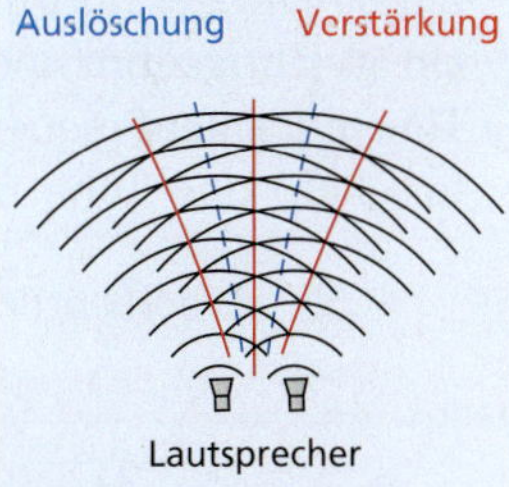
Es gilt das **Reflexionsgesetz:** $\alpha = \alpha'$	Es gilt das **Brechungsgesetz:** $\frac{\sin\alpha}{\sin\beta} = \frac{v_1}{v_2}$ v_1, v_2 Ausbreitungsgeschwindigkeiten	Es gilt: Jeder Punkt, auf den eine Welle trifft, ist Ausgangspunkt einer neuen Welle.	Es gilt: Es treten Bereiche der Verstärkung und Bereiche der Auslöschung bzw. Abschwächung auf.
Beispiel: Reflexion von Schallwellen an einem Berghang (Echo)	Beispiel: Veränderung der Ausbreitungsrichtung von Wasserwellen beim Übergang von tiefem zu flachem Wasser	Beispiel: Hörbarkeit von Geräuschen auch hinter einer Hausecke	Beispiel: Nichthörbarkeit interferierender Wellen an bestimmten Stellen

Sinnliche Wahrnehmung des Schalls

Der Mensch nimmt Schall wie Sprache, Musik und Geräusche mit seinen Ohren wahr (Abb. 1). Durch die Ohrmuschel wird der Schall aufgenommen und durch den Gehörgang an das Trommelfell weitergeleitet.
Die Ohrmuschel und der Gehörgang wirken wie ein Trichter, an dessen Innenwänden der Schall reflektiert wird.
Durch die Verdichtungen und Verdünnungen der Luft im Gehörgang wird das Trommelfell zum Mitschwingen angeregt. Diese Schwingungen werden durch die Gehörknöchelchen auf die Schnecke mit den Sinneszellen übertragen. Die Sinneszellen in der Schnecke nehmen die Schwingungen als Reize wahr und leiten diese Reize zum Gehirn weiter. Dort werden die Wahrnehmungen zu akustischen Eindrücken verarbeitet. Das bedeutet: Schall wird subjektiv unterschiedlich wahrgenommen.

Darüber hinaus nimmt der Mensch Schall aber nur unter bestimmten Bedingungen wahr:
- Das menschliche Ohr registriert nur Schall mit Frequenzen zwischen 16 und 20 000 Hz, wobei die obere Grenze mit dem Alter stark abnimmt. Ein 35-Jähriger hört noch bis etwa 15 000 Hz, ein 50-Jähriger nur noch bis etwa 13 000 Hz.
  Töne mit einer Frequenz von über 20 kHz (Ultraschall) und Töne mit einer Frequenz von weniger als 16 Hz (Infraschall) sind für den Menschen nicht wahrnehmbar, können aber trotzdem sein Wohlbefinden beeinflussen. Das gilt insbesondere für Infraschall.
- Schall wird vom Menschen nur dann wahrgenommen, wenn die Lautstärke nicht zu gering und nicht zu groß ist. Töne unterhalb der **Hörschwelle** und oberhalb der **Schmerzschwelle** hören wir nicht.

Den Bereich, in dem der Mensch Schall wahrnimmt, bezeichnet man als **Hörbereich** oder Hörfläche (Abb. 2).

Für die **Lautstärke,** mit der wir Schall hören, wurde eine Einheit eingeführt, die an die Besonderheiten der akustischen Wahrnehmung des Menschen gekoppelt ist: das **Dezibel,** abgekürzt dB. Teilweise wird auch die Einheit Phon verwendet. Bei einer Frequenz von 1 000 Hz gilt:

1 Phon = 1 dB

Unser Ohr weist folgende Besonderheit auf: Wenn wir z. B. ein Motorrad mit 70 dB hören, dann hören wir zwei Motorräder nicht mit der doppelten Lautstärke von 80 dB, sondern mit ca. 73 dB. Erst zehn Motorräder würden wir mit der doppelten Lautstärke, also mit 80 dB hören. Die Hörschwelle liegt bei 0 dB, die Schmerzschwelle bei 130 dB. Ständiger Lärm über 80 dB kann zu Hörschäden führen.

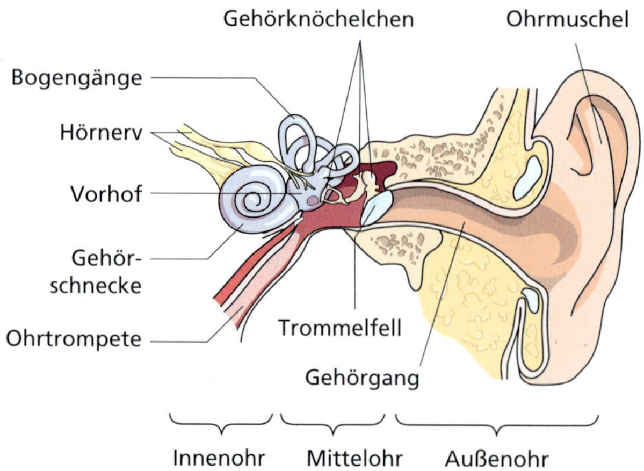

1 Aufbau des menschlichen Ohrs

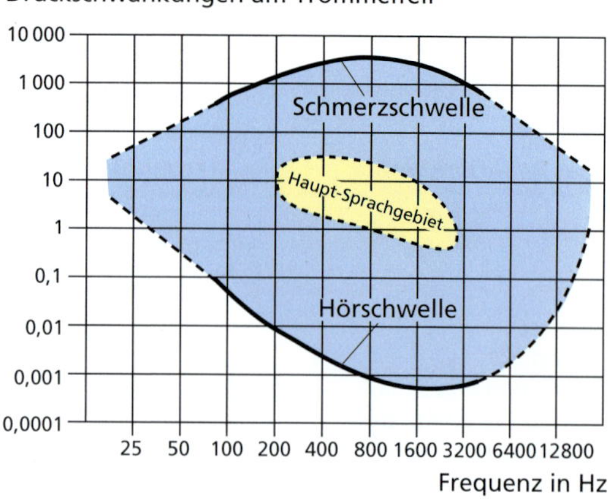

2 Hörbereich des Menschen

Eigenschaften von Schallwellen

Schallwellen sind Längswellen, die sich von einer Schallquelle aus im Raum ausbreiten (Abb. 1).
In vielen Fällen erfolgt die Ausbreitung in Luft, es können aber auch Flüssigkeiten oder feste Körper sein, in denen sich Schall ausbreitet.

> Schall kann sich in festen, flüssigen und gasförmigen Körpern ausbreiten. Er wird dabei von einem Ort zu einem anderen übertragen.

Körper aus festen und harten Stoffen (Metall, Glas, Holz und Steine) leiten den Schall gut.
Körper aus weichen und porösen Stoffen (Wolle, Schaumstoff und Styropor) leiten den Schall schlecht.
In einem luftleeren Raum (Vakuum) kann sich Schall nicht ausbreiten, da keine Luft als Schallträger vorhanden ist (Abb. 2).

> Schallwellen breiten sich in Körpern aus verschiedenen Stoffen unterschiedlich schnell aus.

Eine Übersicht zu Schallgeschwindigkeiten ist auf S. 114 gegeben. Wie andere mechanische Wellen werden auch Schallwellen **reflektiert, gebrochen,** an Kanten und Spalten **gebeugt** und können sich **überlagern** (↗ S. 115 ff.).

Der Hörbereich des Menschen umfasst einen Frequenzbereich von 16 bis 20 000 Hz. Das entspricht in der Luft einem Wellenlängenbereich von 21 m bis 2 cm.

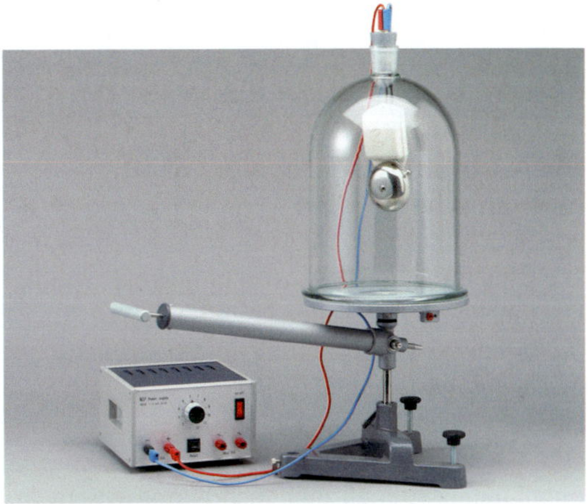

2 Pumpt man die Luft aus dem Gefäß heraus, so ist die Klingel nicht mehr zu hören.

Wenn Schall auf Körper trifft, so wird er zum Teil **hindurchgelassen,** zum Teil **absorbiert** (aufgenommen) und zum Teil **reflektiert** (zurückgeworfen). Wie viel Schall hindurchgelassen, absorbiert oder reflektiert wird, hängt ab von

- dem Stoff, aus dem der Körper besteht,
- der Schichtdicke des Körpers und
- der Oberfläche des Körpers.

Weiche und poröse Körper mit einer rauen Oberfläche absorbieren viel und reflektieren wenig Schall. Sie lassen auch wenig Schall hindurch. Harte Körper mit einer glatten Oberfläche absorbieren wenig, reflektieren aber viel Schall.
Die Eigenschaft von Körpern, Schall zu reflektieren oder zu absorbieren, wird zur **Schalldämmung** und zur **Schalldämpfung,** also zur Verminderung von Lärm, genutzt. Das ist wichtig, weil Lärm eine der größten Umweltbelastungen bei uns ist.

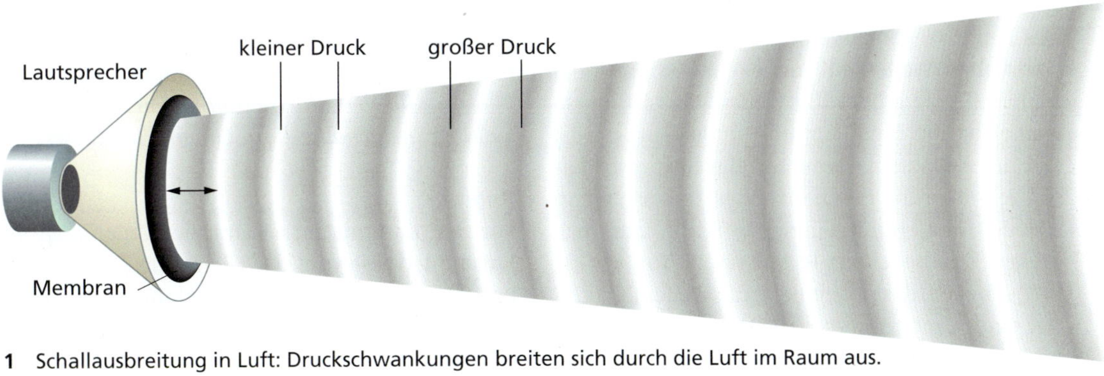

1 Schallausbreitung in Luft: Druckschwankungen breiten sich durch die Luft im Raum aus.

Physik in Natur und Technik

Die Ausbreitungsgeschwindigkeit mechanischer Wellen

Die Gleichung für die Ausbreitungsgeschwindigkeit mechanischer Wellen lautet: $v = \lambda \cdot f$
Interpretiere diese Gleichung für die Ausbreitungsgeschwindigkeit von Wellen!

Die Gleichung $v = \lambda \cdot f$ beschreibt die Zusammenhänge zwischen der Ausbreitungsgeschwindigkeit v, der Wellenlänge λ und der Frequenz f mechanischer Wellen.
Dabei ist zu beachten, dass die Frequenz einer mechanischen Welle nur davon abhängig ist, wie die Welle erzeugt wird. Die Frequenz ändert sich bei der Ausbreitung der Welle nicht, auch dann nicht, wenn die Welle von einem Stoff in einen anderen übergeht.
Deshalb sind bei der Interpretation der Gleichung zwei Fälle zu unterscheiden:

1. Fall
Unter der Bedingung, dass die Ausbreitungsgeschwindigkeit konstant ist, sich die Welle also nur in einem Stoff mit konstanter Temperatur ausbreitet, gilt:

$$v = \lambda \cdot f \quad | :f$$

$$\frac{v}{f} = \lambda \quad \text{bzw.} \quad \lambda = \frac{v}{f}$$

Aus v = konstant folgt:

$$\lambda \sim \frac{1}{f}$$

Das heißt: Wellenlänge und Frequenz einer mechanischen Welle sind umgekehrt proportional zueinander. Je größer die Wellenlänge ist, umso kleiner ist die Frequenz und umgekehrt. So ist z. B. die Wellenlänge einer Schallwelle umso kleiner, je größer die Frequenz eines Tons ist, wenn sich der Schall nur in einem Stoff (z. B. Luft) ausbreitet. Das bedeutet: Je höher ein Ton (große Frequenz) ist, desto kleiner ist die Wellenlänge.
Bei einer Frequenz von 100 Hz und einer Ausbreitungsgeschwindigkeit von $v = 332\,\frac{\text{m}}{\text{s}}$ beträgt

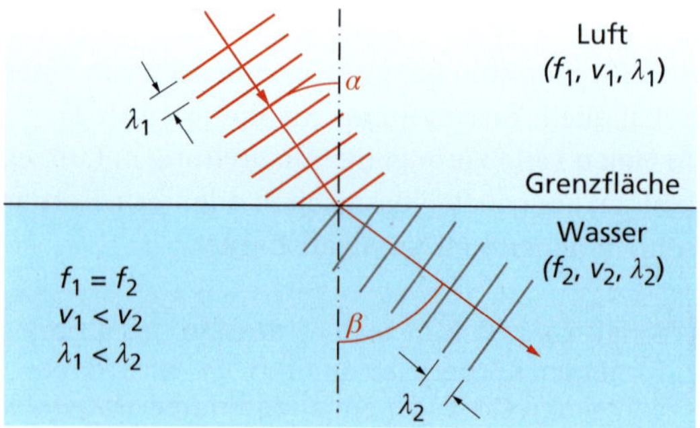

1 Brechung und Änderung der Wellenlänge beim Übergang einer Schallwelle von einem Stoff in einen anderen

die Wellenlänge 3,32 m. Bei der 10-fachen Frequenz von 1 000 Hz beträgt sie wegen $\lambda \sim \frac{1}{f}$ nur ein Zehntel, also 0,332 m.

2. Fall
Unter der Bedingung, dass die Frequenz konstant ist, gilt:

$$v \sim \lambda$$

Zwischen Ausbreitungsgeschwindigkeit und Wellenlänge besteht eine direkte Proportionalität. In einem Stoff konstanter Temperatur ist die Ausbreitungsgeschwindigkeit immer gleich. Das gilt dann auch für die Wellenlänge.
Beim Übergang einer mechanischen Welle von einem Stoff in einen anderen ändert sich in der Regel die Ausbreitungsgeschwindigkeit und damit auch die Wellenlänge. So wird z. B. beim Übergang einer Schallwelle von Luft in Wasser die Wellenlänge größer, weil die Schallgeschwindigkeit in Wasser größer ist als in Luft.
Bei bekannter Ausbreitungsgeschwindigkeit und Frequenz kann man die Wellenlänge berechnen.
Berechne für den Kammerton a (440 Hz) die Wellenlänge der Schallwelle in Luft und in Wasser!

Analyse:
Für den Kammerton a kann die Wellenlänge in Luft und Wasser mit der Gleichung für die Ausbreitungsgeschwindigkeit berechnet werden. Die Frequenz des Kammertons a beträgt genau 440 Hz.

Gesucht: $\lambda_{Luft}, \lambda_{Wasser}$
Gegeben: $f = 440\ \text{Hz}$

$v_{Luft} = 344\ \frac{\text{m}}{\text{s}}$ (bei 20 °C)

$v_{Wasser} = 1\,484\ \frac{\text{m}}{\text{s}}$ (bei 20 °C)

Lösung:

$$v = \lambda \cdot f \qquad |:f$$

$$\frac{v}{f} = \lambda$$

$$\lambda_{Luft} = \frac{v_{Luft}}{f}$$

$$\lambda_{Luft} = \frac{344\ \text{m} \cdot \text{s}}{440\ \text{s}}$$

$$\underline{\lambda_{Luft} = 0{,}78\ \text{m}}$$

$$\lambda_{Wasser} = \frac{v_{Wasser}}{f}$$

$$\lambda_{Wasser} = \frac{1\,484\ \text{m} \cdot \text{s}}{440\ \text{s}}$$

$$\underline{\lambda_{Wasser} = 3{,}37\ \text{m}}$$

Ergebnis:
Die Wellenlänge für den Kammerton a beträgt in Luft 0,78 m, in Wasser dagegen 3,37 m. Die Wellenlänge ändert sich nicht nur beim Übergang von einem Stoff in einen anderen, sondern ist auch in einem Stoff bei verschiedener Temperatur unterschiedlich.
So ist z. B. die Wellenlänge von Schallwellen in Luft bei 0 °C kleiner als bei 20 °C, da die Ausbreitungsgeschwindigkeit bei 0 °C kleiner ist.

Mosaik

Wenn die Erde bebt

Erdbeben sind natürliche Erschütterungen der Erdkruste bzw. des oberen Erdmantels. In jedem Jahr werden mehrere Tausend kleinerer und größerer Beben registriert. Etwa 90 % aller Beben entstehen dadurch, dass sich Teile der Erdkruste gegeneinander verschieben, sich dadurch gewaltige Spannungen aufbauen und plötzlich entladen. Kleinere Erdbeben können auch im Zusammenhang mit vulkanischen Aktivitäten oder beim Einsturz von Hohlräumen (Höhlen, Bergwerken) entstehen. Erdbeben treten vor allem in tektonisch aktiven Zonen auf. Das ist der Bereich um den Pazifik und die eurasischen Faltengebirge. Etwa 75 % aller Beben treten im Bereich um den Pazifik herum auf, etwa 17 % im Bereich der eurasischen Faltengebirge.

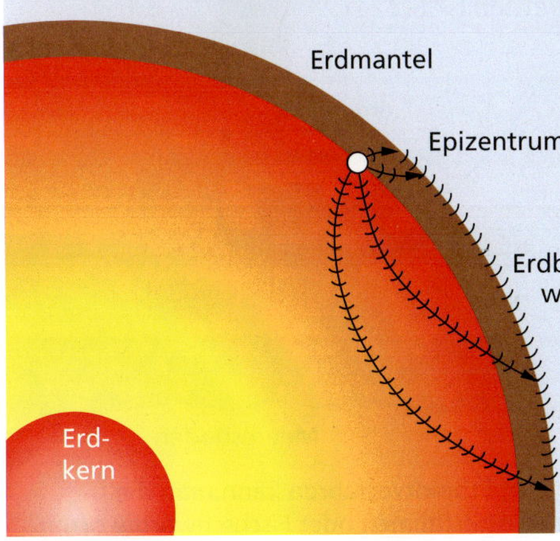

Das Erdbebenzentrum liegt meist 60 bis 700 km unter der Erdoberfläche, die senkrecht darüberliegende Stelle der Erdoberfläche wird als **Epizentrum** bezeichnet. Vom Bebenzentrum breiten sich Erdbebenwellen als Längs- und Querwellen teilweise an der Erdoberfläche und teilweise im Erdmantel aus (↗ Abb. links). Diese Erdbebenwellen können zur Zerstörung von Gebäuden, Brücken und Dämmen sowie zu Erdrutschen führen.
Die Dauer von Erdbeben beträgt meist nur einige Sekunden bis Minuten. Häufig treten **Nachbeben** unterschiedlicher Stärke auf. Auch in Deutschland können Erdbeben auftreten, ihre Stärke ist aber meist gering.
Die Stärke von Erdbeben wird heute in der RICHTER-Skala angegeben, einer Skala, die von dem amerikanischen Seismologen CHARLES FRANCIS RICHTER (1900 bis 1985) im Jahr 1935 entwickelt wurde. Aktuelle Informationen zu Erdbeben findet man im Internet.

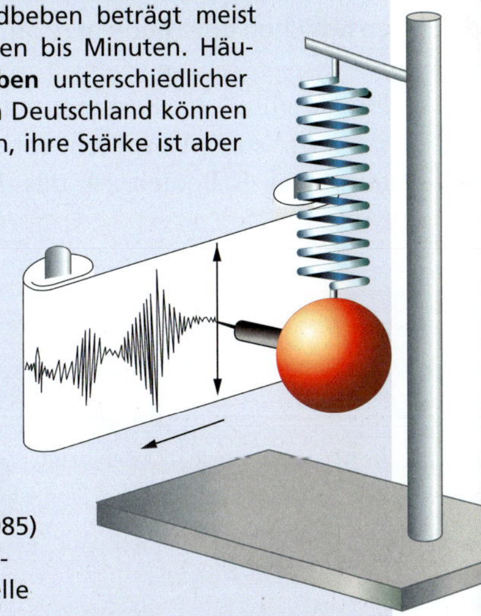

1 Seismograf, der vertikale Bewegungen aufzeichnet

Das Echo und seine Anwendung

Eine Eigenschaft von Schallwellen besteht darin, dass sie an Flächen reflektiert werden.
Die Reflexion von Schall kann man mit folgendem Versuch nachweisen:
In einem Standzylinder liegt eine tickende Uhr. Aus ca. 1 m Entfernung hört man sie nicht. Hält man aber eine Glasplatte schräg über den Standzylinder, so ist das Ticken der Uhr deutlich zu hören (Abb. 1).
Reflektiert werden sowohl Schallwellen im hörbaren Bereich als auch Schallwellen mit Frequenzen über 20 000 Hz, also im Ultraschallbereich.
Wie wird diese Eigenschaft des Schalls in Natur und Technik genutzt?

Beispiele für die Nutzung der Reflexion von Schall gibt es in Natur, Technik und Medizin.
So orientieren sich z. B. Fledermäuse mithilfe von Ultraschall (Abb. 2). Während ihres Flugs stoßen sie ständig für uns nicht hörbare Ultraschallschreie aus.
Treffen die Schallwellen auf ein Hindernis, so werden sie reflektiert und die reflektierten Schallwellen von der Fledermaus wieder aufgenommen. Die Fledermaus kann dann dem Hindernis ausweichen oder Beutetiere fangen.

Eine Methode zur Bestimmung der Tiefe von Gewässern, zum Aufspüren von Fischschwärmen oder von U-Booten ist das **Echolotverfahren** (Abb. 3).

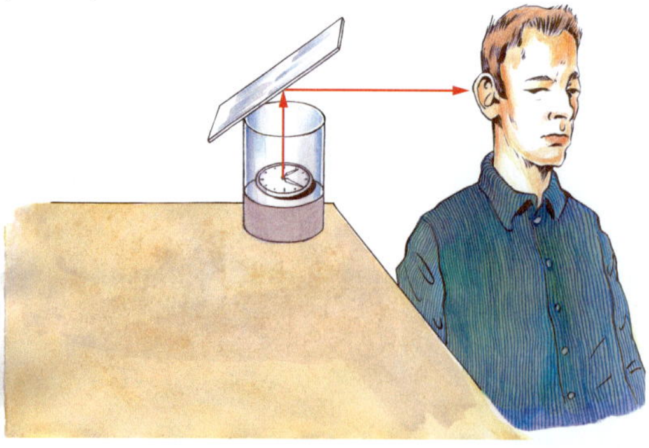

1 Schall wird an Flächen reflektiert. Es gilt das Reflexionsgesetz $\alpha = \alpha'$.

2 Eine Fledermaus orientiert sich mithilfe von Ultraschall. Genutzt wird dabei die Reflexion von Schall.

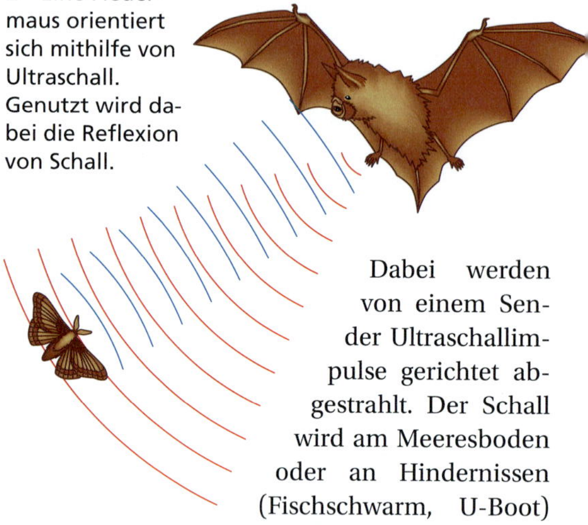

Dabei werden von einem Sender Ultraschallimpulse gerichtet abgestrahlt. Der Schall wird am Meeresboden oder an Hindernissen (Fischschwarm, U-Boot) reflektiert. Der reflektierte Schall wird von einem Empfänger aufgenommen. Aus der Laufzeit der Schallimpulse kann man die Tiefe des Fischschwarms ermitteln. Der Schall breitet sich im Wasser gleichförmig aus und damit gilt das Weg-Zeit-Gesetz für die gleichförmige Bewegung $s = v \cdot t$.
Beachte: Will man die Tiefe ermitteln, dann ist die Zeit t die Hälfte der Zeit, die der Schall vom Sender bis zum Empfänger benötigt.
Es sind auch Aussagen über die Größe und die Bewegungsrichtung eines Fischschwarms möglich.
In der Medizin und in der Technik wird das Echolotverfahren bei Ultraschalluntersuchungen genutzt (↗ S. 124). Mit dem Echolotverfahren kann auch ein Werkstoff auf Einschlüsse oder Risse geprüft werden (↗ S. 124).

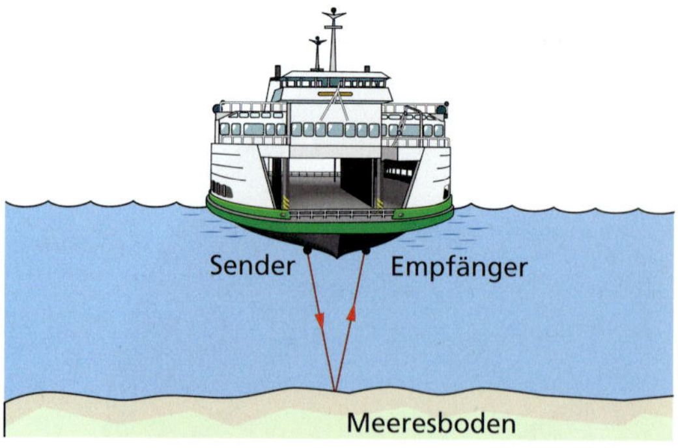

3 Mit dem Echolotverfahren kann man die Meerestiefe bestimmen oder Fischschwärme orten.

Musik liegt in der Luft

Mit Musikinstrumenten kann man Töne, Klänge, Geräusche oder auch einen Knall erzeugen. Dabei schwingen Saiten (Klavier, Geige, Bratsche), Luftsäulen (Trompete, Klarinette, Saxofon) oder Membranen (Pauke, Tamburin) und Platten (Xylofon).
Ein beliebtes Musikinstrument ist die Gitarre. Sie besitzt in der Regel sechs Saiten, mit denen man unterschiedlich hohe Töne erzeugen kann (Abb. 1). Aber auch das Gitarrenspiel muss gelernt sein. Man muss zur rechten Zeit die richtigen Saiten unterschiedlich stark zupfen oder anschlagen.
Wie erzeugt man mit einer Gitarre unterschiedlich hohe sowie unterschiedlich laute Töne?

2 Bei Saiteninstrumenten hängt die Tonhöhe von der jeweiligen Saite und ihrer Länge ab.

Bei einer Gitarre entsteht ein Ton, wenn eine Saite schwingt. Je größer die Frequenz dieser Schwingung ist, umso höher ist der Ton. Die Frequenz der Schwingung einer Saite ist zunächst abhängig von ihren elastischen Eigenschaften (Dicke der Saite und Spannung in der Saite).
Diese Eigenschaften bestimmen die Eigenfrequenz einer Saite und damit den jeweiligen Grundton, der bei Anzupfen einer Saite ohne Greifen entsteht (Abb. 1).
Einen höheren Ton auf einer Saite kann man dadurch erzeugen, dass man durch Greifen mit dem Finger den schwingenden Teil einer Saite verkürzt (Abb. 3). Bei einem kürzeren Teil einer Saite ist die Frequenz der Schwingung größer als beim Grundton.
Die Töne einer Gitarrensaite können lauter oder leiser sein. Der Ton einer Saite ist umso lauter, je größer die Amplitude der Schwingung ist. Eine größere Amplitude erhält man durch ein stärkeres Anzupfen einer Saite. Bei modernen Konzertgitarren erfolgt darüber hinaus eine elektronische Verstärkung.

1 Die Grundtöne bei einer Gitarre: Angegeben sind die Frequenzen dieser Grundtöne.

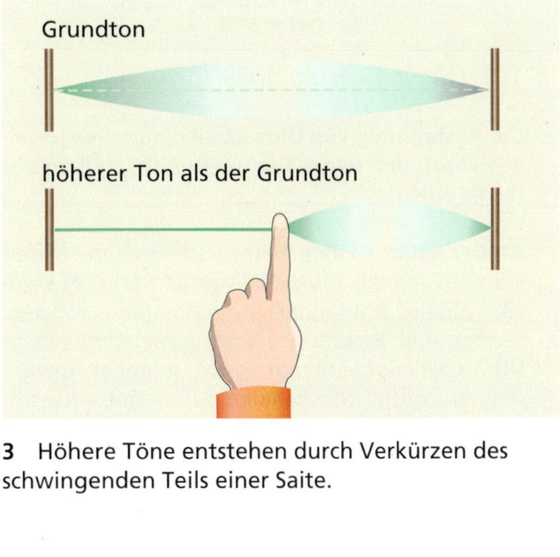

3 Höhere Töne entstehen durch Verkürzen des schwingenden Teils einer Saite.

Mosaik

Ultraschall und seine Anwendung

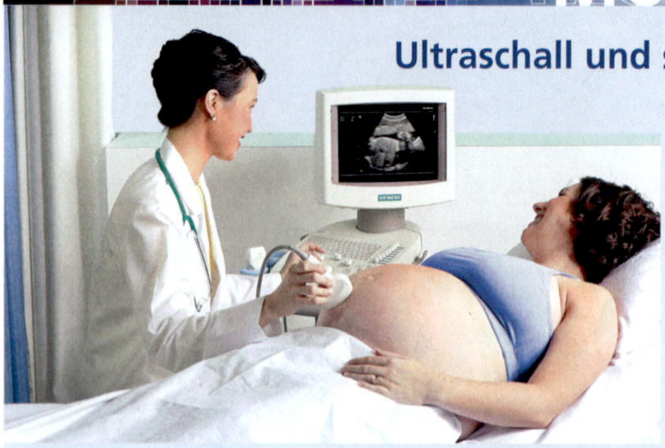

Stoff	ϑ in °C	v in $\frac{m}{s}$
Luft	0 +20 +30	332 344 350
Wasser	5 25	1400 1457
Muskel Fettgewebe Knochen	37 37 37	1570 1470 3600

Schall mit einer Frequenz von über 20 kHz bezeichnet man als Ultraschall. Der Frequenzumfang des Ultraschalls reicht bis 1 GHz. Bei technischen Anwendungen arbeitet man in der Regel in einem Bereich von einigen MHz.

Die **Erzeugung von Ultraschall** erfolgt mithilfe von Schallgebern. Bei den vorrangig genutzten piezoelektrischen Schallgebern wird folgender Effekt genutzt: Unter dem Einfluss eines hochfrequenten elektrischen Wechselfelds wird ein Piezokristall zu Schwingungen angeregt (Abb. 1) und strahlt Ultraschall ab. Bei magnetostriktiven Wandlern wird der 1847 von J. P. JOULE gefundene Effekt genutzt, dass ferromagnetische Stoffe bei der Magnetisierung ihre Länge ändern.

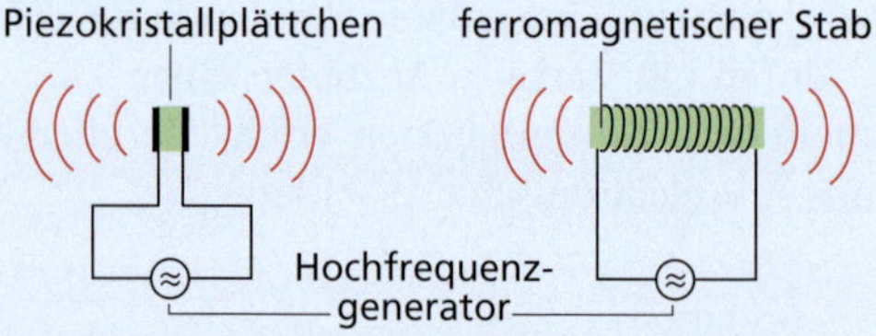

1 Erzeugung von Ultraschall

Die **Ausbreitung von Ultraschall** hängt vom jeweiligen Stoff und seiner Temperatur ab (↗ Übersicht rechts oben).

An Grenzflächen zwischen verschiedenen Stoffen wird ein Teil des Ultraschalls reflektiert und kann von einem Empfänger aufgenommen werden. Sender und Empfänger sind zumeist in einem **Ultraschallkopf** vereinigt, wobei man bei Anwendungen oft mit Ultraschallimpulsen mit einer Impulsdauer von 1–2 ms und einer Impulsfolge in einem Bereich von 0,3–10 kHz arbeitet.

Die **Anwendungen von Ultraschall** sind überaus vielfältig. Das **Echolotverfahren** (A-scope, A von Amplitude) wird nicht nur genutzt, um die Wassertiefe unter Schiffen zu bestimmen oder Fischschwärme zu orten, sondern auch, um massive Werkstücke oder Schweißnähte zu prüfen (Abb. 2). An den unterschiedlichen Reflexionen kann man erkennen, ob Einschlüsse vorhanden sind.

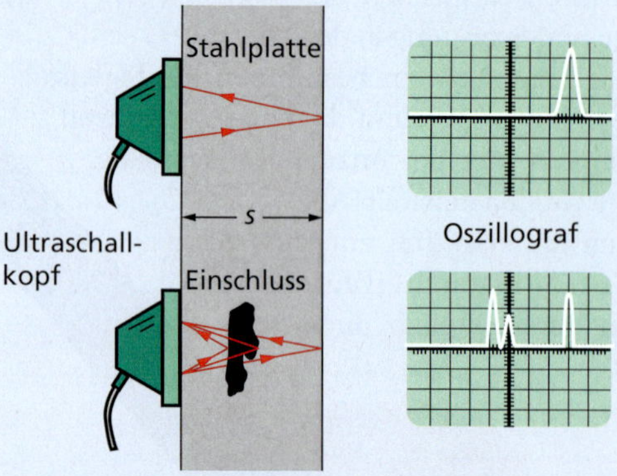

2 Werkstoffprüfung mit Ultraschall

Bei Augenuntersuchungen mit Ultraschall kann man z. B. feststellen, ob eine Netzhautablösung vorliegt.

Um ein zweidimensionales Schnittbild einer Körperebene zu erhalten, wendet man das B-scope (B von engl. *brightness* = Helligkeit) an. Dabei wird der Schallkopf über die Körperoberfläche geführt. Die empfangenen Echoimpulse werden als mehr oder weniger helle Punkte dargestellt. Damit erhält man ein zweidimensionales Bild aus dem Körperinnern (↗ Abb. links oben).

Gewusst · Gekonnt

1. Die folgenden Abbildungen zeigen verschiedene Erscheinungen aus unserer Umwelt.

a) Beschreibe die Erscheinungen und begründe, ob es sich bei der jeweiligen Erscheinung um mechanische Wellen handelt!

b) Gib für die Fälle, bei denen es sich um mechanische Wellen handelt, an, ob es Längs- oder Querwellen sind! Begründe!

*c) Welche physikalischen Größen ändern sich zeitlich und räumlich periodisch bei den jeweiligen mechanischen Wellen?

2. Beschreibe Vorgänge aus Natur und Technik, bei denen es sich um mechanische Wellen handelt! Begründe!
Gib an, ob es sich um Längs- oder Querwellen handelt!

3. Wellenbäder sind beliebte Freizeiteinrichtungen. Die Wellen werden durch eine Wellenmaschine erzeugt, die sich an einer Seite des Beckens befindet. Erläutere an diesem Beispiel, dass mit mechanischen Wellen zwar Energie, aber kein Stoff transportiert wird!

4. Durch eine Reihe gekoppelter Fadenpendel (↗ Abb.) kann sich eine mechanische Welle ausbreiten.

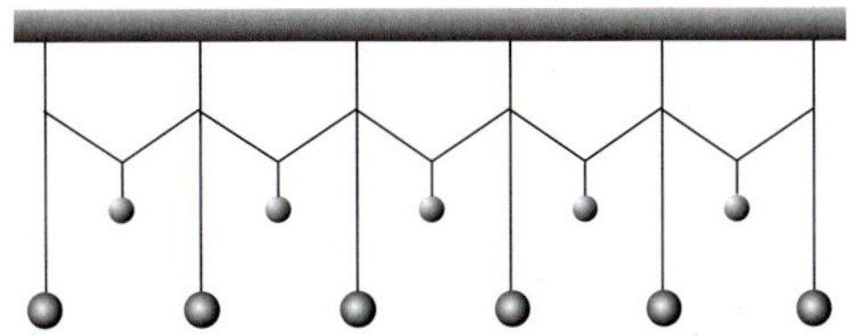

Erläutere die Ausbreitung von mechanischen Längs- und Querwellen an diesem Beispiel!

5. Mit den zwei nachfolgenden Diagrammen wird die Ausbreitung der Schwingung einer Stimmgabel als mechanische Welle grafisch dargestellt.

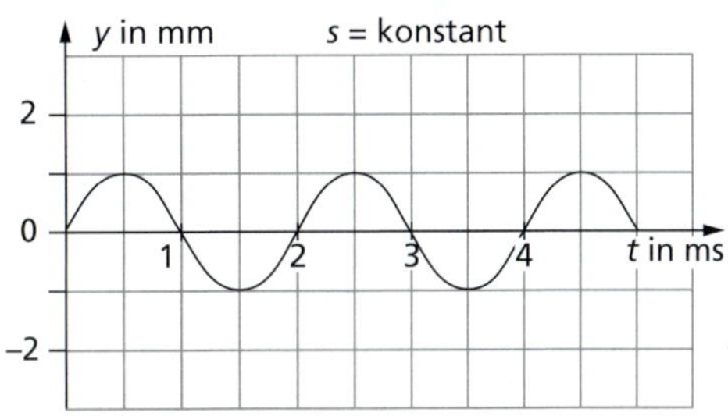

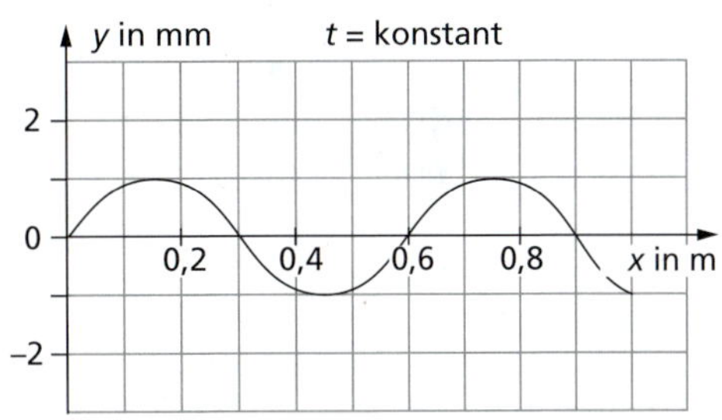

Ermittle aus den Diagrammen die Amplitude, die Frequenz, die Wellenlänge und die Periodendauer der Schallwellen, die von der Stimmgabel ausgehen! Berechne aus den Daten die Ausbreitungsgeschwindigkeit!

6. Eine Stimmgabel führt in einer Sekunde 523 vollständige Schwingungen aus.
Wie groß ist die Periodendauer der Stimmgabel?
Welche Wellenlänge haben die von ihr ausgehenden Schallwellen?

***7.** Bei Erdbeben entstehen sowohl Längs- als auch Querwellen, die gewaltige Zerstörungen in der Natur und an Gebäuden verursachen können. Bei einem Erdbeben werden zuerst Längswellen und anschließend Querwellen registriert.

a) Erläutere die Ausbreitung von mechanischen Längs- und Querwellen bei einem Erdbeben!

b) Erkläre das Verursachen von gewaltigen Schäden bei einem Erdbeben!

c) Erkunde, wo in letzter Zeit Erdbeben stattgefunden haben und welche Auswirkungen sie hatten! Hinweise dazu findest du im Internet.

8. Erläutere die Ausbreitung einer Schwingung im Raum am Beispiel von Schall!

9. Eine Stimmgabel wird angeschlagen und führt mechanische Schwingungen mit einer Frequenz von 400 Hz aus. Die Amplitude der Schwingung beträgt 1,5 mm.
Zeichne das y-t-Diagramm und das y-s-Diagramm für die Ausbreitung der Schallwelle, die bei der Schwingung dieser Stimmgabel in der Luft entsteht!

***10.** Leite aus der Gleichung $v = \frac{s}{t}$ für die geradlinig gleichförmige Bewegung die Gleichung für die Ausbreitungsgeschwindigkeit mechanischer Wellen $v = \lambda \cdot f$ her!

11. Berechne für eine 100-Hz-Stimmgabel die Wellenlänge der Schallwelle in Luft und in Wasser!

12. Wasserwellen sind Oberflächenwellen. Wenn man z. B. einen Stein ins Wasser wirft, breiten sich die Wellen kreisförmig vom Erregerzentrum aus.

a) Beschreibe eine Möglichkeit, wie man die Ausbreitungsgeschwindigkeit von Wasserwellen bestimmen könnte!

b) Nutze das beschriebene Verfahren, um die Ausbreitungsgeschwindigkeit von Wasserwellen zu bestimmen!

13. Mithilfe des Echolotverfahrens kann die Wassertiefe unter Schiffen bestimmt werden.

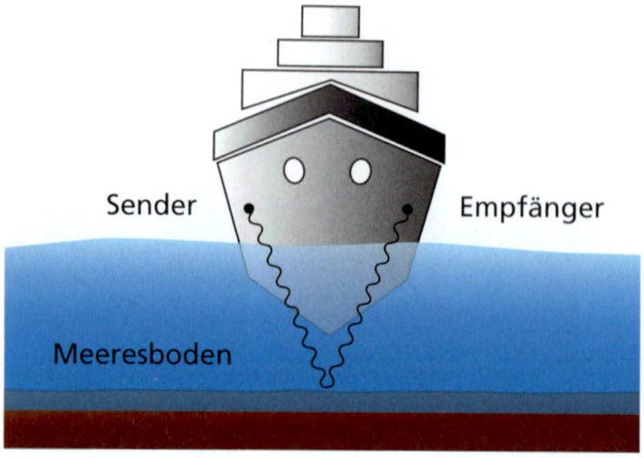

a) Erläutere das Echolotverfahren!

b) Von einem Schiff wird unmittelbar unter der Wasseroberfläche mit einem Echolotgerät Schall ausgesendet. Nach 9,6 s wird der Schall wieder empfangen.
Wie tief ist an dieser Stelle das Meer?

*c) Wie verändert sich die Laufzeit der Schallimpulse, wenn bei gleicher Tiefe die Wassertemperatur höher ist?

14. Lineare Wasserwellen, wie sie z. B. von Wellenmaschinen in Bädern erzeugt werden, treffen auf unterschiedliche Hindernisse. Dabei sind die in den Skizzen unten dargestellten Erscheinungen zu beobachten.
Beschreibe das jeweilige Experiment!
Welche Eigenschaften von Wasserwellen werden mit dem jeweiligen Experiment demonstriert?

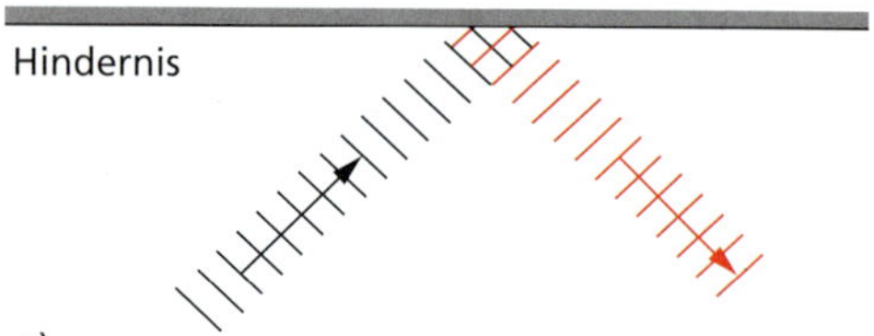

a)

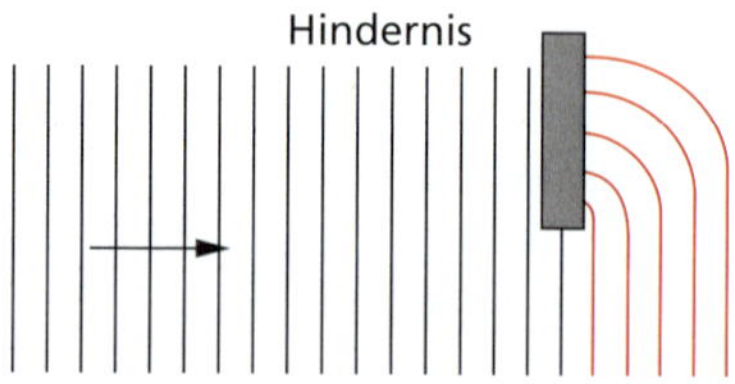

b)

15. In den Abbildungen sind verschiedene Schallquellen dargestellt.

Gib jeweils an, welche Teile der Körper schwingen und damit Schall erzeugen!

16. Klemmt man einen Grashalm zwischen die Daumen der beiden Hände und bläst in den entstandenen Hohlraum, dann entsteht ein hoher Ton. Beschreibe, wie diese Schallquelle funktioniert! Suche weitere Schallquellen und erkläre ihre Funktion!

17. Stelle eine Übersicht über Schallquellen in Natur und Technik zusammen!
Gib dabei jeweils an, was schwingt und damit Schall erzeugt!

18. Erkunde, wie verschiedene Tiere Schall erzeugen! Nutze dazu das Internet! Fertige Informationsmaterial an! Nutze auch Bilder!

19. Mithilfe zweier Blech- oder Plastikdosen und eines Bindfadens kann man sich ein einfaches Telefon bauen. Mit diesem Fadentelefon kann man sich gut verständigen, allerdings nur dann, wenn der Faden straff gespannt ist.

a) Erkläre, wie mithilfe eines Fadentelefons Sprache übertragen werden kann!

b) Wie wird sich die Verständigung mit einem Fadentelefon verändern, wenn der Faden durch einen Metalldraht ersetzt wird?

c) Baue dir ein Fadentelefon! Teste es!

20. Überlege dir Versuche, die es dir ermöglichen, mit einfachen Mitteln die Schallgeschwindigkeit in Luft zu messen! Präsentiere die Vorschläge deinen Mitschülern!
Führt gemeinsam einen dieser Versuche durch! Vergleicht euren Wert mit dem Tabellenwert!

21. Bei Ruderwettkämpfen benutzt der Steuermann manchmal ein Sprachrohr, um den Schlag anzugeben.
Beschreibe den Aufbau und erkläre die Wirkungsweise eines Sprachrohrs!

Mechanische Wellen

Eine **Welle** ist die Ausbreitung einer Schwingung im Raum. Dabei erfolgt eine räumlich und zeitlich periodische Änderung einer physikalischen Größe (z. B. Auslenkung, Druck, Geschwindigkeit, Beschleunigung, Stärke des elektrischen bzw. magnetischen Felds).

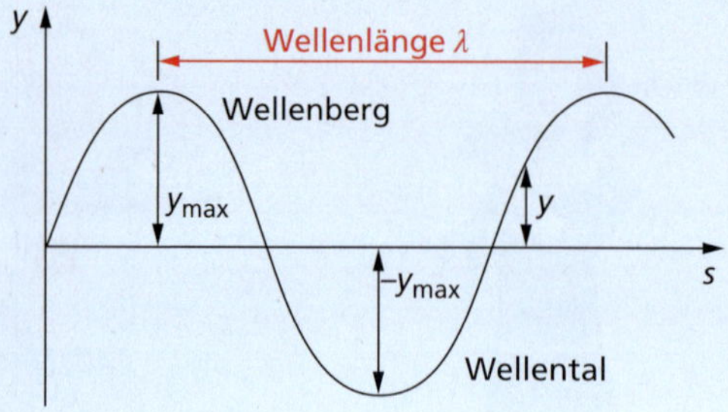

Für die Ausbreitungsgeschwindigkeit von Wellen gilt:

$$v = \lambda \cdot f$$

λ Wellenlänge
f Frequenz

Wellen können reflektiert, gebrochen und gebeugt werden sowie sich überlagern.

Reflexion	Brechung	Beugung	Interferenz
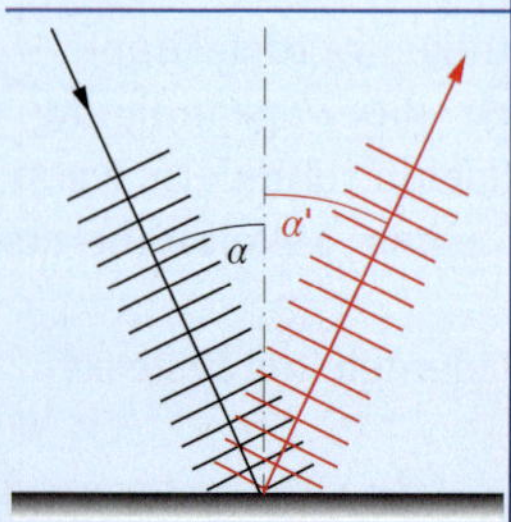	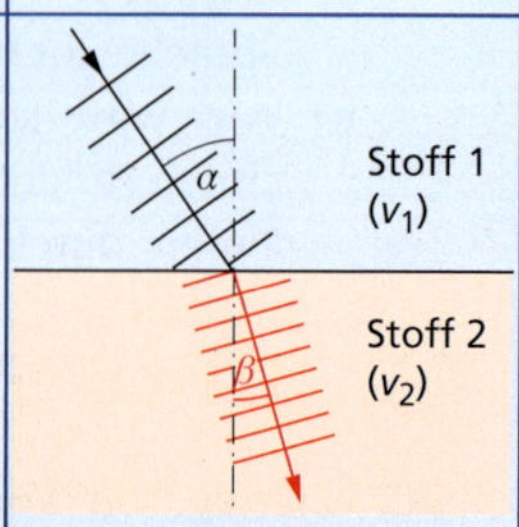	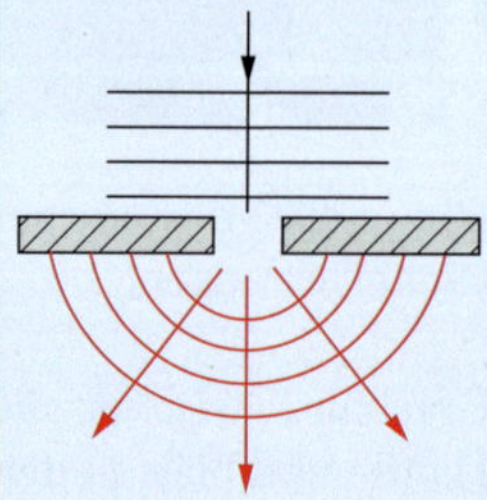	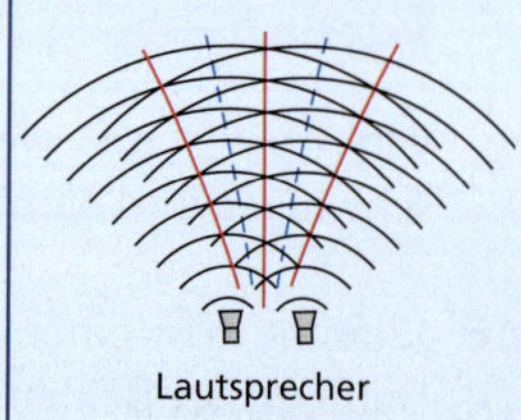
$\alpha = \alpha'$	Wellen ändern ihre Ausbreitungsrichtung.	Wellen gehen „um die Ecke“.	Es treten Verstärkung und Auslöschung auf.

Die **Ausbreitung von mechanischen Wellen** und die wellentypischen Erscheinungen **Beugung** und **Interferenz** können mit dem **huygensschen Prinzip** erklärt werden.

Jeder Punkt einer Wellenfront ist Ausgangspunkt von Elementarwellen.
Diese Elementarwellen überlagern sich und bilden eine neue Wellenfront.

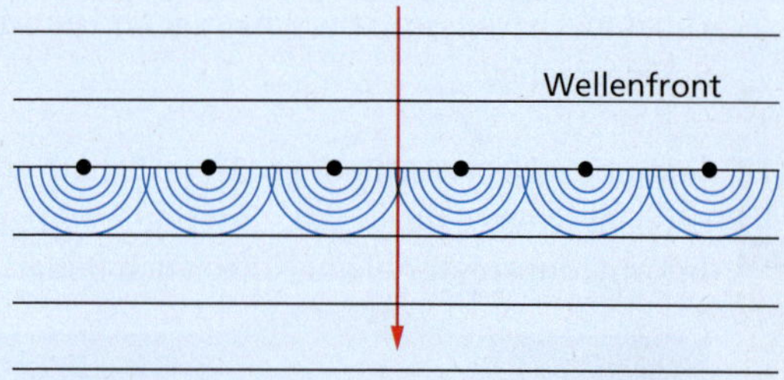

Schallwellen sind mechanische Wellen. Sie
- breiten sich in Stoffen aus, nicht aber im Vakuum,
- breiten sich in Luft mit ca. 333 m/s aus,
- werden an Flächen reflektiert,
- werden an Kanten und Öffnungen gebeugt,
- werden durch Stoffe absorbiert.

4 Natur des Lichts

Modelle des Lichts zum Erklären von Phänomenen

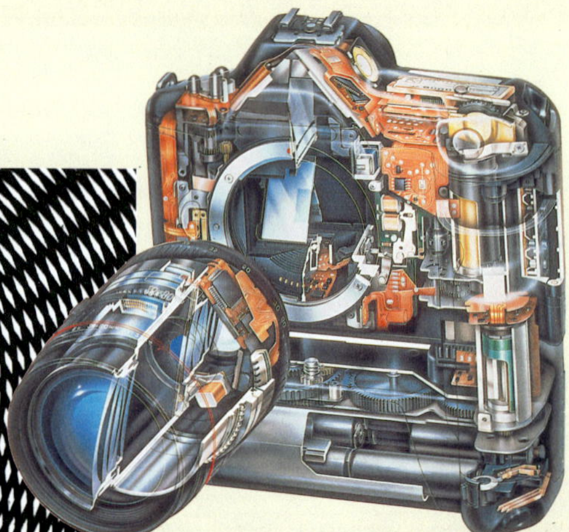

Bilder durch Linsen

Moderne Fotoapparate verfügen nicht nur über elektronische Schaltungen zur automatischen Entfernungseinstellung sowie zur Einstellung von Blende und Belichtungszeit, sondern auch über eine hochwertige Optik. Mithilfe eines Zoomobjektivs ist es z. B. möglich, von einem Standpunkt aus Gegenstände in unterschiedlicher Größe aufzunehmen.
Wie arbeitet ein Zoomobjektiv?

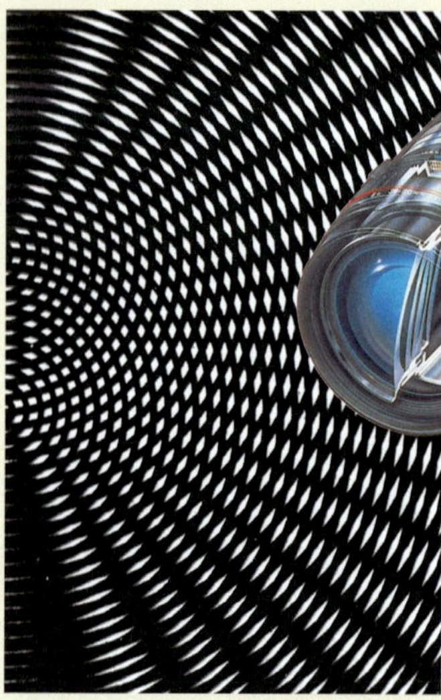

Hat Licht Welleneigenschaften?

Bei Wasserwellen und Schallwellen treten solche Erscheinungen wie Reflexion und Brechung auf, die man auch bei Licht beobachten kann.
Darüber hinaus gibt es bei mechanischen Wellen auch solche Erscheinungen wie Beugung und Interferenz mit Gebieten der Verstärkung und der Auslöschung.
Gibt es Beugung und Interferenz auch bei Licht? Was könnte man daraus für Licht ableiten?

Glasfasern übertragen nicht nur Licht

Mit Glasfasern lässt sich nicht nur Licht übertragen. In der Nachrichtentechnik werden Glasfaserkabel zur Übertragung von Telefongesprächen, Rundfunk- und Fernsehprogrammen oder zur Datenübertragung zwischen Computern genutzt.
Wie ist ein Glasfaserkabel aufgebaut? Wie kommt es, dass Licht in einem solchen Kabel fortgeleitet wird, auch wenn das Kabel gekrümmt ist?

Die Ausbreitung des Lichts

Körper, die selbst Licht aussenden, werden als **Lichtquellen** bezeichnet. Dagegen nennt man Körper, die nicht selbst Licht erzeugen, sondern nur auftreffenden Licht reflektieren (zurückwerfen), beleuchtete Körper.
Von einer Lichtquelle, z.B. der Sonne oder einer Glühlampe, breitet sich Licht nach allen Seiten **geradlinig** aus, wenn es nicht durch andere Körper daran gehindert wird.
Das von einer Lichtquelle ausgehende Licht wird auch als **Lichtbündel** bezeichnet. Den Weg des Lichtes können wir durch Geraden veranschaulichen, die als **Lichtstrahlen** bezeichnet werden (Abb. 1 und 2).

> Licht breitet sich geradlinig aus. Der Weg des Lichts kann durch Lichtstrahlen veranschaulicht werden.

Lichtstrahlen sind ein **Modell,** eine Vereinfachung der Wirklichkeit. Um die Ausbreitung des Lichtes beschreiben und Erscheinungen erklären zu können, reicht es meist aus, einige ausgewählte Lichtstrahlen zu zeichnen.
Körper können **lichtdurchlässig** (durchsichtig, durchscheinend) oder **lichtundurchlässig** (undurchsichtig) sein. Trifft Licht auf lichtdurchlässige Körper (Abb. 3), so wird es z. T. reflektiert (zurückgeworfen), z. T. hindurchgelassen und z. T. im Körper gestreut und dort absorbiert (aufgenommen). Bei lichtundurchlässigen Körpern wird ein Teil des Lichts reflektiert, der andere Teil vom Körper absorbiert (aufgenommen). Es geht damit kein Licht durch den Körper hindurch. Da Licht Energie besitzt, gilt in jedem Fall der Energieerhaltungssatz.

3 Verhalten von Licht beim Auftreffen auf verschiedene Körper

> Die Energie des reflektierten, absorbierten bzw. gestreuten und hindurchgelassenen Lichts ist genauso groß wie die Energie des einfallenden Lichts.

Hinter lichtundurchlässigen Körpern bilden sich Schatten (Abb. 4). Licht breitet sich mit der Lichtgeschwindigkeit c aus. Die größte Geschwindigkeit hat Licht im Vakuum.

> Die Lichtgeschwindigkeit im Vakuum beträgt etwa 300 000 $\frac{km}{s}$.

In Luft ist sie nur geringfügig kleiner, sodass man auch dort mit dem Näherungswert 300 000 $\frac{km}{s}$ rechnen kann.

1 Geradlinige Lichtausbreitung von einer Glühlampe aus

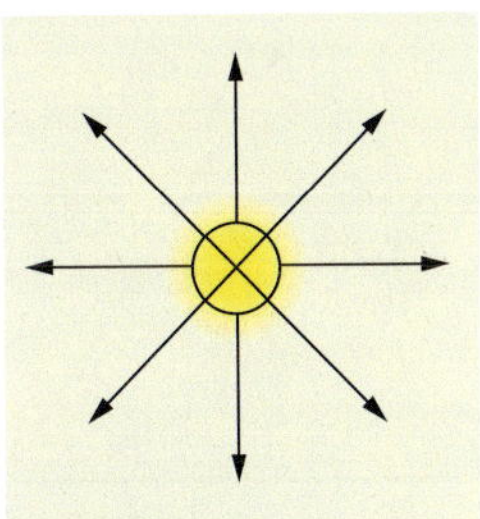

2 Veranschaulichung der Ausbreitung des Lichts durch Lichtstrahlen

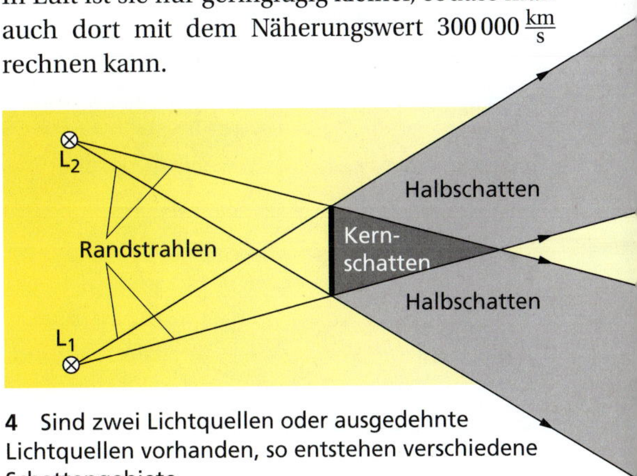

4 Sind zwei Lichtquellen oder ausgedehnte Lichtquellen vorhanden, so entstehen verschiedene Schattengebiete.

Reflexion am ebenen Spiegel

Trifft Licht auf die Oberfläche eines Körpers, so kann es reflektiert werden (Abb. 1). Für die Reflexion von Licht gilt das Reflexionsgesetz.

> Wird Licht an einer Fläche reflektiert, so ist der Einfallswinkel α gleich dem Reflexionswinkel α'.
>
> $$\alpha = \alpha'$$
>
> Dabei liegen einfallender Strahl, Einfallslot und reflektierter Strahl in einer Ebene.

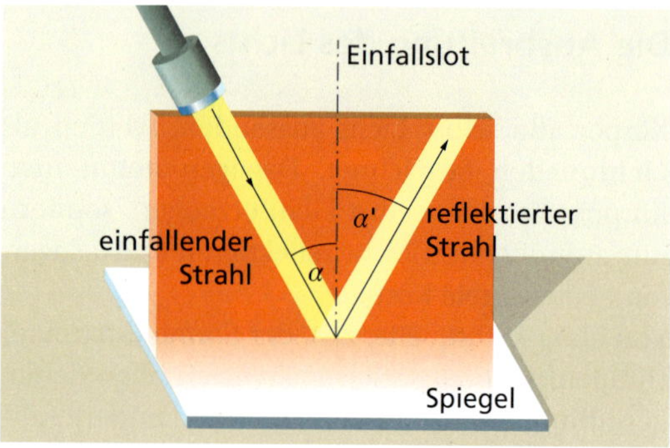

1 Die beiden Lichtstrahlen und das Lot liegen in einer Ebene.

Die Zusammenhänge sind in Abb. 1 dargestellt. Du kannst sie mithilfe einer Taschenlampe und eines ebenen Spiegels selbst untersuchen.

Eine solche Reflexion von Licht in eine bestimmte Richtung tritt nur bei Spiegeln und anderen ebenen Flächen (glatte Wasseroberfläche, Fensterscheibe, poliertes Metall) auf.

An rauen Oberflächen, z. B. an einer hellen Wand, erfolgt ebenfalls Reflexion. Das Licht wird dabei aber in die unterschiedlichsten Richtungen reflektiert. In der Physik spricht man auch davon, dass das Licht in die verschiedenen Richtungen gestreut wird. Dadurch erscheint uns die betreffende Fläche hell, obwohl sie selbst keine Lichtquelle ist.

Mosaik

Zusammenhänge zwischen den Modellen Lichtstrahl und Lichtwelle

Die Ausbreitung und die Reflexion von Licht kann man mit unterschiedlichen Modellen beschreiben. Geeignet sind die Modelle Lichtstrahl und Lichtwelle.
Die Lichtstrahlen beschreiben den Weg des Lichts. Sie stehen senkrecht auf den Wellenfronten der Lichtwellen.
Die Erscheinung der Reflexion kann mit beiden Modellen beschrieben werden.

Eine Erklärung für die Reflexion ist aber nur mithilfe des Wellenmodells möglich: Jeder Punkt der reflektierenden Oberfläche, der von einer Welle getroffen wird, ist Ausgangspunkt einer Elementarwelle, wobei sich die Elementarwellen zu neuen Wellenfronten überlagern (huygenssches Prinzip). Das gilt für Lichtwellen ebenso wie für mechanische Wellen, z.B. Wasserwellen, Erdbebenwellen oder Schallwellen.

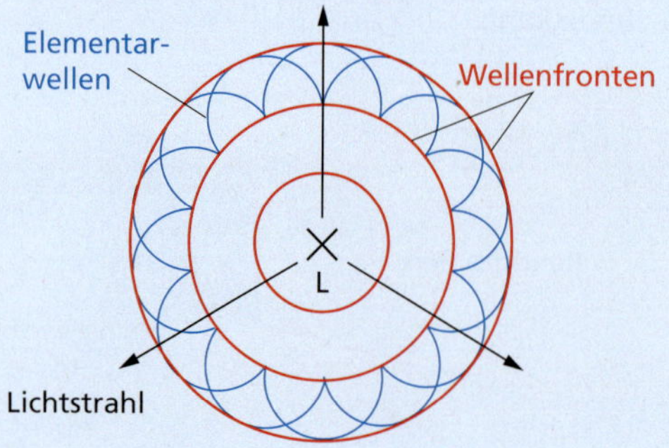

2 Ausbreitung von Licht von einer Lichtquelle L aus: Das Licht breitet sich in den Raum aus.

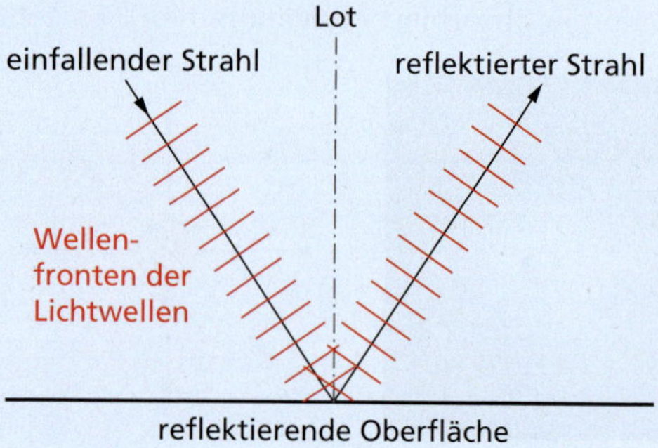

3 Reflexion von Licht mit Lichtstrahlen und Lichtquellen

Bilder am ebenen Spiegel

Blickt man auf einen ebenen Spiegel, so sieht man sein **Spiegelbild.**

Trifft Licht von einem Punkt P eines Gegenstands auf einen ebenen Spiegel, so wird es nach dem Reflexionsgesetz zurückgeworfen. Für uns scheint das Licht vom Punkt P' aus zu kommen (Abb. 1).

> Für einen ebenen Spiegel gilt: Gegenstand und Bild sind bezüglich des Spiegels symmetrisch zueinander.

Wir sehen das Bild von P an der Stelle P', von wo aus die Lichtstrahlen **herzukommen scheinen.** Befindet sich ein Gegenstand vor dem Spiegel, so geht von jedem Punkt des Gegenstands Licht aus. Es entsteht ein Spiegelbild (Abb. 2), das sich scheinbar hinter dem Spiegel befindet.

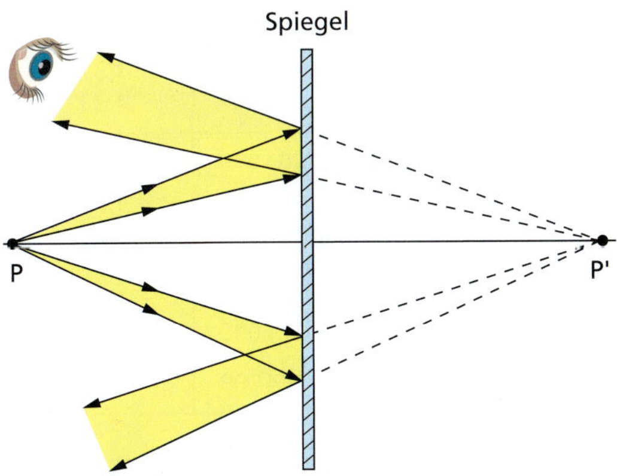

1 Reflexion am ebenen Spiegel

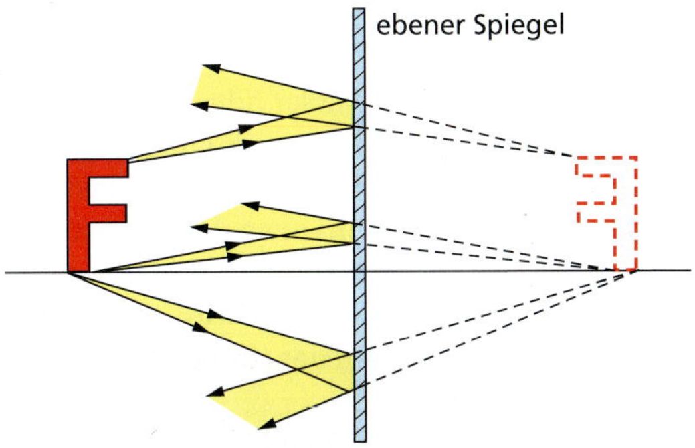

2 Bildentstehung am ebenen Spiegel

Wie wir das Spiegelbild im Vergleich zum Gegenstand sehen, hängt von der Lage von Spiegel, Gegenstand und Betrachter zueinander ab (Abb. 4 – 6). Das Spiegelbild kann man zwar sehen und auch fotografieren. Man kann es aber dort, wo es sich befindet, nicht auf einem Schirm auffangen. Solche Bilder nennt man **scheinbare (virtuelle) Bilder.** Die Abbildung 3 zeigt, wie das Bild eines Gegenstands konstruiert werden kann: Gegenstandspunkt und zugehöriger Bildpunkt sind immer gleich weit vom Spiegel entfernt.

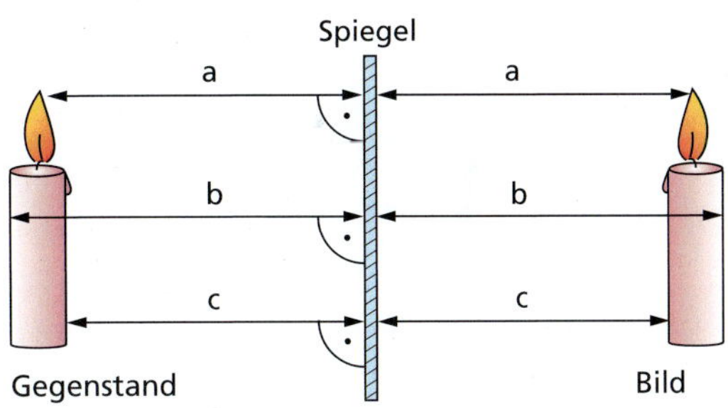

3 Bildkonstruktion am ebenen Spiegel

4 Beim Spiegel können oben und unten vertauscht sein.

5 Beim Spiegel können vorn und hinten vertauscht sein.

6 Beim Spiegel können links und rechts vertauscht sein.

Das Brechungsgesetz

Geht Licht von Luft in Wasser oder Glas über, so wird es an der Grenzfläche zum Lot hin gebrochen (Abb. 1a). Geht Licht dagegen von Glas oder Wasser in Luft über, so wird es an der Grenzfläche vom Lot weg gebrochen (Abb. 1b).

Wie stark das Licht gebrochen wird, hängt von der Art der Stoffe und von der Größe des Einfallswinkels ab. Es gilt:

- Je kleiner der Einfallswinkel ist, desto weniger wird das Licht bei einer bestimmten Stoffkombination gebrochen.
- Beträgt der Einfallswinkel $\alpha = 0°$, fällt also das Licht senkrecht auf die Grenzfläche, so erfolgt keine Brechung.

Systematische Untersuchungen haben ergeben, dass zwischen dem Einfallswinkel, dem Brechungswinkel und den Lichtgeschwindigkeiten in den beiden Stoffen ein gesetzmäßiger Zusammenhang besteht, der im Brechungsgesetz zum Ausdruck kommt. Es lautet für beliebige Stoffe:

> Tritt Licht unter einem Einfallswinkel $\alpha \neq 0$ von einem Stoff in einen anderen Stoff über, so gilt:
>
> $$\frac{\sin\alpha}{\sin\beta} = \frac{c_1}{c_2}$$
>
> α Einfallswinkel
> β Brechungswinkel
> c_1, c_2 Lichtgeschwindigkeiten
>
> Dabei liegen einfallender Strahl, Einfallslot und gebrochener Strahl in einer Ebene.

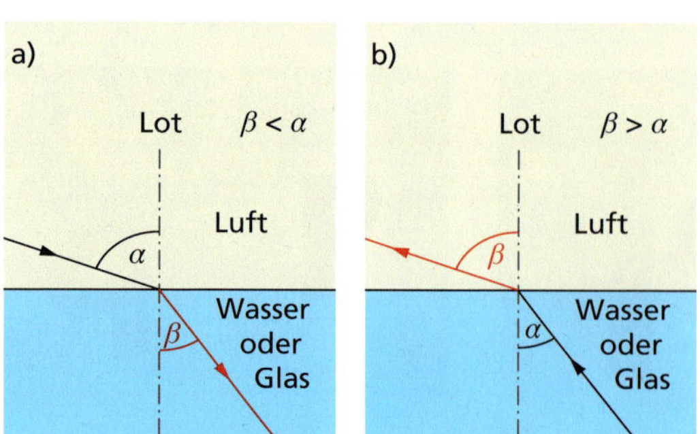

1 Der Brechungswinkel kann größer oder kleiner als der Einfallswinkel sein.

Mosaik

Lichtgeschwindigkeit und Brechzahl

Das Verhältnis der Lichtgeschwindigkeiten c_1 und c_2 im Brechungsgesetz beschreibt, wie stark ein Lichtstrahl beim Übergang vom einen Stoff in den anderen gebrochen wird. Dieses Verhältnis wird deshalb **Brechzahl** genannt.
Damit gilt für die Brechzahl n:

$$n = \frac{c_1}{c_2}$$

Kennt man die Lichtgeschwindigkeiten zweier Stoffe, so kann man die Brechzahl berechnen. Sie ist eine Stoffkonstante, die von beiden Stoffen abhängig ist. Das Licht wird umso stärker gebrochen, je mehr sich der Wert der Brechzahl von 1 unterscheidet.

Brechzahlen für den Übergang des Lichts von Luft in einen anderen Stoff

Stoff		c in $\frac{km}{s}$	Brechzahl *n*
Eis		≈ 300 000	1,31
Wasser		225 000	1,33
Plexiglas		201 000	1,49
Kronglas	leicht	199 000	1,51
	schwer	186 000	1,61
Flintglas	leicht	186 000	1,61
	schwer	171 000	1,75
Diamant		124 000	2,42

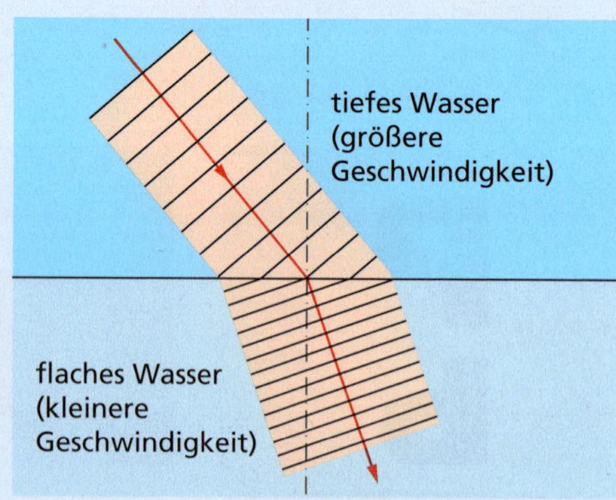

2 Auch bei Wasserwellen beobachtet man Brechung. Es gilt ebenfalls das Brechungsgesetz.

Die Totalreflexion

Tritt Licht von Glas oder Wasser in Luft über, so wird es vom Lot weg gebrochen. Der Brechungswinkel β ist größer als der Einfallswinkel α (Abb. 1a). Dabei wird ein Teil des Lichts an der Grenzfläche gebrochen, ein geringer Teil wird reflektiert. Vergrößert man den Einfallswinkel, so wird auch der Brechungswinkel größer und erreicht schließlich $\beta = 90°$ (Abb. 1b). Wird nun der Einfallswinkel weiter vergrößert, so wird das gesamte Licht an der Grenzfläche vollständig reflektiert (Abb. 1c).

> Die Erscheinung, dass beim Übergang des Lichts von Glas oder Wasser in Luft ab einem bestimmten Einfallswinkel sämtliches Licht an der Grenzfläche reflektiert wird, nennt man Totalreflexion.

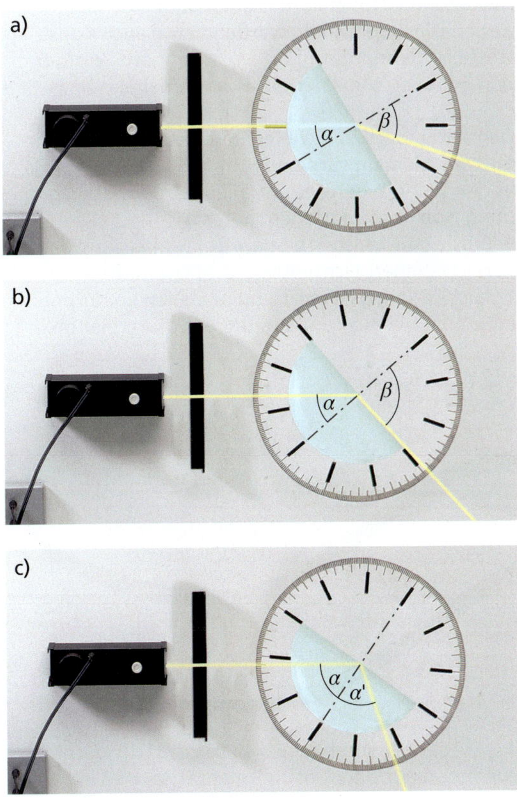

1 Brechung (a und b) und Totalreflexion (c) beim Übergang des Lichts von Glas in Luft

Mosaik

Der Grenzwinkel der Totalreflexion

Den Einfallswinkel, bei dem der Brechungswinkel gerade 90° beträgt, nennt man Grenzwinkel **der Totalreflexion** α_G. Eine solche Totalreflexion tritt für alle Einfallswinkel auf, die größer als der Grenzwinkel der Totalreflexion sind.
Mithilfe des Brechungsgesetzes (↗S. 134) lässt sich der Grenzwinkel der Totalreflexion berechnen. Da beim Grenzwinkel der Totalreflexion (Abb. 1b) der Brechungswinkel $\beta = 90°$ ist, gilt:

$$\sin\beta = \sin 90° = 1$$

Setzt man das in das Brechungsgesetz ein, so erhält man:

$$\sin\alpha_G = \frac{c_1}{c_2}$$

c_1 und c_2 sind dabei die Lichtgeschwindigkeiten in den Stoffen 1 und 2 mit $c_1 < c_2$.

Totalreflexion tritt z. B. auf, wenn Licht von einer Lichtquelle oder von Körpern ausgeht, die sich unter Wasser befinden.
Du kannst das beobachten, wenn du die Wasseroberfläche eines Aquariums schräg von unten betrachtest. Genutzt wird die Totalreflexion z. B. bei Umkehrprismen und bei Lichtleitkabeln, die in zunehmenden Maße für die Informationsübertragung eingesetzt werden.

Grenzwinkel der Totalreflexion

Übergang	α_G
Wasser – Eis	79,3°
schweres Flintglas – leichtes Kronglas	59,2°
Wasser – Luft	48,6°
Plexiglas – Luft	42,1°
leichtes Kronglas – Luft	41,6°
leichtes Flintglas – Luft	38,3°
Diamant – Luft	24,4°

Totalreflexion kann nicht nur auftreten, wenn Licht von Wasser oder Glas in Luft übertritt. Eine solche Reflexion ist immer dann möglich, wenn das Licht aus einem Stoff mit einer kleineren Lichtgeschwindigkeit kommt und auf einen Stoff mit größerer Lichtgeschwindigkeit trifft. Das ist auch bei Lichtleitern der Fall.

Mosaik

Informationsübertragung mit Licht

Mithilfe von Glasfaserkabeln (Abb. 1) können Telefongespräche, Computerdaten, Fernsehbilder und Rundfunkprogramme übertragen werden.

1 100-adriges Kabel für einen digital gesteuerten Multimedia-Arbeitsplatz

Solche Kabel haben den Vorteil, dass sie relativ leicht und flexibel sind. Zugleich können mehr Daten in besserer Qualität als mit vergleichbaren Kupferkabeln übertragen werden.

Die Nachrichtenübertragung in Glasfaserkabeln geschieht dabei mit Licht. Deshalb bezeichnet man Glasfaserkabel für die Nachrichtenübertragung häufig auch als Lichtleitkabel oder Lichtleiter.

Wie ist ein Glasfaserkabel aufgebaut?

Wie können mit seiner Hilfe Daten übertragen werden?

Glasfaserkabel bestehen aus vielen Tausenden feinen Glasfasern, die gebündelt und mit einer Isolierschicht versehen sind.

Jede einzelne Glasfaser besteht aus einem Mantel und einem Kern. Glasfasern werden mit Durchmessern von 0,005 mm – 0,5 mm hergestellt. Mantel und Kern haben unterschiedliche optische Eigenschaften: Das Material des Mantels ist so gewählt, dass an ihm bei ausreichend großem Einfallswinkel Totalreflexion auftritt (Abb. 2) und damit das Licht im Glasfaserkabel fortgeleitet wird.

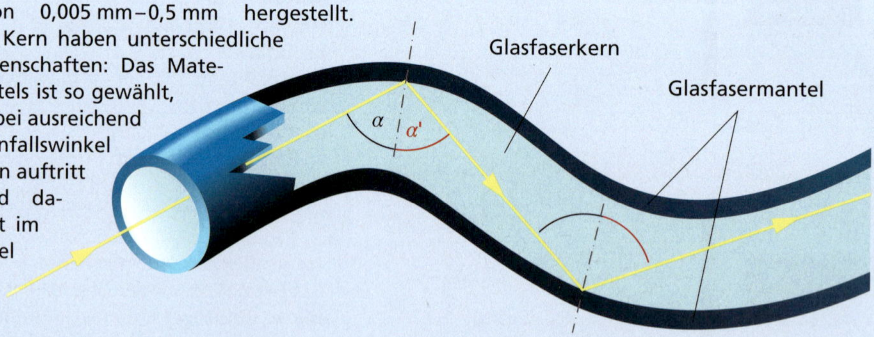

Wie groß der Einfallswinkel dabei mindestens sein muss, hängt vom Material des Kerns und des Mantels ab. Der Mindestwinkel heißt **Grenzwinkel der Totalreflexion.**

2 Aufbau einer einzelnen Glasfaser: Trifft Licht von innen auf den Glasfasermantel, so wird es mehrfach total reflektiert und damit durch die Glasfaser geleitet.

Bei der Übertragung von Daten mittels Glasfaserkabel werden digitale Signale (z. B. von Computern) oder analoge Signale (z. B. elektromagnetische Schwingungen, in die Sprache durch ein Mikrofon umgewandelt wird) in Lichtschwankungen bzw. Lichtimpulse umgewandelt. Das geschieht in elektrooptischen Wandlern.

Diese Lichtimpulse werden auf das Glasfaserkabel übertragen, wobei der Winkel größer als der Grenzwinkel der Totalreflexion ist. Die Lichtimpulse werden vielfach an der Grenzfläche zwischen Kern und Mantel der Glasfaser total reflektiert, gelangen so zum anderen Ende der Glasfaser und von dort zu einem optoelektronischen Wandler.

In diesem werden die Lichtimpulse wieder in digitale oder analoge elektromagnetische Signale umgewandelt. Damit auf langen Strecken kein Intensitätsverlust auftritt, werden in bestimmten Abständen Lichtverstärker eingebaut.

Neben Glasfaserkabeln werden heute auch Kunststoff-Lichtleiter genutzt. Sie sind noch leichter und vor allem flexibler als Glasfaserkabel.

Lichtleiter werden in vielen Bereichen der Technik und der Medizin verwendet.

In der Technik geht es vor allem um die Übertragung von Informationen durch Lichtimpulse, so wie es oben beschrieben wird. Im medizinischen Bereich dienen Lichtleiter u. a. dazu, um bei Untersuchungen die betreffenden Stellen im Körperinnern zu beleuchten, also um Licht fortzuleiten.

Strahlenverlauf durch Linsen und Prismen

Linsen sind lichtdurchlässige Körper, meistens aus Glas oder Kunststoff. Sie können sehr unterschiedliche Form haben. Linsen werden bei fast allen optischen Geräten, z. B. bei Lupen, Brillen, Ferngläsern oder Fotoapparaten, genutzt. Auch in unserem Auge ist eine Linse vorhanden.
Wenn Licht auf eine Linse trifft, wird es nach dem Brechungsgesetz gebrochen. Je nach dem Strahlenverlauf unterscheidet man zwei große Gruppen von Linsen (Abb. 1–3).

Fällt Licht auf eine Linse, so wird es nach dem Brechungsgesetz an der Grenzfläche Luft-Glas und an der Grenzfläche Glas-Luft gebrochen. Zur Vereinfachung ersetzt man bei **dünnen Linsen** diese zweifache Brechung durch eine Brechung an der Linsenebene.
Parallele Lichtstrahlen werden an einer **Sammellinse** so gebrochen, dass sie nach der Brechung alle durch einen Punkt gehen. Bei intensivem Licht kann sich an diesem Punkt, in dem das Licht gebündelt wird, ein Gegenstand entzünden.

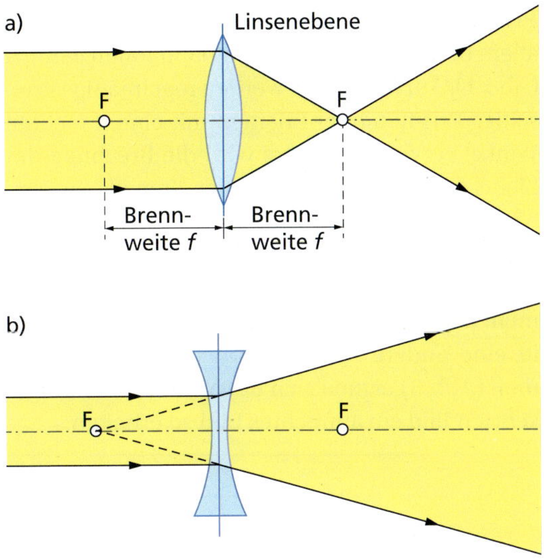

3 Brechung von Licht an einer dünnen Sammellinse (a) und an einer dünnen Zerstreuungslinse (b)

Man nennt ihn deshalb **Brennpunkt** F (lateinisch: *focus*). Jede Linse hat zwei Brennpunkte, die symmetrisch zur Linsenebene liegen. Der Abstand eines Brennpunkts von der Linsenebene wird als **Brennweite** *f* bezeichnet (Abb. 3).

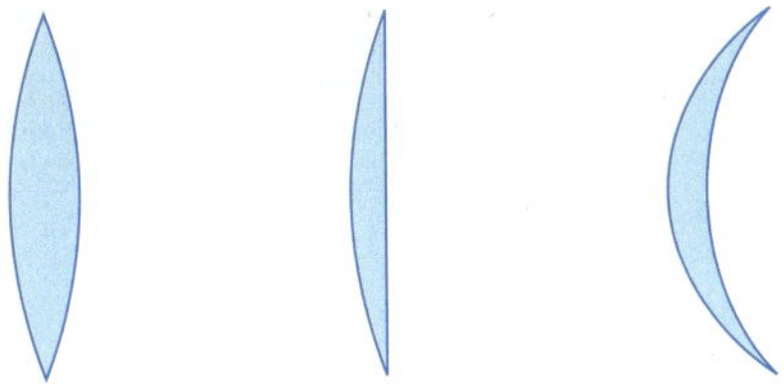

1a Arten von Sammellinsen (Konvexlinsen)

2a Arten von Zerstreuungslinsen (Konkavlinsen)

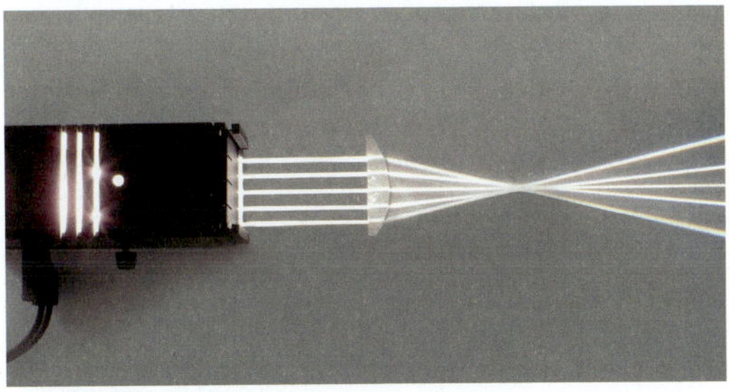

1b Linsen, die paralleles Licht nach der Brechung zunächst in einem Punkt sammeln, bevor es wieder auseinandergeht, nennt man Sammellinsen. Sammellinsen aus Glas oder Kunststoff sind in der Mitte dicker als am Rand.

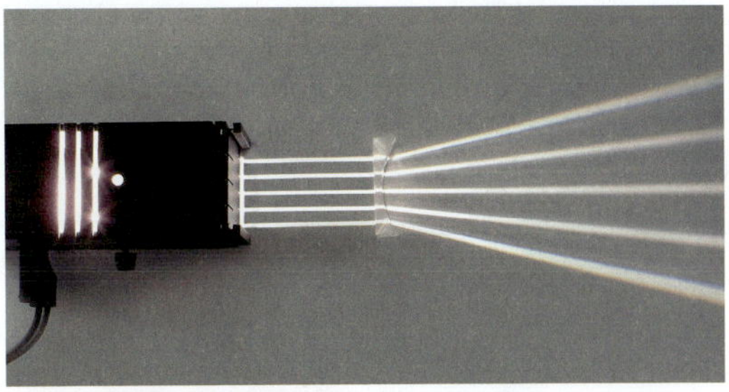

2b Linsen, die paralleles Licht nach der Brechung in verschiedene auseinanderlaufende Richtungen lenken, nennt man Zerstreuungslinsen. Zerstreuungslinsen aus Glas oder Kunststoff sind in der Mitte dünner als am Rand.

Prismen bestehen meist aus Glas. Sie werden vor allem bei Ferngläsern und Fotoapparaten genutzt (Abb. 1). Am häufigsten werden regelmäßige dreiseitige Prismen oder Prismen mit einem rechten Winkel verwendet. Dabei wird die Brechung des Lichts und die Reflexion an der Grenzfläche zwischen Glas und Luft genutzt.

Je nach dem Verwendungszweck unterscheidet man zwischen Umlenkprismen und Umkehrprismen. Bei **Umlenkprismen** (Abb. 2) wird das Licht in eine andere Richtung gelenkt. **Umkehrprismen** (Abb. 3) eignen sich dazu, aus einem umgekehrten Bild ein aufrechtes Bild zu erhalten.

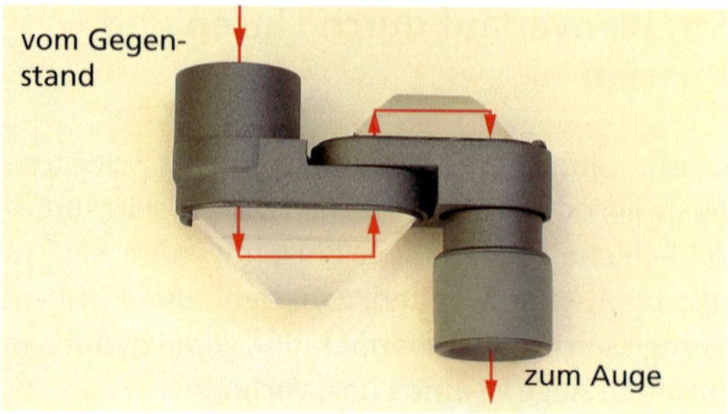

1 Bei dem abgebildeten geöffneten Minifernglas wird das einfallende Licht durch zwei Prismen umgelenkt. Dadurch kann die Länge des Fernglases sehr klein gehalten werden.

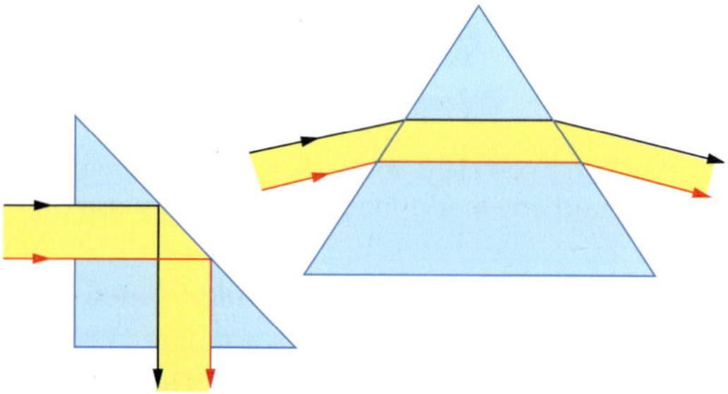

2 Bei Umlenkprismen wird Licht durch Brechung oder Totalreflexion in eine andere Richtung gelenkt.

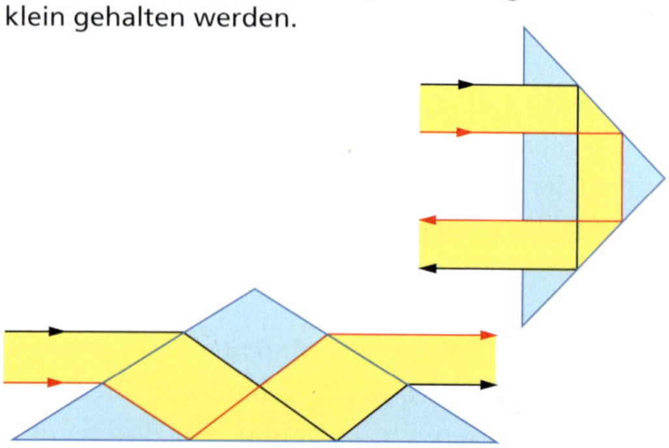

3 Bei Umkehrprismen ist die Lage der eintretenden und austretenden Strahlen zueinander vertauscht.

Mosaik

Farbiges Licht durch Dispersion

Lenkt man weißes Licht auf ein Prisma, so wird es in seine farbigen Bestandteile zerlegt (↗ Abb. unten). Ursache dafür ist, dass die Brechzahl des Prismas für Licht unterschiedlicher Farbe verschieden ist. Blaues Licht wird stärker gebrochen als rotes Licht. Da in weißem Licht unterschiedliche Farben enthalten sind, kommt es beim Durchgang durch ein Prisma zur Aufspaltung in die verschiedenen Farben.

Die Erscheinung, dass die Brechzahl für verschiedenfarbiges Licht unterschiedlich ist, nennt man Dispersion. Dispersion tritt auch bei Linsen auf. Beim Durchgang durch eine Linse wird blaues Licht stärker gebrochen als rotes. Dadurch können bei optischen Geräten Abbildungsfehler auftreten. Um das zu vermeiden, kombiniert man eine Sammellinse mit einer Zerstreuungslinse, so wie das in der Skizze angedeutet ist.

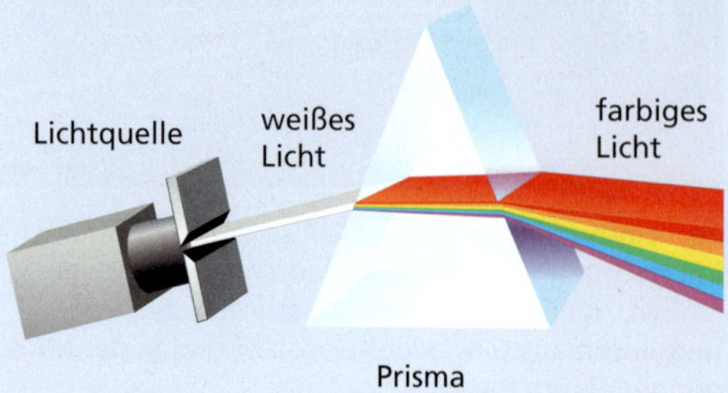

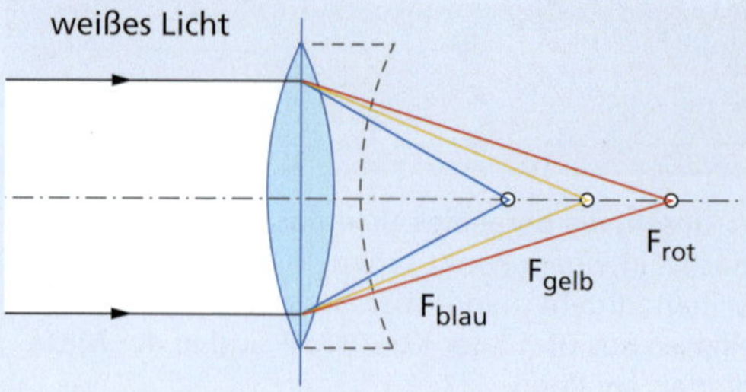

Bilder durch Sammellinsen

Um Bilder von Gegenständen zu erzeugen, kann man anstelle einer Lochblende eine Sammellinse verwenden. Für beliebige Sammellinsen gilt:

> Licht, das von einem Gegenstandspunkt P ausgeht und durch eine Sammellinse fällt, trifft hinter der Linse in einem Bildpunkt P' zusammen.

Bringt man an diese Stelle einen Schirm, so erhalten wir ein scharfes Bild des Gegenstandspunkts bzw. des ganzen Gegenstands (Abb. 1).
Das Licht, das von einem Punkt P ausgeht, fällt auf die Linse. Es wird ingesamt so gebrochen, dass es wieder in einem Punkt P', dem Bildpunkt, zusammenläuft (Abb. 2).

Zur zeichnerischen Konstruktion von Bildpunkten an Linsen reicht es aus, den Verlauf einiger charakteristischer Strahlen zu kennen.
Parallelstrahlen verlaufen parallel zur optischen Achse der Linse.
Brennpunktstrahlen verlaufen durch einen Brennpunkt F der Linse.
Mittelpunktstrahlen verlaufen durch den Mittelpunkt M der Linse.

Um von einem Gegenstandspunkt einen Bildpunkt zu konstruieren, zeichnet man in der Regel zwei der von dem Gegenstandspunkt ausgehenden charakteristischen Strahlen, z. B. Mittelpunktstrahl und Parallelstrahl.

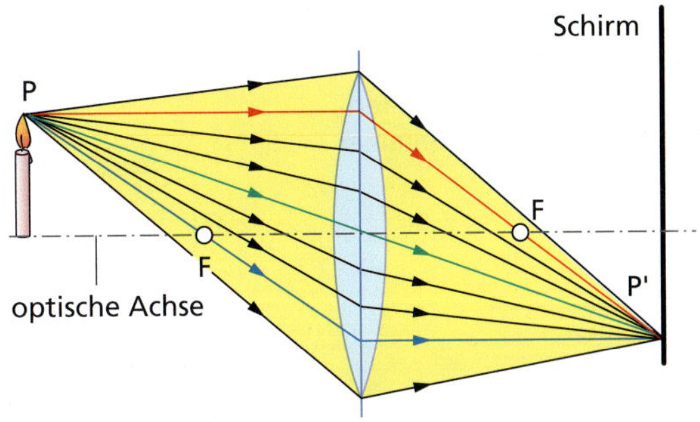

2 Gegenstandspunkt P und Bildpunkt P': Die von P ausgehenden Strahlen treffen sich in P'.

Eine genauere Untersuchung des Verlaufs dieser drei Strahlen ergibt:

> Wenn das Licht an einer dünnen Sammellinse gebrochen wird, so gilt unter der Bedingung achsennaher Strahlen:
> - Ein Parallelstrahl wird so gebrochen, dass er dann durch den Brennpunkt verläuft.
> - Ein Brennpunktstrahl wird so gebrochen, dass er dann parallel zur optischen Achse verläuft.
> - Ein Mittelpunktstrahl geht ungebrochen durch eine Sammellinse.

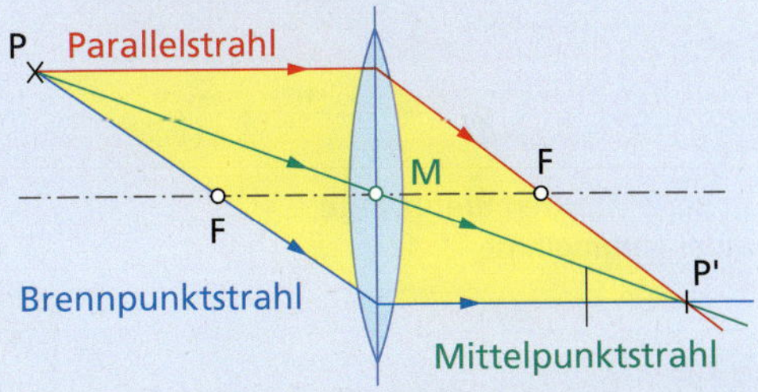

1 Scharfes Bild einer Kerzenflamme: Der Schirm befindet sich dort, wo sich die Strahlen schneiden.

3 Unscharfes Bild einer Kerzenflamme: Die Strahlen schneiden sich nicht im Bereich des Schirms.

Ort des Gegenstands	Bild und Bildkonstruktion	Eigenschaften des Bilds
außerhalb der doppelten Brennweite einer Sammellinse $g > 2f$	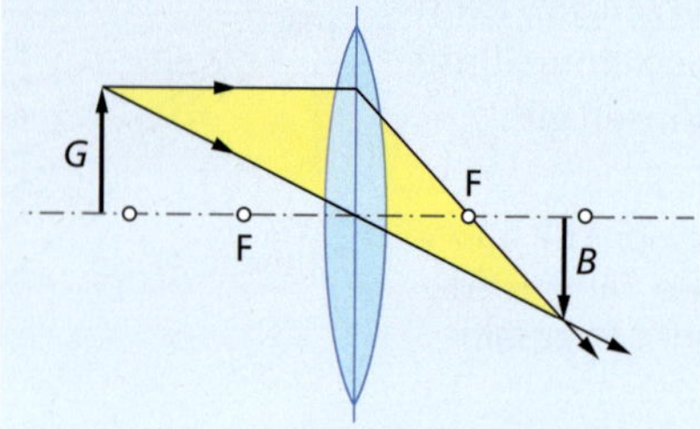	– verkleinert – umgekehrt – seitenvertauscht – reell (wirklich) Das Bild liegt zwischen einfacher und doppelter Brennweite.
in der doppelten Brennweite einer Sammellinse $g = 2f$	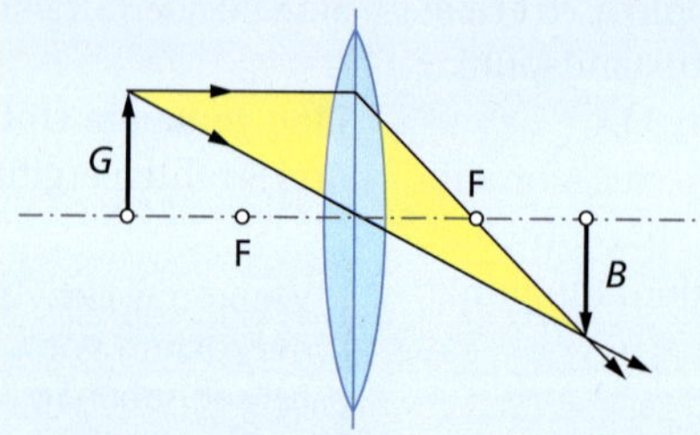	– gleich groß – umgekehrt – seitenvertauscht – reell (wirklich) Das Bild liegt in der doppelten Brennweite.
zwischen einfacher und doppelter Brennweite einer Sammellinse $2f > g > f$	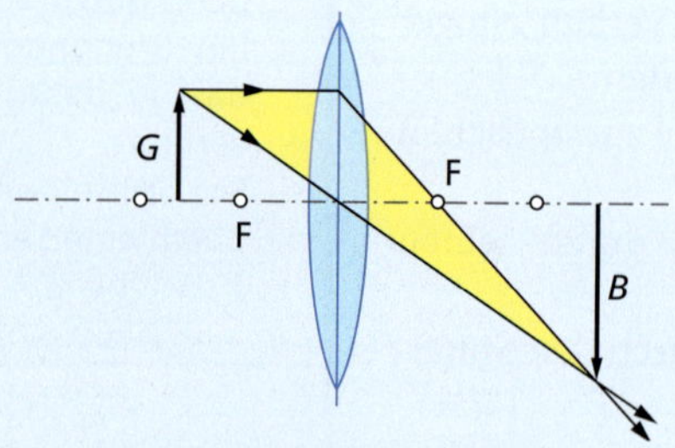	– vergrößert – umgekehrt – seitenvertauscht – reell (wirklich) Das Bild liegt außerhalb der doppelten Brennweite.
in der einfachen Brennweite einer Sammellinse $g = f$	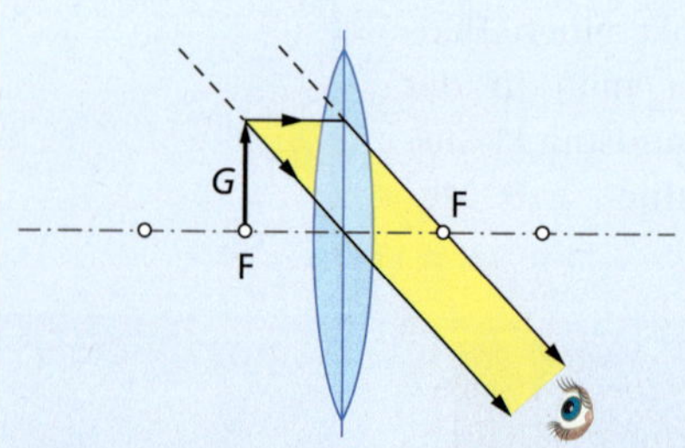	– gebrochene Strahlen verlaufen parallel
innerhalb der einfachen Brennweite einer Sammellinse $g < f$	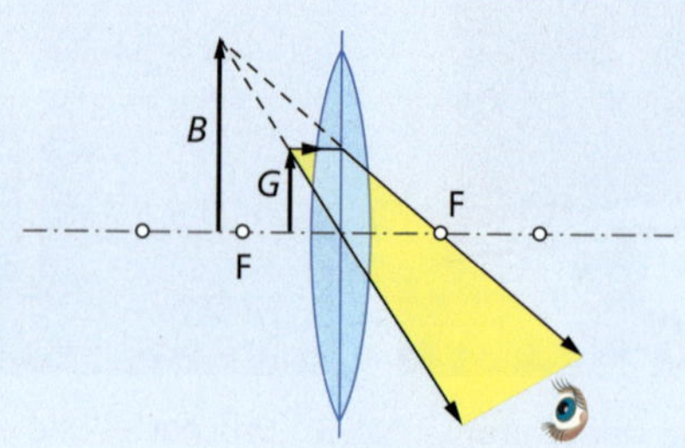	– vergrößert – aufrecht – seitenrichtig – virtuell (scheinbar) Das Bild sieht man auf der gleichen Seite der Linse wie den Gegenstand.

Beugung von Licht

Die auf Seite 66 beschriebene Erscheinung der Beugung tritt tatsächlich bei allen Arten von Wellen auf. Sie kann mit einem einfachen Wellenmodell erklärt werden.
Trifft eine Wellenfront auf einen schmalen Spalt (Abb. 1), so wirkt dieser Spalt wie eine Lichtquelle, von der kreisförmige Wellen ausgehen. Das Licht breitet sich hinter dem Spalt in alle Richtungen aus. Entsprechend geht auch von einer Kante eine kreisförmige Welle aus, sodass das Licht sich auch in den Schattenraum hinter der Kante ausbreitet (Abb. 2).

Interferenz von Licht

Lenkt man das Licht einer Lichtquelle auf zwei dicht benachbarte enge Spalte, so würde man nach dem Strahlenmodell zwei helle Streifen auf dem Schirm erwarten. Tatsächlich beobachtet man aber eine ganze Reihe von hellen und dunklen Streifen (Abb. 3).
Eine Erklärung für das Auftreten dieser hellen und dunklen Streifen findet man, wenn man davon ausgeht, dass sich Licht wie eine Welle ausbreitet. Von jedem der beiden Spalte gehen kreisförmige Wellen aus. Die Wellen überlagern sich (↗ S. 68, Abb. 1). Diese Erscheinung wird als **Interferenz** (Überlagerung) bezeichnet.
Bei einer Welle gibt es Wellenberge und Wellentäler die in Ausbreitungsrichtung fortschreiten. Den Abstand zwischen zwei aufeinanderfolgenden Wellenbergen nennt man die **Wellenlänge** der Welle. Treffen nun Wellenberge zweier Wellen aufeinander, so entsteht ein höherer Wellenberg. Entsprechend entsteht ein tieferes Wellental, wenn zwei Täler aufeinandertreffen. In diesem Fall spricht man von Verstärkung. An solchen Stellen schwingt die Welle mit besonders großer Amplitude. Wie beim Schall die Amplitude die Wahrnehmung Lautstärke beschreibt, so beschreibt beim Licht die Amplitude die Wahrnehmung Helligkeit. Schwingt also die Überlagerung zweier Wellen an einer Stelle auf dem Schirm besonders stark, so beobachtet man dort einen hellen Streifen.
Treffen ein Wellenberg und ein Wellental zusammen, dann heben sich die beiden Schwingungen auf. Die Wellen löschen sich an dieser Stelle aus. Die Amplitude der Schwingung ist null. Wir beobachten einen dunklen Streifen.

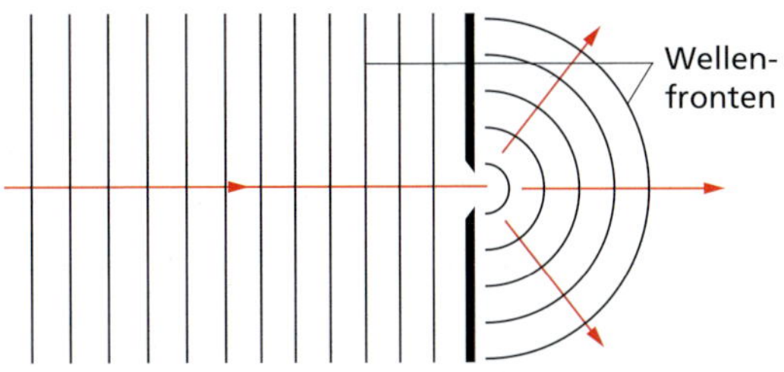

1 Beugung an einem schmalen Spalt

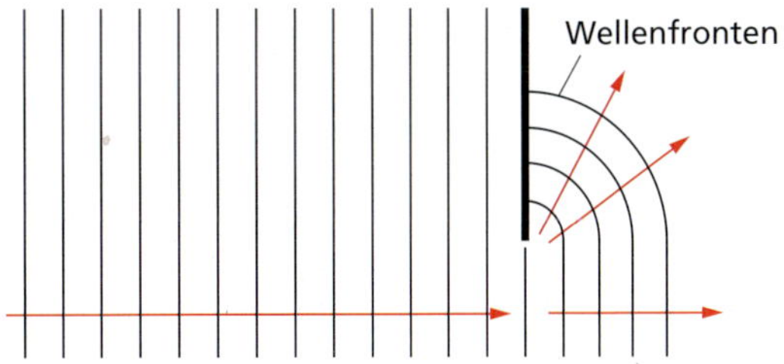

2 Beugung an einer Kante

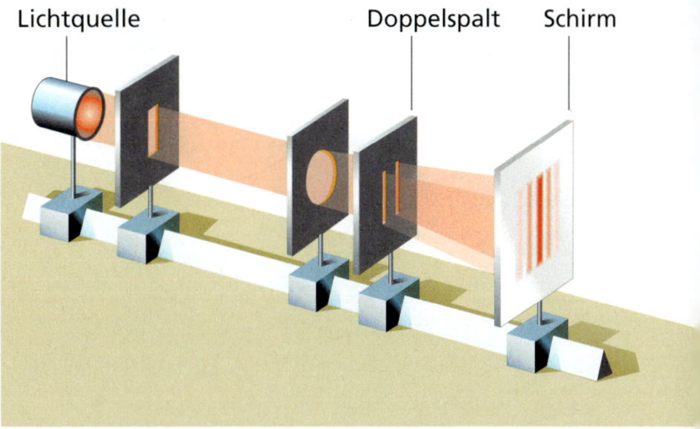

3 Experiment mit einem Doppelspalt

> Licht hat Eigenschaften von Wellen. Es kann auch mit dem Modell Lichtwelle beschrieben werden.

Licht besitzt wie Schall eine Frequenz. Sie beschreibt die Wahrnehmung Farbe des Lichts. Je nach Ausbreitungsgeschwindigkeit und Frequenz

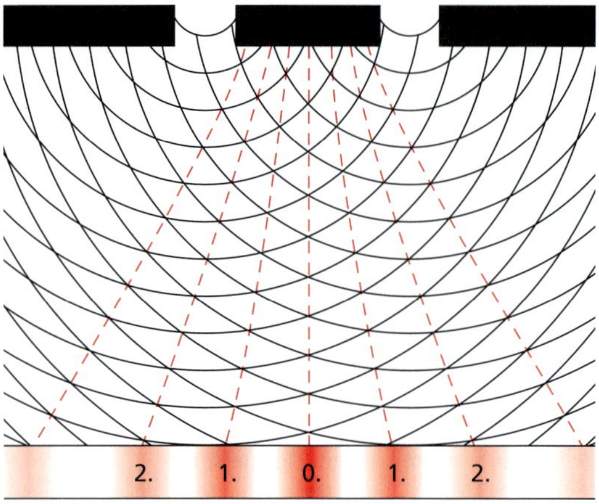

1 Interferenz von Licht am Doppelspalt

des Lichts hat die Lichtwelle eine unterschiedliche Wellenlänge. Die Wellenberge von blauem Licht sind näher beieinander als die Wellenberge von rotem Licht. Man sagt: „Blaues Licht ist kurzwelliger als rotes Licht."
Schickt man blaues Licht durch einen Doppelspalt, so liegen die hellen Streifen näher beieinander als bei rotem Licht. Deshalb wird weißes Licht beim Auftreffen auf einen Doppelspalt wie bei einem Regenbogen in das gesamte Spektrum aufgespalten (Abb. 2).

Die Zerlegung des weißen Lichts in sein Spektrum ist umso deutlicher, je mehr Spalte man verwendet. Bei einem Gitter schickt man das Licht durch sehr viele, sehr eng nebeneinanderliegende Spalte.

Auch bei der Reflexion von Licht kann Interferenz auftreten. Es können sich dabei z. B. die einfallende und die reflektierte Welle oder an verschiedenen Stellen reflektierte Wellen überlagern.

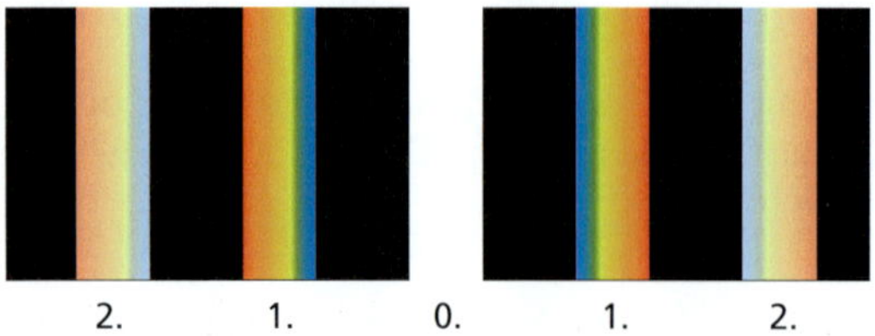

2 Farbige Interferenzstreifen bei Verwendung von weißem Licht

Mosaik

Strahlenoptik und Wellenoptik

An breiten Spalten und großen Öffnungen, wie man sie bei vielen optischen Instrumenten findet, spielen Beugung und Interferenz keine Rolle. Es tritt zwar auch Beugung auf, das gebeugte Licht ist aber wegen seiner geringen Intensität nicht sichtbar. Die Lichtausbreitung kann mit dem Modell **Lichtstrahl** beschrieben werden. Den Bereich der Optik, in dem man optische Erscheinungen mit dem Modell Lichtstrahl beschreiben und erklären kann, bezeichnet man als **Strahlenoptik.** In der Strahlenoptik kann man z. B. die Schattenbildung (Abb. 3) beschreiben und erklären. Gut geeignet ist die Strahlenoptik auch zur Beschreibung der Lichtwege bei Spiegeln, Prismen oder Linsen.

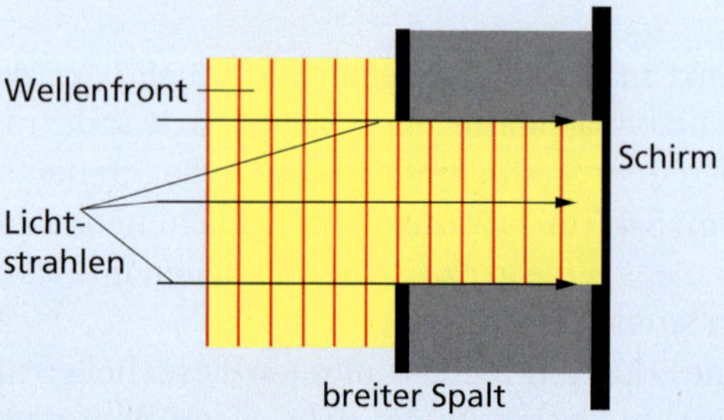

3 Schattenbildung am breiten Spalt

Bei engen Spalten, sehr kleinen Öffnungen und schmalen Hindernissen sind Beugung und Interferenz die charakteristischen Erscheinungen (Abb. 4). Beugung und Interferenz lassen sich nicht mit dem Modell Lichtstrahl, sondern nur mit dem Modell **Lichtwelle** beschreiben und erklären. Den Bereich der Optik, in dem man optische Erscheinungen mit dem Modell Lichtwelle beschreiben muss, bezeichnet man als **Wellenoptik.** Interferenzerscheinungen kann man nur in der Wellenoptik erklären.

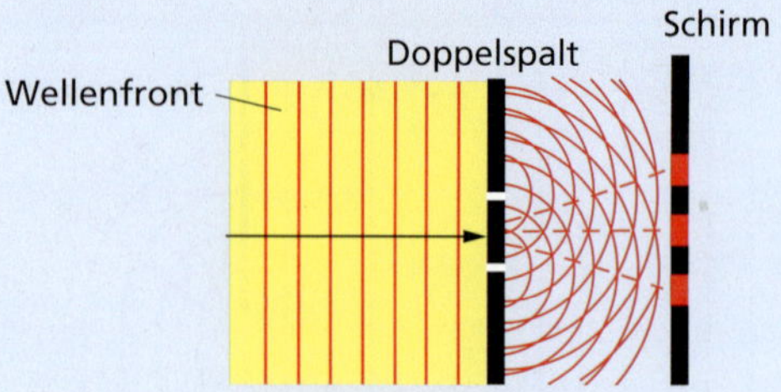

4 Beugungserscheinungen am Doppelspalt

Mosaik

Was ist Licht?

Mit dem Licht, dem Sehen und einfachen optischen Anordnungen haben sich schon griechische Gelehrte wie ARISTOTELES (384–322 v. Chr.) EUKLID (um 300 v. Chr.) und PTOLEMÄUS (um 100 bis um 160) beschäftigt. Die Frage, was Licht ist, blieb dabei offen.

Mit der Entwicklung der ersten Mikroskope und Fernrohre im 17. Jahrhundert begann die Entwicklung der Optik als Wissenschaftsdisziplin.

So beschäftigte sich u. a. JOHANNES KEPLER (1571 bis 1630) mit dem Sehen, den Farben und der Natur des Lichts. Er entdeckte die Totalreflexion, führte Untersuchungen zur Brechung durch und gab eine theoretische Beschreibung des Fernrohrs. Dies erfolgte auf der Grundlage geometrischer Betrachtungen. Die verstärkte Untersuchung des Problems der Lichtfarben führte hin zu der Frage nach den Eigenschaften und der physikalischen Natur des Lichts. Dabei wurden unterschiedliche Vorstellungen entwickelt, die mit den Namen zweier Physiker verbunden sind, die auch in anderen Gebieten der Physik Hervorragendes geleistet haben: ISAAC NEWTON (Abb. 1) und CHRISTIAAN HUYGENS (Abb. 2).

NEWTON hatte zunächst keine klaren Vorstellungen über das Wesen des Lichts. So schrieb er 1672: *„Da wir nun den Grund der Farben nicht in den Körpern, sondern im Licht gefunden haben, so haben wir guten Grund, dieses als Substanz zu bezeichnen. Aber vollständig und im Einzelnen zu bestimmen, was Licht ist, ... das ist nicht leicht ..."*

1 ISAAC NEWTON (1643–1727)

Später präzisierte NEWTON seine Vorstellungen und betrachtete Licht als Strom von kleinen Teilchen oder Korpuskeln. Er entwickelte die **Korpuskulartheorie** des Lichts.

Im Unterschied dazu kam HUYGENS durch seine Untersuchungen zu der Auffassung, dass sich Licht wie eine Welle verhält. Er entwickelte die **Wellentheorie** des Lichts (Abb. 3). Bei beiden Theorien blieben Fragen offen. Die Korpuskulartheorie setzte sich aber auch aufgrund der Autorität NEWTONS allmählich durch und wurde bis zum Anfang des 19. Jahrhunderts zur allein herrschenden Vorstellung.

2 CHRISTIAAN HUYGENS (1629–1695)

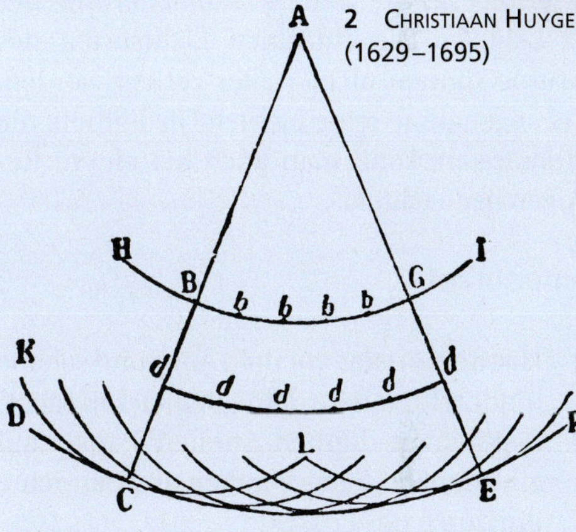

3 Originalzeichnung von HUYGENS: Elementarwellen überlagern sich zu einer Wellenfront.

Mit der Entdeckung der Interferenz durch den englischen Arzt und Naturforscher THOMAS YOUNG (1773–1829) und den Untersuchungen zur Beugung durch den französischen Physiker AUGUSTIN JEAN FRESNEL (1788–1827) begann der Siegeszug der Wellentheorie, doch auch mit ihr konnten nicht alle neu entdeckten Erscheinungen erklärt werden.

Wesentlich weiterentwickelt wurden die Vorstellungen vom Licht 1905 durch ALBERT EINSTEIN (1879–1955), der die **Lichtquantentheorie** aufstellte. Diese verbindet Elemente des Wellen- und des Teilchenmodells miteinander. Geprägt wurde dabei der Begriff **Lichtquant** oder **Photon.**

Zerlegung von weißem Licht

Die Sonne oder Halogenlampen senden weißes Licht aus. Wenn ein schmales Bündel von diesem Licht auf ein Prisma gelenkt wird, dann entsteht hinter dem Prisma ein prächtiges Farbband (Abb. 1). Wir nennen es **Spektrum.** Diese Erscheinung der Auffächerung von weißem Licht in verschiedenfarbiges Licht lässt sich so erklären:

> Weißes Licht ist aus verschiedenen Lichtsorten zusammengesetzt, wobei wir die verschiedenen Lichtsorten als verschiedene Farben wahrnehmen.

Wenn man eine der Lichtsorten ausblendet und diese eine Lichtsorte durch ein Prisma lenkt, dann erfolgt keine weitere Auffächerung des Lichts (Abb. 2). Die einzelnen Lichtsorten des Spektrums können nicht weiter zerlegt werden. Es sind sogenannte reine Lichter. Die Farben, die dabei auftreten, kann man auch bei einem Regenbogen beobachten.

Experiment

a) Halte ein Prisma vor dein Auge und schaue hindurch! Notiere deine Beobachtungen!
b) Lege einen dünnen Streifen Papier auf eine dunkle Fläche vor dich und betrachte ihn durch das Prisma!

Notiere deine Beobachtungen!

c) Ersetze den weißen Papierstreifen durch verschiedene farbige Papierstreifen! Notiere wieder deine Beobachtungen!
d) Nimm an, dass Licht ein Gemisch aus verschiedenen Lichtsorten ist. Versuche, damit deine Beobachtungen zu erklären!

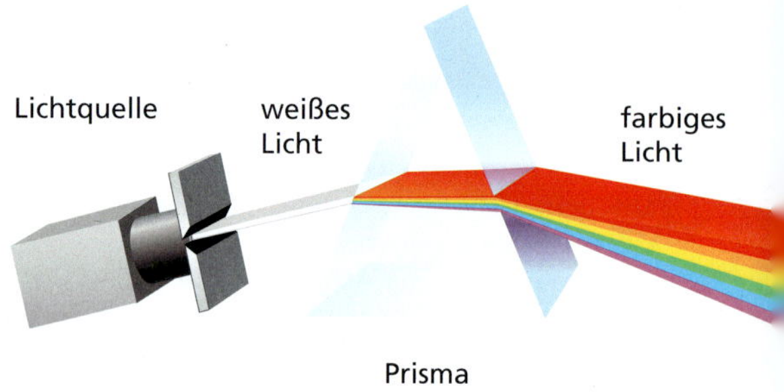

1 Zerlegung von weißem Licht durch ein Prisma: Man erhält verschiedene Lichtsorten.

2 Das Licht einer Lichtsorte ist nicht weiter zerlegbar.

In der Physik werden die Lichtsorten, die man mit einem Prisma aus weißem Licht erhält, als **Spektralfarben** bezeichnet. Sie treten bei Prismen und beim Regenbogen immer in der gleichen Reihenfolge auf.
Es ist üblich, die Farben, die wir am intensivsten wahrnehmen, als Spektralfarben zu bezeichnen.

> Spektralfarben sind die Farben Rot, Orange, Gelb, Grün, Blau und Violett.

Vereinigt man das Licht aller Spektralfarben wieder, z. B. mit einer Sammellinse (Abb. 2), dann entsteht weißes Licht.

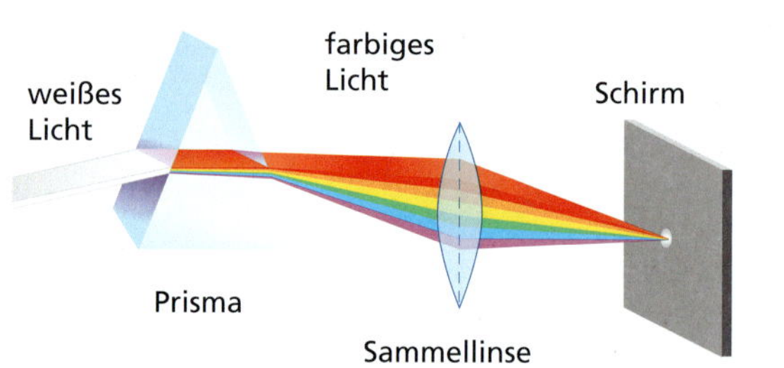

3 Die Vereinigung aller Spektralfarben ergibt Weiß.

Vergleich von Schallwellen und Lichtwellen	
Schallwellen	**Lichtwellen**
Schallwellen sind mechanische Wellen.	Lichtwellen sind elektromagnetische Wellen.
Schallwellen benötigen einen Schallträger zu ihrer Ausbreitung. Im Vakuum können sie sich nicht ausbreiten.	Lichtwellen benötigen keinen Träger zu ihrer Ausbreitung. Sie breiten sich in Stoffen, aber auch im Vakuum aus.
Schallwellen können reflektiert, gebrochen und gebeugt werden.	Lichtwellen können reflektiert, gebrochen und gebeugt werden.
Bei Schallwellen kann Interferenz eintreten. Sie äußert sich durch Bereiche kleinerer bzw. größerer Lautstärke.	Bei Lichtwellen kann Interferenz eintreten. Sie äußert sich durch Bereiche kleinerer oder größerer Helligkeit.
Die Frequenz des Schalls bestimmt die Tonhöhe. Schall mit einer Frequenz ergibt einen reinen Ton.	Die Frequenz des Lichtes bestimmt die Farbe des Lichtes. Licht mit einer Frequenz ergibt eine reine Spektralfarbe.
Die Amplitude des Schalls bestimmt die Lautstärke des Tones.	Die Amplitude des Lichtes bestimmt die Intensität des Lichtes.

Im Wellenmodell lässt sich jeder Farbe eine bestimmte Frequenz und eine Wellenlänge zuordnen. Die Farben des Spektrums umfassen jeweils einen bestimmten Frequenz- bzw. Längenwellenbereich (↗ Übersicht unten und S. 146, Abb. 1). Sichtbares Licht setzt sich meist aus Lichtwellen verschiedenster Frequenzen zusammen. Weißes Licht besteht z. B. aus sichtbarem Licht aller Frequenzen bzw. Farben, ist also ein Mischlicht. Das gilt auch für das Licht, das von der Sonne zu uns gelangt. Der für uns sichtbare Bereich des Spektrums elektromagnetischer Wellen umfasst Frequenzen von $3{,}8 \cdot 10^{14}$ Hz bis $7{,}7 \cdot 10^{14}$ Hz. Das entspricht Wellenlängen von 780 bis 390 nm.

Neben dem Spektrum des sichtbaren Lichtes gibt es das für den Menschen unsichtbare **infrarote** und **ultraviolette Licht.**

Infrarotes Licht wird auch als **Wärmestrahlung** bezeichnet. Es hat eine kleinere Frequenz und eine größere Wellenlänge als sichtbares Licht. Die wichtigste Quelle für dieses Licht ist die Sonne. Ultraviolettes Licht wird auch als UV-Licht bezeichnet. Es hat vor allem biologische Wirkungen (Bräunung der Haut, Sonnenbrand).

Art des Lichtes	Frequenz f in 10^{14} Hz	Wellenlänge λ (in Luft) in nm
Infrarotes Licht (IR)	0,1–3,8	30 000–780
Rotes Licht	3,8–4,8	780–620
Oranges Licht	4,8–5,0	620–600
Gelbes Licht	5,0–5,3	600–570
Grünes Licht	5,3–6,1	570–490
Blaues Licht	6,1–7,0	490–430
Violettes Licht	7,0–7,7	430–390
Ultraviolettes Licht (UV)	7,7–300	390–10

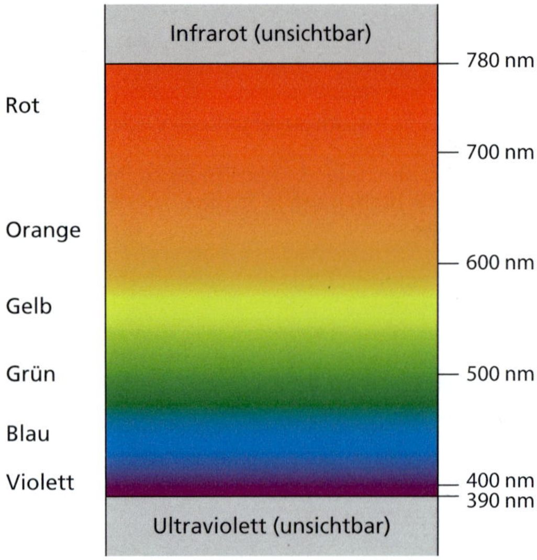

1 Kontinuierliches Spektrum und Wellenlängen des sichtbaren Lichtes in Nanometern (nm)

Das für den Menschen sichtbare Licht ist nur ein sehr kleiner Bereich aus dem gesamten Spektrum elektromagnetischer Wellen, zu denen auch die für Rundfunk und Fernsehen genutzten hertzschen Wellen, die Mikrowellen, die Röntgenstrahlen und die Gammastrahlen gehören.
Wie bei mechanischen Wellen (↗ S. 114) besteht auch bei Licht ein enger Zusammenhang zwischen der Lichtgeschwindigkeit, der Wellenlänge und der Frequenz.

> Für Licht gilt folgender Zusammenhang:
>
> $c = \lambda \cdot f$
>
> c Lichtgeschwindigkeit
> λ Wellenlänge
> f Frequenz des Lichts

Die Frequenz des Lichtes hängt nur von seiner Entstehung ab und bleibt immer gleich. Die Lichtgeschwindigkeit und damit auch die Wellenlänge sind dagegen von dem Stoff abhängig, in dem sich das Licht ausbreitet.
In einem Stoff, z. B. in Luft, hat die Lichtgeschwindigkeit einen bestimmten Wert. Demzufolge gilt dort: Je größer die Frequenz ist, desto kleiner ist die Wellenlänge.

Mosaik

Nachweis von infrarotem und ultraviolettem Licht

Die Infrarotstrahlung der Sonne wurde im Jahre 1800 durch den Astronomen FRIEDRICH WILHELM HERSCHEL (1738 bis 1822) entdeckt.
HERSCHEL (↗ Abb.) erzeugte mithilfe eines Prismas ein Spektrum des Sonnenlichts und brachte Thermometer an verschiedenen Stellen an. Dabei stellte er fest, dass das Thermometer außerhalb des sichtbaren roten Bereichs eine deutlich höhere Temperatur anzeigte als innerhalb des sichtbaren Spektrums. Es musste also auch außerhalb des sichtbaren Spektrums noch Strahlung vorhanden sein, die als infrarotes Licht bezeichnet wird. Wir empfinden sie als angenehme Wärmestrahlung.

Ein Jahr später fand JOHANN WILHELM RITTER (1776 bis 1810), ein Begründer der Elektrochemie, das ultraviolette Licht. Er entdeckte, dass weißes Hornsilber (Silberchlorid) geschwärzt wurde, wenn es sich außerhalb des violetten Endes des Spektrums befand.
Ultraviolettes Licht kann man auch nachweisen, wenn man das Spektrum auf einen Fluoreszenzschirm lenkt. Im ultravioletten Licht leuchtet der Fluoreszenzschirm auf.

Infrarotes und ultraviolettes Licht sind Bestandteile der Sonnenstrahlung.
Der Anteil des infraroten Lichtes beträgt ca. 38 %, der des ultravioletten Lichtes ca. 7 % und der des sichtbaren Lichtes ca. 48 %. Hinzu kommen 7 % an anderen Strahlungsarten.
Infrarotes Licht kann man z. B. mit Infrarotlampen erzeugen. Eine Quelle für ultraviolettes Licht sind Quecksilberdampflampen oder spezielle Leuchtstofflampen, die z. B. auch in Sonnenstudios verwendet werden. Biologisch besonders wirksam ist das kurzwellige UV(B).

Mehr Informationen zum infraroten und ultravioletten Licht sind im Internet zu finden, z. B. unter der Adresse **www.schuelerlexikon.de**.

Die Farbe von gemischtem Licht

Die Mischung von verschiedenen Lichtsorten finden wir an vielen Stellen: In der Disco leuchten verschiedenfarbige Lampen. Straßenlampen senden weißes oder gelbes Licht aus. Wenn man verschiedene Lichtsorten mischt, nehmen wir unterschiedliche Farben wahr.

1 Verschiedenfarbiges Licht ergibt eine Mischfarbe.

Für unsere Wahrnehmung gilt:

> Wenn mehrere Lichtsorten zugleich auf die gleiche Stelle der Netzhaut treffen, dann nehmen wir eine Mischfarbe wahr.

Diese Farbwahrnehmung kann verschiedene Ursachen haben (↗ Übersicht unten).

Experiment

a) Betrachte einen Bildschirm, auf dem ein gelber Bereich zu sehen ist, durch eine Lupe!

b) Stelle das Buch geöffnet hin und betrachte das folgende Bild aus immer größerer Entfernung! Notiere deine Beobachtung!

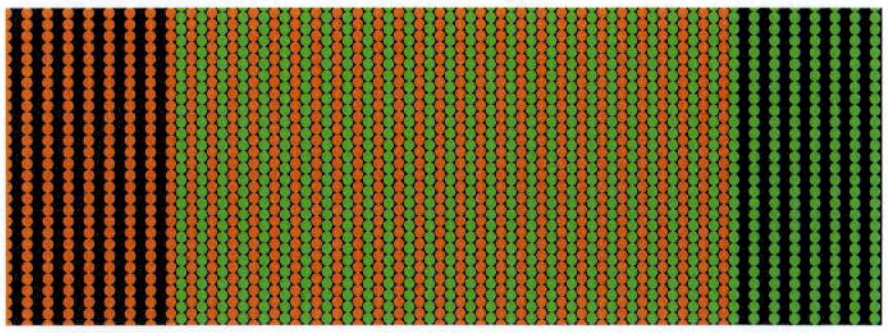

Eine Lichtquelle oder ein Gegenstandspunkt sendet gleichzeitig mehrere Lichtsorten aus, die zusammen auf die gleiche Stelle der Netzhaut fallen.	Beispiel: Das Licht einer Energiesparlampe sendet gleichzeitig rotes, grünes und blaues Licht aus.	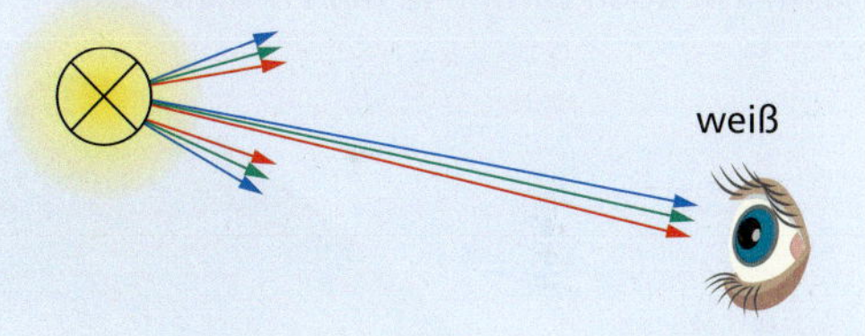
Das Licht von drei verschiedenfarbigen Lichtquellen wird vom gleichen Gegenstandspunkt ins Auge gestreut.	Beispiel: Der Physiklehrer lenkt aus drei Lampen blaues, grünes und rotes Licht an die gleiche Stelle einer weißen Wand.	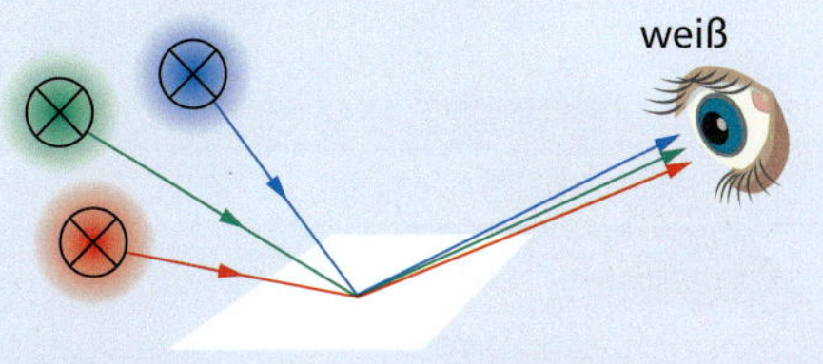
Drei Lichtquellen liegen so dicht beisammen, dass sie vom Auge nicht getrennt werden können. Ihr Licht gelangt auf dieselbe Stelle der Netzhaut.	Beispiel: Ein Bildschirm besteht aus kleinen, sehr eng liegenden Bereichen, die rot, grün oder blau leuchten können. Wenn alle drei Sorten gleich hell leuchten, sieht man Weiß.	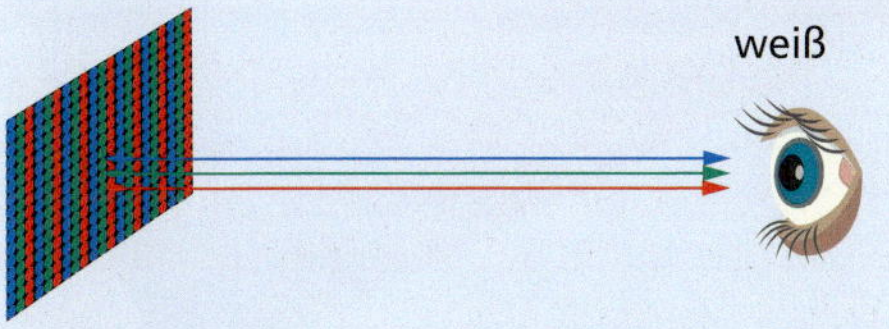

2 Die Wahrnehmung von Weiß kann unterschiedlich zustande kommen.

Additive Farbmischung

Bei der additiven Farbmischung werden verschiedene Lichtsorten auf dieselbe Stelle gelenkt und überlagern (addieren) sich. Welche Farbe wir dann wahrnehmen, hängt nicht nur von den Lichtsorten, sondern z. B. auch von der Intensität des Lichts ab. Die Mischfarbe, die wir sehen, kann man mithilfe einer **Farbtafel** (Abb. 1) vorhersagen.
Eine solche Farbtafel enthält auf dem Rand die Spektralfarben in einer bestimmten Anordnung. Dazwischen befinden sich Mischfarben.
Zur Mitte der Farbtafel hin werden die Mischfarben immer blasser. In der Mitte ist Weiß (Punkt S in Abb. 1).

> Wenn man verschiedene Farbsorten additiv mischt, kann man den dann entstehenden Farbeindruck mithilfe einer Farbtafel vorhersagen.

Die Farbtafel ist so konstruiert, dass sich die entstehende Mischfarbe aus dem Schwerpunkt S der zu mischenden Farben in der Farbtafel ergibt.

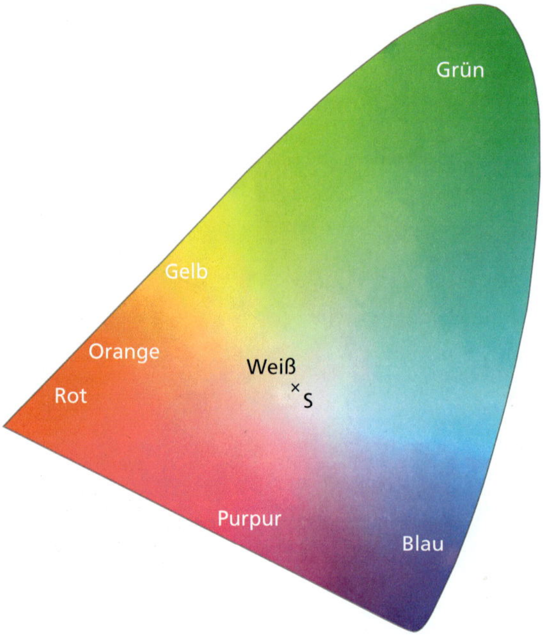

1 Farbtafel für additive Farbmischung

Betrachten wir dazu einige Beispiele solcher Farbmischungen.
Beispiel 1:
Die additive Mischung von Rot, Grün und Blau ergibt Weiß.

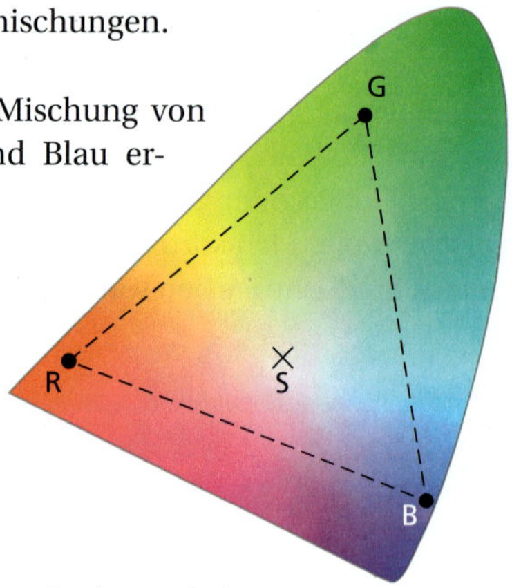

2 Der Schwerpunkt des Dreiecks RGB liegt im weißen Bereich der Farbtafel.

Diese Vorhersage kann man experimentell prüfen, indem man die Farbsorten Rot, Grün und Blau in gleicher Intensität auf eine Stelle einer weißen Wand projiziert.

Experiment

Es ist verblüffend, dass man den Schwerpunkt auch durch Ausbalancieren bestimmen kann. Übertrage dazu die Farbtafel (Abb. 1 oder Internet) auf einen Karton. An diesen hängen wir je ein Wägestück mit 100 g. Durch Ausbalancieren erhalten wir als Mischfarbe Gelb.
Wenn man den Rotanteil doppelt so groß wählen will, muss an die entsprechende Schlaufe ein Körper der Masse 200 g gehängt werden. Nun erhält man als Mischfarbe Orange (↗ Skizze).

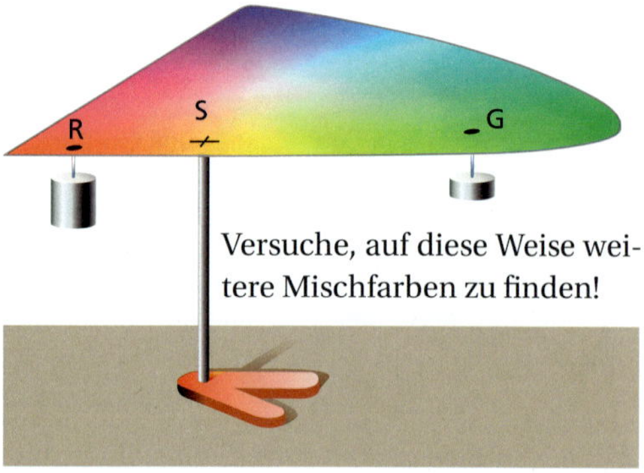

Versuche, auf diese Weise weitere Mischfarben zu finden!

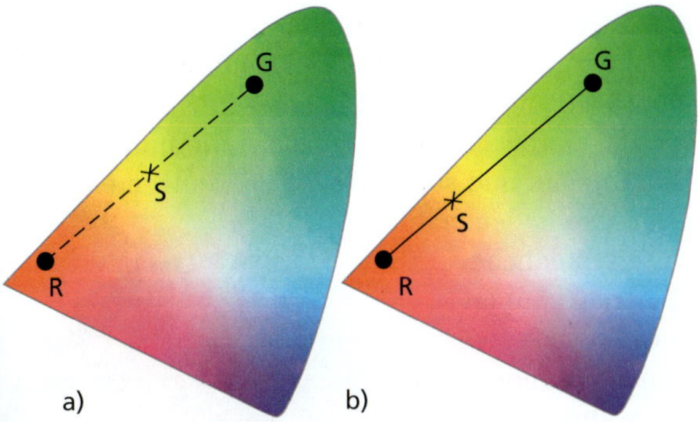

1 Additive Mischung von Rot und Grün

Beispiel 2:
Es werden Rot und Grün in unterschiedlichem Verhältnis gemischt. Bei einer Mischung im Verhältnis 1 : 1 liegt der Schwerpunkt S in der Mitte (Abb. 1a). Als Mischfarbe müsste sich Gelb ergeben. Wird der rote Farbanteil verstärkt, dann verschiebt sich der Schwerpunkt S in Richtung R (Abb. 1b). Es müsste der Farbeindruck Orange entstehen.

Auch diese Vorhersagen sind experimentell nachprüfbar. Dazu richten wir zwei Diaprojektoren auf die gleiche Wandfläche. Der eine Projektor enthält ein rotes Dia, der andere ein grünes.
Wir verdoppeln nun die Helligkeit des roten Lichts, indem wir noch einmal rotes Licht mit einem dritten Projektor auf die Wandfläche strahlen. Nun erhalten wir als Mischfarbe Orange.

Bei der Mischung von Farben kommt es nicht darauf an, ob diese selbst schon gemischt sind. Gelb und Blau ergeben Weiß, unabhängig davon, ob das gelbe Licht eine reine Spektralfarbe oder eine Mischung aus rotem und grünem Licht ist.

Bildschirme haben nur rot, grün und blau leuchtende Farbpunkte, die meist linienförmig angeordnet sind (Abb. 2). Damit kann man alle Farben erzeugen, die auf S. 148 in Abb. 2 innerhalb des Dreiecks RGB liegen.
Leuchten rote, grüne und blaue Farbpunkte in gleicher Intensität, so sehen wir einen weißen Bildschirm. Leuchtet keiner der Punkte, so ist der Bildschirm schwarz.

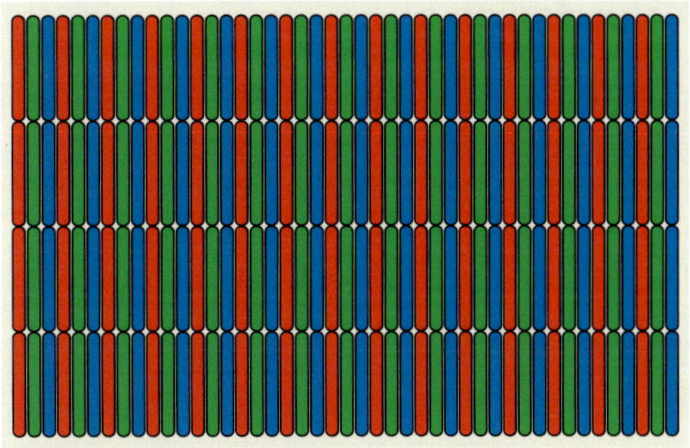

2 Aufbau eines Bildschirms

Rot und Grün allein ergeben Gelb, Grün und Blau ein Blaugrün (Cyan), Rot und Blau ein Purpur (Magenta). Durch Veränderung der Intensität der Farbpunkte erhält man weitere Farbtöne und Farben wie Braun oder Ocker.
Alle erzeugbaren Farben liegen innerhalb des Dreiecks RGB (↗ S. 148, Abb. 2).

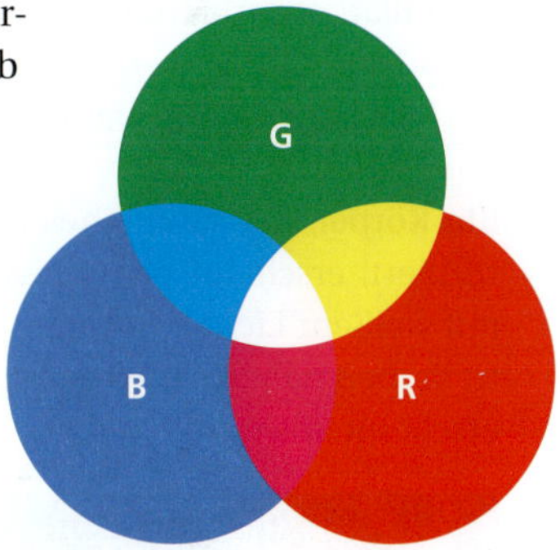

3 Grundfarben der additiven Farbmischung

Blendet man aus einem Spektrum einzelne Lichtsorten aus, erhält man aus dem Rest durch additive Mischung charakteristische Mischfarben (↗ Übersicht).

Ausgeblendete Spektralfarbe		**Mischfarbe des restlichen Spektrums**
Rot		
Orange		
Gelb		
Grün		
Blau		
Violett		

Körperfarben

Licht, das auf einen Körper fällt, wird von diesem Körper teilweise reflektiert bzw. gestreut, teilweise absorbiert und teilweise auch hindurchgelassen.
Die Farbe, in der wir einen Körper wahrnehmen, ist davon abhängig,

- welche Lichtsorten auf ihn fallen,
- welche Lichtsorten er streut bzw. absorbiert.

> Ein Körper hat die Farbe, die sich aus der Mischung der von ihm gestreuten Lichtsorten ergibt. Der Farbeindruck wird nach den Regeln der additiven Farbmischung bestimmt.

Fällt z. B. Sonnenlicht (weißes Licht) auf Blätter, so werden Violett und Blau sowie Orange und Rot vom Blatt absorbiert. Grün und das benachbarte Gelb bzw. Türkis werden gestreut. Wir nehmen die Mischfarbe Grün wahr.

Ein Körper, der sämtliches auffallende Licht absorbiert, erscheint uns schwarz. Ein Körper, der mit weißem Licht beleuchtet wird und alle Spektralfarben näherungsweise gleich stark reflektiert, erscheint uns weiß.

Die Farbwahrnehmung eines Körpers ist nicht nur ein physikalischer Prozess. Da unsere Sinneseindrücke im Gehirn verarbeitet werden, spielen für die Farbwahrnehmung auch Stimmungen, Erfahrungen und subjektive Empfindungen eine Rolle. Das bedeutet:
Unterschiedliche Personen können denselben Gegenstand verschieden wahrnehmen.

1 Die Beleuchtung mit unterschiedlichen Lichtsorten ergibt verschiedene Körperfarben.

Mosaik

Dreifarbentheorie des Sehens

Licht fällt von einem Gegenstand durch die Pupille auf die Netzhaut. Hornhaut, Augenflüssigkeit, Augenlinse und Glaskörper bilden zusammen ein optisches System, das wie eine Sammellinse wirkt. Dadurch entsteht auf der Netzhaut ein scharfes Bild des Gegenstands.

Die Netzhaut enthält zwei Arten von lichtempfindlichen Zellen: Die etwa 120 Millionen Stäbchen nehmen nur Hell-Dunkel-Reize auf, die etwa 6 Millionen Zapfen sind farbempfindlich. Diese Zapfen sprechen nur bei einer ausreichenden Lichtintensität an. Ist sie zu gering, sehen wir nur Hell-Dunkel-Töne. Von den farbempfindlichen Zapfen gibt es drei Arten: Die eine Art ist für rotes Licht am empfindlichsten, die anderen Arten sind es für grünes und blaues Licht. Wenn farbiges Licht auf die Zapfen fällt, werden die lichtempfindlichen Zellen gereizt und die Reize an das Gehirn weitergeleitet. Es ergibt sich ein Farbeindruck, der sich aus den Grundfarben Rot, Grün und Blau zusammensetzt.

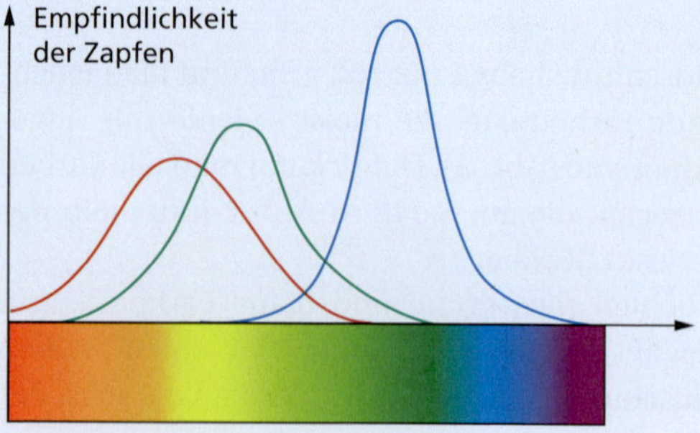

Licht als Informationsquelle

Die meisten Informationen über unsere Umwelt nehmen wir über unsere Augen und damit über das Licht auf. Licht ist folglich für den Menschen eine entscheidende Informationsquelle. Wie stark wir uns über unseren optischen Sinn orientieren, merkt man, wenn man sich in einem völlig dunklen Raum befindet.

Der Weg der Informationen lässt sich mit dem **Sender-Empfänger-Modell** beschreiben: Das von einem Sender (Gegenstand) ausgehende Licht wird von einem Empfänger (Augen) aufgenommen, die optischen Eindrücke werden im Gehirn verarbeitet. Wir erhalten damit ein Bild über die Größe, die Farbe, die Form und die Oberflächenbeschaffenheit des Gegenstands, den wir betrachten.
Licht, das von Lichtquellen ausgeht, kann aber noch viel mehr Informationen liefern. Insbesondere die **Astronomie,** bei der die Beobachtung von Sternen, Galaxien oder Nebeln (Abb. 1) zu den grundlegenden Arbeitsweisen gehört, nutzt das Licht von Himmelskörpern als Informationsquelle (↗ Übersicht unten). Betrachten wir als Beispiel den Krebsnebel (englisch: Crab Nebula, Abb. 1). Das Licht, das wir heute auf der Erde registrieren, ist vor etwa 6300 Jahren von diesem Nebel ausgegangen. Wir schauen also damit in die Vergangenheit. Aus Fotografien, die in verschiedenen Jahren hergestellt wurden, erkannte man,

1 Der Krebsnebel ist etwa 6300 Lichtjahre von uns entfernt. Er entstand aus der Explosion eines Sterns, die im Jahr 1054 erfolgte.

dass der Nebel expandiert. Als Ausdehnungsgeschwindigkeit wurden 1 500 $\frac{km}{s}$ ermittelt.
Rechnet man von dieser Ausdehnungsgeschwindigkeit zurück, erhält man als Ergebnis, dass der ursprüngliche Stern vor etwa 950 Jahren explodiert sein muss. Tatsächlich belegen historische Aufzeichnungen eine Supernova (Sternexplosion) im Jahr 1054.
Analysiert man das von dem Nebel ausgehende Licht mittels Spektralanalyse, so ergibt sich: Der Nebel besteht zum größten Teil aus Helium und Wasserstoff.

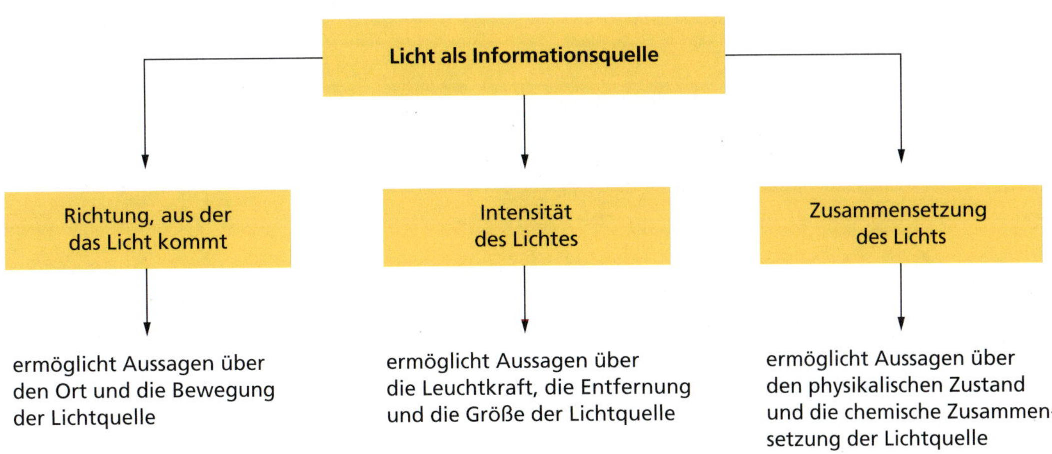

Arbeiten mit Modellen

Die Physik untersucht Vorgänge und Erscheinungen der Natur. Ziel der Untersuchungen ist es, diese Vorgänge und Erscheinungen zu erklären und Voraussagen über sie machen zu können. Dazu werden die Vorgänge mithilfe von physikalischen Modellen und Gesetzen beschrieben. Einige Modelle hast du bereits im vorhergehenden Physikunterricht kennengelernt, z. B. das Teilchenmodell, das Modell Lichtstrahl oder das Modell Feldlinienbild.

Ein Modell ist ein vom Menschen geschaffenes Ersatzobjekt. Es ermöglicht die Erklärung und Voraussage von Vorgängen und Erscheinungen.

Die Physik macht sogar Aussagen über Objekte, die prinzipiell gar nicht beobachtbar sind. So sind z. B. Atome auch mit den besten Mikroskopen nicht zu sehen. Dennoch macht sich der Physiker ganz konkrete Vorstellungen vom Aufbau der Atome, um Vorgänge und die zugehörigen Messergebnisse erklären zu können. Entsprechendes gilt auch für das Licht.

Modelle sind nicht richtig oder falsch. Ein gutes Modell ermöglicht plausible Erklärungen und beobachtungsnahe Voraussagen.

Dabei kann es für ein und dasselbe Objekt verschiedene Modelle geben. Welches Modell genutzt wird, hängt davon ab, was mit dem betreffenden Modell gemacht werden soll.
Geht es z. B. darum, die Form eines Schattens zu ermitteln oder den Durchgang des Lichts durch Linsen darzustellen, dann ist es zweckmäßig, das **Modell Lichtstrahl** anzuwenden (↗ Skizze).

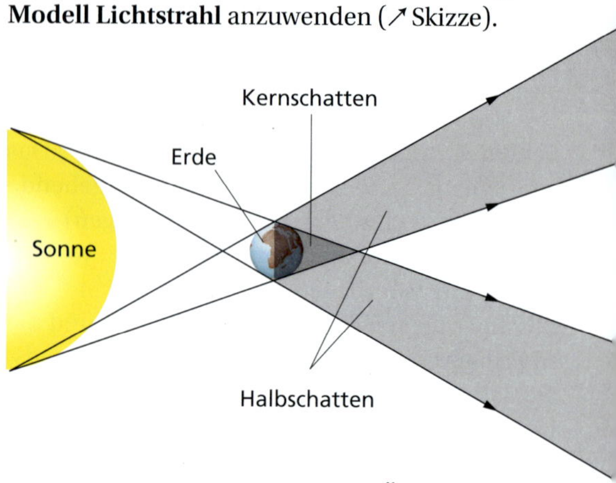

Bei engen Spalten, sehr kleinen Öffnungen und schmalen Hindernissen sind Beugung und Interferenz die charakteristischen Erscheinungen. Eine Erklärung dafür, dass Licht „um die Ecke“ geht oder „Licht plus Licht“ Dunkelheit ergibt, liefert nur das **Wellenmodell.**
Das Herausschlagen von Elektronen aus Metalloberflächen ist mit dem Wellenmodell nicht erklärbar, wohl aber mit einem Modell, bei dem man sich Licht als einen Strom von winzigen Teilchen (Photonen) vorstellt. Das betreffende Modell ist das Photonenmodell.

Verschiedene Modelle für das Licht

Modell Lichtstrahl	Modell Lichtwelle	Modell Photon
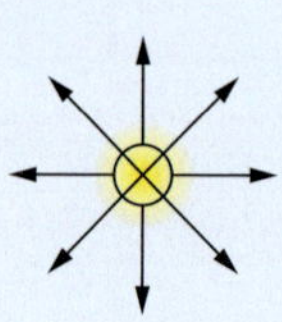	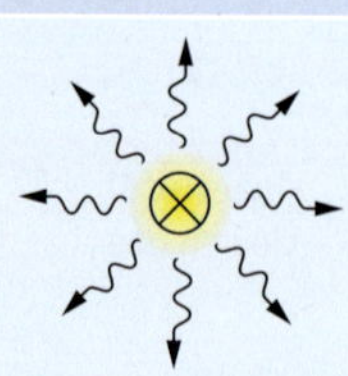	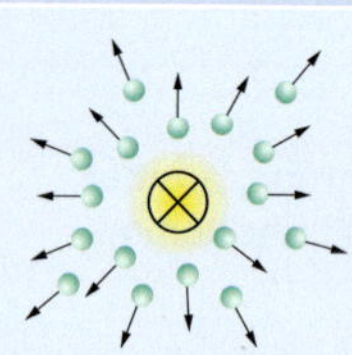
eignet sich zur Beschreibung des Wegs, den Licht zurücklegt.	eignet sich zur Erklärung von Beugung und Interferenz.	eignet sich zur Erklärung des Fotoeffekts.
Keine Aussage zur Natur des Lichts	Licht hat Wellencharakter.	Licht hat Teilchencharakter.

Physik in Natur und Technik

Optische Geräte: Fotoapparat und Diaprojektor

Mit Fotoapparaten, Diaprojektoren oder Handys mit Fotofunktion werden Bilder auf CCD-Chips, Filmen oder Schirmen erzeugt.
Mit Fernrohren will man weit entfernte Gegenstände, mit Mikroskopen sehr kleine besser sehen. Zur Vergrößerung kleiner Objekte kann man auch eine Lupe nutzen.
Dabei werden Spiegel, Prismen und Linsen verwendet, bei denen das Reflexionsgesetz und das Brechungsgesetz eine Rolle spielen.
Wie kann man optische Geräte einteilen?
Wie funktionieren Fotoapparat und Diaprojektor?

Nach ihrem Aufbau und der Anordnung der optischen Bauelemente kann man zwischen zwei Gruppen unterscheiden: Bei Fotoapparaten, Videokameras oder Diaprojektoren wird mit einem Linsensystem **(Objektiv)** ein Bild des Gegenstands auf einem Film, CCD-Chip oder einem Schirm erzeugt. Das kann ein vergrößertes (Diaprojektor) oder ein verkleinertes (Fotoapparat) Bild sein. Bei solchen optischen Geräten wie Mikroskopen oder Fernrohren werden zwei Linsensysteme genutzt, das den Gegenständen zugewandte **Objektiv** und das **Okular**, durch das mit den Augen das Bild betrachtet wird. Was für Bilder wir dann sehen, hängt von der Anordnung und den Eigenschaften der Linsensysteme ab.
Um mit einem Fotoapparat ein scharfes und farbrichtiges Bild zu erhalten, verwendet man als Objektiv meist ein kompliziertes Linsensystem, das wie eine Sammellinse wirkt. Deshalb sind in Abb. 1 und 2 vereinfacht Sammellinsen gezeichnet.
Bei Fotoapparaten werden häufig Objektive mit veränderbarer Brennweite (Zoomobjektive) genutzt. Dadurch ist es möglich, von einem Gegenstand, der sich in einer bestimmten Entfernung befindet, unterschiedlich große Bilder zu erhalten.
Scharfeinstellung und Belichtung erfolgen heute meist automatisch, die Bilddaten werden digital auf Speicherkarten erfasst und können mit dem Computer bearbeitet werden.

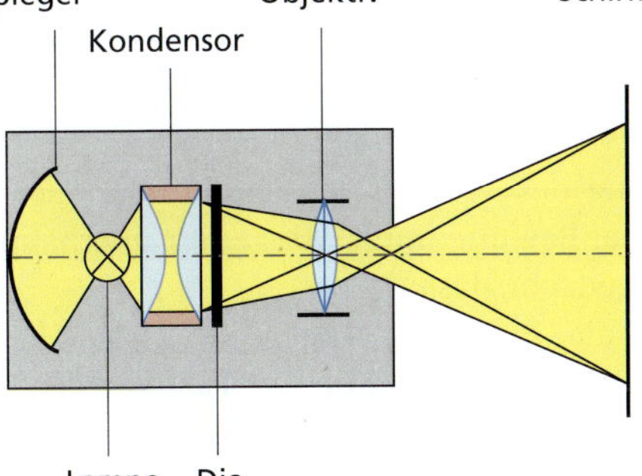

1 Strahlenverlauf beim Diaprojektor: Es entsteht ein vergrößertes Bild.

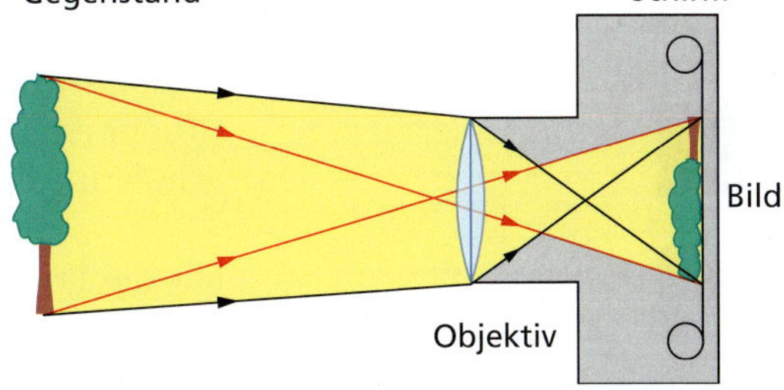

2 Strahlenverlauf beim Fotoapparat: Es entsteht ein verkleinertes Bild des Gegenstands.

3 Automatischer Diaprojektor mit Halogenlampe als Lichtquelle

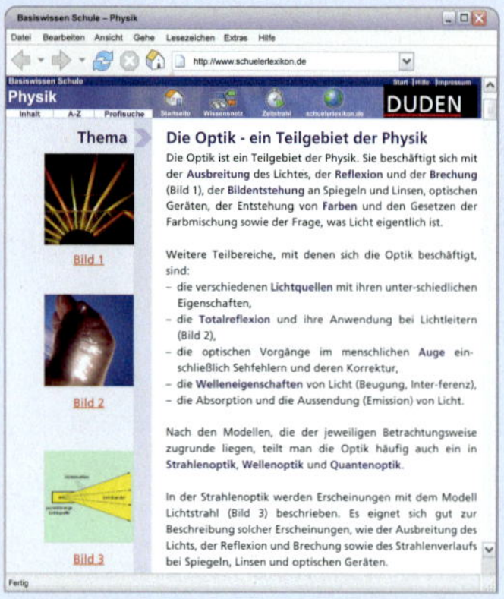

Unter der Internetadresse **www. schuelerlexikon.de** findest du für Schüler entwickelte Nachschlagewerke, u. a. für das Fach Physik.

Präsentieren von Informationen

Ergebnisse deiner Arbeit zu einem Thema oder das, was ihr in einer Gruppe erarbeitet habt, sollte den Mitschülern, vielleicht sogar allen Schülern der Schule oder der Öffentlichkeit präsentiert werden.

Für die Präsentation von Informationen gibt es unterschiedliche Möglichkeiten, beispielsweise:
- einen Vortrag halten,
- eine Wandzeitung oder ein Poster für den Physikraum oder den Schulflur gestalten,
- eine Präsentation mit dem Computer anfertigen und vorführen,
- eine Internetseite zu einem Thema gestalten!

Vorbereiten eines Vortrags

1. Verschaffe dir einen Überblick über das Thema! Nutze dazu verschiedene Informationsquellen!

Informationsquellen

elektronische Medien	Literatur	Schulbücher	Internet
Film	Lexika	Lehrbücher	Suchmaschinen
Fernsehen	Sachbücher	Tabellenwerke	Direktsuche
CD-ROMs, DVDs	Zeitschriften	Schülerlexika	www.schuelerlexikon.de

2. Wähle die Schwerpunkte aus, zu denen du etwas vortragen willst! Informiere dich über diese Schwerpunkte genauer!
3. Gliedere den Vortrag! Formuliere die Schwerpunkte in Kurzform schriftlich (z. B. Kärtchen mit Stichwörtern)!
4. Stelle Bilder, Folien oder Plakate bereit, die du für den Vortrag nutzen willst!

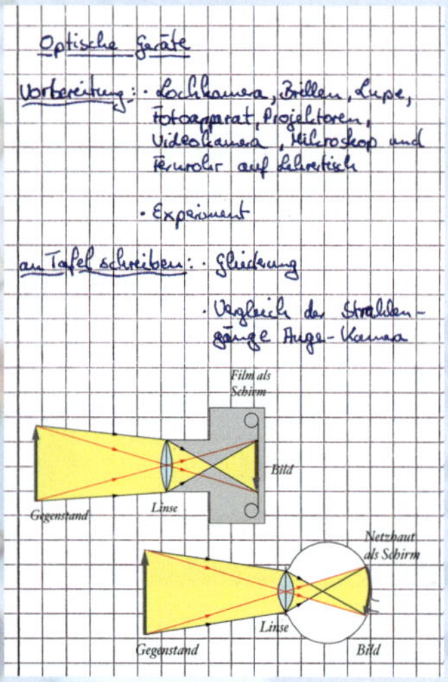

Halten eines Vortrags

1. Wecke am Anfang des Vortrags Interesse und Neugier und nenne das Thema! Beginne mit: „Wusstet ihr überhaupt ... ?“ oder „Hättet ihr gedacht, dass ...“.
2. Nenne und zeige die Gliederung (Tafel, Folie, Plakat)!
3. Sprich in kurzen Sätzen! Verwende nur Fachbegriffe, die du auch selbst erklären kannst!
4. Bemühe dich, laut, langsam und deutlich zu sprechen! Nutze deine Notizen! Versuche trotzdem, frei zu sprechen und deine Zuhörer anzuschauen!

5. Leite neue Teile deutlich ein, z. B.: „Ein weiterer Punkt ist …“ oder „Als Nächstes möchte ich …“.
6. Achte auf die Zeit! Schließe den Vortrag mit einer kurzen Zusammenfassung ab!

Anfertigen einer Wandzeitung oder eines Posters

Wandzeitungen oder Poster eignen sich gut dazu, Informationen und Arbeitsergebnisse der Schulöffentlichkeit vorzustellen. Damit das auch gut gelingt, sollten ein paar Tipps beachtet werden.

1. Jedes Poster hat ein Thema, das über den Inhalt informieren und Neugier wecken soll. Es sollte auffällig (groß, farbig) gestaltet sein.
2. Verwende Abbildungen, Grafiken, Skizzen, Schemata! Gehe sparsam mit Text um!
3. Ordne die Inhalte übersichtlich an!
4. Kennzeichne das, was inhaltlich zusammengehört, mit gleichen Schriftarten, Farben oder Formen! Verwende dabei aber keine zu große Vielfalt!
5. Teste die Erkennbarkeit und Lesbarkeit aus größerer Entfernung!
6. Bei einem umfangreicheren Thema kann man mehrere Poster zu einer kleinen Ausstellung zusammenfassen.

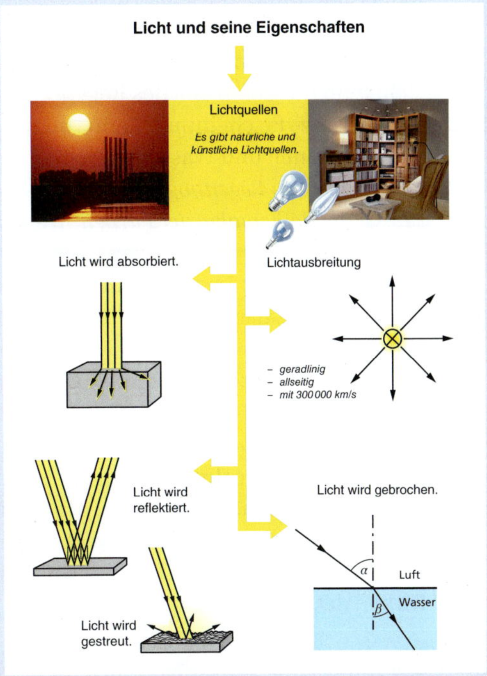

Gestaltung einer Internetseite

Im World Wide Web kann man nicht nur Informationen suchen, sondern auch selbst Informationen präsentieren. Dazu ist eine eigene **Homepage** nötig oder es wird die Homepage der Schule genutzt.
Zur Erstellung der Seiten gibt es spezielle Programme.
Für die attraktive Gestaltung von Webseiten gelten die gleichen Hinweise wie für die Anfertigung einer Wandzeitung oder eines Posters. Vorteil ist aber beim Web: Es können auch Animationen, Videos oder Audios mit eingebaut werden. Es können auch schnell Änderungen und Aktualisierungen vorgenommen werden.

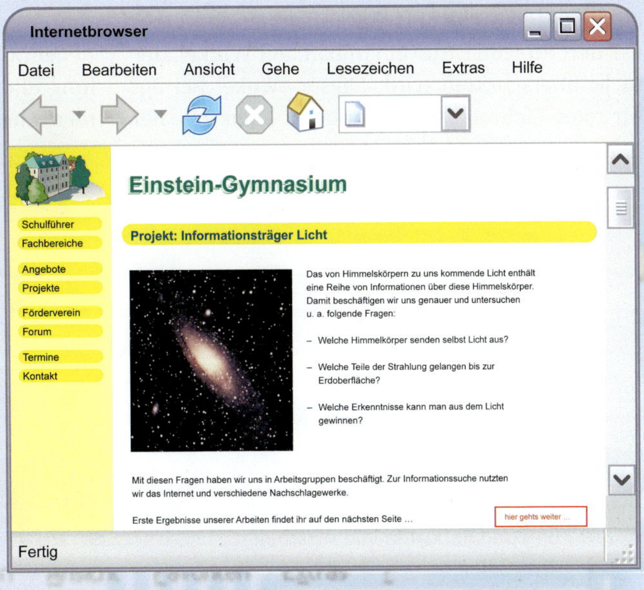

Der Regenbogen

Betrachtet man bei tief stehender Sonne eine Regenwand, wobei man die Sonne im Rücken hat, dann kann man oft einen Regenbogen beobachten. Er hat immer dieselbe Farbfolge. Sie beginnt innen bei Violett-Blau, setzt sich in der Mitte mit Grün-Gelb fort und endet außen bei Rot. Häufig sieht man nur einen Teil des Regenbogens.
Die gleiche Erscheinung kann man auch bei Springbrunnen und Wasserfällen beobachten.
Wie kommt ein Regenbogen zustande?
Wie ist die Reihenfolge der Farben zu erklären?

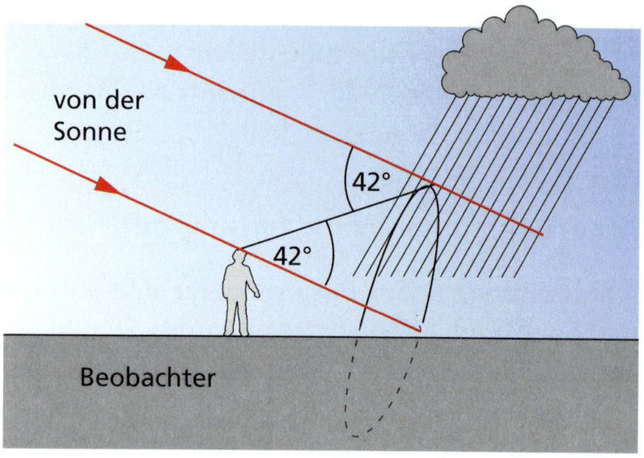

2 Der Regenbogen ist Teil eines Kreisbogens.

Tritt Sonnenlicht in einen kugelförmigen Wassertropfen ein, dann wird der blaue Anteil stärker gebrochen als der rote Anteil. Der größte Teil des Lichts tritt an der Rückseite des Tropfens wieder aus. Ein kleinerer Teil wird reflektiert und verlässt dann den Regenbogen, wobei noch einmal Brechung auftritt. Für drei Lichtsorten ist der Strahlenverlauf in Abb. 1 dargestellt. Das weiße Sonnenlicht wird aber durch die Brechung nicht nur in die drei dargestellten Farben, sondern in alle Farben des Spektrums aufgefächert.

Der französische Mathematiker und Naturforscher RENÉ DESCARTES (1596–1650) stellte als Erster fest: Zwischen dem in einen Wassertropfen eintretenden Licht und dem austretenden Licht existiert für jede Farbe ein maximaler Winkel, der nicht überschritten wird. Dieser Winkel beträgt für rotes Licht 42° und für blaues Licht 41°. Bei diesem Winkel findet man besonders viel zurückgestrahltes Licht. Es ist damit der Bereich, in dem man den Regenbogen sieht.

Wenn man nun gegen die Tröpfchenwand schaut, dann bildet das einfallende Licht zum Beobachter für weiter oben liegende Tröpfchen einen größeren Winkel als für weiter unten liegende Tröpfchen (Abb. 3).

Weit oben befindliche Tröpfchen liefern in Richtung des Beobachters kein zurückgestrahltes Licht. Deshalb ist es oberhalb des Regenbogens relativ dunkel. Im Bereich von ca. 42° befindet sich der obere rote Rand des Regenbogens. Darunter liegen die anderen Farben. Im Innern des Regenbogens gibt es eine schwache Zurückstrahlung aller Farben. Deshalb ist der Himmel dort relativ hell.

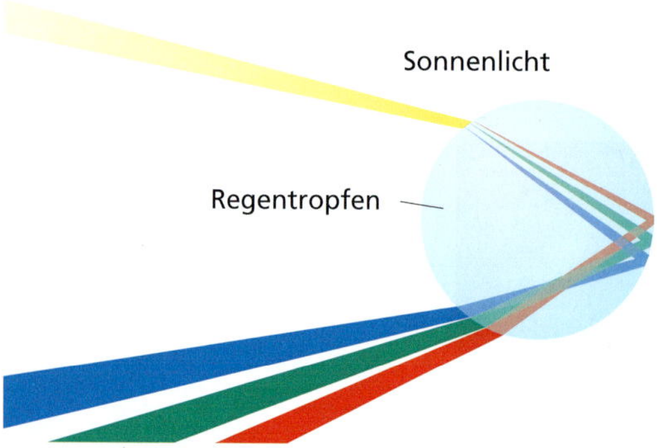

1 Brechung und Reflexion von verschiedenen Lichtsorten an einem Regentropfen

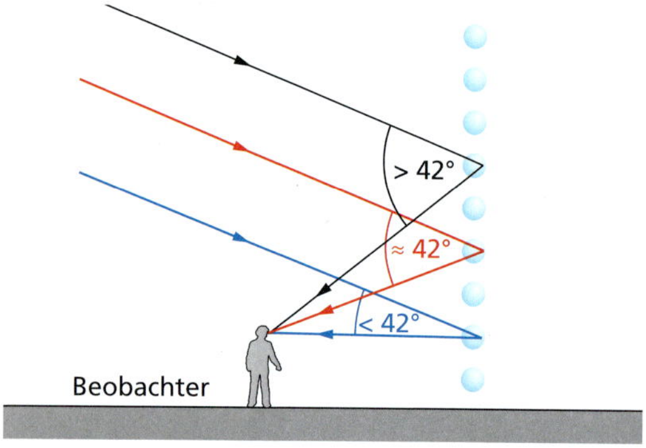

3 Ein Regenbogen ist immer nur unter bestimmten Bedingungen zu beobachten.

Eine farbige CD

Bewegt man eine CD (Abkürzung für Compact Disc), die von einer Lichtquelle beleuchtet wird, hin und her, so schillert sie mitunter in allen Farben des Spektrums. Je nach Blickwinkel sieht man die verschiedenen Farben an den unterschiedlichsten Stellen.

Erkläre, wie bei einer beleuchteten CD die unterschiedlichen Farben zustande kommen!

Wenn Licht auf eine CD fällt, so wird dieses Licht reflektiert, allerdings nicht von allen Stellen in gleicher Weise. Dazu muss man den Aufbau einer CD betrachten (Abb. 1). Die Informationen sind in winzigen Vertiefungen, den sogenannten Pits, gespeichert. Diese Pits sind 0,8 – 4,6 μm lang, 0,5 μm breit und 0,1 μm tief. Der Spurabstand beträgt 1,6 μm. Mit bloßem Auge sind diese winzigen Strukturen nicht sichtbar. Trifft Licht auf die CD, so wird es von den Stegen zwischen den Pits wie bei einem Spiegel reflektiert. Im Bereich der Pits erfolgt eine Streuung. Damit wirkt eine CD wie ein Gitter (Reflexionsgitter) mit einem Abstand der Spalte von 1,6 μm. Die dort reflektierten Lichtwellen interferieren. Die Lage eines Interferenzstreifens ist bei bestimmtem Abstand vom Gitter und bei gegebener Anzahl der Spalte

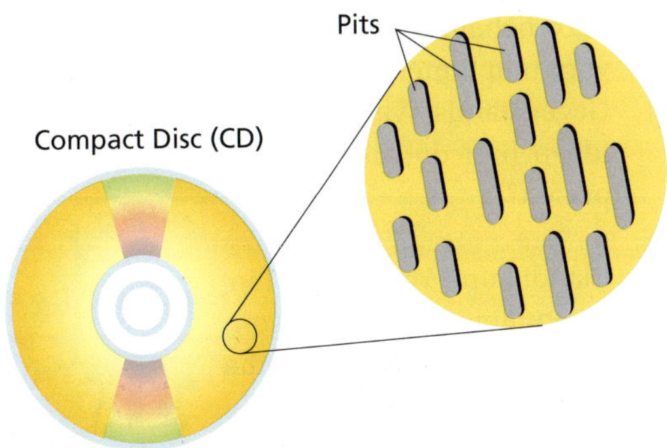

1 Auf einer CD befinden sich winzige Vertiefungen (Pits). Dazwischen sind schmale Stege.

von der Wellenlänge des Lichts abhängig. Je nach Blickrichtung ist die Bedingung für die Verstärkung der einen oder anderen Farbe (Wellenlänge) erfüllt.

Die „Farbspiele" bei einer CD kommen also durch Interferenz an einem Gitter zustande. Bei einer DVD treten die gleichen Effekte auf, der Abstand der Spalte ist aber kleiner und die Auffächerung des weißen Lichts in verschiedene Farbsorten damit noch stärker.

Diese Überlagerung (Interferenz) von Licht tritt auch bei dünnen Ölschichten oder bei Seifenblasen auf (↗ unten). Dagegen kommen die Farben beim Regenbogen völlig anders zustande.

Mosaik

Die Farben dünner Schichten

Ähnlich wie bei einer CD schillert eine Seifenhaut, eine dünne Ölschicht oder der Flügel einer Libelle in den unterschiedlichsten, sich ständig ändernden Farben. Die Ursache dafür ist aber eine andere als bei einer CD oder einer DVD.

Trifft Sonnenlicht z. B. auf eine dünne Seifenhaut, dann wird ein Teil des Lichts an der Oberfläche reflektiert. Ein anderer Teil gelangt in die Schicht, wird an ihrer Rückseite reflektiert und tritt dann wieder aus der Schicht aus.

Beide Anteile des Lichts überlagern sich. Je nachdem, wie die Wellen zusammentreffen, kommt es zur Verstärkung oder Auslöschung verschiedener Wellenlängen und damit Farben.

Eine Seifenhaut schillert dadurch verschiedenfarbig.

Gewusst · Gekonnt

1. Auf den Fotos sind verschiedene Körper zu erkennen.

Welche Körper sind Lichtquellen, welche beleuchtete Körper? Begründe deine Aussagen!

2. Die meisten Körper sind keine Lichtquellen und trotzdem sind sie zu sehen. Erkläre, wieso das möglich ist!

3. Das Lichtbündel einer Taschenlampe soll sichtbar gemacht werden. Eine Möglichkeit besteht darin, einen staubigen Lappen zu schütteln. Probiere das aus!
Überlege weitere Möglichkeiten, den Lichtweg sichtbar zu machen! Präsentiere eine dieser Möglichkeiten deinen Mitschülern!

4. Helle Kleidung ist für eine gute Sichtbarkeit im nächtlichen Straßenverkehr besser als dunkle Kleidung. Begründe!

5. Erkläre mit den Eigenschaften von Licht das Zustandekommen einer Sonnenfinsternis bzw. einer Mondfinsternis!

6. Wie lange braucht Licht
a) von der Sonne bis zur Erde,
b) vom $4{,}07 \cdot 10^{13}$ km entfernten Stern α-Centauri bis zur Erde,
*c) vom Planeten Mars bis zur Erde?

7. Das Lichtjahr ist eine astronomische Entfernungseinheit. Welchen Weg legt Licht in einem Jahr zurück?

8. Betrachte das Spiegelbild der Schrift! Beschreibe dieses Bild! Zeichne das Spiegelbild!

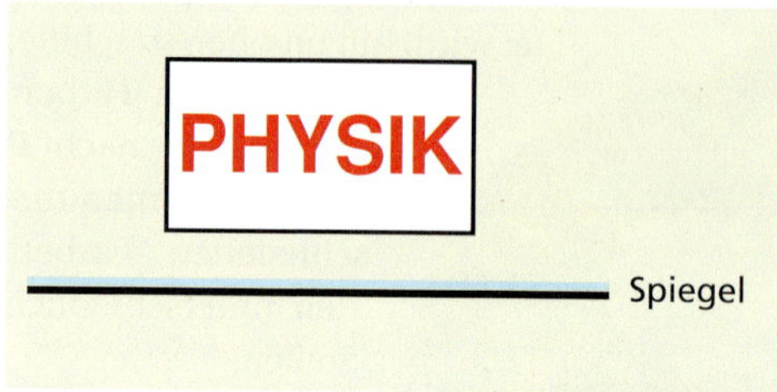

9. Kannst du den folgenden Text lesen? Entwirf selber eine Zeile!

10. Ein vor einem Spiegel stehender Gegenstand erscheint dem Beobachter grün, das Spiegelbild dagegen rot.
Wie kann man das erklären?

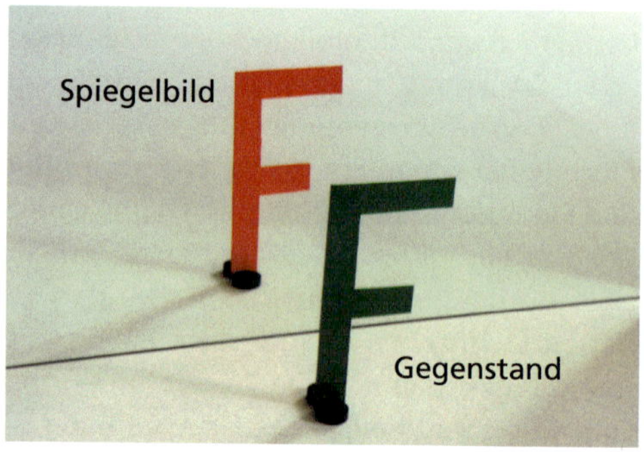

11. Max behauptet, dass in einem Spiegelbild vorn und hinten sowie links und rechts eines Gegenstands vertauscht werden. Welche Ideen hast du, um diese Behauptungen zu prüfen?

12. Claudia und Wenzel sind in einem Spiegelkabinett. Von einer Stelle aus sieht Claudia den Kopf von Wenzel.
Kann in diesem Moment Wenzel auch Claudia sehen? Begründe!

13. Stellt man eine Flasche in eine Schüssel mit Wasser, so erscheint sie gestaucht (↗ Abb.). Das Gleiche kann man bei Personen beobachten, die im Wasser stehen.

Erkläre diese Erscheinung!

14. Das Foto zeigt den Blick durch ein kleines Aquarium. Man kann auch eine durchsichtige Plastikdose nutzen.

a) Probiere es selbst aus!
b) Wie kann man diese Erscheinung erklären? Fertige dazu einen Strahlenverlauf an (Blick von oben)!

15. Ermittle experimentell für einen gegebenen Körper durch Messung der Einfalls- und Brechungswinkel die Brechzahl für den Übergang Luft-Körper!
a) Skizziere die Experimentieranordnung!
b) Beschreibe die Durchführung der Messungen! Überlege, wie man die unvermeidlichen Messfehler klein halten kann!
c) Führe die Messungen durch und erfasse die Ergebnisse in einer Messwertetabelle!
d) Ermittle aus den Messwerten die Brechzahl für den Übergang Luft-Körper!

16. Mithilfe eines Endoskops kann ein Arzt innere Organe in einem Menschen betrachten. Um z. B. den Magen zu untersuchen, wird das schlauchartige Instrument durch die Speiseröhre des Patienten eingeführt. Beschreibe anhand der Skizze den Aufbau und erkläre die Wirkungsweise eines Endoskops!

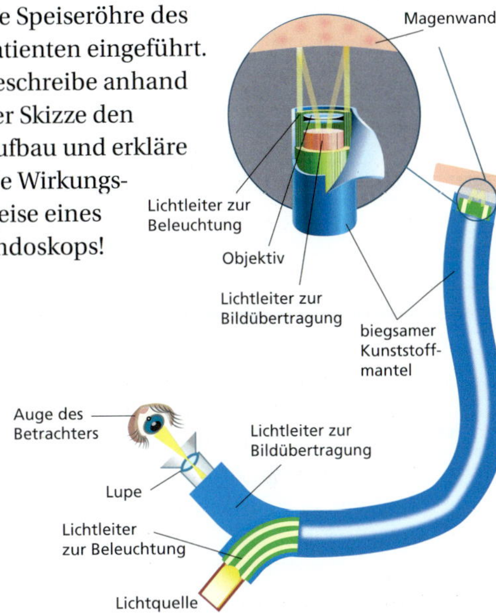

***17.** Licht fällt unter verschiedenen Winkeln von Luft auf schweres Kronglas.
a) Berechne für die Einfallswinkel 20°, 40°, 60° und 80° die Brechungswinkel!
b) Fertige eine Skizze an, in die du Lichtstrahlen mit den genannten Einfallswinkeln und den berechneten Brechungswinkeln einzeichnest! Das Licht soll dabei von einem Punkt ausgehen.
c) Welcher Zusammenhang ist zwischen der Größe des Einfallswinkels und der Stärke der Brechung erkennbar?

***18.** Licht trifft unter einem Einfallswinkel von 30° auf eine Grenzfläche zwischen Luft und schwerem Kronglas. Wie groß ist der Brechungswinkel? Welchen Winkel schließen gebrochenes und reflektiertes Licht ein?

19. Wenn man schräg von unten in ein Aquarium blickt, dann scheinen die Fische an der Oberfläche zu schwimmen.
Wie ist das zu erklären?

20. Für die Abbildung eines Gegenstands auf einem Schirm steht nur ein Stück einer Linse zur Verfügung. Der übrige Teil der Linse ist abgedeckt.

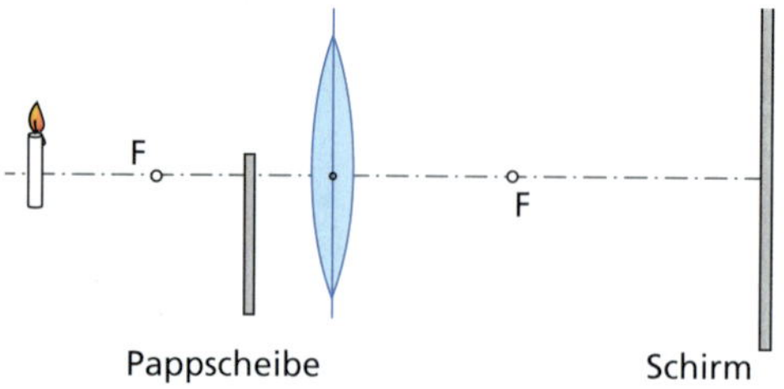

Kann man mit diesem Linsenstück ein Bild erzeugen? Worin unterscheidet sich dieses Bild von einem Bild mit einer Linse ohne Abdeckung?

21. Vor einer Sammellinse mit einer Brennweite von 4 cm steht in 6 cm Entfernung von der Linsenebene ein 2 cm großer Gegenstand.

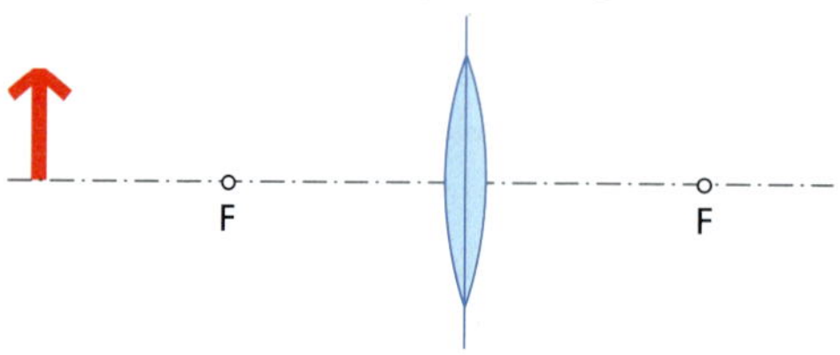

a) Konstruiere im Heft das Bild des Gegenstands! Bestimme die Größe des Bilds und die Bildweite!
b) Berechne die Bildweite (Gleichung s. Aufg. 22) und vergleiche mit dem Ergebnis von a!

22. Mithilfe einer Sammellinse wird eine brennende Kerze auf einem Schirm scharf abgebildet. Die Sammellinse hat eine Brennweite von $f = 100\,\text{mm}$. Die Kerze steht 150 mm vor der Linse.
Ermittle zeichnerisch und rechnerisch, in welcher Entfernung von der Linse der Schirm aufgestellt sein muss! Es gilt: $\frac{1}{f} = \frac{1}{g} + \frac{1}{b}$

23. Eine Kerzenflamme soll mit einer Sammellinse $f = 4\,\text{cm}$ auf einem Schirm scharf abgebildet werden. Das Bild soll vergrößert, verkleinert und gleich groß wie der Gegenstand sein. Welche Abstände müssen Kerze, Linse und Schirm voneinander haben? Fertige für jeden Fall eine Zeichnung an!

24. Führe mit einer Sammellinse (Lupe) folgende Untersuchungen durch:
a) Bestimme experimentell die Brennweite!
b) Betrachte durch die Linse einen Gegenstand! Verändere systematisch den Abstand zwischen Linse und Gegenstand! Beobachte und beschreibe die Bilder!

***25.** Unser Auge hat eine Brennweite von etwa 20 mm, wenn die Linse auf sehr weit entfernte Gegenstände eingestellt ist.
a) Wie groß ist in diesem Fall die Bildweite?
b) Wie ändert sich die Brennweite der Augenlinse, wenn ein Gegenstand in 25 cm Entfernung (deutliche Sehweite) betrachtet wird?

26. Überprüfe deine Sehschärfe für jedes Auge ohne Brille! Betrachte dazu aus einer Entfernung von 3 Metern die dargestellten Buchstaben und Zahlen!

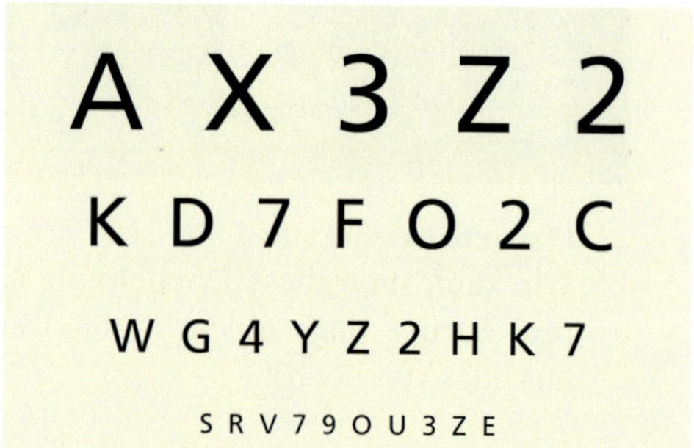

Was kannst du noch erkennen? Bei welcher Größe treten Probleme auf?

27. Vergleiche die Bildentstehung in einem Auge mit der in einem Fotoapparat!
Nenne Gemeinsamkeiten und Unterschiede! Gehe dabei insbesondere auf die Teile ein, die für die Bildentstehung notwendig sind!

28. Bereite eine Präsentation zum Thema „Fernrohr“ vor!

29. Nimm feines Gewebe (z.B. einen Regenschirm) oder eine Vogelfeder und betrachte durch sie hindurch eine etwa 2 m entfernte Kerzenflamme oder eine Straßenlampe!
Beschreibe deine Beobachtungen!
Wie könnte man sie erklären?

***30.** Der Italiener FRANCESCO GRIMALDI (1618 bis 1663) entdeckte bei seinen optischen Untersuchungen folgenden Effekt: Durch eine kleine Öffnung im Fensterladen ließ er Sonnenlicht in ein gut abgedunkeltes Zimmer fallen und fing es in einigen Metern Entfernung auf einem Schirm auf. Wenn er in das Licht eine kleine Lochblende brachte, dann war das Bild der Lochblende auf dem Schirm größer als die geometrische Projektion. Außerdem waren die Ränder des Bildes unscharf. Wie ist diese Erscheinung zu erklären?

31. Weshalb ist es berechtigt zu sagen: Licht hat Welleneigenschaften?

32. Welche Gemeinsamkeiten und welche Unterschiede gibt es zwischen Wasserwellen und Lichtwellen?

***33.** Licht, das von leuchtendem Natriumdampf ausgesendet wird, hat in Luft eine Wellenlänge von 590 nm.
a) Welche Farbe hat dieses Licht?
b) Wie groß ist seine Frequenz?
c) Straßenlampen senden weißes oder gelbes Licht aus. Erkläre!

34. Spezielle Farbfilter lassen nur Licht ganz bestimmter Frequenzen hindurch. So gibt es z.B. Filter für folgende Frequenzen:
a) $4{,}2 \cdot 10^{14}$ Hz
b) $6{,}9 \cdot 10^{14}$ Hz
c) $7{,}2 \cdot 10^{14}$ Hz
Wie groß ist jeweils die Wellenlänge des betreffenden Lichts in Luft?

35. Die größte Intensität der Sonnenstrahlung liegt im grüngelben Bereich ($\lambda = 570$ nm). Wie groß ist die Frequenz dieses Lichts?

36. Das von einem Körper abgestrahlte rote Licht hat eine Frequenz von $4{,}0 \cdot 10^{14}$ Hz.
a) Wie groß ist seine Wellenlänge in Luft?
*b) Wie verändern sich die Wellenlänge und die Frequenz, wenn dieses Licht in Glas übertritt? Begründe!

***37.** Blaues Licht ($f = 6{,}5 \cdot 10^{14}$ Hz) tritt von Luft in Wasser über.
a) Wie groß ist die Wellenlänge dieses Lichts in Luft?
b) Was geschieht mit der Wellenlänge und der Frequenz beim Übertritt des Lichts in Wasser?
c) Wie groß ist die Wellenlänge des Lichts in Wasser?

38. Licht hat eine Frequenz von $5{,}5 \cdot 10^{14}$ Hz und in einem bestimmten Stoff eine Wellenlänge von 311 nm.
a) Wie groß ist seine Frequenz in Luft?
b) Welche Wellenlänge hat das Licht in Luft? Welche Farbe hat es?

***39.** Bilde mit Daumen und Zeigefinger einen möglichst schmalen Spalt. Blicke durch diesen schmalen Spalt in Richtung einer Lichtquelle!
a) Beschreibe deine Beobachtungen!
b) Versuche sie zu erklären!

40. Die Sonne strahlt neben dem sichtbaren Licht auch infrarotes und ultraviolettes Licht ab.
a) Wie kann man dieses nicht sichtbare infrarote bzw. ultraviolette Licht nachweisen?
b) Welche Wirkungen haben infrarotes bzw. ultraviolettes Licht?
c) Welche Schäden können durch nicht sichtbares Licht hervorgerufen werden?

41. Nenne und erläutere Beispiele für die Anwendung von infrarotem Licht! Nutze zur Information **www. schuelerlexikon.de!**

42. Die Spektralfarben sind Blau, Gelb, Grün, Orange, Rot und Violett.
a) Ordne diese Farben in der Reihenfolge des Farbspektrums!
b) Warum fehlen Schwarz und Weiß?
*c) Nenne einige andere Farben, die fehlen! Wie kann man sie erzeugen?

43. Betrachte durch ein Prisma eine einige Meter entfernte Leuchtstofflampe!
Beschreibe und erkläre deine Beobachtungen! Vergleiche das Spektrum einer Leuchtstofflampe mit dem einer Glühlampe!

44. Welche Farbe entsteht, wenn man folgendes farbiges Licht übereinander auf eine weiße Fläche projiziert?
a) Rot und Grün
b) Grün und Blau
c) Rot, Grün und Blau

45. Am Computer kann man mithilfe eines Zeichenprogramms selbst Farben erzeugen, wobei man den Anteil der einzelnen Farben variieren kann.

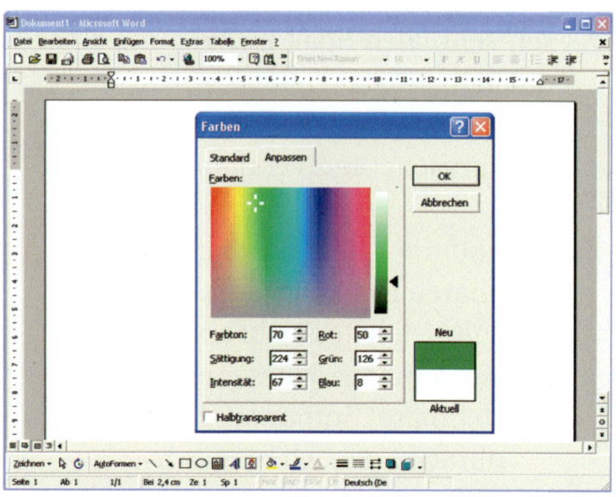

Probiere es aus! Mische auch die Grundfarben mit gleichen und unterschiedlichen Anteilen!

***46.** Mische gelben und blauen Kreidestaub! Welche Farbe erhältst du? Begründe!

***47.** In einem Farbkasten befinden sich die folgenden drei Wasserfarben:
Wasserfarbe 1 absorbiert Rot bis Gelb. Wasserfarbe 2 absorbiert alles außer Rot bis Gelb. Wasserfarbe 3 absorbiert Gelb, Grün und Türkis.
a) Ermittle die wahrgenommenen Farben der drei Wasserfarben!
b) Ermittle die wahrgenommenen Mischfarben, wenn je zwei der Wasserfarben miteinander gemischt werden!
c) Welche Farbe sieht man, wenn man alle drei Farben miteinander mischt?

48. Farbfilter (↗ Abb.) nutzt man in der Farbfotografie z. B. dann, wenn man in Räumen mit Leuchtstofflampen Farbaufnahmen machen will.

a) Was bewirkt ein Farbfilter?
b) Welche Bereiche des Spektrums werden durch einen Blaufilter absorbiert?

49. Bei Sonnenschein hat ein Pullover die Farbe Blau. In einer Diskothek wird die Tanzfläche mit rotem Licht beleuchtet.
Welche Farbe kann dann dieser Pullover haben? Begründe!

50. Im weißen Licht erscheint ein Körper weiß und ein anderer rot. Wie erscheinen die beiden Körper in grünem Licht?

51. Eine Jacke scheint bei Kunstlicht eine andere Farbe zu haben als bei Tageslicht. Erkläre, wie das zustande kommt!

52. Betrachte mit einer Lupe ein farbiges Bild in einem Buch. Was kannst du feststellen?

Ausbreitung, Reflexion und Brechung von Licht

Licht breitet sich im Vakuum und in der Luft mit einer **Geschwindigkeit** von $c = 300\,000\ \frac{km}{s}$ aus. In anderen Stoffen ist die Lichtgeschwindigkeit kleiner. Der Weg des Lichts kann mit dem **Modell Lichtstrahl** dargestellt werden. Trifft Licht auf einen Körper, so wird es teilweise reflektiert (zurückgeworfen), teilweise absorbiert (aufgenommen) und teilweise gebrochen.

Reflexionsgesetz

Wird Licht an einer Fläche reflektiert, so ist der Einfallswinkel α gleich dem Reflexionswinkel α'.

$$\alpha = \alpha'$$

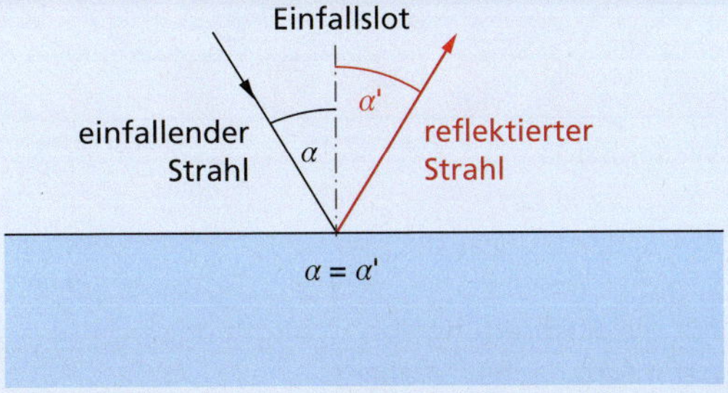

Brechungsgesetz

Trifft Licht unter einem Winkel $\alpha \neq 0$ auf die Grenzfläche zweier Stoffe, so wird es gebrochen. Es gilt:

$$\frac{\sin\alpha}{\sin\beta} = \frac{c_1}{c_2} = n$$

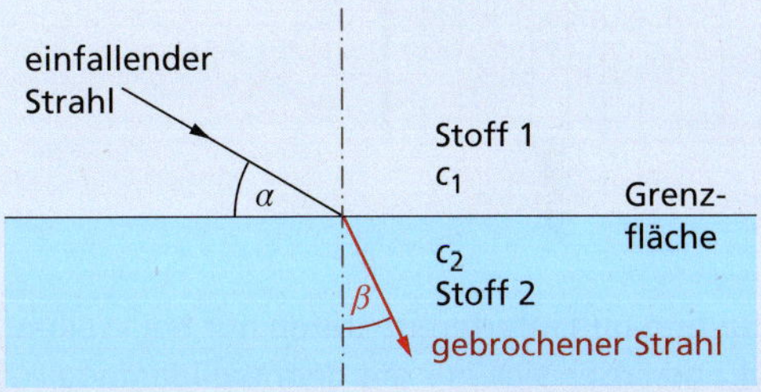

Die Brechung und die Totalreflexion des Lichts werden bei **Lichtleitern, Linsen** und **Prismen** genutzt.

Lichtleiter	Sammellinse	Prisma
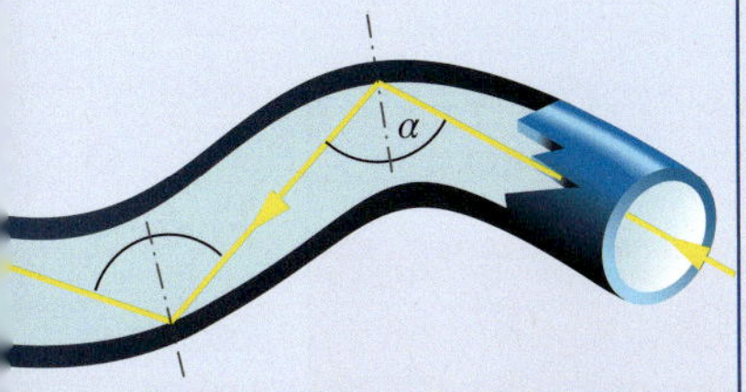	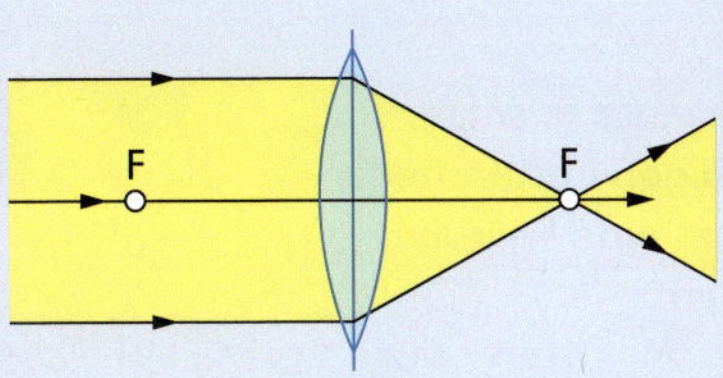	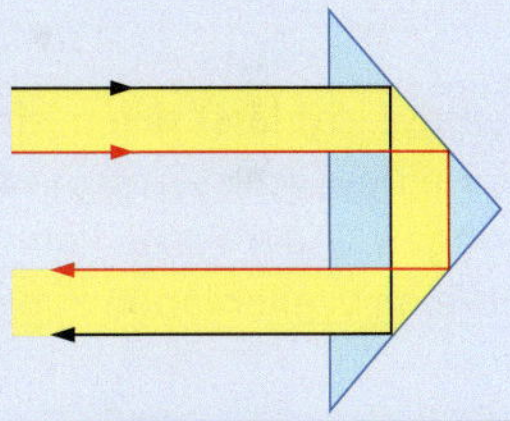

Zur Konstruktion des Bildes eines Gegenstands an einer Linse können **Parallelstrahlen, Mittelpunktstrahlen** und **Brennpunktstrahlen** genutzt werden.

Dünne Sammellinse

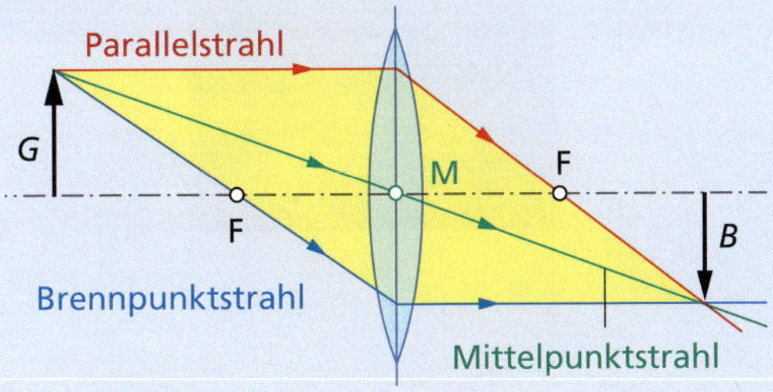

Größe, Lage und Art des Bilds hängen von der Gegenstandsweite (Entfernung Gegenstand–Linse) und von der Brennweite der Linse ab.

Welleneigenschaften von Licht

Bei Licht treten **Beugung** und **Interferenz** auf. Daraus folgt: Licht hat **Welleneigenschaften** und kann mit dem **Modell Lichtwelle** beschrieben werden.

Beugung
tritt an schmalen Spalten oder Kanten auf.

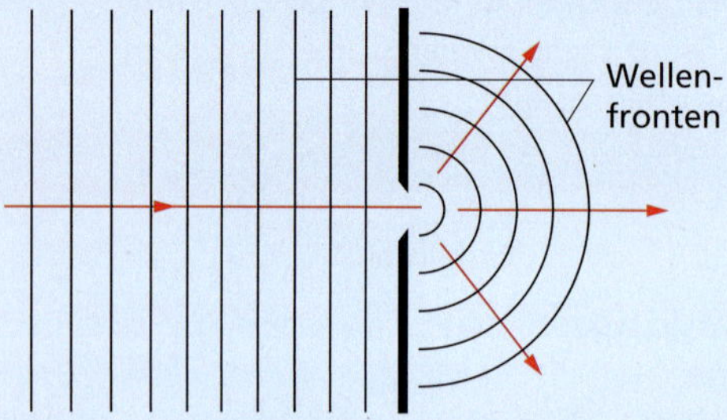

Interferenz
ist die Überlagerung von Licht mit Bereichen von Verstärkung und Auslöschung.

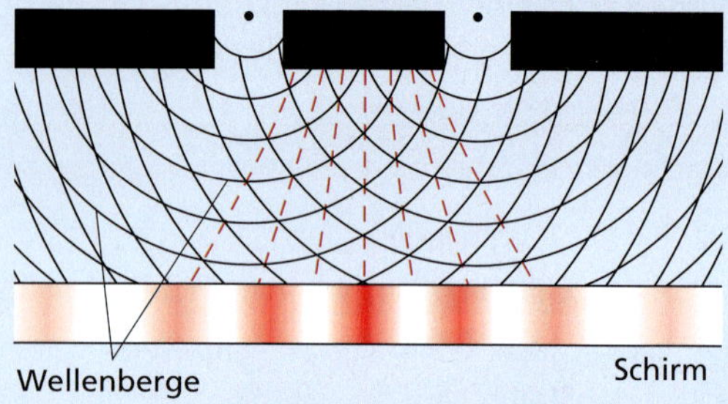

Beugung und Interferenz treten nur bei Wellen auf und lassen sich nur mit dem Wellenmodell erklären.

Für die Ausbreitung von Licht gilt analog wie bei mechanischen Wellen:

$$c = \lambda \cdot f$$

c Lichtgeschwindigkeit
λ Wellenlänge
f Frequenz

Weißes Licht lässt sich mithilfe eines Prismas oder eines Gitters in seine farbigen Bestandteile zerlegen. Jeder Farbe kann man eine Frequenz und eine Wellenlänge zuordnen.

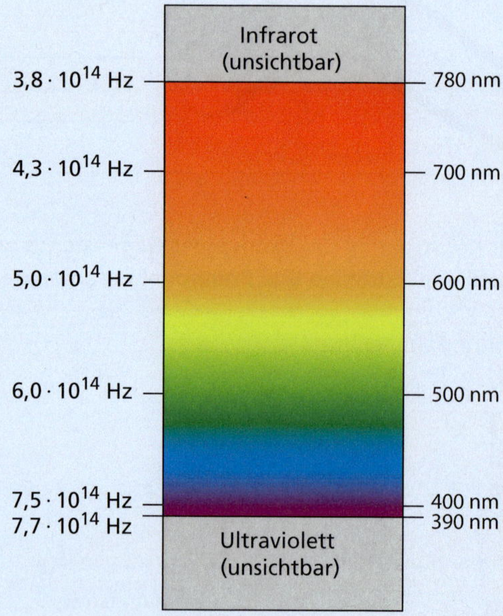

Weißes Licht besteht aus den **Spektralfarben** Rot, Orange, Gelb, Grün, Blau und Violett. Das für uns sichtbare Licht ist nur ein kleiner Bereich des Spektrums elektromagnetischer Wellen.

5 Kernphysik

Atome, Atomkerne und Radioaktivität

Radioaktive Strahlung – eine Gefahr?

Viele Menschen haben Angst vor radioaktiver Strahlung. Sie tritt aber überall in unserer natürlichen Umwelt auf. Besonders groß ist die natürliche Strahlungsbelastung bei Wanderungen im Hochgebirge, bei einem Flug in großer Höhe und auch in manchen Gebieten, in denen Uranerz abgebaut wurde.
Welche Eigenschaften und Wirkungen auf den Menschen hat radioaktive Strahlung?

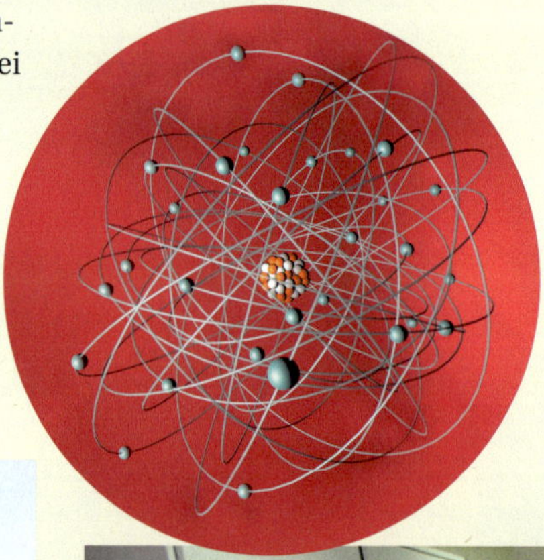

Woraus besteht ein Atom?

Bereits im Altertum waren Gelehrte der Auffassung, dass alle Stoffe aus unteilbaren kleinsten Bausteinen, den Atomen, bestehen. Aber erst zu Beginn des 20. Jahrhunderts fanden Physiker erste Hinweise auf die Existenz von Atomen und entwickelten Vorstellungen über den Aufbau von Atomen.
Welche Experimente geben Auskunft über den Aufbau von Atomen? Welche Vorstellungen haben die Physiker heute vom Atombau?

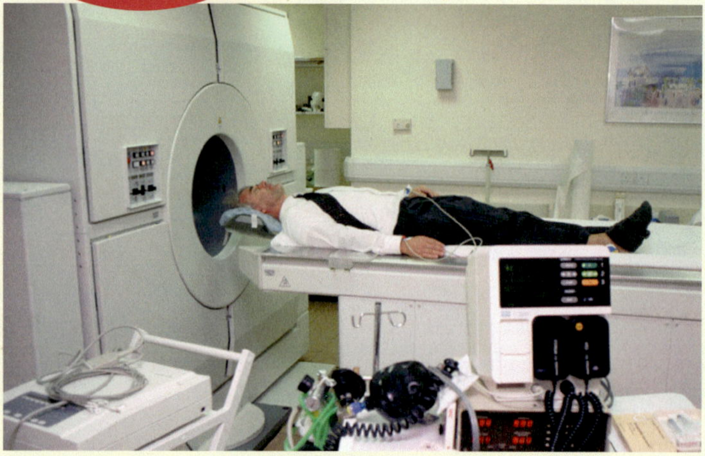

Radioaktivität in der Medizin

Radionuklide, d. h. Kernarten, die radioaktive Strahlung aussenden, werden in der Medizin in vielfältiger Weise bei der Diagnose und der Therapie eingesetzt. So verwendet man Radionuklide beispielsweise bei Untersuchungen der Schilddrüse und des Gehirns oder bei der Bestrahlung von Tumoren.
Welche Eigenschaften und Wirkungen radioaktiver Strahlung werden dabei genutzt? Welche Heilungschancen, aber auch welche Risiken hat die Nutzung radioaktiver Strahlung in der Medizin?

Der Aufbau von Atomen

Atome (griechisch: das „Unteilbare“) sind die kleinsten Bausteine der chemischen Elemente. Die winzigen Atome (Abb. 1, 2) entziehen sich unserer unmittelbaren Beobachtung. Durch zahlreiche experimentelle Untersuchungen weiß man heute aber, dass ein Atom aus einem Atomkern und einer Atomhülle besteht und der größte Teil eines Atoms leer ist.

In der **Atomhülle** befinden sich negativ geladene Elektronen. Der im Vergleich zum gesamten Atom sehr kleine **Atomkern** besteht aus elektrisch nicht geladenen **Neutronen** und aus positiv geladenen **Protonen.** Die Masse von Neutron und Proton ist etwa gleich groß und 1836-mal größer als die eines Elektrons. Daraus folgt: Im Atomkern ist fast die gesamte Masse des Atoms auf kleinstem Raum konzentriert (Abb. 1).

> Ein Atom besteht aus einer negativ geladenen Atomhülle mit Elektronen und einem positiv geladenen Atomkern mit Protonen und Neutronen.

Bei einem elektrisch neutralen Atom ist die Anzahl der negativ geladenen Elektronen in der Hülle gleich der Anzahl der positiv geladenen Protonen im Kern. Die Kernbausteine Proton und Neutron werden als **Nukleonen** bezeichnet, ihre Anzahl als **Massenzahl** A. Sie ergibt sich aus der Kernladungszahl (Protonenzahl) Z und der Neutronenzahl N:

$$A = Z + N$$

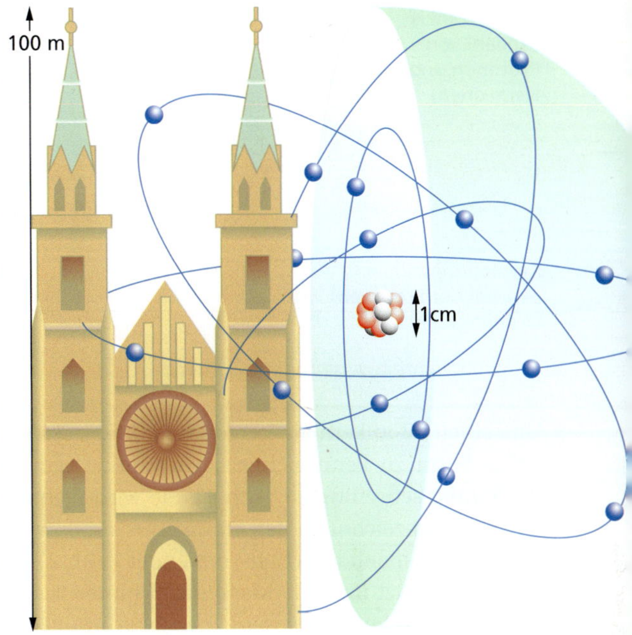

2 Größenverhältnisse in einem Atom im Vergleich zu einem 100 m hohen Bauwerk

Die Kernladungszahl eines Atoms ist gleich der Ordnungszahl des betreffenden Elements im Periodensystem der Elemente. So hat z. B. Natrium im Periodensystem die Ordnungszahl 11 und die Massenzahl 23.

Das bedeutet: Ein Natriumatom hat in seinem Kern 11 Protonen und 23 – 11 = 12 Neutronen. Beim neutralen Natriumatom sind in der Atomhülle 11 Elektronen vorhanden.

Beim Uran (Ordnungszahl 92, Massenzahl 238) sind im Atomkern 92 Protonen vorhanden. Die Neutronenzahl beträgt also 238 – 92 = 146.

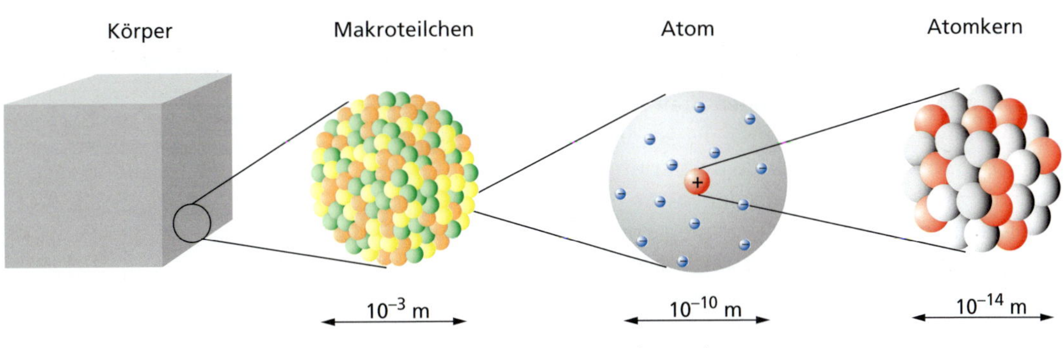

1 Größenvergleich zum Aufbau von Makroteilchen, Atomen und Atomkernen

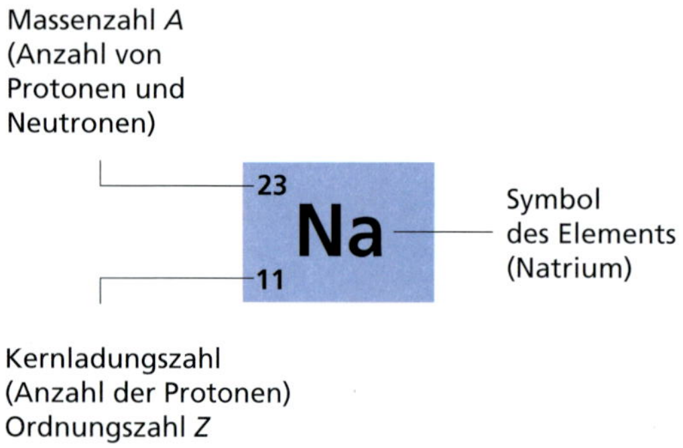

1 Symbolschreibweise für ein Element

Elektron:	${}^{0}_{-1}e$	Masse vernachlässigbar, einfach negativ geladen
Positron:	${}^{0}_{+1}e$	Masse vernachlässigbar, einfach positiv geladen
Proton:	${}^{1}_{1}p$	Massenzahl 1, einfach positiv geladen
Neutron:	${}^{1}_{0}n$	Massenzahl 1, nicht geladen

2 Symbolschreibweise für Elementarteilchen

Um einen Atomkern in kurzer und übersichtlicher Form zu kennzeichnen, verwendet man die **Symbolschreibweise** (Abb. 1). Sie wird nicht nur zur Kennzeichnung der Atomkerne, sondern auch bei Elementarteilchen verwendet (Abb. 2). Manchmal setzt man die Massenzahl hinter das Elementsymbol und schreibt z. B. Natrium-23. Auch diese Schreibweise ist eindeutig, da man die Kernladungszahl im Periodensystem der Elemente findet.

Kräfte im Atom

Warum sind die meisten Atome bzw. Atomkerne stabil? Diese Frage hat Wissenschaftler lange Zeit beschäftigt. Es leuchtet sofort ein, dass zwischen den negativ geladenen Elektronen der Atomhülle und dem positiv geladenen Atomkern anziehende Kräfte wirken und die Stabilität gewährleisten.
Anders ist die Situation im Atomkern. Zwischen den positiv geladenen Protonen im Atomkern wirken abstoßende Kräfte. Damit müsste jeder Atomkern instabil sein. Die Ursache dafür, dass ein Atomkern trotzdem stabil ist, liegt in einer Kraft, die neben der abstoßenden Kraft zwischen gleichnamigen Ladungen wirkt. Es ist die zwischen den Nukleonen wirkende **Kernkraft.** Diese Kraft hat zwei spezielle Eigenschaften:

- Die Kernkraft wirkt als Anziehungskraft zwischen den Nukleonen. Sie ist wesentlich stärker als die abstoßende Kraft zwischen Protonen.
- Die Reichweite dieser Kraft ist sehr gering und beträgt nur etwa $2 \cdot 10^{-15}$ m.

Nuklide

Das Periodensystem der Elemente umfasst gegenwärtig 111 Elemente. Davon kommen 91 in der Natur vor, die anderen werden künstlich hergestellt. Der Atomkern eines Elements ist eindeutig durch die Massenzahl und die Kernladungszahl gekennzeichnet. In der Physik bezeichnet man ein so charakterisiertes Atom als **Nuklid.**

> Die durch Massenzahl und Kernladungszahl charakterisierten Atome werden als Nuklide bezeichnet.

So sind z. B. Natrium-23, Kohlenstoff-12 oder Uran-235 Nuklide. Die Atomkerne eines Elements haben alle die gleiche Anzahl von Protonen, sie können aber eine unterschiedliche Anzahl von Neutronen besitzen. Diese verschiedenen Nuklide eines Elements nennt man auch **Isotope.**
So hat z. B. das Element Wasserstoff drei verschiedene Isotope (Abb. 3).

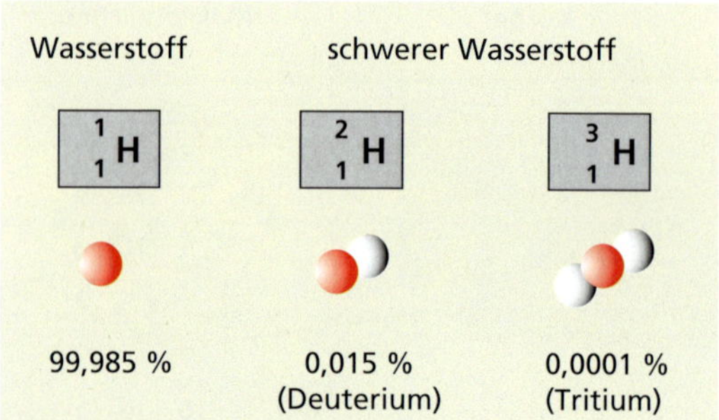

3 Isotope des Wasserstoffs

Mosaik

Entwicklung der Vorstellungen vom Aufbau des Atoms

Bereits in der Antike gab es Vorstellungen darüber, dass die Stoffe aus sehr kleinen Teilchen, den Atomen, bestehen könnten. Ein Vertreter dieser Auffassung war der griechische Philosoph DEMOKRIT (5. Jh. v. Chr.).

Erst im 17. und 18. Jahrhundert wurden mit der Entwicklung der Wärmelehre und der Elektrizitätslehre diese Ideen wieder aufgegriffen, ohne dass die Existenz von Teilchen nachgewiesen werden konnte. Dies gelang erst zu Beginn des 20. Jahrhunderts.

1827 beobachtete der Biologe ROBERT BROWN (1773 bis 1858) unter dem Mikroskop eine unruhige Bewegung von Blütenstaubkörnchen. Diese Bewegung konnte 1905 von ALBERT EINSTEIN (1879–1955) mit dem Teilchenaufbau erklärt werden. Bereits vorher hatten viele Physiker mit Katodenstrahlen experimentiert und festgestellt, dass sich diese Strahlen in elektrischen und magnetischen Feldern ablenken lassen. Der deutsche Physiker WIECHERT und der englische Physiker THOMSON fanden unabhängig voneinander, dass Katodenstrahlen aus sehr kleinen Teilchen mit negativer Ladung bestehen müssten; 1897 wurde von FITZGERALD die Bezeichnung **Elektron** für diese Teilchen eingeführt.

Die Katodenstrahlen erwiesen sich als schnell bewegte Elektronen, als Elektronenstrahlen.

Zwei andere bedeutende Entdeckungen führten immer stärker zu der Frage nach den elementaren Bausteinen der Stoffe: 1895 fand WILHELM CONRAD RÖNTGEN (1845–1923) die nach ihm benannten Röntgenstrahlen.

1898 entdeckten MARIE und PIERRE CURIE die Eigenschaft verschiedener Stoffe, eine bestimmte Strahlung auszusenden, die wir heute als radioaktive Strahlung kennen. Beide Arten von Strahlungen kommen durch Vorgänge im atomaren Bereich zustande.

Um 1900 wurden die ersten Atommodelle entwickelt, z. B. das „Rosinenmodell“: Das kugelförmige Atom sollte aus einer positiven elektrischen „Flüssigkeit“ bestehen, in die ähnlich wie bei einem Rosinenkuchen die negativ geladenen Elektronen eingebettet sind.

Damit konnte man erklären, dass ein Atom elektrisch neutral ist, die Entstehung von Röntgenstrahlung oder radioaktiver Strahlung blieb aber ungeklärt.

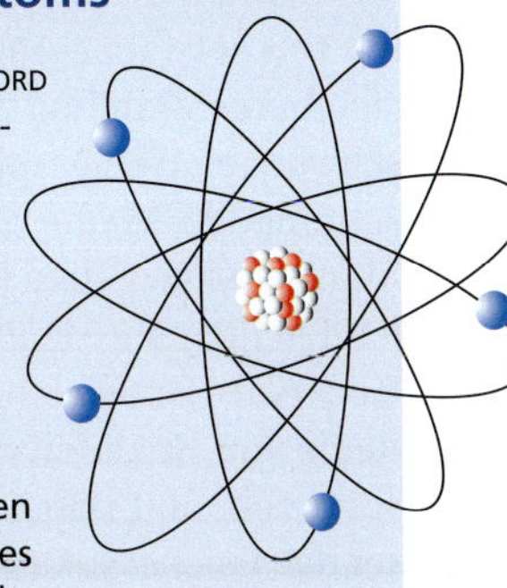

1909/10 führte ERNEST RUTHERFORD mit seinen Mitarbeitern Versuche zum Durchgang von α-Strahlung durch dünne Metallfolien durch. Nur ein geringer Teil der Strahlung wurde reflektiert, der größte Teil ging durch die Folie hindurch.

Daraus zog RUTHERFORD den Schluss, dass der größte Teil des Atoms leer ist. Er entwickelte ein Modell, das dem Aufbau des Planetensystems ähnelt: Um einen positiv geladenen Kern, in dem die Masse des Atoms konzentriert ist, kreisen Elektronen auf elliptischen Bahnen (↗ Abb. oben). Mit diesem Modell konnte man die Masse- und Ladungsverteilung im Atom richtig beschreiben. Die Stabilität der Atome konnte damit allerdings nicht erklärt werden.

Das versuchte NIELS BOHR mit einem anderen Modell: Die Elektronen bewegen sich auf bestimmten Bahnen um den Atomkern (↗ Abb. unten).

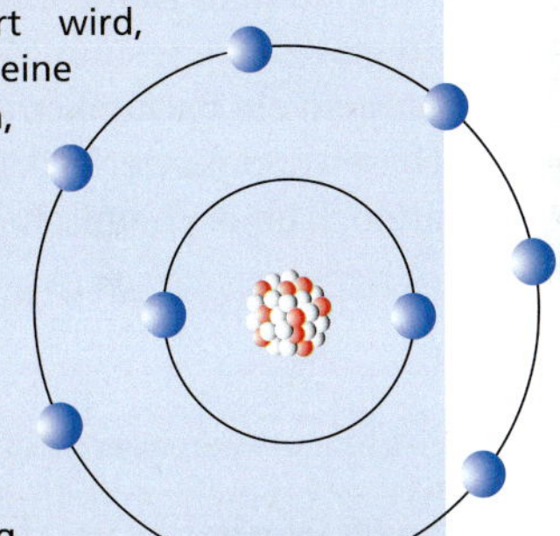

Wenn Energie zugeführt wird, können Elektronen auf eine kernfernere Bahn springen, beim Zurückspringen wird diese Energie wieder frei.

Auch die Vorstellungen vom Aufbau des Atomkerns veränderten sich. Mit dem Nachweis des Neutrons im Jahre 1932 wurden Vermutungen über die Zusammensetzung des Atomkerns aus Protonen und Neutronen bestätigt.

Das bohrsche Atommodell ermöglicht es, den Atomradius abzuschätzen und das Spektrum des Wasserstoffs zu erklären. Es versagte aber bei anderen Elementen.

Neuere Atommodelle lassen sich nur noch mit mathematischen Mitteln beschreiben. Das gilt insbesondere für das quantenmechanische Atommodell. Bei diesen Modellen bewegen sich Elektronen nicht auf Bahnen, sondern befinden sich mit bestimmter Wahrscheinlichkeit in einem Bereich um den Atomkern.

Der Spontanzerfall – eine natürliche Kernumwandlung

1896 entdeckte der französische Physiker HENRI BECQUEREL (1852–1908), dass Uransalz eine unsichtbare Strahlung aussendet, die Fotoplatten schwärzte. Wenig später fanden die aus Polen stammende MARIE CURIE (1867–1934) und ihr Mann PIERRE CURIE (1859–1906) die stark strahlenden Elemente Polonium und Radium.

Genauere Untersuchungen ergaben, dass eine Reihe von Nukliden nicht stabil ist, sondern sich verändert und dabei radioaktive Strahlung aussendet. Solche Nuklide bezeichnet man als **radioaktive Nuklide** oder kurz als **Radionuklide.**

> Radioaktive Nuklide wandeln sich völlig spontan unter Aussendung von α-, β- oder γ-Strahlung um.

Eine Übersicht über die Strahlungsarten ist unten angegeben. Dazu sind Beispiele für Kernumwandlungen genannt, bei denen die drei verschiedenen Strahlungsarten entstehen.

Dabei ändern sich zumeist auch die Atomkerne. So gibt z. B. Caesium-137 β-Strahlung ab. Dabei entsteht ein Bariumkern.

Diesen Spontanzerfall kann man als Kernreaktion ähnlich einer chemischen Reaktion schreiben:

$$^{137}_{55}\text{Cs} \longrightarrow {}^{137}_{56}\text{Ba} + {}^{0}_{-1}\text{e}.$$

1 Spuren ionisierender Strahlung in einer Blasenkammer

Wichtig ist dabei: Die Summe der Massenzahlen und der Kernladungszahlen ist links und rechts stets gleich groß.

Wenn es radioaktive Nuklide sind, die in der Natur vorkommen, bezeichnet man die Erscheinung der spontanen Umwandlung der entsprechenden Atomkerne als **natürliche Radioaktivität.** Die entstehenden Folgekerne sind meist wieder instabil, sodass in der Natur ganze **Zerfallsreihen** existieren. Aus dem Uranisotop $^{282}_{92}\text{U}$ entsteht z. B. nach zahlreichen Umwandlungen im Laufe von einigen Millionen Jahren das Bleiisotop $^{206}_{82}\text{Pb}$ (↗ S. 171, Abb. 1).

Auch bei anderen Stoffen, z. B. Thorium oder Neptunium, existieren solche Zerfallsreihen.

Arten ionisierender Strahlung

α-Strahlung

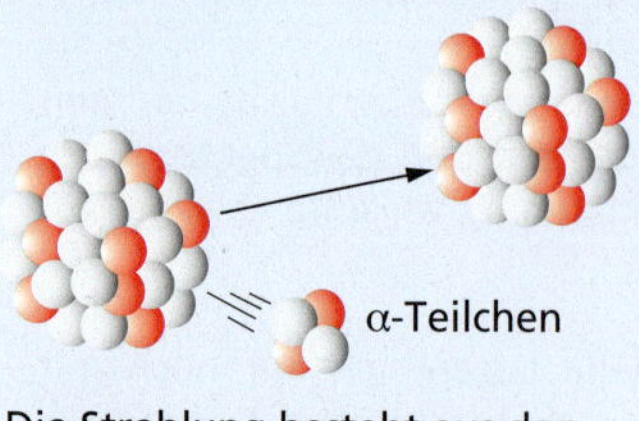

Die Strahlung besteht aus doppelt positiv geladenen Heliumkernen (α-Teilchen).

$$^{226}_{88}\text{Ra} \longrightarrow {}^{222}_{86}\text{Rn} + {}^{4}_{2}\alpha$$

β-Strahlung

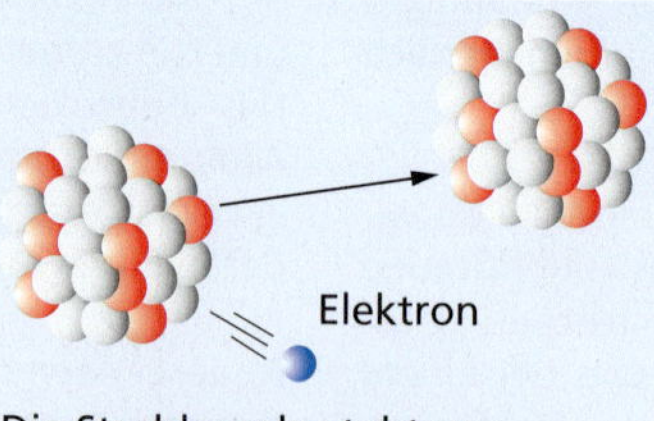

Die Strahlung besteht aus Elektronen (β^--Strahlung) oder Positronen (β^+-Strahlung).

$$^{137}_{55}\text{Cs} \longrightarrow {}^{137}_{56}\text{Ba} + {}^{0}_{-1}\text{e}$$

$$^{40}_{19}\text{K} \longrightarrow {}^{40}_{18}\text{Ar} + {}^{0}_{1}\text{e}$$

γ-Strahlung

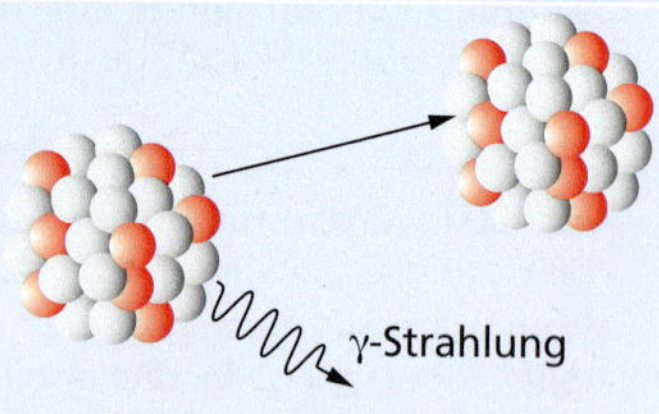

Die Strahlung ist eine energiereiche elektromagnetische Strahlung kleiner Wellenlänge.

$$^{137}_{56}\text{Ba}^{*} \longrightarrow {}^{137}_{56}\text{Ba} + \gamma$$

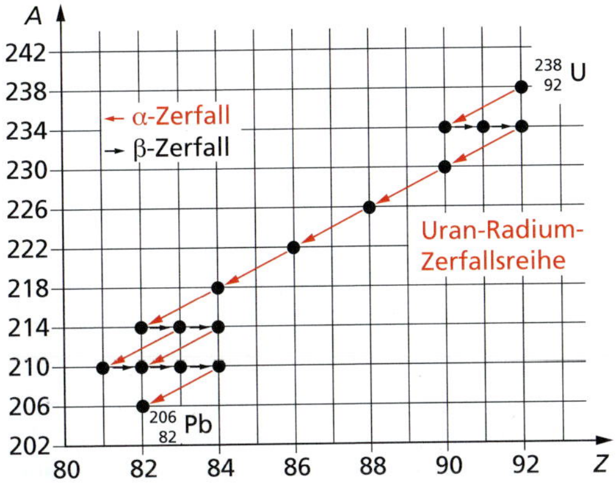

1 Zerfallsreihe von Uran-238: Im Lauf von Millionen Jahren entsteht dabei stabiles Blei.

Von den 91 in der Natur vorkommenden Elementen sind ca. 300 Nuklide bekannt, von denen wiederum ca. 50 instabil sind, also sich völlig spontan unter Aussendung von α-, β- oder γ-Strahlung in andere Kerne umwandeln.

Es ist auch möglich, radioaktive Nuklide künstlich herzustellen, z. B. durch Bestrahlung mit verschiedenen Teilchen (Neutronen, Elektronen, Protonen). Die Erscheinung, dass künstlich hergestellte Nuklide radioaktiv sein können, wird als **künstliche Radioaktivität** bezeichnet.

Bis heute ist es gelungen, zusätzlich zu den etwa 50 in der Natur vorkommenden radioaktiven Nukliden weitere 2400 Nuklide künstlich zu erzeugen. Eine Reihe von ihnen wird für spezielle Anwendungen in der Medizin und in der Technik genutzt, so z. B. Iod-123 oder Technetium-99 zur Untersuchung der menschlichen Schilddrüse.

Einige Radionuklide

Nuklid	Art der Strahlung
Caesium-137	β^-, γ
Cobalt-60	β^-, γ
Iod-131	β^-
Kohlenstoff-14	β^-
Natrium-22	β^-, γ
Plutonium-239	α
Radium-226	α
Uran-235	α
Uran-238	α

Mosaik

Entdeckung der natürlichen Radioaktivität

In den Neunzigerjahren des 19. Jahrhunderts beschäftigten sich viele Physiker mit Untersuchungen zu verschiedenen Strahlungen. Die Untersuchungen von „Katodenstrahlen“ führten zur Entdeckung des Elektrons. W. C. RÖNTGEN entdeckte 1895 die Röntgenstrahlen.

Auch der französische Physiker HENRI BECQUEREL (1852–1908) beschäftigte sich mit den verschiedenen Strahlungen und experimentierte u. a. mit Uransalzen. Dabei zeigte sich, dass in der Nähe des Uransalzes liegende Fotoplatten geschwärzt waren.

Systematische Untersuchungen führten 1896 zu der Erkenntnis, dass von Uransalz eine neue, bisher unbekannte Strahlung ausging, die nach ihrem Entdecker zunächst als BECQUEREL-Strahlung bezeichnet wurde und später den Namen „radioaktive Strahlung“ erhielt.

Intensiv beschäftigten sich die in Polen geborene MARIE CURIE (1867–1934) und ihr Mann, der Franzose PIERRE CURIE (1859–1906), mit der neuen Strahlung. Mit unglaublich primitiven Mitteln arbeiteten sie Tonnen Uranpechblende auf und entdeckten in Uranpechblende ein neues, stark strahlendes Element, das zu Ehren des Geburtslandes von M. CURIE als Polonium bezeichnet wurde. Im gleichen Jahr entdeckten sie ein weiteres Element, das eine intensive Strahlung aussandte. Es erhielt den Namen Radium („das Strahlende“). 1903 bekamen MARIE und PIERRE CURIE gemeinsam mit HENRI BECQUEREL für die Entdeckung der Radioaktivität den Nobelpreis für Physik. PIERRE CURIE verunglückte 1906 bei einem Verkehrsunfall tödlich. Seine Frau führte die Forschungen weiter.

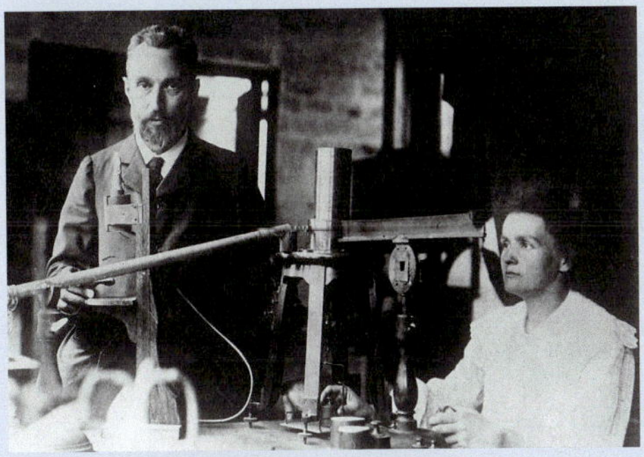

2 MARIE und PIERRE CURIE im Labor (um 1900)

Gesetz des Kernzerfalls

Ist zu einem gegebenen Zeitpunkt eine Anzahl N von Atomen eines radioaktiven Nuklids vorhanden, so wandelt sich in einer bestimmten Zeit die Hälfte der Atomkerne um (Abb. 1). Diese Zeit wird als **Halbwertszeit** bezeichnet.

> Die Halbwertszeit gibt an, in welcher Zeit sich jeweils die Hälfte der vorhandenen instabilen Atomkerne umwandelt.
>
> Formelzeichen: t_H
> Einheit: eine Sekunde (1 s)

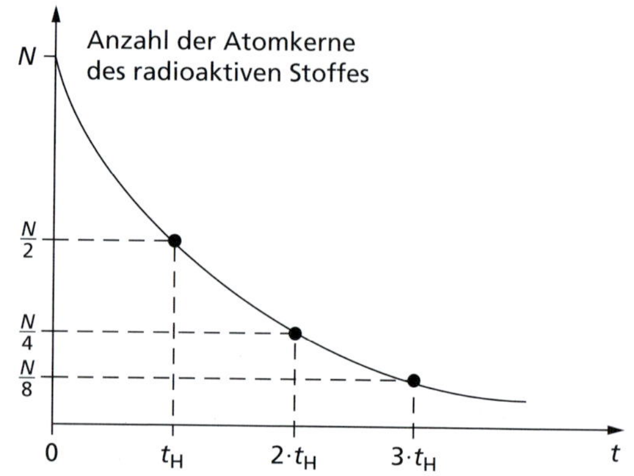

1 Gesetz des Kernzerfalls: Die Anzahl der ursprünglichen Atomkerne nimmt experimentell ab.

So hat z. B. Caesium-137 eine Halbwertszeit von 30 Jahren. Das bedeutet: In 30 Jahren ist bei einer bestimmten Menge Caesium-137 die Hälfte aller Caesium-Kerne umgewandelt, in weiteren 30 Jahren ist es wiederum die Hälfte der dann noch vorhandenen Caesium-Kerne. Damit sind nach 60 Jahren drei Viertel der ursprünglich vorhandenen Atomkerne umgewandelt. Die Halbwertszeiten liegen bei radioaktiven Nukliden zwischen Bruchteilen von Sekunden und einigen Milliarden Jahren (↗ Übersicht unten). Das Zerfallsgesetz (Abb. 1) ist im Unterschied zu vielen anderen Gesetzen der Physik ein **stochastisches Gesetz.** Das bedeutet: Das Gesetz macht nur eine Aussage über die Gesamtheit der Atomkerne. Von den insgesamt vorhandenen instabilen Atomkernen wandelt sich in der Halbwertszeit die Hälfte um. Damit ist aber keine Aussage darüber möglich, ob sich in dieser Zeit ein bestimmter Atomkern umwandelt oder nicht.

Halbwertszeit einiger Nuklide

Nuklid	Halbwertszeit
Caesium-137	30,17 Jahre
Cobalt-60	5,3 Jahre
Iod-131	8,04 Tage
Kohlenstoff-14	5730 Jahre
Natrium-22	2,6 Jahre
Plutonium-238	87,7 Jahre
Plutonium-239	24390 Jahre
Polonium-210	138,4 Tage
Polonium-216	0,15 Sekunden
Radium-226	1600 Jahre
Radon-220	55,6 Sekunden
Uran-235	700 Mio. Jahre
Uran-238	4,5 Mrd. Jahre

Methode

Dynamische und stochastische Gesetze

Physikalische Gesetze sind allgemeine und wesentliche Zusammenhänge, die unter bestimmten Bedingungen stets wirken. Diese Bedingungen nennt man Gültigkeitsbedingungen. Unterscheiden kann man zwischen dynamischen und stochastischen Gesetzen.

Ein **dynamisches Gesetz** gibt an, wie sich ein einzelnes Objekt unter den gegebenen Bedingungen verhält. Ein Beispiel für ein solches Gesetz ist das newtonsche Grundgesetz $F = m \cdot a$.

Kennt man die Masse eines Körpers und die auf ihn einwirkende Kraft, so kann man die Beschleunigung eindeutig vorhersagen.

Ein **stochastisches Gesetz** wie das Zerfallsgesetz trifft dagegen keine Aussage zum Verhalten eines einzelnen Objekts, z. B. eines bestimmten Atomkerns, sondern nur über die Gesamtheit der Objekte. Wenn z. B. ursprünglich 1 Mio. Atomkerne vorhanden sind, dann kann man sagen, dass sich während einer Halbwertszeit ca. 500000 Kerne umwandeln. Welche es aber sind, kann man nicht vorhersagen.

Stochastische Gesetze sind immer mit Wahrscheinlichkeitsaussagen verbunden.

Radioaktive Strahlung und ihre Eigenschaften

Radioaktive Strahlung besitzt Energie. Dadurch können Gase ionisiert, Filme geschwärzt und Zellen geschädigt werden.
Ohne Beeinflussung breitet sich radioaktive Strahlung geradlinig nach allen Seiten aus. Die **Reichweite** der verschiedenen Strahlungsarten ist in Luft sehr unterschiedlich. Bei α-Strahlung beträgt sie 4–6 cm, bei β-Strahlung einige Meter. γ-Strahlung breitet sich auch über größere Entfernungen aus.

Sehr unterschiedlich ist die **Durchdringungsfähigkeit** radioaktiver Strahlung (Abb. 1). Sie ist abhängig
- von der Art der Strahlung,
- von der Intensität der Strahlung,
- von der Art des durchstrahlten Stoffs,
- von der Dicke des durchstrahlten Stoffs.

Unmittelbar damit hängt zusammen, wie radioaktive Strahlung von verschiedenen Stoffen absorbiert (aufgenommen) wird. Das **Absorptionsvermögen** eines Stoffs hängt von dem Stoff selbst, von seiner Dicke sowie von der Art der Strahlung ab (Abb. 1).
In elektrischen und magnetischen Feldern wird α- und β-Strahlung abgelenkt, γ-Strahlung dagegen nicht (Abb. 2, 3). Umgekehrt kann man aus der Richtung und der Stärke der Ablenkung auf die Art der Strahlung schließen.

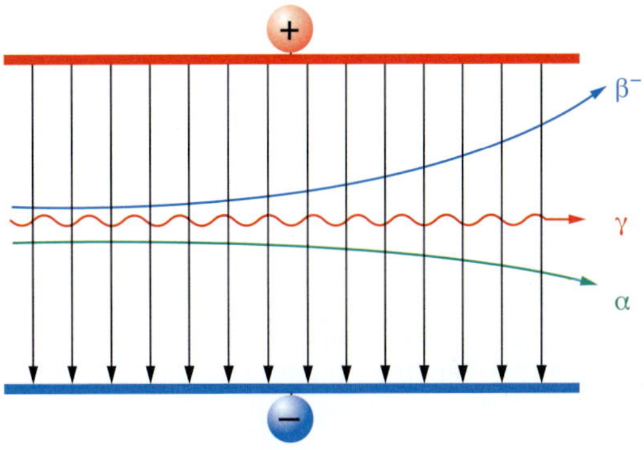

2 Ionisierende Strahlung im elektrischen Feld: γ-Strahlung wird nicht abgelenkt.

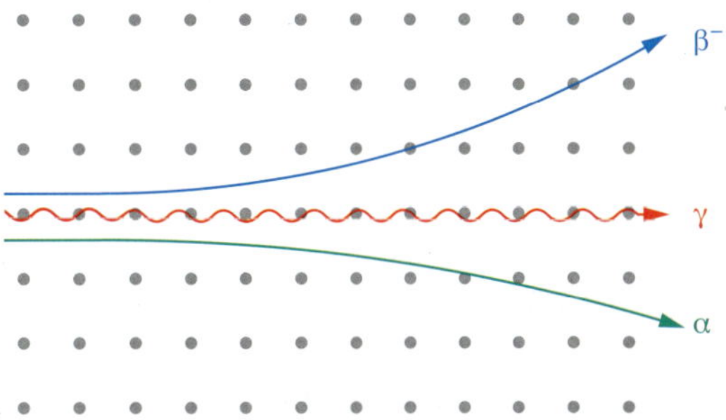

3 Ionisierende Strahlung im Magnetfeld: Die Richtung der Ablenkung ergibt sich aus der Rechte-Hand-Regel (↗ S. 71).

> Radioaktive Strahlung besitzt Energie. Sie wird von Stoffen unterschiedlich absorbiert.
> α- und β-Strahlung kann durch elektrische und magnetische Felder abgelenkt werden.

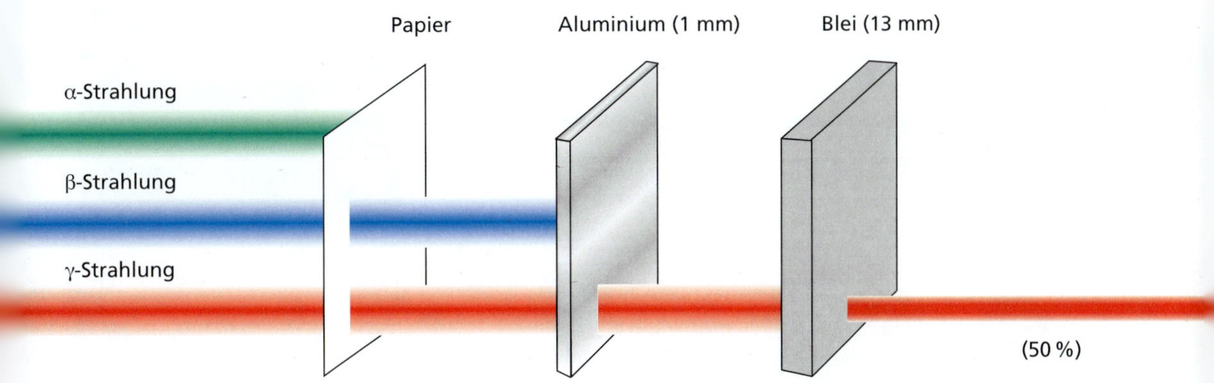

1 Durchdringungsfähigkeit radioaktiver Strahlung

Nachweis radioaktiver Strahlung

Durch radioaktive Strahlung können Filme geschwärzt und Gase ionisiert werden. Diese Eigenschaften radioaktiver Strahlung werden zu ihrem Nachweis genutzt.
Beim **Nachweis mit Film** ist die Schwärzung des Films umso stärker, je stärker die auftreffende Strahlung ist. Das wird bei Dosimeterplaketten genutzt, die Personen tragen müssen, die beruflich mit Strahlung in Berührung kommen können (↗ Übersicht unten). Weitere Möglichkeiten des Nachweises radioaktiver Strahlung sind das **Zählrohr** (↗ Übersicht und S. 178) und die **Nebelkammer** (↗ Übersicht).

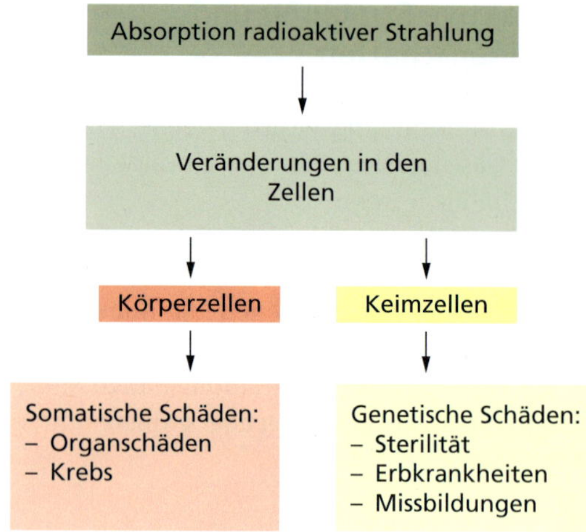

1 Biologische Wirkungen radioaktiver Strahlung

Biologische Wirkungen der radioaktiven Strahlung und Strahlenschutz

Trifft radioaktive Strahlung auf organisches Gewebe, so kann sie auf das Gewebe einwirken und Veränderungen in Zellen hervorrufen (Abb. 1). Besonders gefährlich ist eine kurzzeitig hohe Strahlenbelastung.
Sie kann zu unmittelbaren Schädigungen des betreffenden Lebewesens führen (somatische Schäden) oder sich auch erst bei den Nachkommen auswirken (genetische Schäden).

Die biologischen Wirkungen auf einen Körper hängen u. a. davon ab,
- wie viel Strahlung der Körper aufnimmt (absorbiert),
- welche Art der Strahlung wirksam wird,
- welche Körperteile bestrahlt werden.

Akut kann es bei Bestrahlung mit einer hohen Dosis zur **Strahlenkrankheit** kommen. Spätschäden durch Zellveränderungen treten häufig erst nach Jahren auf. Hierzu zählen z. B. Erkrankungen der blutbildenden Organe (Leukämie), der Haut und der Augen.

Nachweismöglichkeiten ionisierender Strahlung

Fotografische Schicht

Bei einem Filmdosimeter wird ein Film an den Stellen, an denen ionisierende Strahlung auftrifft, geschwärzt. Das Maß der Strahlenbelastung ist der Grad der Schwärzung des Films.

Zählrohr

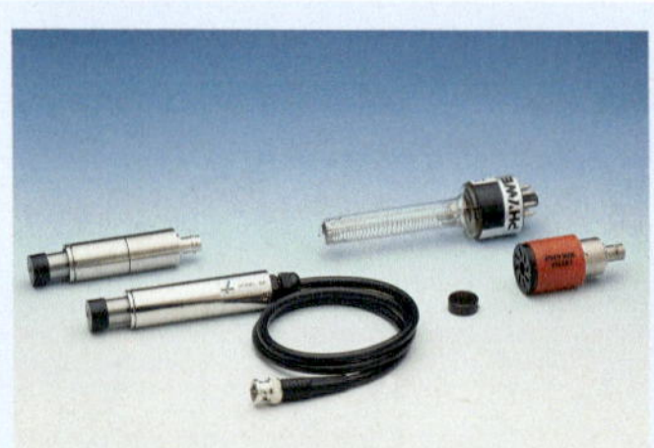

Bei einem Zählrohr wird die ionisierende Wirkung von Strahlung genutzt.
Je größer die Intensität der Strahlung ist, desto mehr Impulse werden registriert.

Nebelkammer

Bei einer Nebelkammer wird die ionisierende Wirkung der Strahlung genutzt.
Die Länge der Nebelspur ist ein Maß für die Energie der Strahlung.

Mosaik

Der Schutz vor ionisierender Strahlung

Zu ionisierender Strahlung gehört neben der radioaktiven Strahlung auch die Röntgenstrahlung. Die biologische Wirkung solcher Strahlung wird durch die physikalische Größe **Äquivalentdosis** charakterisiert. Sie kennzeichnet die von einem Körper aufgenommene Energie der Strahlung unter Berücksichtigung biologischer Wirkungen. Sie wird in der Einheit ein Sievert (1 Sv) gemessen. Dabei gilt: 1 Sv = 1 J/kg

Eine Gesamtbelastung von 4 mSv je Jahr bedeutet dann für einen Menschen, dass er durch ionisierende Strahlung eine Energie von 4 mJ je Kilogramm Körpergewicht aufnimmt. Nach den gegenwärtigen Erkenntnissen treten bei einer kurzzeitigen Strahlenbelastung ab 250 mSv bereits Schäden auf, eine Belastung von 7 000 mSv ist tödlich.

Für Menschen, die beruflich radioaktiver Strahlung ausgesetzt sind, gilt zurzeit ein Grenzwert von 20 mSv je Jahr. Werte für die durchschnittliche Strahlenbelastung in Deutschland sind in der Tabelle unten angegeben.

Wegen möglicher Schäden durch radioaktive Strahlung gilt als Grundregel:

Die Strahlung, der man sich aussetzt, sollte so gering wie möglich sein.

Dabei muss man beachten, dass schon allein die natürliche Strahlung aufgrund der geologischen Besonderheiten (z. B. Gebiete mit Uranvorkommen, Gebirge) sehr unterschiedlich ist.

Diese **terrestrische Strahlung** beträgt in Mecklenburg-Vorpommern ca. 0,15 mSv/a, im Harz ca. 1 mSv/a und im Bayrischen Wald ca. 1,5 mSv/a. An einzelnen Stellen werden auch höhere Werte erreicht.

Achtung!
Ionisierende Strahlung

Das Eintreten von Strahlenschäden ist vor allem abhängig von der Art der Strahlung, der Energie bzw. Intensität der Strahlung, der Dauer der Einwirkung und der Empfindlichkeit der bestrahlten Organe. Besonders empfindlich sind das Knochenmark, die Lymphknoten und die Keimzellen.

Die wichtigsten **Maßnahmen zum Schutz** vor ionisierender Strahlung sind:

- Von Quellen ionisierender Strahlung ist ein möglichst großer Abstand zu halten.
- Strahlungsquellen sind möglichst vollständig abzuschirmen, z. B. mit Blei.
- Mit Quellen ionisierender Strahlung sollte nur kurzzeitig experimentiert werden.
- Radioaktive Substanzen dürfen nicht in den Körper gelangen. Beim Umgang mit solchen Substanzen sind Essen und Trinken verboten.

Personen, die beruflich mit ionisierender Strahlung in Berührung kommen, müssen eine Dosimeterplakette (↗ Filmdosimeter S. 174) tragen, durch die solche Strahlung registriert wird. Diese Plaketten werden regelmäßig kontrolliert. Der gegenwärtige Grenzwert von 20 mSv je Jahr darf dabei nicht überschritten werden.

Die Einhaltung aller Schutzmaßnahmen ist erforderlich, weil wir kein Sinnesorgan für ionisierende Strahlung haben, also nicht merken, ob wir solcher Strahlung ausgesetzt sind. Deshalb werden auch regelmäßig Messungen durchgeführt.

Mittlere Strahlenbelastung in der Bundesrepublik Deutschland im Jahr

Art der Strahlung	Äquivalentdosis
von der Umgebung (Erde) ausgehende terrestrische Strahlung	0,4 mSv/Jahr
kosmische Strahlung	0,3 mSv/Jahr
Strahlung durch die aufgenommene Nahrung/Luft	1,7 mSv/Jahr
medizinische Anwendungen einschließlich Röntgenuntersuchungen	1,5 mSv/Jahr
Strahlung durch Kernkraftwerke, Kernwaffenversuche	0,01 mSv/Jahr
Strahlung durch Bildschirm des Fernsehapparats und des Computers	0,02 mSv/Jahr
Gesamtbelastung	≈ 4 mSv/Jahr

Kernspaltung

Unter **Kernspaltung** versteht man die Erscheinung, dass schwere Atomkerne, z. B. die Atomkerne von Uran oder Plutonium, in mittelschwere Kerne aufgespalten werden. Dabei werden Neutronen frei und es wird bei diesem Vorgang Energie abgegeben, die als **Kernenergie** oder auch als Atomenergie bezeichnet wird.

Ein Beispiel für eine solche Kernspaltung ist in Abb. 1 dargestellt. Treffen Neutronen mit bestimmter Geschwindigkeit auf Uran-235, so erfolgt eine Umwandlung in Uran-236, das in Bruchteilen von Sekunden in zwei mittelschwere Kerne zerfällt.

> Durch Beschuss mit langsamen Neutronen können schwere Atomkerne in mittelschwere Atomkerne aufgespalten werden. Dabei werden Neutronen freigesetzt und es wird Energie abgegeben.

Bei jeder Kernspaltung wird eine Energie von etwa $3 \cdot 10^{-11}$ J freigesetzt. Um 1 J zu erhalten, müssen ca. 30 Billionen Urankerne gespalten werden. Die Ursache für die Energiefreisetzung besteht in Folgendem: Die Masse des Ausgangskerns plus des aufgenommenen Neutrons ist größer als die Masse der Endprodukte. Die Änderung der Masse ist nach der von ALBERT EINSTEIN (1879 bis 1955) entdeckten Masse-Energie-Beziehung ($E = \Delta m \cdot c^2$) der freigesetzten Energie äquivalent. Das ist zugleich die physikalische Grundlage für die Funktionsweise von Kernkraftwerken und von Kernspaltungsbomben.

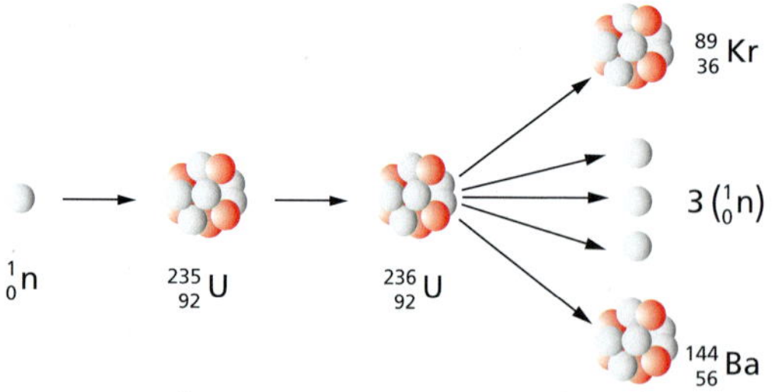

1 Spaltung von U-235 durch Neutronen: Es werden Neutronen und Energie freigesetzt.

Bei der Aufspaltung von Uran-235 ist nicht nur die in Abb. 1 dargestellte Reaktion möglich. Es können auch andere mittelschwere Kerne, z. B. Lanthan oder Caesium, entstehen. Man kennt heute etwa 200 verschiedene Spaltprodukte von Uran-235.

Treffen die Neutronen auf spaltbares Material und haben sie die „richtige“ Geschwindigkeit, so können sie weitere Kernspaltungen hervorrufen. Es kommt zu einer **Kettenreaktion** (Abb. 2), die **ungesteuert** verlaufen kann. Durch Begrenzung der Anzahl der Neutronen kann die Kettenreaktion **gesteuert** werden.

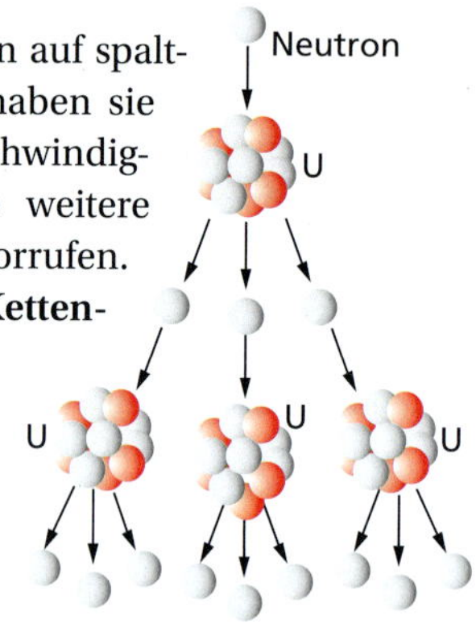

2 Kettenreaktion (ungesteuert)

Mosaik

Die erste ungesteuerte Kettenreaktion

Schon kurz nach der Entdeckung der Kernspaltung im Jahr 1938 war vielen Physikern bewusst, dass bei der Kernspaltung viel Energie frei wird und damit die Kernspaltung vielleicht auch technisch genutzt werden kann. Entsprechende Arbeiten wurden in Deutschland, England, den USA und der Sowjetunion vorangetrieben.

1942 begannen in den USA intensive Arbeiten zum Bau einer Kernspaltungsbombe (Atombombe). Innerhalb von drei Jahren wurde eine solche Bombe entwickelt und 1945 über den japanischen Städten Hiroshima und Nagasaki abgeworfen. Genauere Informationen findest du z. B. unter **www.schuelerlexikon.de.**

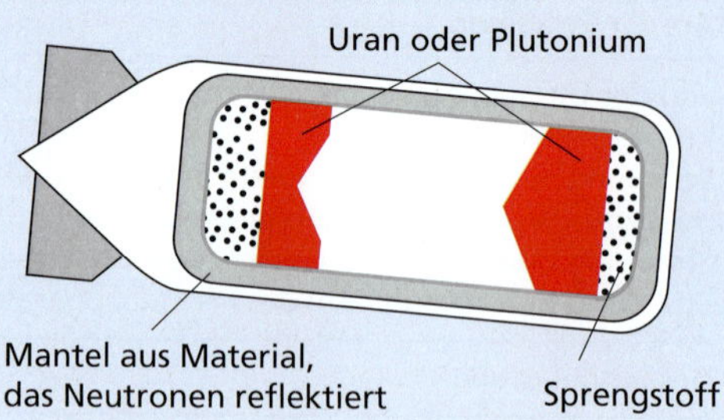

Mosaik

Die Entdeckung der Kernspaltung

In den Dreißigerjahren des 20. Jahrhunderts beschäftigten sich viele Physiker und Chemiker mit radioaktiver Strahlung.

ENRICO FERMI (1901–1954) beschoss zahlreiche Elemente mit Neutronen und stellte fest, dass sich dadurch fast alle Stoffe umwandeln lassen. Er nannte die neu entstehenden Stoffe Transurane, weil er zunächst annahm, dass alle diese Stoffe im Periodensystem jenseits des Urans liegen, also eine Ordnungszahl von über 92 hätten. 1934 erhielt FERMI durch Beschuss von Platin mit Neutronen Gold.

IRÈNE JOLIOT-CURIE (1897–1956), die Tochter von MARIE CURIE, und ihr Mann FRÉDÉRIC JOLIOT-CURIE (1900–1958) entdeckten 1934 die künstliche Radioaktivität.

1 LISE MEITNER (1878–1968)

In Deutschland beschäftigten sich in Berlin OTTO HAHN, FRITZ STRASSMANN und LISE MEITNER, die im Jahr 1938 emigrierte, mit der Untersuchung von Transuranen.

HAHN und STRASSMANN bestrahlten Uran mit Neutronen und untersuchten die dann entstandenen Nuklide. Dabei machten sie Ende 1938 eine Entdeckung, die ihnen selbst unwahrscheinlich vorkam.

In der Zeitschrift „Naturwissenschaften" erschien am 6. Januar 1939 ein Artikel von ihnen, in dem es heißt: *„... Nun müssen wir aber noch auf einige neuere Untersuchungen zu sprechen kommen, die wir der seltsamen Ergebnisse wegen nur zögernd veröffentlichen. ... Wir kommen zu dem Schluss: Unsere ‚Radiumisotope' haben die Eigenschaften des Bariums; als Chemiker müssten wir eigentlich sagen, bei den neuen Körpern handelt es sich nicht um Radium, sondern um Barium, denn andere Elemente als Barium und Radium kommen nicht in Frage. ... Als der Physik in gewisser Weise nahestehende ‚Kernchemiker' können wir uns zu diesem, allen bisherigen Erfahrungen der Kernphysik widersprechenden Sprung noch nicht entschließen ... Es könnte doch eine Reihe seltsamer Zufälle unsere Ergebnisse vorgetäuscht haben."*

Wenig später gelang es, die Spaltprodukte eindeutig zu identifizieren. Durch Beschuss von Uran mit Neutronen waren Krypton und Barium entstanden. Zugleich wurden bei jeder Kernspaltung drei Neutronen und Energie freigesetzt. Kurze Zeit später gelang der Nachweis weiterer Spaltprodukte von Uran, z.B. Strontium und Yttrium.

Damit war die Kernspaltung entdeckt, für die OTTO HAHN im Jahre 1945, nach Ende des Zweiten Weltkriegs, den Nobelpreis für Chemie für das Jahr 1944 erhielt.

2 OTTO HAHN (1879–1968)

Die Möglichkeit der Energiegewinnung aus Kernspaltung war bereits 1939 diskutiert worden. Mit Beginn des Zweiten Weltkriegs trat immer mehr die Frage in den Vordergrund, ob die Kernenergie auch militärisch nutzbar sei.

1942 begann in den USA die intensive Arbeit an Atomwaffen, die innerhalb von drei Jahren zum Bau von Kernspaltungsbomben (Atombomben) führte. Am 6. August und am 9. August 1945 gab es die erste Anwendung der Kernspaltung, die Zündung von Atombomben durch US-Amerikaner über den japanischen Städten Hiroshima und Nagasaki mit Hunderttausenden Toten.

3 Arbeitstisch von OTTO HAHN (Deutsches Museum München)

Physik in Natur und Technik

Das Geiger-Müller-Zählrohr

1928 entwickelten die deutschen Physiker HANS GEIGER (1882–1945) und WALTHER MÜLLER (1905–1979) ein Zählrohr (↗Übersicht S. 174, Abb. 1), mit dem man nicht nur das Vorhandensein von radioaktiver Strahlung, sondern auch ihre Intensität ermitteln kann. Heute gibt es solche Zählrohre in den verschiedensten Bauformen.

Beschreibe den Aufbau und erkläre die Wirkungsweise eines Geiger-Müller-Zählrohrs!

Ein Zählrohr dient dem Nachweis radioaktiver Strahlung. Es besteht aus einem gasgefüllten Rohr mit einer dünnen Rohrwandung, die von radioaktiver Strahlung durchdrungen werden kann. Im Rohr befinden sich eine stabförmige Elektrode in der Mitte und eine meist spiralförmige Elektrode in der Nähe der Wandung. Zwischen den beiden Elektroden wird eine Spannung von etwa 500 V angelegt. Fällt radioaktive Strahlung auf das Zählrohr, so wird das im Rohr befindliche Gas ionisiert, d. h., es werden Elektronen abgespalten. Diese werden zur Anode beschleunigt und ionisieren auf ihrem Weg dorthin weitere Atome des Füllgases. Es kommt zur Stoßionisation und damit zu einem kurzzeitigen Stromfluss im Zählerstromkreis. Die dadurch am Widerstand auftretende Spannungsänderung wird verstärkt. In einem Lautsprecher ist sie als Knacken hörbar. Mit einem Zähler kann die Intensität der Strahlung als Impulse je Minute registriert werden.

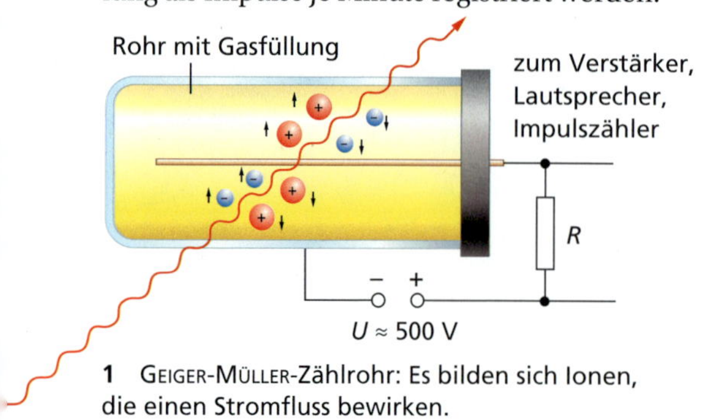

1 GEIGER-MÜLLER-Zählrohr: Es bilden sich Ionen, die einen Stromfluss bewirken.

Der Nulleffekt

Wenn z. B. im Klassenraum ein Zählrohr in Betrieb genommen wird, kann man eine merkwürdige Erscheinung beobachten. Mit dem Zählrohr wird radioaktive Strahlung registriert, obwohl sich kein radioaktives Präparat in der Nähe befindet. Die Intensität dieser überall in unserer Umgebung ständig vorhandenen radioaktiven Strahlung bezeichnet man als **Nulleffekt.**

Wie ist der Nulleffekt zu erklären?

Der Nulleffekt zeigt, dass überall eine schwache radioaktive Strahlung vorhanden ist. Die Ursachen dafür sind sehr unterschiedlich.

In unserer Umgebung, z. B. in der Erde, in Felsen, in Baumaterialien oder in Luft, sind natürliche radioaktive Stoffe vorhanden, die radioaktive Strahlung abgeben.

Auch der menschliche Körper gibt Strahlung ab. Diese wird durch die radioaktiven Nuklide hervorgerufen, die wir mit der Nahrung, dem Trinkwasser und der Luft aufnehmen.

In unserem Körper finden in jeder Sekunde etwa 9 000 Kernumwandlungen statt. Hinzu kommen geringe Dosen von Strahlung durch Kernwaffenversuche und Reaktorunfälle, durch den Einsatz schwach radioaktiver Stoffe in der Technik (z. B. Leuchtzifferblatt bei alten Uhren) und durch Abstrahlung bei technischen Geräten (Fernsehgerät, Computerbildschirm).

Zu dieser Strahlung, die von natürlicher und künstlicher Radioaktivität der Umgebung stammt, kommt noch die kosmische Strahlung aus dem Weltraum zum Nulleffekt hinzu. Der Nulleffekt ist also ständig vorhanden und tritt unterschiedlich stark auf. Diese Schwankungen gleichen sich erst bei Messungen über einen längeren Zeitraum hinweg aus. Kurze Messzeiten führen zu unterschiedlichen Messwerten. Allgemein wird der Nulleffekt als Quotient aus der Anzahl der Impulse in einem bestimmten Zeitintervall der Messung ermittelt. Bei genaueren Messungen muss der Nulleffekt beachtet werden. Dazu wird er zunächst über einen längeren Zeitraum hinweg ermittelt und dann bei der Auswertung von anderen Messungen berücksichtigt.

Altersbestimmung mit Kohlenstoff und Blei

Bei archäologischen Funden, z. B. den Resten von Bauwerken, Mumien oder Gebrauchsgegenständen, möchte man wissen, wie alt die Funde tatsächlich sind.
Wie kann man das Alter archäologischer Funde ermitteln? Wie genau sind solche Methoden der Altersbestimmung?

Die bekannteste Methode radioaktiver Zeitmessung ist die **C-14-Methode**, auch als Radiokohlenstoffmethode oder Radiokarbonmethode bezeichnet. Mit dieser Methode kann man das Alter organischer Überreste messen. Deshalb wurde sie auch bei der Altersbestimmung von „Ötzi" angewendet, jener Gletscherleiche, die 1990 in den österreichischen Alpen gefunden wurde (Abb. 1).
Die Methode geht davon aus, dass ein kleiner Teil des Kohlenstoffs in der Lufthülle der Erde radioaktiv ist. Es handelt sich um das Kohlenstoffisotop C-14. Den weitaus größeren Anteil des Kohlenstoffs in der Lufthülle bildet das stabile Isotop C-12. Das radioaktive Kohlenstoffisotop C-14 entsteht in der Luft durch Kernumwandlung von Stickstoff infolge des ständigen „Beschusses" der Atmosphäre mit Neutronen der Höhenstrahlung. Dieser Prozess geht seit Jahrtausenden vor sich. Damit war und ist der Anteil an C-14-Isotopen in der Atmosphäre weitgehend konstant. Nun nehmen alle Pflanzen bei der Assimilation das radioaktive C-14 und das nicht radioaktive C-12 auf. Pflanzen werden von Tieren gefressen. Menschen essen pflanzliche und tierische Produkte. In allen Lebewesen gibt es dadurch ein festes Verhältnis von C-14 und C-12.

Mit dem Tod eines Lebewesens oder einer Pflanze hört die Aufnahme von Kohlenstoff auf. Der Anteil an C-14 nimmt durch radioaktiven Zerfall mit einer Halbwertszeit von 5730 Jahren ab. Die Menge des nicht radioaktiven C-12 bleibt dagegen gleich. Aus dem Mengenverhältnis von C-14 und C-12 im organischen Überrest kann auf das Alter des Funds geschlossen werden. Beträgt z. B. der C-14-Anteil nur noch 50 % des heutigen Anteils, so kann man folgern: Seit Beendigung der Kohlenstoffaufnahme ist eine Halbwertszeit vergangen, also 5730 Jahre. Die C-14-Methode bringt nur für Funde mit einem Alter bis ca. 20000 Jahre eine relativ gute Genauigkeit mit einem Fehler von ± 200 Jahren.
Mithilfe von radioaktiven Nuklide kann man auch das Alter von Steinen abschätzen (Abb. 2). Die Uran-Blei-Methode geht davon aus, dass viele Steine Uran enthalten, dessen Isotope alle radioaktiv sind. Das natürliche Uranisotop 238 hat eine Halbwertszeit von 4,5 Mrd. Jahren. Es zerfällt über Zwischenstationen in das stabile Blei-206. Aus dem Verhältnis Pb-206 zu U-238 lässt sich das Alter des Gesteins errechnen, wenn man davon ausgeht, dass ursprünglich nur Uran vorhanden war. Je älter das Gestein ist, desto größer ist inzwischen der Bestandteil an Blei.
Für Meteoriten ergibt sich nach dieser Methode ein Alter von 4,5 Milliarden Jahren.

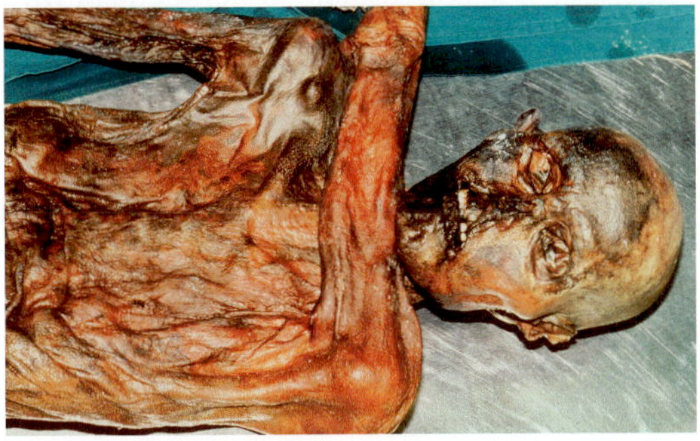

1 Mithilfe der C-14-Methode wurde versucht, das Alter von „Ötzi" zu ermitteln.

2 Die Bestimmung des Alters archäologischer Funde kann mit der Uran-Blei-Methode erfolgen.

Radioaktive Nuklide in Medizin, Technik und Biologie

Die von radioaktiven Nukliden ausgehende Strahlung kann aufgrund ihrer Eigenschaften in verschiedenen Bereichen von Medizin und Technik genutzt werden.
Wie kann man radioaktive Nuklide herstellen?
Welche grundsätzlichen Anwendungsmöglichkeiten gibt es für radioaktive Nuklide?

Radioaktive Nuklide kann man heute im Labor künstlich herstellen. Dazu „beschießt" man stabile Atomkerne mit Teilchen (Protonen, Neutronen, α-Teilchen) oder anderen Atomkernen, die aus einem Teilchenbeschleuniger stammen. Gelingt ein Treffer, so tritt in dem beschossenen Kern eine Kernumwandlung auf.
Viele der so entstehenden Kerne sind instabil und senden bei ihrer Umwandlung radioaktive Strahlung aus (Abb. 1). Darüber hinaus werden manchmal noch Neutronen freigesetzt.
1934 entdeckten IRÈNE JOLIOT-CURIE (1897–1956) und ihr Mann FRÉDÉRIC JOLIOT-CURIE (1900 bis 1958) die künstliche Radioaktivität. Sie beschossen Aluminiumkerne mit α-Teilchen. So entstand Phosphor 30, das erste künstliche Nuklid.

Es zerfiel in das Nachbarelement Silicium und ein Positron (Abb. 1a).

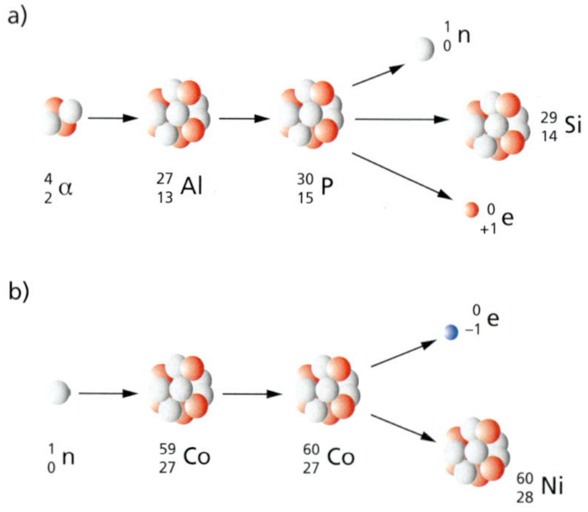

1 Kernumwandlungen beim Beschuss vom Aluminium mit α-Teilchen (a) und Cobalt mit Neutronen (b)

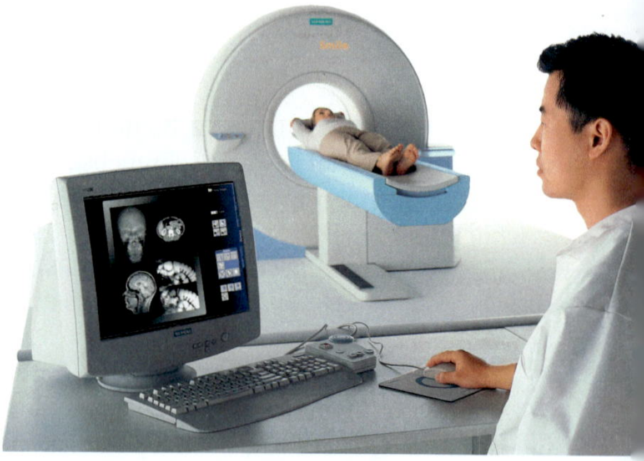

2 Anlage zur Computertomografie in der Medizin: Es werden ionisierende Röntgenstrahlen benutzt.

Die künstlich hergestellten radioaktiven Nuklide werden ebenso wie die in der Natur vorkommenden radioaktiven Nuklide auch als **Radionuklide** bezeichnet. Einige für die Medizin und die Technik wichtige Radionuklide sind in den Übersichten auf S. 171 und 172 angegeben.
Bei den Anwendungen radioaktiver Nuklide nutzt man die verschiedenen Eigenschaften radioaktiver Strahlung aus.
Wichtige Verfahren sind das Bestrahlungsverfahren, das Durchstrahlungsverfahren und das Markierungsverfahren. Das sind drei Verfahren, die man in den unterschiedlichsten Bereichen der Technik und der Medizin nutzen kann.

Beim **Bestrahlungsverfahren** wird die Eigenschaft radioaktiver Strahlung genutzt, in Stoffen chemische, biologische oder physikalische Veränderungen hervorzurufen. In der Medizin wird es z. B. bei der Tumorbehandlung angewendet, um Krebszellen abzutöten. Da man früher meist Cobalt-60 als Strahler nutzte, wurden die betreffenden Geräte als Cobaltkanonen bezeichnet.
Cobalt-60 gibt energiereiche γ-Strahlung ab. Um das benachbarte gesunde Gewebe möglichst wenig zu schädigen, muss die Strahlung auf das kranke Gewebe konzentriert werden. Wegen der erforderlichen Abschirmung haben die Kanonen beachtliche Ausmaße.
Das Bestrahlungsverfahren wird auch zur Sterilisation angewendet, indem Keime (Bakterien,

Viren usw.) abgetötet werden. Auf diese Weise werden medizinische Geräte keimfrei gemacht. Der Schlamm aus Kläranlagen kann nach der Bestrahlung mit radioaktiven Strahlen als Dünger verwendet werden. Bei Lebensmitteln, wie Zwiebeln und Kartoffeln, kann die Keimbildung verlangsamt und damit die Lagerfähigkeit verbessert werden (Abb. 1).
In der Technik lässt sich durch radioaktive Bestrahlung die Reißfestigkeit dünner Folien wesentlich erhöhen.

Beim **Durchstrahlungsverfahren** (Abb. 2) wird die Eigenschaft der Durchdringungsfähigkeit von Stoffen und der Absorption in Stoffen genutzt. Der zu untersuchende Gegenstand befindet sich zwischen der Strahlungsquelle und einem Strahlungsempfänger, z. B. einem Zählrohr oder einem Film.
Wird z. B. ein Werkstück durchstrahlt und sind Einschlüsse (Luft, andere Stoffe) vorhanden, so verändert sich die vom Werkstoff absorbierte Strahlung und damit die beim Strahlungsempfänger ankommende Strahlung.
Deutlich wird das durch unterschiedliche Zählraten oder Schwärzungsgrade auf dem Film. Das Durchstrahlungsverfahren kann z. B. genutzt werden, um die Qualität von Schweißnähten zu prüfen oder um die Schichtdicke bei der Papier- und Folienherstellung ständig zu überwachen. Da es sich um ein zerstörungsfreies Verfahren handelt, ist es besonders gut geeignet, Bauteile zu überprüfen, die hochbelastet und sicherheitsrelevant sind. Das gilt für Drahtseile bei Seilbahnen oder für Radreifen bei der Eisenbahn.

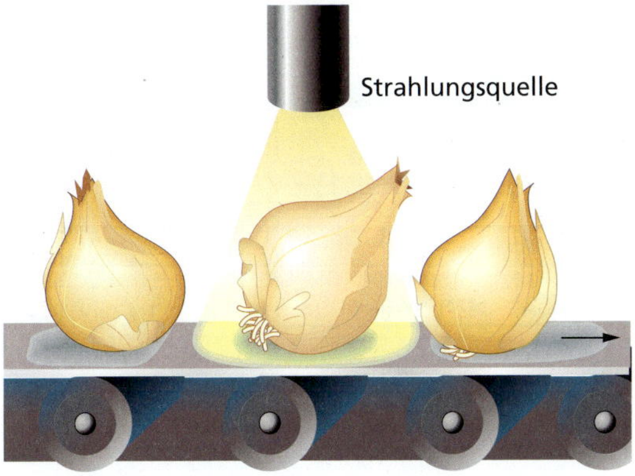

1 Das Bestrahlungsverfahren: Durch Bestrahlung wird die Keimbildung verhindert.

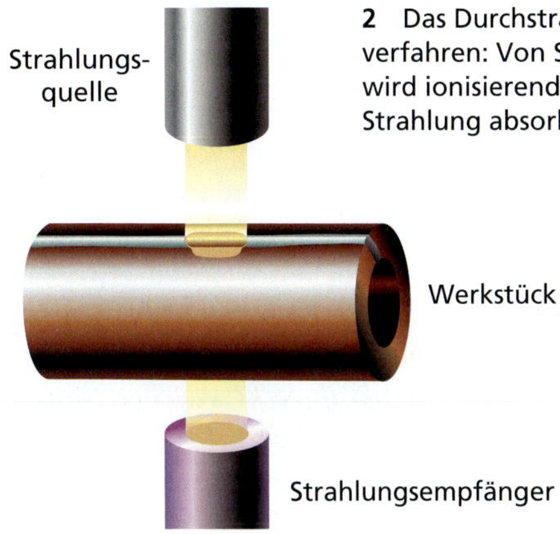

2 Das Durchstrahlungsverfahren: Von Stoffen wird ionisierende Strahlung absorbiert.

Beim **Markierungsverfahren** (Abb. 3) werden Radionuklide dazu genutzt, um den Weg von Stoffen im menschlichen Körper, bei Pflanzen und Tieren, in Rohrleitungen oder im Erdboden zu verfolgen.
Um z. B. die Schilddrüse zu untersuchen, wird radioaktives Iod injiziert. Iod reichert sich in der Schilddrüse an. Mit einem speziellen Zähler wird die von der Schilddrüse ausgehende Strahlung Punkt für Punkt registriert und mithilfe von Computern ausgewertet. Damit können mögliche krankhafte Veränderungen festgestellt werden.

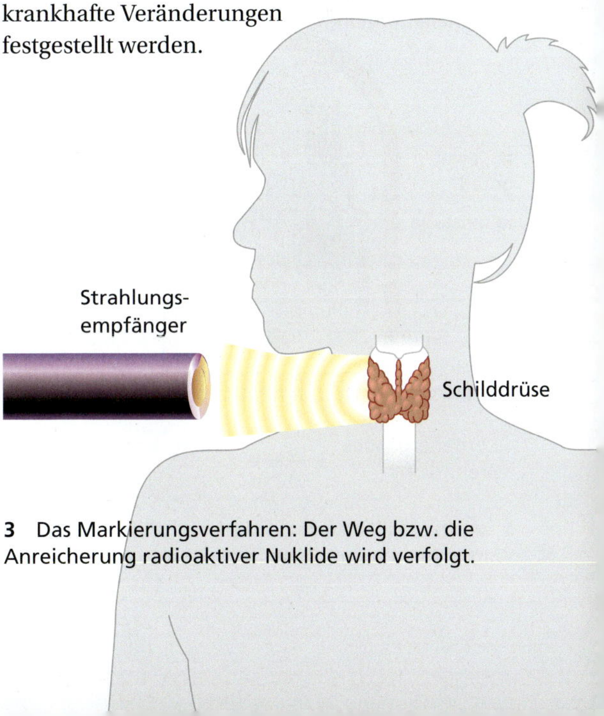

3 Das Markierungsverfahren: Der Weg bzw. die Anreicherung radioaktiver Nuklide wird verfolgt.

Kernkraftwerke

Die gesteuerte Kettenreaktion wird heute in Kernkraftwerken zur Gewinnung von elektrischer Energie genutzt. Die ersten Kernkraftwerke wurden in den Fünfzigerjahren des letzten Jahrhunderts gebaut. Heute arbeiten weltweit etwa 440 Kernkraftwerke, davon in Frankreich 59, in Japan 56 und in Deutschland 17.

Wie arbeitet ein Kernkraftwerk? Welcher Nutzen und welche Gefahren bestehen beim Einsatz von Kernreaktoren?

Für den Betrieb eines Kernkraftwerks (Abb. 1) muss gewährleistet sein, dass die Kernspaltung kontinuierlich und steuerbar abläuft. Dazu ist es erforderlich, dass

- genügend spaltbares Material vorhanden ist,
- Neutronen mit der für die Spaltung notwendigen Geschwindigkeit existieren,
- die Neutronenzahl reguliert werden kann.

Die notwendige Mindestmasse wird als **kritische Masse** bezeichnet.

Als **spaltbares Material** wird meist angereichertes Uran mit 3,5 % U-235 und 96,5 % U-238 verwendet. Im natürlichen Uran sind nur ca. 0,7 % spaltbares U-235 vorhanden. Natürliches Uran muss also angereichert werden. Das spaltbare Material wird meist in Tablettenform in **Brennstoffstäben** in das Reaktorgefäß gebracht (Abb. 2). Die für die Spaltung der Urankerne erforderlichen Neutronen entstehen bei der Kernreaktion selbst.

2 Blick in das Reaktorgefäß eines Kernreaktors

Da bei jeder Kernspaltung 2 bis 3 Neutronen frei werden, wächst ihre Zahl lawinenartig an. Es kommt zu einer **Kettenreaktion.** Voraussetzung dafür ist allerdings, dass die Neutronen die „richtige" Geschwindigkeit haben. Um das zu erreichen, werden **Moderatoren** genutzt. Zumeist verwendet man dazu Wasser oder Grafit.

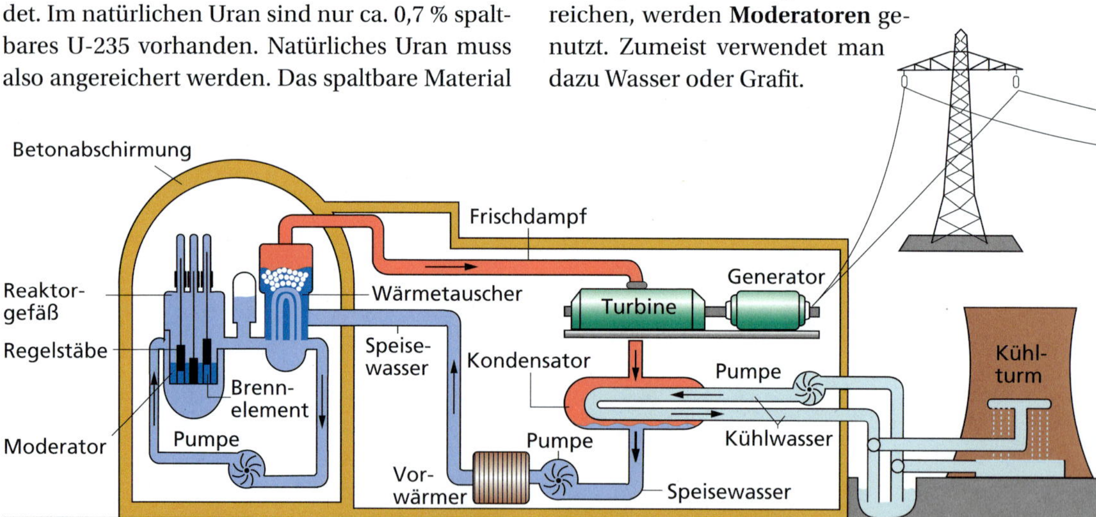

Kernenergie des Brennstoffs → Energie des Dampfs → kinetische Energie von Turbine/Generator → elektrische Energie

1 Aufbau eines Kernkraftwerks mit Druckwasserreaktor: In einem ersten Kreislauf befindet sich ein Wärmetauscher mit Dampferzeuger. In einem zweiten Kreislauf gelangt der Dampf zur Turbine.

Moderatoren bremsen die bei der Kernspaltung frei werdenden schnellen Neutronen so weit ab, dass sie weitere Kerne des Urans spalten können. Die Kettenreaktion wird mit **Regelstäben** aus Bor oder Cadmium gesteuert. Beide Elemente absorbieren Neutronen. Durch mehr oder weniger tiefes Einfahren dieser Regelstäbe wird die Zahl der Neutronen beeinflusst und damit die ablaufende Reaktion gesteuert. Eine ungeregelte Kettenreaktion würde zu einer starken Erhitzung und möglicherweise zur Zerstörung des Reaktors führen. Die freigesetzte Kernenergie wird auf Wasser übertragen. Ähnlich wie bei einem Wärmekraftwerk wird der entstehende Dampf genutzt, um Turbinen zu betreiben und mit Generatoren elektrische Energie zu gewinnen.

Der **Nutzen von Kernkraftwerken** besteht vor allem darin, dass
- keine fossilen Brennstoffe wie Kohle oder Erdöl verbrannt werden müssen,
- der Schadstoffausstoß eines solchen Kraftwerks gering ist,
- mit relativ kleinen Mengen Kernbrennstoff viel elektrische Energie gewonnen werden kann.

Weltweit existieren heute etwa 440 Kernkraftwerke großer Leistung, die ca. 17 % des Elektroenergiebedarfs decken.

1 Brennstäbe und anderes hoch radioaktives Material werden in speziellen Behältern transportiert.

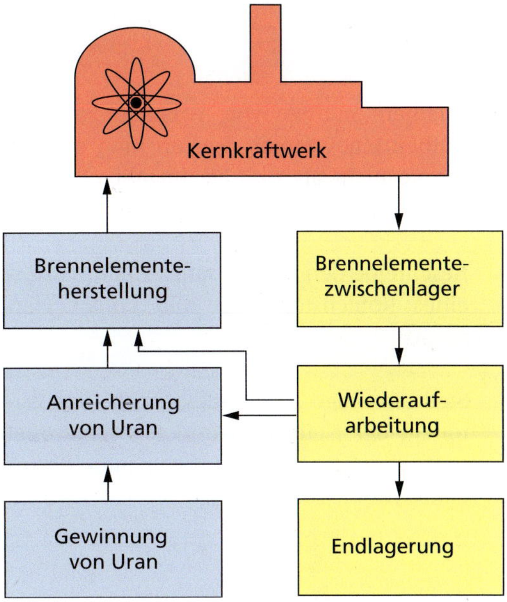

2 Vereinfachte Darstellung des Brennstoffkreislaufs bei Kernreaktoren

Die **Gefahren von Kernkraftwerken** liegen u. a. darin, dass durch menschliches Versagen oder durch technische Pannen radioaktive Stoffe freigesetzt werden können.
Trotz aller Sicherheitsmaßnahmen sind solche Unfälle nicht völlig auszuschließen. Sie würden in dicht besiedelten Gebieten katastrophale Folgen haben. Außerdem ist bis heute das Problem der dauerhaft sicheren Endlagerung von radioaktiven Abfällen, die in Kernkraftwerken entstehen, nicht gelöst. Solche beim Betrieb eines Kernkraftwerks entstehenden radioaktiven Abfälle müssen wegen ihrer Radioaktivität und den großen Halbwertszeiten über viele Jahrzehnte hinweg sicher gelagert werden. Eine Möglichkeit ist die unterirdische Lagerung in ehemaligen Salzbergwerken. Eine solche Lagerung erfolgt im Zwischenlager Gorleben in Niedersachsen sowie in Morsleben (Sachsen-Anhalt). Eine andere Möglichkeit besteht darin, abgebrannte Brennstoffstäbe wiederaufzubereiten (Abb. 2). Dabei entstehen allerdings radioaktive Abfälle, die ebenfalls sicher gelagert werden müssen. Allein in Deutschland beträgt die Gesamtmenge des radioaktiven Abfalls etwa 30 000 m^3 pro Jahr.

Gewusst · Gekonnt

1. Erläutere mithilfe von Vorstellungen zum Aufbau eines Atoms, warum man sich die Atome nicht als massive Kugeln vorstellen kann!

2. Beschreibe den Aufbau eines Heliumatoms, eines Kohlenstoffatoms und eines Eisenatoms!

3. Stelle in einer Tabelle die Anzahl der Protonen, der Neutronen und der Elektronen unter der Annahme neutraler Atome für folgende Atome zusammen:

   $^{1}_{1}H$, $^{12}_{6}C$, $^{14}_{6}C$, $^{60}_{27}Co$, $^{137}_{55}Cs$, $^{235}_{92}U$, $^{238}_{93}U$

4. Dem Engländer JAMES CHADWICK gelang 1932 der Nachweis von Neutronen. Er beschoss Beryllium-9 mit α-Teilchen (↗ Abb.).

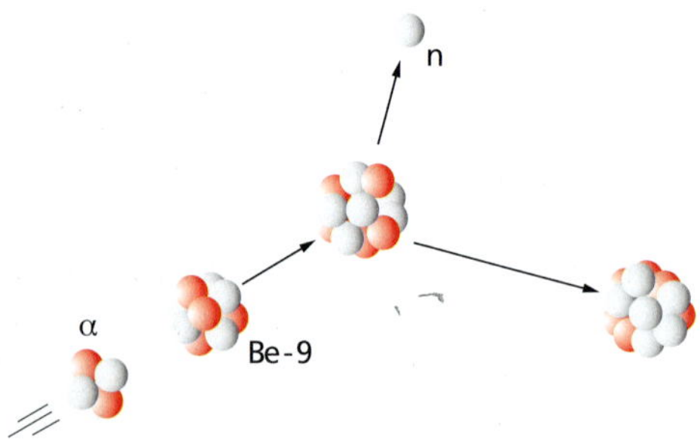

   Stelle für diesen Prozess die Reaktionsgleichung auf!

*5. Informiere dich in der Literatur und unter der Adresse **www.schuelerlexikon.de** sowie unter weiteren Adressen über den rutherfordschen Streuversuch!
   Gehe dabei auf den Aufbau der Experimentieranordnung und die Deutung der Ergebnisse des Experiments ein!

*6. Erkunde, aus welchen experimentellen Ergebnissen man auf die Existenz von Atomkernen schließen kann!

7. Untersuche, wie die Schaumkrone von alkoholfreiem Bier mit der Zeit zerfällt!
   Begründe, warum das Experiment als ein Modellexperiment für den radioaktiven Zerfall angesehen werden kann!
   Vorbereitung:
   Gieße alkoholfreies Bier so in ein Glas, dass sich möglichst viel Schaum entwickelt!

   Durchführung:
   Miss jeweils nach 10 s die Schaumhöhe s!
   Wiederhole den Versuch mindestens drei Mal!
   Auswertung:
   Stelle die Schaumhöhe s in Abhängigkeit von der Zeit t dar!
   Bestimme die Halbwertszeit, mit der die Schaumkrone zerfallen ist!

8. Wie funktioniert ein Geiger-Müller-Zählrohr? Bringe folgende Sätze in die richtige Reihenfolge!
   - Die Spannungsänderung wird verstärkt.
   - Das Gas im Zählrohr wird ionisiert.
   - Das führt am Widerstand zu einer kurzzeitigen Spannungsänderung (Impuls).
   - Radioaktive Strahlung gelangt in das Zählrohr.
   - Ein Zähler registriert jeden Spannungsimpuls.
   - Infolge der Stoßionisation kommt es zu einem kurzzeitigen Stromfluss im Zählerstromkreis.

9. Wie kommt ein Zählimpuls in einem Zählrohr zustande?

10. Caesium-137 hat eine Halbwertszeit von etwa 30 Jahren. Was bedeutet diese Angabe?

***11.** Bei einem Barium-137-Präparat wurden mit einem Zählrohr 2 070 Impulse in 30 s gemessen. Nach jeweils zwei Minuten wurden die Messungen wiederholt. Dabei erhielt man folgende Ergebnisse:

Zeit in min	2	4	6	8	10
Anzahl der Impulse	1 100	650	416	241	179

a) Stelle die Messwerte grafisch dar!
b) Ermittle aus dem Diagramm die Halbwertszeit von Barium-137!

12. Für ein Radionuklid gilt die im Diagramm dargestellte Zerfallskurve.
Wie groß ist die Halbwertszeit?

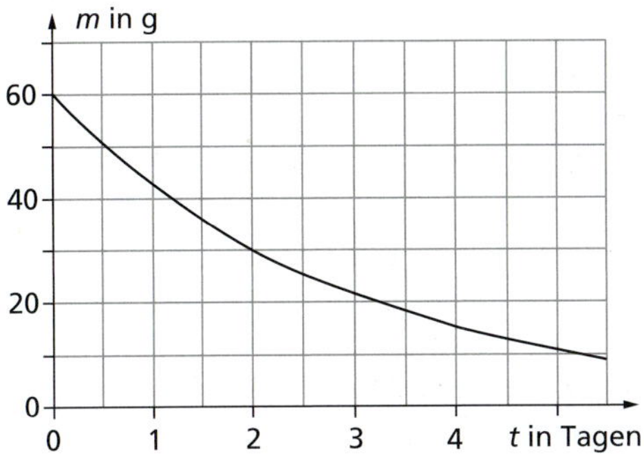

13. Erläutere, wovon die schädigende Wirkung ionisierender Strahlung abhängt!

14. Begründe, warum Bergsteiger einer relativ hohen natürlichen Strahlungsbelastung ausgesetzt sind!

15. Moderne Passagierflugzeuge fliegen in Höhen von bis zu 12 000 m. Bewerte die Aussage: Flugpassagiere sind einer erhöhten Strahlenbelastung ausgesetzt!

16. Es wird experimentell untersucht, wie die Strahlung eines radioaktiven Präparats durch Aluminiumfolie absorbiert wird. Dazu wird zunächst der Nulleffekt mit 20 Impulsen je Minute ermittelt. Anschließend werden die Messungen mit dem radioaktiven Präparat und Aluminiumfolie zwischen Präparat und Zählrohr durchgeführt. Dabei erhält man folgendes Ergebnis:

Dicke der Alufolie in mm	0	1	2	3	4
Zählrate in Impulsen je Minute	650	305	210	185	170

Erhöht man die Schichtdicke des Aluminiums weiter, so verändert sich die Zählrate nicht.

a) Stelle den Zusammenhang zwischen Zählrate und Dicke der Aluminiumschicht in einem Diagramm dar! Interpretiere das Diagramm!
b) Wie ist es zu erklären, dass sich die Zählrate bei Erhöhung der Schichtdicke nicht verändert?

***17.** Beschreibe den Aufbau und erkläre die Wirkungsweise einer Dosimeterplakette, wie sie von Personen getragen werden muss, die beruflich mit Strahlung in Berührung kommen! Das Foto zeigt eine geöffnete Dosimeterplakette. Der lichtdicht eingepackte Film wird monatlich kontrolliert.

18. Es wurde experimentell untersucht, wie die γ-Strahlung durch Blei unterschiedlicher Dicke abgeschirmt wird. Dazu wurden zwischen einen γ-Strahler und ein Zählrohr verschieden dicke Bleischichten gebracht. Im Diagramm sind die Ergebnisse der Untersuchungen dargestellt.

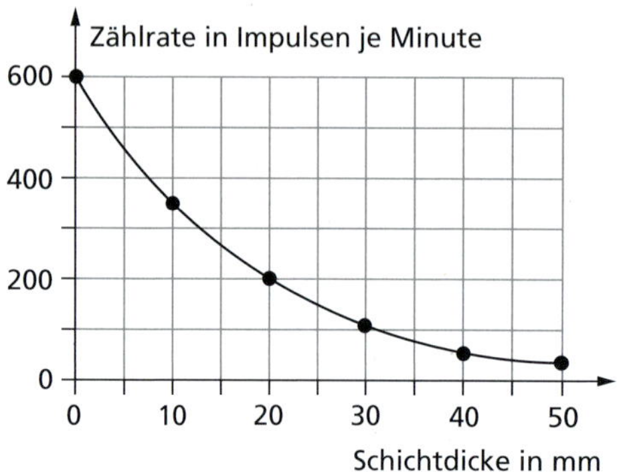

a) Interpretiere dieses Diagramm!
b) Bei welcher Schichtdicke wird die Hälfte der Strahlung absorbiert?
c) Wie dick muss die Schicht sein, damit 90 % der Strahlung absorbiert werden?

19. Radioaktive Strahlung wird zwischen zwei elektrisch geladene Platten hindurchgelenkt (↗ Skizze). Mit einem Zählrohr stellt man fest, dass sie abgelenkt wird.
Um welche Art von Strahlung könnte es sich handeln? Begründe!

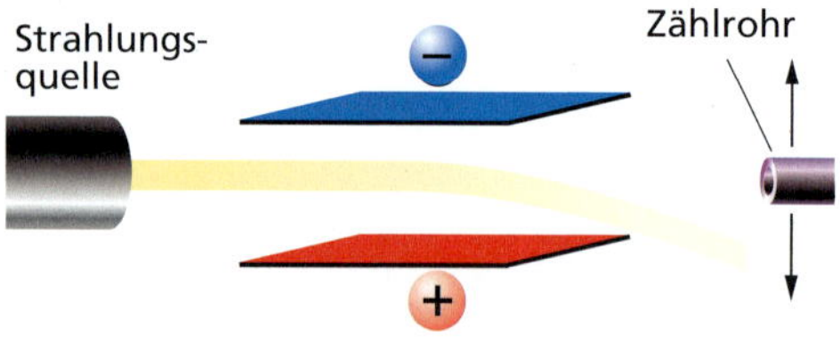

20. Wie hängen Reichweite und Durchdringungsfähigkeit radioaktiver Strahlung zusammen?

21. Das Zerfallsgesetz ist im Unterschied zu vielen anderen physikalischen Gesetzen ein stochastisches Gesetz. Erläutere diese Aussage!

22. Radioaktive Strahlung wird jeweils durch ein Magnetfeld gelenkt (↗ Skizzen). Im Fall a zeigt das Magnetfeld in die Blattebene hinein, im Fall b aus ihr hinaus.
Um welche Art von Strahlung könnte es sich handeln? Begründe!

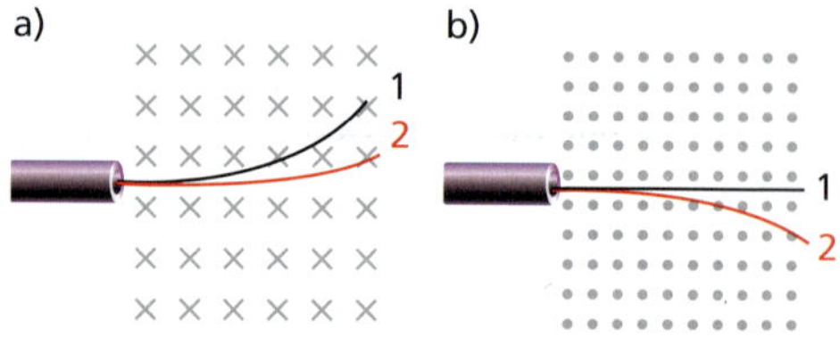

23. Stelle in einer Übersicht die wichtigsten Eigenschaften von α-, β- und γ-Strahlung zusammen!

24. Erkunde, in welchen Bereichen von Medizin, Technik und Biologie radioaktive Nuklide angewendet werden!
Nutze dazu das Internet, z. B. die Adresse **www.schuelerlexikon.de!**

25. Erläutere das Bestrahlungsverfahren, das Durchstrahlungsverfahren und das Markierungsverfahren!
Nenne je ein Beispiel und stelle dar, welche Eigenschaften und Wirkungen radioaktiver Strahlung dabei jeweils genutzt werden!

26. Bei einer Mumie wurde festgestellt, dass der C-14-Anteil nur noch 25 % des heutigen Anteils beträgt.
Auf welches Alter der Mumie kann man daraus schließen?

***27.** Bei Messungen an Uranerzen hat man festgestellt, dass etwa 30 % der U-238-Kerne zerfallen sind.
Welches Mindestalter hat dieses Erz?

28. Welchen Belastungen durch radioaktive Strahlung ist der Mensch ständig ausgesetzt?

29. Nenne einige wichtige Strahlenschutzmaßnahmen! Begründe sie!

30. Ein erheblicher Teil der natürlichen radioaktiven Belastung des Menschen kommt durch das Gas Radon zustande.
Stelle eine Präsentation zum Thema „Radioaktive Belastung des Menschen durch das Edelgas Radon" zusammen!

31. Uran-235 wird durch Beschuss mit Neutronen in Uran-236 umgewandelt. Dieses Uranisotop existiert nur Bruchteile von Sekunden und zerfällt dann in verschiedene mittelschwere Kerne.
Dabei werden zwei oder drei Neutronen frei. Nachfolgend sind jeweils ein Folgekern und die Anzahl der frei werdenden Neutronen angegeben.
Stelle jeweils die vollständigen Reaktionsgleichungen auf!
a) Lanthan-147 und 2 Neutronen
b) Selen-85 und 3 Neutronen
c) Caesium-137 und 3 Neutronen
d) Antimon-133 und 2 Neutronen
e) Xenon-143 und 3 Neutronen

***32.** Bei dem schweren Reaktorunfall im Kernkraftwerk Tschernobyl (Ukraine) im Jahr 1986 wurden große Mengen an radioaktivem Iod-131 ausgestoßen. Dies wirkte sich auch in Deutschland aus. Kurze Zeit nach dem Unfall wurden in Milch eine relativ hohe Iod-Aktivität und eine geringe Caesium-Aktivität gemessen. Nach einigen Wochen waren aber die Caesium-Werte höher als die des Iods.
Wie ist das zu erklären?

33. Beschreibe anhand von ↗ S. 182, Abb. 1, die Energieumwandlungen in einem Kernkraftwerk! Worin bestehen die Unterschiede gegenüber einem Kohlekraftwerk?

34. a) Stelle übersichtlich zusammen, unter welchen Voraussetzungen eine gesteuerte Kernspaltung möglich ist!
b) Wo wird die gesteuerte Kernspaltung genutzt? Nenne Beispiele!
c) Gibt es auch Anwendungen für die ungesteuerte Kettenreaktion? Welche?

35. Welche Vorteile und welche Nachteile haben Kernkraftwerke gegenüber anderen Arten von Kraftwerken?

36. Sammle Material zu Vorteilen und Nachteilen der Nutzung von Kernenergie! Stelle dazu einen Kurzvortrag oder ein Poster zusammen! Nutze zur Vorbereitung das Internet, insbesondere die Adresse **www.schuelerlexikon.de** und **www.kernenergie.de!**

37. Erkunde, welche regenerativen Energien in deinem Wohnort und in dessen Umgebung genutzt werden! Stelle eine Übersicht über die Nutzung solcher Energien zusammen!

***38.** Die Sonne strahlt je Sekunde eine Energie von ca. $3{,}8 \cdot 10^{26}$ J von ihrer Oberfläche in den Weltraum ab.
a) Wie viel von dieser Energie gelangt bis zur Obergrenze der Erdatmosphäre?
b) Vergleiche diese Energie mit dem gegenwärtigen Weltenergieverbrauch von etwa $4 \cdot 10^{20}$ J im Jahr!

39. Der Anteil der Kernenergie an der Elektroenergiegewinnung lag 2006 in den verschiedenen Ländern zwischen 0 und 78 %.

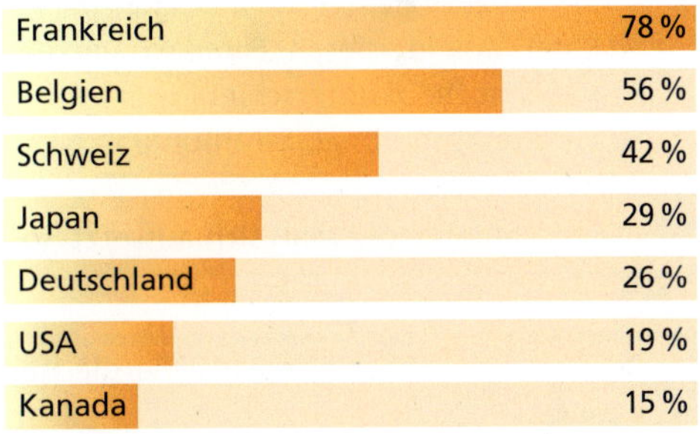

Diskutiere die Meinung: „Kernenergie kann durch andere Energien ersetzt werden!"
Welche Argumente sprechen dafür, welche dagegen?

40. Eine mögliche neue Energiequelle ist die gesteuerte Kernfusion.
Informiere dich im Internet über den aktuellen Stand der Kernfusionsforschung!

Atome, Atomkerne und Radioaktivität

Atome bestehen aus einer negativ geladenen Atomhülle mit Elektronen sowie einem positiv geladenen Atomkern mit Protonen und Neutronen.

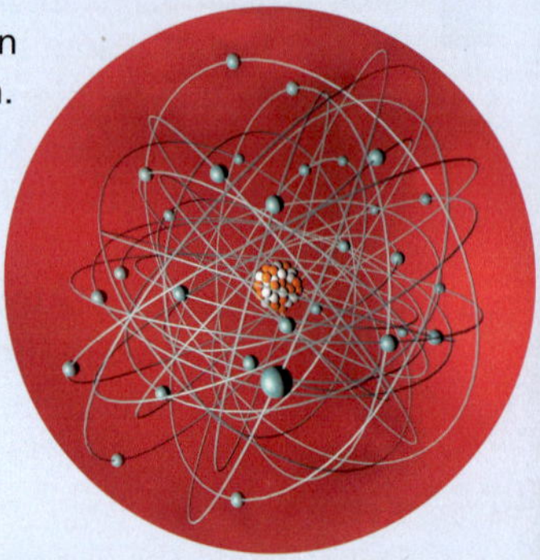

Massenzahl A

$^{235}_{92}U$

Anzahl der Protonen Z

$A = Z + N$

Neutronenzahl N:
$N = A - Z$

Von den in der Natur vorkommenden Nukliden und den künstlich erzeugten Nukliden sind viele radioaktiv. Sie senden bei Kernumwandlungen ionisierende Strahlung aus.

α-Strahlung	β-Strahlung	γ-Strahlung
besteht aus doppelt positiv geladenen Heliumkernen.	besteht aus Elektronen (β^-) oder Positronen (β^+).	ist eine energiereiche elektromagnetische Strahlung.
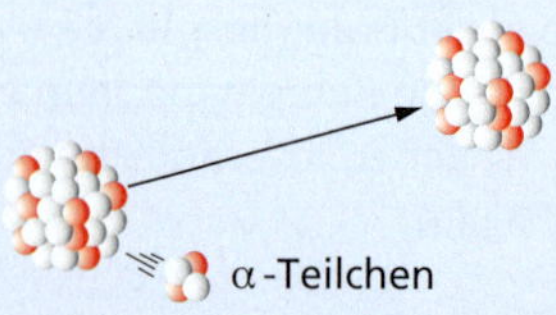	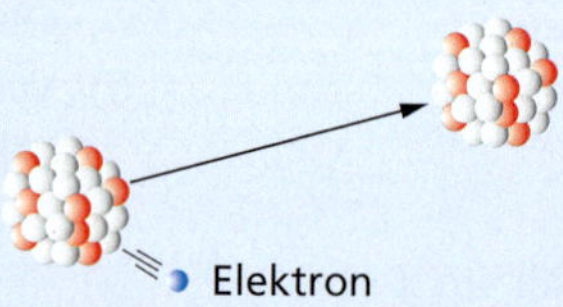	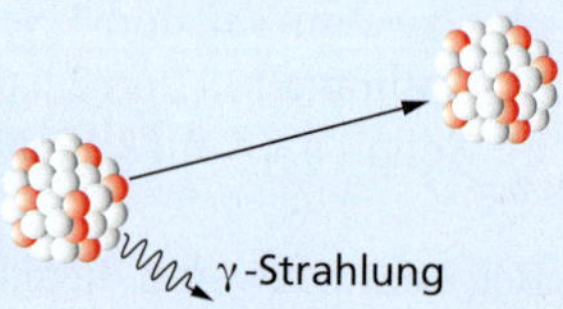

Radioaktive Strahlung
- besitzt Energie,
- kann Gase ionisieren, Filme schwärzen, Zellen schädigen,
- kann Stoffe in unterschiedlicher Weise durchdringen,
- wird teilweise (α-, β-Strahlung) in elektrischen und magnetischen Feldern abgelenkt.

Die Strahlung, der man sich aussetzt, sollte so gering wie möglich sein.

Bei Kernumwandlungen wird Energie freigesetzt. Das wird bei Kernspaltung und bei Kernfusion genutzt.

Kernspaltung
Ein schwerer Kern wird in zwei mittelschwere Kerne gespalten. Dabei wird Energie frei.
- Kernkraftwerk
- Atombombe

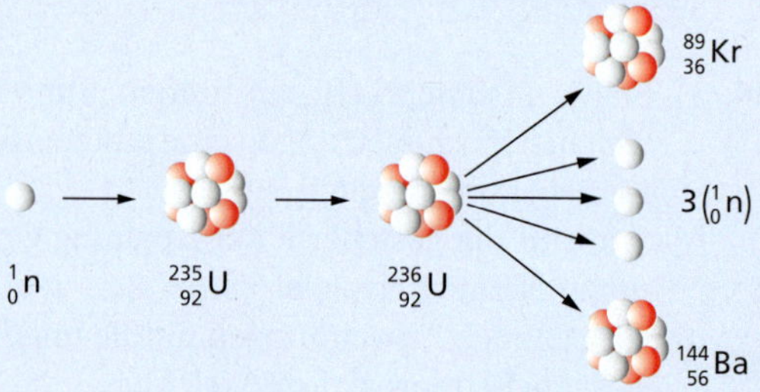

6 Vertiefungen zur Mechanik

6.1 Zusammengesetzte Bewegungen

Wie hoch?

Bei Wasserfontänen wird das Wasser senkrecht nach oben geschleudert. Dabei werden Höhen bis über 100 m erreicht.
Wie bewegt sich das Wasser? Welche Gesetze gelten für solche Bewegungen?

Wie weit?

Kugelstoßer oder Weitspringer versuchen, eine maximale Weite zu erreichen. Ob das gelingt, hängt von verschiedenen Faktoren ab, z. B. vom Abwurfwinkel.
Gibt es einen optimalen Winkel, mit dem der Kugelstoßer die Kugel stoßen muss?

In welcher Richtung?

Die Bewegung eines Surfers wird durch verschiedene Faktoren beeinflusst: die Windrichtung, Wasserströmungen, die Stellung des Segels.
Kann man die Bewegungsrichtung eines Surfers vorhersagen? Welche Einflussfaktoren muss man dazu kennen?

Die Überlagerung von Bewegungen

Bewegungen in Natur und Technik sind meistens keine einfachen gleichförmigen oder gleichmäßig beschleunigten Bewegungen. Häufig kommt die Bewegung eines Körpers durch Überlagerung mehrerer Teilbewegungen zustande.

So ergibt sich die Bewegung eines Flugzeugs (Abb. 1) aus der Bewegung infolge des eigenen Antriebs und der jeweiligen Luftströmung. Weht der Wind z. B. in Flugrichtung, so ist das Flugzeug gegenüber dem Erdboden schneller als bei Gegenwind.

Läuft eine Person auf einem Rollband, so ist ihre Geschwindigkeit größer als bei einer stehenden Person. Auch die Bewegung eines abgeworfenen Balls ist eine zusammengesetzte Bewegung: Der Ball wird in eine bestimmte Richtung abgeworfen. Sobald er die Hand verlassen hat, fällt er gleichzeitig in Richtung Erde.

Für alle diese Bewegungen gilt:

> Die durch verschiedene Einflüsse hervorgerufenen Teilbewegungen eines Körpers überlagern sich zu einer Gesamtbewegung.

1 Die Bewegung eines Flugzeugs wird durch die Motorkraft und den Wind beeinflusst.

Wie sich zwei Bewegungen mit den Geschwindigkeiten v_1 und v_2 zusammensetzen, ist in der Übersicht unten dargestellt. Die entsprechenden Wege ergeben sich in analoger Weise.

Wir betrachten nachfolgend einige spezielle Fälle der Überlagerung von Teilbewegungen:

- zwei gleichförmige und geradlinige Bewegungen überlagern sich,
- eine gleichförmige geradlinige und eine gleichmäßig beschleunigte geradlinige Bewegung mit gleicher oder unterschiedlicher Richtung überlagern sich.

Zusammensetzung von zwei Bewegungen		
Zwei Bewegungen erfolgen in gleicher Richtung.	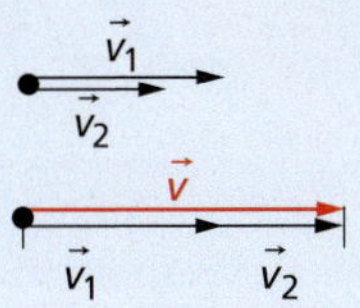	$v = v_1 + v_2$
Zwei Bewegungen erfolgen in entgegengesetzter Richtung.	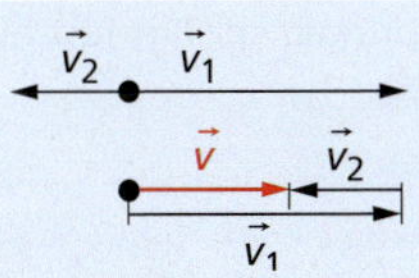	$v = v_1 - v_2$ Sind beide Bewegungen gleich schnell, so ist die Resultierende null.
Zwei Bewegungen erfolgen im rechten Winkel zueinander.	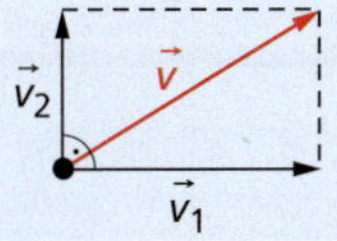	$v = \sqrt{v_1^2 + v_2^2}$ (Satz des Pythagoras)
Zwei Bewegungen erfolgen in beliebiger Richtung zueinander.	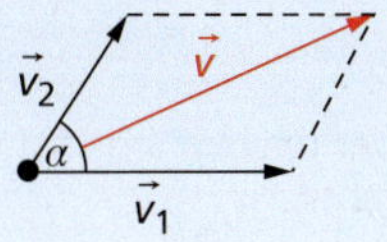	$v = \sqrt{v_1^2 + v_2^2 + 2v_1 \cdot v_2 \cdot \cos\alpha}$

Überlagerung zweier gleichförmiger Bewegungen

Beispiele für die Überlagerung zweier gleichförmiger geradliniger Bewegungen sind:
- Eine Person läuft in Fahrtrichtung oder entgegengesetzt dazu im fahrenden Zug.
- Eine Schwimmerin überquert einen Fluss und schwimmt dabei senkrecht zur Strömungsrichtung des Wassers.
- Ein Flugzeug fliegt schräg zur Windrichtung.

Die resultierende Bewegung ergibt sich jeweils aus der Überlagerung von zwei Teilbewegungen. Ein Beispiel ist auf S. 193 dargestellt. Für den Fall der Schwimmerin ist das in Abb. 1 dargestellt. In diesem Fall erhält man für die resultierende Geschwindigkeit:

$$v = \sqrt{v_1^2 + v_2^2}$$

Als resultierender Weg ergibt sich:

$$s = \sqrt{(v_1 \cdot t)^2 + (v_2 \cdot t)^2}$$

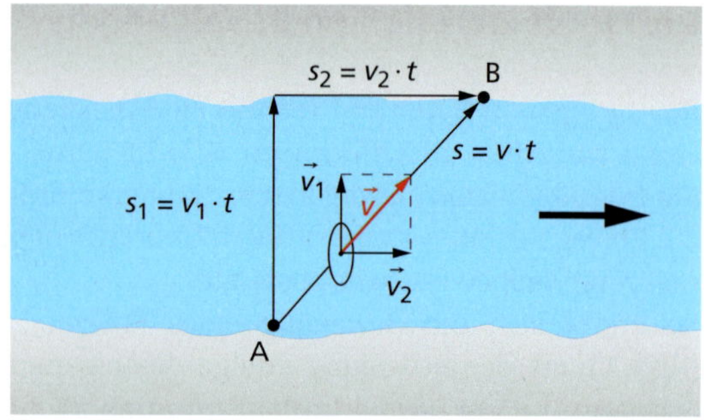

1 Wege und Geschwindigkeiten bei der Überlagerung zweier gleichförmiger geradliniger Bewegungen

Würfe

Die Überlagerung einer gleichförmigen Bewegung und des freien Falls bezeichnet man in der Physik als Wurf. Dabei wird zwischen senkrechten, waagerechten und schrägen Würfen unterschieden (↗ Übersicht unten). Wir betrachten nachfolgend einige spezielle Würfe.

Senkrechter Wurf	Waagerechter Wurf	Schräger Wurf

Ein Ball wird senkrecht nach oben oder unten geworfen.	Ein Skispringer springt fast horizontal ab.	Ein Hürdenläufer springt jeweils schräg ab.
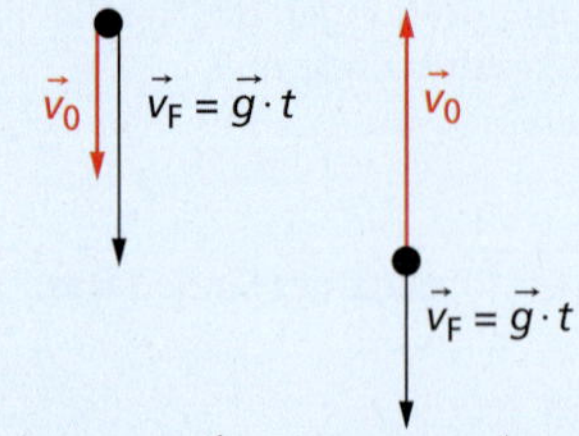 $v = v_0 + g \cdot t$ $v = v_0 - g \cdot t$	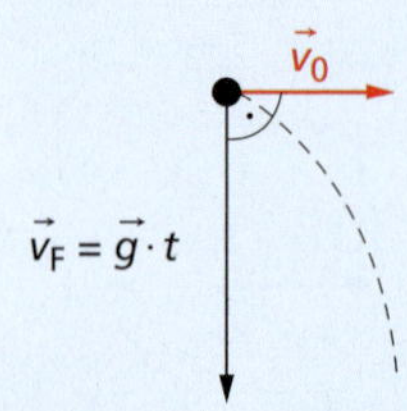	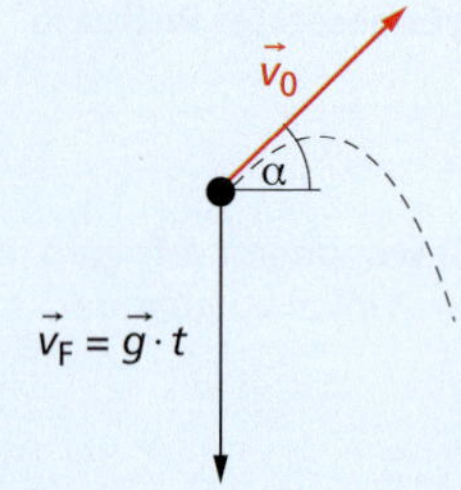
Der Körper bewegt sich geradlinig nach oben oder nach unten.	Der Körper bewegt sich auf einer Wurfparabel.	Der Körper bewegt sich auf einer Wurfparabel.

Beispiel: Fliegen mit Wind

Ein Flugzeug (Abb. 1) benötigt für eine Strecke von 135 km mit Rückenwind 24 min. Für den Rückflug direkt gegen den Wind benötigt das Flugzeug 38 min.
Ermittle aus diesen Angaben die Windgeschwindigkeit und die Geschwindigkeit des Flugzeugs ohne Wind!

Analyse:
Es wird angenommen, dass sowohl die Luft bei Wind als auch das Flugzeug gleichförmig geradlinige Bewegungen ausführen. Die Hin- und die Rückbewegung ergibt sich durch Überlagerung der einzelnen Bewegungen der Luft und des Flugzeuges.

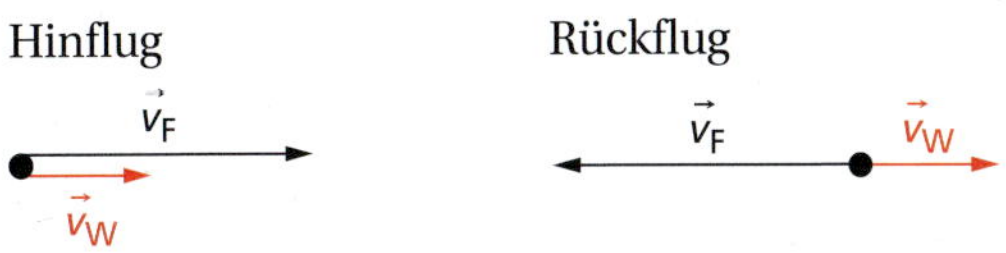

Gesucht: v_W, v_F
Gegeben: $t_H = 24 \text{ min} = 0{,}40 \text{ h}$
$t_R = 38 \text{ min} = 0{,}63 \text{ h}$
$s = 135 \text{ km}$

Lösung:
Es werden die Gesetze für die Überlagerung gleichförmiger Bewegungen angewendet.
Aus $\vec{v} = \vec{v}_F + \vec{v}_W$ erhält man für die Beträge:

$$v_H = v_F + v_W \quad (1) \qquad v_R = v_F - v_W \quad (2)$$

Die Geschwindigkeiten v_H und v_R können aus den gegebenen Wegen und Zeiten berechnet werden.

$$v_H = \frac{s}{t_H} \qquad v_R = \frac{s}{t_R}$$

$$v_H = \frac{135 \text{ km}}{0{,}40 \text{ h}} \qquad v_R = \frac{135 \text{ km}}{0{,}63 \text{ h}}$$

$$v_H = 338 \frac{\text{km}}{\text{h}} \qquad v_R = 214 \frac{\text{km}}{\text{h}}$$

Mit Kenntnis dieser beiden Geschwindigkeiten kann das Gleichungssystem aus den Gleichungen (1) und (2) gelöst werden.

1 Bei der Bewegung von Flugzeugen spielt auch der Wind (bewegte Luft) eine erhebliche Rolle.

Hinflug / Rückflug

$$v_R = v_F - v_W \quad | + v_W$$

$$v_H = v_F + v_W \qquad v_R + v_W = v_F$$

$$v_H = v_R + v_W + v_W$$

$$v_H = v_R + 2\, v_W \quad | - v_R \,|:2$$

$$v_W = \frac{v_H - v_R}{2}$$

$$v_W = \frac{338 \frac{\text{km}}{\text{h}} - 214 \frac{\text{km}}{\text{h}}}{2}$$

$$v_W = 62 \frac{\text{km}}{\text{h}}$$

Dieser Wert kann z. B. in die Gleichung (2) für den Rückflug eingesetzt werden.

$$v_F = v_R + v_W$$

$$v_F = 214 \frac{\text{km}}{\text{h}} + 62 \frac{\text{km}}{\text{h}}$$

$$\underline{v_F = 280 \frac{\text{km}}{\text{h}}}$$

Ergebnis:
Unter der Annahme gleichförmiger Bewegungen hat der Wind eine Geschwindigkeit von 62 km/h und das Flugzeug eine Geschwindigkeit von ca. 280 km/h.
Es ist erkennbar: Der Wind beeinflusst die Relativgeschwindigkeit des Flugzeugs gegenüber dem Erdboden erheblich. Das kann große Auswirkungen auf die Flugzeit haben.

Senkrechter Wurf

Wird ein Körper senkrecht nach unten oder senkrecht nach oben geworfen, spricht man von einem senkrechten Wurf. Dabei überlagern sich eine gleichförmige Bewegung mit der Geschwindigkeit v_0 (Abwurfgeschwindigkeit) und der freie Fall, also eine gleichmäßig beschleunigte Bewegung.

Beim **senkrechten Wurf nach unten** gilt für die Geschwindigkeiten: Mit v_0 als Abwurfgeschwindigkeit und $v_F = g \cdot t$ als Geschwindigkeit beim freien Fall (↗ S. 192) erhält man als resultierende Geschwindigkeit v:

$$v = v_0 + g \cdot t$$

Dementsprechend ergibt sich für den Weg s:

$$s = v_0 \cdot t + \frac{g}{2} t^2$$

Beim **senkrechten Wurf nach oben** überlagert sich eine gleichförmige Bewegung senkrecht nach oben und der freie Fall, wobei beide Bewegungen die entgegengesetzte Richtung haben. Damit gilt für die resultierende Geschwindigkeit:

$$v = v_0 - g \cdot t \qquad (1)$$

Für den Weg erhält man:

$$s = v_0 \cdot t - \frac{g}{2} t^2 \qquad (2)$$

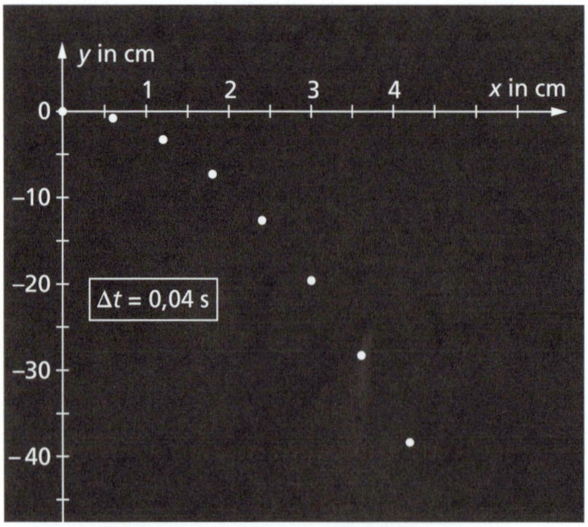

1 Ein solches Bild erhält man bei einer stroboskopischen Aufnahme.

Aus diesen beiden Gleichungen kann man die Steigzeit t_H und die Steighöhe s_H ableiten. Im höchsten Punkt der Bahn hat der Körper die Geschwindigkeit null. Setzt man $v = 0$ in Gleichung (1) ein und formt diese Gleichung nach der Zeit um, so erhält man als **Steigzeit** t_H:

$$t_H = \frac{v_0}{g} \qquad (3)$$

Setzt man diese Zeit in die Gleichung (2) für den Weg ein, so ergibt sich die Steighöhe s_H, also die maximale Wurfhöhe, vom Abwurfpunkt ab gerechnet:

$$s_H = v_0 \cdot \frac{v_0}{g} - \frac{g}{2} \cdot \left(\frac{v_0}{g}\right)^2$$

$$s_H = \frac{v_0^2}{2g}$$

Waagerechter Wurf

Beim **waagerechten Wurf** überlagern sich eine gleichförmige Bewegung in waagerechter Richtung und eine gleichmäßig beschleunigte Bewegung (freier Fall) senkrecht dazu. Daraus ergibt sich als Bahnkurve eine Wurfparabel (Abb. 1).
In x-Richtung bewegt sich der Körper mit der Geschwindigkeit v_0, in y-Richtung mit der Geschwindigkeit $v_F = g \cdot t$. Für die Gesamtbewegung ergibt sich bei zueinander senkrechten Teilbewegungen (↗ S. 191):

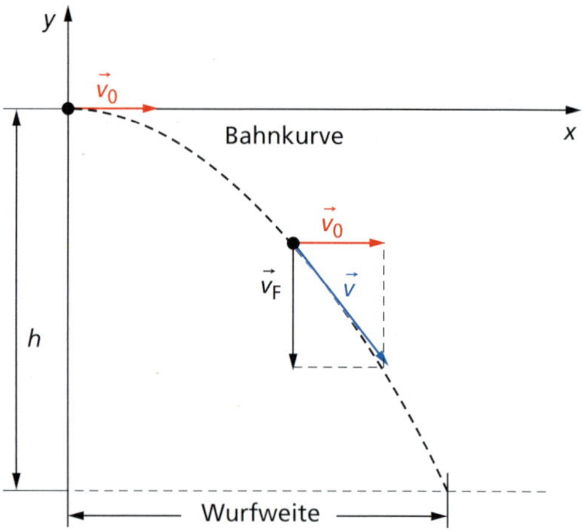

2 Die Bahnkurve beim waagerechten Wurf ist Teil einer Parabel.

$$v = \sqrt{v_0{}^2 + v_F{}^2} \quad \text{mit} \quad v_F = g \cdot t$$

Die Gleichung für die Bahnkurve lässt sich folgendermaßen herleiten:
In x-Richtung beträgt die Geschwindigkeit v_0. Der zurückgelegte Weg ist dann:

$$x = v_0 \cdot t \qquad (1)$$

In y-Richtung fällt der Körper frei:

$$y = -\frac{g}{2} \cdot t^2 \qquad (2)$$

Stellt man Gleichung (1) nach t um und setzt in Gleichung (2) ein, so erhält man:

$$y = -\frac{g}{2} \cdot \frac{x^2}{v_0{}^2} \quad \text{oder}$$

$$y = -\frac{g}{2v_0{}^2} \cdot x^2$$

Das ist die Gleichung für eine Parabel. Die Bahnen, die bei waagerechten Würfen entstehen, bezeichnet man deshalb als **Wurfparabeln.**
Die Wurfweite, die bei einem waagerechten Wurf erreicht wird, ist nur von der Höhe h zwischen dem Abwurfpunkt und dem Auftreffpunkt abhängig. Aus der Fallhöhe ergibt sich mit $s_y = h$ aus Gleichung (2) als **Wurfdauer:**

$$t = \sqrt{\frac{2h}{g}} \qquad (3)$$

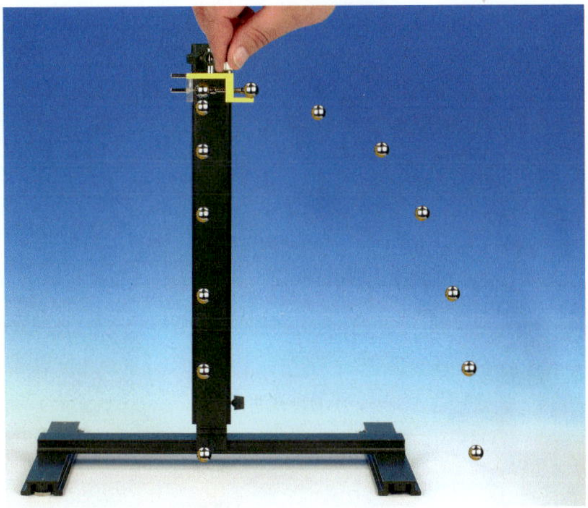

1 Freier Fall und waagerechter Wurf im Vergleich: Beide Kugeln fallen gleich schnell.

Die **Wurfweite** s_W ist der in dieser Zeit horizontal zurückgelegte Weg. Setzt man Gleichung (3) in Gleichung (1) ein, so erhält man als Wurfweite:

$$s_W = v_0 \cdot t = v_0 \sqrt{\frac{2h}{g}}$$

> Ein waagerechter Wurf setzt sich aus einer gleichförmigen geradlinigen Bewegung in waagerechter Richtung und dem freien Fall in vertikaler Richtung zusammen.
>
> $x = v_0 \cdot t \qquad y = -\frac{g}{2} t^2$
>
> Die Gleichung für die Bahnkurve lautet:
>
> $y = -\frac{g}{2v_0{}^2} \cdot x^2$

Die dargestellten Gesetze zu den Würfen gelten unter der Voraussetzung, dass der Luftwiderstand vernachlässigt werden kann.
Wenn man aber z. B. einen Ball abwirft oder ein Geschoss abgefeuert, dann ist der Luftwiderstand häufig nicht mehr vernachlässigbar. Er hat vielmehr merklichen Einfluss auf die Flugbahn. In Abb. 2 ist das für ein Geschoss dargestellt, das mit 920 $\frac{m}{s}$ horizontal abgefeuert wird.
Solche Flugbahnen unter Berücksichtigung des Luftwiderstands lassen sich nicht mehr elementar berechnen. Man kann sie aber mit einem Modellbildungssystem (↗ S. 50) ermitteln.

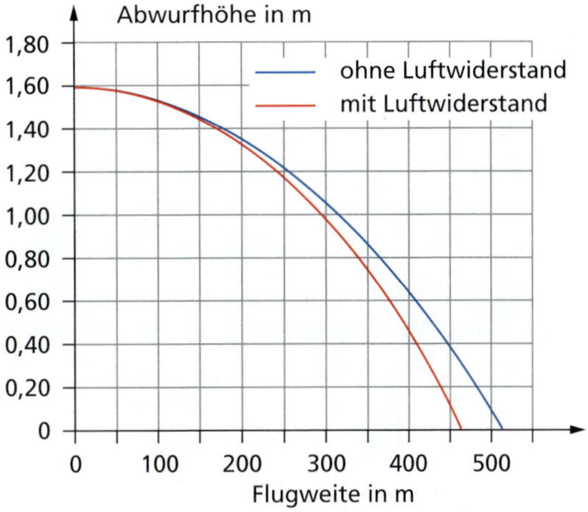

2 Verlauf der Flugbahn eines horizontal abgefeuerten Geschosses

Mosaik

Der schräge Wurf

Bei den meisten Würfen, etwa beim Speerwerfen oder beim Ballweitwerfen, wird ein Körper nicht waagerecht, sondern unter einem Winkel α horizontal abgeworfen. Solche Würfe werden **schräge Würfe** genannt (Abb. 1). Ein schräger Wurf setzt sich damit aus einer gleichförmigen geradlinigen Bewegung in der einen Richtung und dem freien Fall zusammen.

Bei einem solchen schrägen Wurf ist die **Wurfweite** abhängig

- von der Abwurfgeschwindigkeit v_0,
- vom Abwurfwinkel α.

Es gilt die Gleichung:

$$s_W = \frac{v_0^2 \cdot \sin 2\alpha}{g}$$

Die größte Wurfweite wird bei einer ungestörten Bewegung eines Körpers (Luftwiderstand vernachlässigbar) und einem Abwurfwinkel von 45° erreicht. Reine Wurfparabeln treten nur bei Bewegungen im Vakuum auf.

Wenn man aber z. B. die Bahn eines Fußballs oder eines Geschosses verfolgt, dann stellt man fest, dass diese Bahn von der Wurfparabel abweicht.
Man nennt eine solche Bahn eine **ballistische Kurve** (Ballistik: Lehre von den Flugbahnen von Körpern).
Solche ballistischen Kurven entstehen durch das Wirken des bewegungshemmenden Luftwiderstands. Die Bahnkurve ist stärker gekrümmt, die Wurfweite ist kleiner.

1 Wurfparabel bei einem schrägen Wurf: Wasser tritt schräg nach oben aus einer Düse.

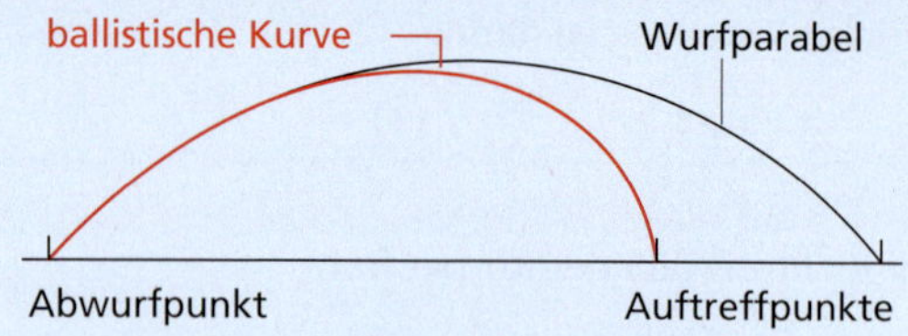

2 Wurfparabel und ballistische Kurve: Bahnkurve und Wurfweite sind unterschiedlich.

Bei Würfen im Sport, z. B. beim Speer- oder Diskuswerfen, beim Hoch- oder Weitsprung, beim Flug eines Skispringers oder beim Golfen, geht es meist darum, eine möglichst große Weite oder eine möglichst große Höhe zu erreichen.
So ist z. B. das Kugelstoßen ein schräger Wurf, wobei allerdings der Abwurfpunkt höher liegt als der Auftreffpunkt. Bei bestimmter Abwurfgeschwindigkeit und Abwurfhöhe wird die maximale Wurfweite beim Kugelstoßen deshalb nicht bei einem Abwurfwinkel von 45° erreicht, sondern bei einem Winkel von etwa 35° (↗ Skizze).

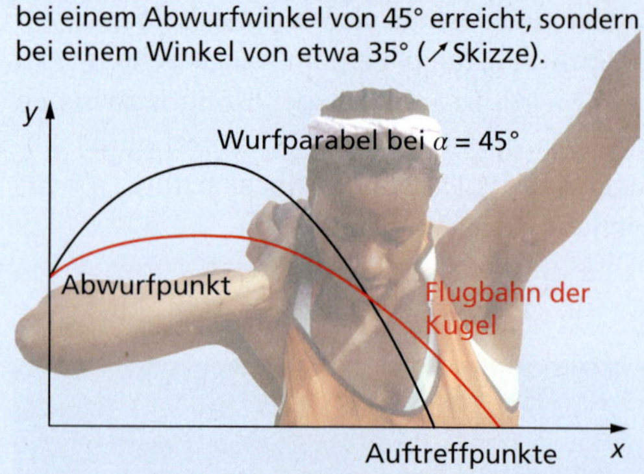

Beim Diskuswerfen (↗ Skizze unten) erhält der Diskus beim Abwurf einen Drall. Seine Drehachse behält deshalb ihre räumliche Lage näherungsweise bei. Dadurch wirkt vor allem im zweiten Teil der Flugbahn ein „Luftpolster". Als optimal hat sich beim Diskuswerfen ein Abwurfwinkel von 33–35° erwiesen.

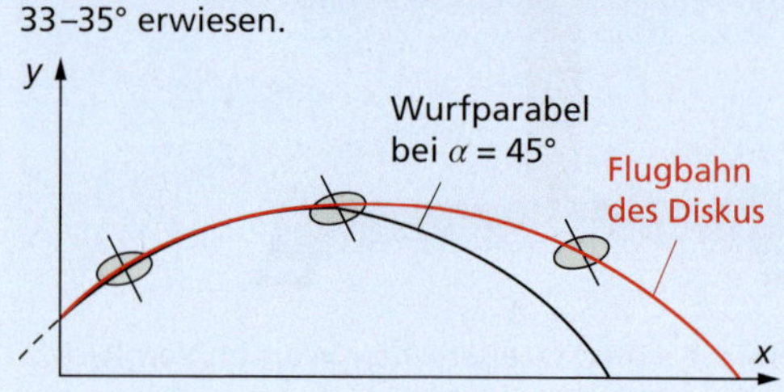

Gewusst · Gekonnt

1. Robert steigt auf eine 25 m lange Rolltreppe, die mit einer Geschwindigkeit von $1\,\frac{m}{s}$ nach oben fährt. Welche Zeit benötigt Robert für die Fahrt nach oben, wenn er
   a) auf der Treppe steht,
   b) mit 0,5 m/s nach oben läuft,
   c) mit 0,5 m/s entgegen der Fahrtrichtung nach unten läuft?

2. Ein Zug fährt mit einer Reisegeschwindigkeit von 144 km/h. Ein Reisender benötigt für die 200 m vom ersten bis zum letzten Wagen 4 Minuten. Berechne die Durchschnittsgeschwindigkeit des Reisenden
   a) gegenüber dem Zug,
   b) gegenüber dem Bahndamm!

3. Ein Schiff benötigt stromaufwärts für die Strecke von 15 km zwischen zwei Anlegestellen eine Zeit von 1,5 h. Stromabwärts benötigt dasselbe Schiff für diese Strecke nur 1 h.
   a) Wie groß sind die Strömungsgeschwindigkeit des Flusses und die Geschwindigkeit des Schiffs gegenüber dem Wasser?
   b) Die Geschwindigkeit von Schiffen wird manchmal in der Einheit Knoten angegeben. Was ist ein Knoten? Gib die Schiffgeschwindigkeit in Knoten an!

*4. Eine Fähre fährt mit 5 Knoten senkrecht zur Strömung über einen 800 m breiten Fluss. Die Strömung hat eine Geschwindigkeit von 3,5 km/h.
   a) Mit welcher seitlichen Abweichung gelangt die Fähre ans andere Ufer?
   b) Welche Zeit benötigt die Fähre für die Überfahrt?
   c) Mit welcher Geschwindigkeit gegenüber dem Ufer bewegt sich die Fähre?

5. Eine Schwimmerin schwimmt senkrecht zur Strömung und gelangt in 10 Minuten und 25 Sekunden an das 500 m entfernte Ufer. Sie wird dabei 125 m seitlich abgetrieben.
   Wie groß sind die Strömungsgeschwindigkeit des Flusses und die Gesamtgeschwindigkeit, mit der sich die Schwimmerin gegenüber dem Ufer bewegt?

6. Ein Kind kann einen Ball so hoch werfen, dass er gerade die Spitze eines 5 m hohen Baums erreicht. Das Kind selbst ist 1,50 m groß und wirft aus dieser Höhe den Ball ab.
   Welche Abwurfgeschwindigkeit kann das Kind dem Ball verleihen?

7. Ein senkrecht nach oben geworfener Stein erreicht nach 2,8 s wieder den Abwurfpunkt.
   a) Mit welcher Geschwindigkeit wurde er abgeworfen?
   b) Wie groß war seine maximale Höhe?

8. Ein Skispringer springt vom Schanzentisch näherungsweise waagerecht ab. Seine Absprunggeschwindigkeit beträgt $108\,\frac{km}{h}$.
   a) Skizziere die Bahn des Skispringers für das Zeitintervall $0\text{ s} \leq t \leq 2{,}4\text{ s}$!
   Berechne dazu den waagerecht und senkrecht zurückgelegten Weg!
   b) Der Flug des Skispringers vom Absprung bis zum Aufsetzen dauert 2,4 s. Wie groß ist seine Geschwindigkeit?

9. Mit einem Kran wird ein Schiff entladen. Dabei wird die Last mit $1{,}2\,\frac{m}{s}$ gehoben. Gleichzeitig bewegt sich die Laufkatze mit $1{,}8\,\frac{m}{s}$ nach links.
   a) Wie groß ist die Geschwindigkeit der Last gegenüber der Erdoberfläche?
   b) In welchem Winkel zur Horizontalen bewegt sich die Last?

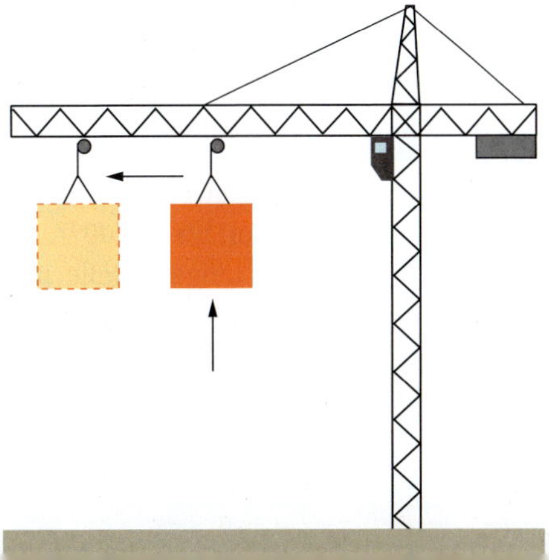

10. Die berühmte Wasserfontäne in Genf erreicht eine Höhe von 140 m. Auf welche Ausströmgeschwindigkeit des Wassers kann man daraus schließen?

11. Ermittle mithilfe des Stroboskoplichtbilds auf Seite 194 die Anfangsgeschwindigkeit der Kugel sowie ihre mittlere Beschleunigung.
Für die Bestimmung der Beschleunigung ist es sinnvoll, ein v_y-t-Diagramm anzulegen.

12. Ein Jäger schießt sein Gewehr aus 1,70 m Höhe in horizontaler Richtung ab.
Die Mündungsgeschwindigkeit des Projektils beträgt 800 $\frac{\text{m}}{\text{s}}$.
a) Wie weit kommt die Kugel ohne Berücksichtigung des Luftwiderstands?
b) Um wie viele Zentimeter sinkt die Kugel bereits nach 100 bzw. 200 m ab?
c) Was hat folglich eine gute Visiereinrichtung bei einem Gewehr zu berücksichtigen?

13. Ein Feuerwehrmann steht auf einer Leiter in acht Metern Höhe und spritzt mit seinem Schlauch in horizontaler Richtung.
a) In welcher Entfernung trifft das Wasser am Boden auf, wenn es mit einer Geschwindigkeit von 30 $\frac{\text{m}}{\text{s}}$ austritt?
b) Beschreibe den bisher nicht berücksichtigten Einfluss der Luft auf das Ergebnis in Teilaufgabe a!

14. Ein Flugzeug soll verschiedene Hilfsmittel für Menschen in Not abwerfen. Die Flughöhe beträgt 200 m, die Geschwindigkeit des Flugzeugs über Grund 180 km/h.
Wie viele Meter vor dem vorgesehenen Auftreffpunkt muss der Abwurf erfolgen? Die Luftreibung wird vernachlässigt.

15. Bogenschießen ist eine interessante Sportart. Beim Bogenschießen erreicht der Pfeil Geschwindigkeiten von bis zu 100 $\frac{\text{m}}{\text{s}}$.
Die 65 bis 72 cm langen Pfeile haben eine Masse von 25 g. Sie bestehen heute aus speziellem Kunststoff.
Es wird auf Scheiben in Entfernungen bis 70 m (Frauen) bzw. bis 90 m (Männer) geschossen.

a) Beschreibe die Energieumwandlungen, angefangen vom Spannen des Bogens!
b) Welche Energie hat ein Pfeil bei maximaler Geschwindigkeit?
c) Welche maximale (theoretische) Weite erreicht ein Pfeil, wenn er aus 1,70 m Höhe waagerecht abgeschossen wird und schließlich auf den Boden auftrifft?
d) Um wie viele Zentimeter ist der Pfeil bei den maximalen Entfernungen (70 m für Frauen, 90 m für Männer) gefallen?

16. Toni will über eine vier Meter breite Gebirgsschlucht springen. Die Seite, auf der er steht, ist etwa zwei Meter höher als die Landefläche. Seine waagerechte Absprunggeschwindigkeit schätzt er vorsichtig. Er nimmt dafür seine durchschnittliche Laufgeschwindigkeit, die er von seinen 100-m-Sprints im Sportunterricht her kennt. Kann er es schaffen?

Zusammengesetzte Bewegungen

Viele Bewegungen in Natur, Technik und Alltag setzen sich aus zwei oder mehreren Teilbewegungen zusammen.

Führt ein Körper gleichzeitig mehrere Teilbewegungen aus, so überlagern sich diese Teilbewegungen zu einer resultierenden Gesamtbewegung. Wege und Geschwindigkeiten der Teilbewegungen addieren sich vektoriell.

Die **Überlagerung zweier gleichförmiger geradliniger Bewegungen** ergibt wieder eine gleichförmige geradlinige Bewegung:

in gleicher oder entgegengesetzter Richtung

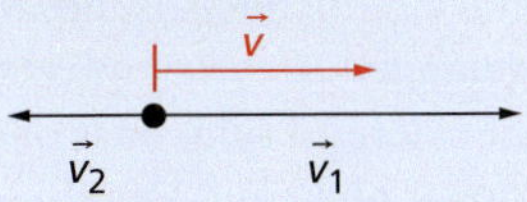

$$v = v_1 \pm v_2$$

senkrecht zueinander

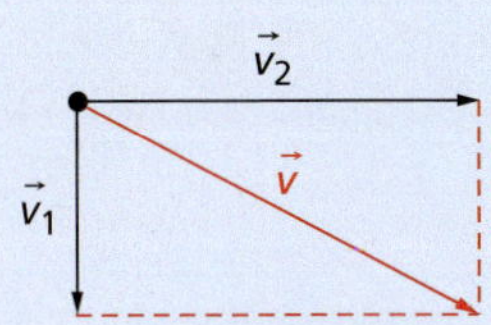

$$v = \sqrt{v_1^2 + v_2^2}$$

in beliebiger Richtung zueinander

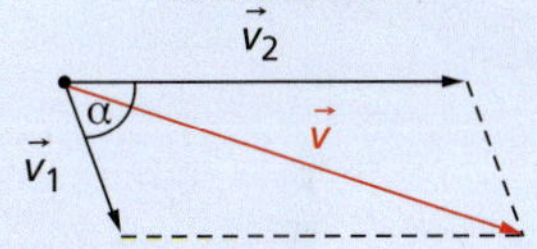

$$v = \sqrt{v_1^2 + v_2^2 + 2v_1 \cdot v_2 \cdot \cos\alpha}$$

Bei Würfen überlagern sich eine gleichförmige geradlinige Bewegung mit der Anfangsgeschwindigkeit $\vec{v}_0$ und eine gleichmäßig beschleunigte Bewegung, der freie Fall.

Senkrechter Wurf

Die beiden Teilbewegungen verlaufen in gleicher oder entgegengesetzter Richtung.

Wurf nach unten:

$$s = v_0 \cdot t + \frac{g}{2}t^2$$

$$v = v_0 + g \cdot t$$

Wurf nach oben:

$$s = v_0 \cdot t - \frac{g}{2}t^2$$

$$v = v_0 - g \cdot t$$

Waagerechter Wurf

Die beiden Teilbewegungen verlaufen senkrecht zueinander.

Für die Wege gilt:

$$x = v_0 \cdot t$$

$$y = -\frac{g}{2} \cdot t^2$$

Als Gleichung für die Bahnkurve erhält man:

$$y = -\frac{g}{2v_0^2} \cdot x^2$$

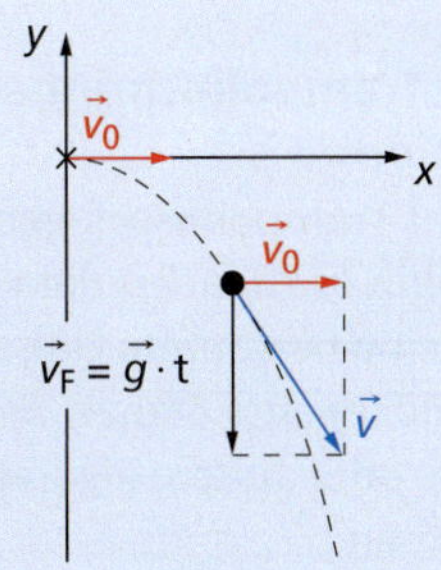

Bei realen Würfen kann der Luftwiderstand zumeist nicht vernachlässigt werden. Es entstehen ballistische Bahnen.
Im Vergleich zu Wurfparabeln gilt: Aufgrund des Luftwiderstands sind die Bahnen stärker gekrümmt. Die Wurfweite ist kleiner.

6.2 Energieansätze zur Problemlösung nutzen

Eine extreme Sportart
Beim Bungee-Springen wird die Fallbewegung des Springers durch ein hochelastisches Seil abgefangen. Das Seil muss so dimensioniert sein, dass der Springer nicht auf dem Boden oder auf dem Wasser auftrifft.
Welche physikalischen Überlegungen oder Experimente muss man durchführen, um das Auftreffen des Springers zu verhindern?

Ein Trampolinspringer in Aktion
Beim Trampolinspringen kommt es zunächst darauf an, eine bestimmte Höhe zu erreichen, um dann z. B. einen Salto oder andere Figuren zu machen.
Auf welche Weise erreicht man aus dem Stand heraus immer größere Höhen? Ist das mit dem Energieerhaltungssatz vereinbar?

Die Bremsspur zeigt es
Bei Verkehrsunfällen muss nicht selten die Schuldfrage geklärt werden. Dazu werden die erkennbaren Spuren gesichert und protokolliert.
Was kann man aus einer Bremsspur und ihrer Länge ableiten?

Energie und ihre Eigenschaften

Die Energie ist eine grundlegende physikalische Größe. Sie spielt in der Physik, in der Technik und weit darüber hinaus eine zentrale Rolle.

> Energie ist die Fähigkeit eines Systems, Körper zu bewegen oder zu verformen, Wärme abzugeben oder Strahlung auszusenden.
>
> Formelzeichen: E
> Einheit: ein Joule (1 J)

Weitere Einheiten sind ein Newtonmeter, eine Wattsekunde bzw. eine Kilowattstunde. Es gilt:

$$1\,\text{J} = 1\,\text{Nm} = 1\,\text{Ws}$$

Ein **System** ist ein gedanklich von seiner Umgebung abgetrennter Bereich. In ihm können sich Körper oder andere Objekte (Felder, Elementarteilchen) befinden. Es wird durch eine Systemgrenze von seiner Umgebung abgegrenzt. In der Übersicht unten sind verschiedene Arten von Systemen dargestellt. Man kann sie auf die unterschiedlichen physikalischen Bereiche beziehen, z. B. auf mechanische Systeme. Ein solches abgeschlossenes mechanisches System wäre der links abgebildete Bungee-Springer mit dem Seil.

Die Energie kennzeichnet den Zustand eines abgeschlossenen Systems. Sie wird deshalb manchmal auch **Zustandsgröße** genannt. Darüber hinaus gilt:

- Energie kann von einem System auf ein anderes übertragen werden.
- Energie kann gespeichert werden.
- Energie kann von einer Form in andere Formen umgewandelt werden, wobei die verschiedenen Formen für den Nutzer einen unterschiedlichen Wert haben.
- Bei einer Reihe von Vorgängen wird ein Teil der Energie infolge Reibung in thermische Energie umgewandelt und als Wärme an die Umgebung abgegeben. Die Energie wird damit entwertet, weil sie für uns nicht mehr nutzbar ist.

Bei allen Prozessen der Umwandlung und Übertragung von Energie gilt der **Energieerhaltungssatz.**

> In einem abgeschlossenen System ist die Summe aller Energien konstant.
>
> $E = E_1 + E_2 + \ldots = \text{konstant}$
>
> $\Delta E = 0$
>
> E_1, E_2 Energieformen

Für rein mechanische Vorgänge, z. B. das Hochwerfen eines Balls, gilt der **Energieerhaltungssatz der Mechanik.** Es sind Vorgänge, bei denen nur mechanische Energieformen auftreten und die Reibung vernachlässigt werden kann.

> Unter der Bedingung, dass keine Umwandlung von mechanischer Energie in andere Energieformen erfolgt, gilt für ein abgeschlossenes System:
>
> $E = E_{pot} + E_{kin} = \text{konstant}$
>
> $\Delta(E_{pot} + E_{kin}) = 0$

Art des Systems	Kennzeichen für das System	Beispiele
offenes System	Systemgrenze ist durchlässig für Energie und Stoff.	Motor eines Pkw, Mensch
geschlossenes System	Systemgrenze ist durchlässig für Energie und undurchlässig für Stoff.	Kühlschrank, Wärmepumpe, Sonnenkollektor
abgeschlossenes System	Systemgrenze ist undurchlässig für Energie und Stoff.	gut isoliertes, verschlossenes Thermogefäß

Energieformen in Natur und Technik

Lageenergie

Körper, die aufgrund ihrer Lage mechanische Arbeit verrichten können, besitzen **potenzielle Energie** E_{pot}. Die Felsen besitzen potenzielle Energie.

Bewegungsenergie

Körper, die aufgrund ihrer Bewegung mechanische Arbeit verrichten können, besitzen **kinetische Energie** E_{kin}. Ein Flugzeug besitzt kinetische Energie.

Rotationsenergie

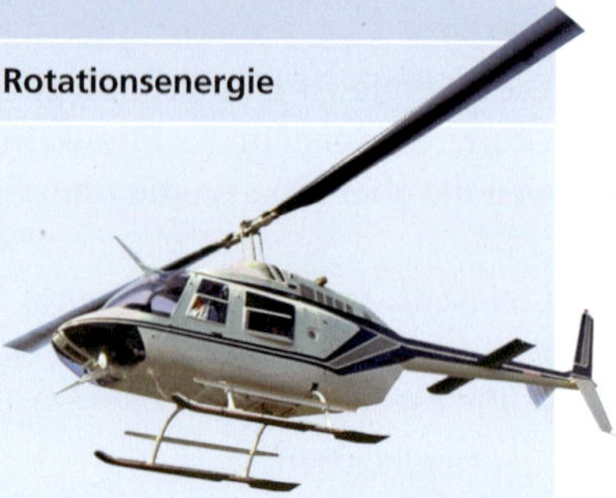

Körper, die aufgrund ihrer Rotation Arbeit verrichten können, besitzen **Rotationsenergie** E_{rot}. Der Rotor eines Hubschraubers besitzt Rotationsenergie.

Thermische Energie

Körper, die aufgrund ihrer Temperatur Wärme abgeben oder Licht aussenden können, besitzen **thermische Energie** E_{th}. Eine Kerzenflamme besitzt thermische Energie.

Chemische Energie

Körper, die bei chemischen Reaktionen Wärme abgeben, Arbeit verrichten oder Licht aussenden, besitzen **chemische Energie** E_{ch}. Beim Verbrennen von Treibstoff entstehen Wärme und Licht.

Lichtenergie

Die Sonne und andere Lichtquellen senden Licht aus. Licht besitzt **Lichtenergie** E_{licht}. Sie wird manchmal auch als Strahlungsenergie bezeichnet.

Elektrische Energie

Körper, die aufgrund elektrischer Vorgänge Arbeit verrichten, Wärme abgeben oder Licht aussenden, besitzen **elektrische Energie** E_{el}. Elektrischer Strom und damit auch ein Blitz besitzt elektrische Energie.

Magnetische Energie

Körper, die aufgrund ihrer magnetischen Eigenschaften mechanische Arbeit verrichten können, besitzen **magnetische Energie** E_{mag}. Das Magnetfeld eines Lasthebemagneten besitzt magnetische Energie.

Kernenergie

Bei der Spaltung von Atomkernen und bei ihrer Verschmelzung wird Energie frei, die als **Kernenergie** E_{kern} bezeichnet wird. Kernenergie wird z. B. bei der Spaltung von Atomkernen des Urans und in der Sonne frei.

Speicherung und Transport von Energie

Energie kann in unterschiedlicher Weise gespeichert werden. Sie steckt immer in einem sogenannten **Energieträger.** Solche Energieträger sind z. B.:

- Brennstoffe (Kohle, Holz, Erdöl)
- Treibstoffe (Benzin, Diesel)
- Nahrungsmittel aller Art
- Batterien und Akkumulatoren
- bewegte Körper (Schwungrad, fließendes Wasser, fahrendes Auto)
- gehobene Körper (angestautes Wasser, Person auf Sprungbrett)
- erwärmte Körper (heiße Herdplatte, Wärmflasche, Wasser im Heizkörper)
- Licht und elektrischer Strom

> Energie ist in Energieträgern gespeichert. Mit dem jeweiligen Energieträger kann die Energie auch transportiert werden.

Ein Liter siedendes Wasser hat etwa 340 kJ mehr Energie als ein Liter Wasser bei Zimmertemperatur. Der Energiegehalt von 1 kg trockenem Holz beträgt etwa das 30-Fache davon. Man kann damit also etwa 30 Liter Wasser zum Sieden bringen. In der Praxis wird es weniger sein, weil ein beträchtlicher Teil der Energie am Wassertopf vorbei ins Zimmer strömt.

> Energie kann von einem Energieträger auf einen anderen übertragen werden.

Energie von verschiedenen Energieträgern

Energieträger	Energie
Fußgänger (m = 50 kg) bei 5 km/h	48 J
Auto (m = 1 t) bei 30 km/h	35 kJ
1 Tafel Milchschokolade	2,2 MJ
1 kg trockenes Holz	9 MJ–15 MJ
1 m^3 Wasserstoff-Gas	12 MJ
1 l Benzin	35 MJ

1 Angestautes Wasser besitzt Energie. Es kann z. B. zur Gewinnung von Elektroenergie genutzt werden.

Beispiele für solche Energieübertragungen zeigen die Abbildungen 2 und 3. So sind z. B. Elektromotor und Generator ähnlich aufgebaut. Man kann einen Elektromotor als Generator verwenden und umgekehrt. Der entscheidende Unterschied zwischen beiden besteht in der Richtung des Energieflusses.

2 In Sonnenkollektoren wird die Energie im Sonnenlicht genutzt, um damit Wasser zu erwärmen.

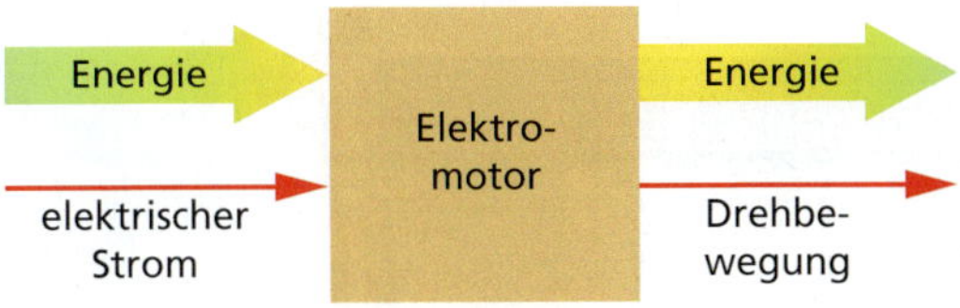

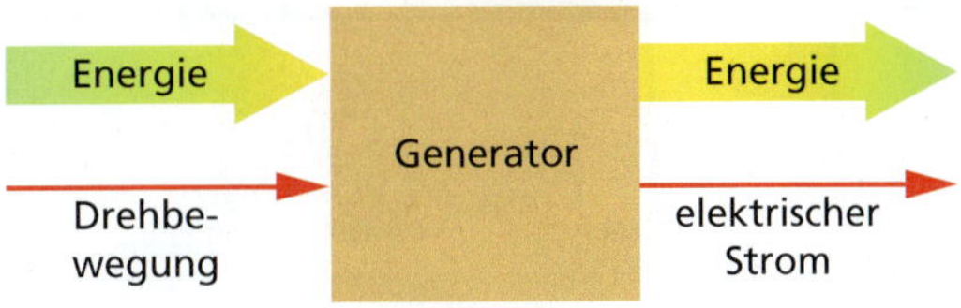

3 Energieübertragung beim Elektromotor und beim Generator (z. B. Fahrraddynamo)

Gewichtskraft, Hubarbeit und potenzielle Energie

Die Erde zieht aufgrund der Massenanziehung alle Körper an, die sich auf der Erdoberfläche oder in der Nähe der Erde befinden. Diese Kraft wird als **Gewichtskraft** F_G bezeichnet. Es ist somit auch die Kraft, mit der ein Körper auf eine waagerechte Unterlage drückt oder an einer Aufhängung zieht. Für die Gewichtskraft eines Körpers gilt:

$$F_G = m \cdot g$$

Dabei sind m die Masse des Körpers und g der Ortsfaktor, dessen durchschnittlicher Wert auf der Erdoberfläche $g = 9{,}81\ \frac{\text{N}}{\text{kg}}$ beträgt.

Wird ein Körper um die Höhe h gehoben, so wird Hubarbeit verrichtet. Die zum Heben eines Körpers erforderliche Kraft ist gerade die Gewichtskraft. Der zurückgelegte Weg ist gleich der Höhe h. Damit ergibt sich für die Arbeit zum Heben eines Körpers:

$$W = F_G \cdot h \quad \text{oder mit} \quad F_G = m \cdot g$$
$$W = m \cdot g \cdot h$$

Durch das Heben eines Körpers vergrößert sich seine Energie. Der Körper hat dann **Lageenergie** oder **potenzielle Energie.** Da die am Körper verrichtete Arbeit gleich der Änderung seiner Energie ist, gilt für diesen Fall:

$$W = \Delta E = m \cdot g \cdot h$$

1 Ein gehobener Körper besitzt gegenüber einer Bezugshöhe (z. B. Erdboden) potenzielle Energie.

Mechanische Energien in Natur und Technik	
potenzielle Energie	
Ziegelstein (m = 3,5 kg), um 1 m gehoben	35,0 J
Mensch (m = 55 kg) auf 10-m-Sprungbrett	5,5 kJ
Rammbär (m = 1 000 kg), um 1 m gehoben	10 kJ
kinetische Energie	
Apfel (m = 100 g) bei 1 m freiem Fall	1 J
Mensch (m = 55 kg) beim normalen Gehen	50 J
Pkw (m = 1 000 kg) bei 100 $\frac{\text{km}}{\text{h}}$	386 kJ

Die potenzielle Energie eines gehobenen Körpers kann berechnet werden mit der Gleichung:

$E_{pot} = F_G \cdot h$

$E_{pot} = m \cdot g \cdot h$

F_G Gewichtskraft des Körpers
h Höhe
m Masse des Körpers
g Ortsfaktor

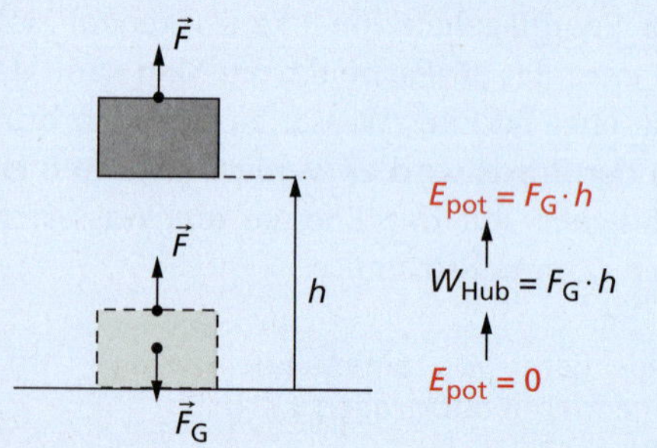

Bei Fahrzeugen ändert sich die potenzielle Energie bei Berg- und Talfahrten. Beim Bergauffahren vergrößert sie sich, beim Bergabfahren wird sie kleiner.

Dabei ist zu beachten: Der Betrag der potenziellen Energie eines Körpers hängt davon ab, welche Höhe man als Bezugshöhe ($h = 0$) wählt. Das können die Erdoberfläche, Normalnull (NN), aber auch eine andere zweckmäßig gewählte Höhe sein. Was man als Bezugshöhe wählt, hängt vom gegebenen Sachverhalt ab.

Kraft, Beschleunigungsarbeit und kinetische Energie

Damit ein Pkw oder ein Radfahrer seine Geschwindigkeit vergrößert, muss eine beschleunigende Kraft wirken. Ist diese beschleunigende Kraft konstant, dann gilt für den Zusammenhang zwischen Kraft und Beschleunigung das newtonsche Grundgesetz:

$$F = m \cdot a \quad \text{oder} \quad a = \frac{F}{m}$$

Das bedeutet: Die Beschleunigung eines Fahrzeugs ist umso größer, je größer die beschleunigende Kraft und je kleiner die Masse sind. Bei einer bestimmten Masse gilt immer:

$$a \sim F$$

Beim Beschleunigen eines Fahrzeugs, z. B. eines Pkw, wird mechanische Arbeit verrichtet. Wir gehen davon aus, dass das Fahrzeug zunächst in Ruhe ist und mit der konstanten Kraft F beschleunigt wird. Dann gilt für die verrichtete Beschleunigungsarbeit:

$$W_B = F \cdot s$$

Das Fahrzeug würde sich wegen $a \sim F$ gleichmäßig beschleunigt bewegen und nach einem Weg s die Geschwindigkeit v erreichen. Es hat dann eine bestimmte Energie, die als **Bewegungsenergie** oder **kinetische Energie** bezeichnet wird. Diese kinetische Energie ist genauso groß wie die verrichtete Beschleunigungsarbeit, denn für den Zusammenhang zwischen Arbeit und Energie gilt:

$$W = \Delta E = F \cdot s$$

1 Damit ein Fahrrad beschleunigt, ist eine beschleunigende Kraft erforderlich.

Das Produkt $F \cdot s$ kann man auch in anderer Form schreiben.
Mit $F = m \cdot a$ erhält man:

$$W = \Delta E = m \cdot a \cdot s$$

Unter Nutzung der Bewegungsgesetze für die gleichmäßig beschleunigte Bewegung ergibt sich für den Weg:

$$s = \frac{v^2}{2a}$$

und damit:

$$W = \Delta E = \frac{m}{2} \cdot v^2$$

Die kinetische Energie (Bewegungsenergie) eines Körpers ist somit von seiner Masse und seiner Geschwindigkeit abhängig.

2 Ein bewegter Körper besitzt kinetische Energie.

Die kinetische Energie eines bewegten Körpers kann berechnet werden mit der Gleichung:

$E_{kin} = \frac{1}{2} m \cdot v^2$

m	Masse des Körpers
v	Geschwindigkeit des Körpers

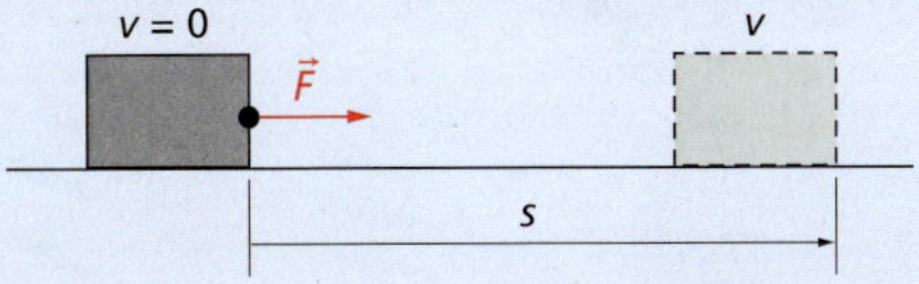

$E_{kin} = 0 \longrightarrow W_B = F \cdot s \longrightarrow E_{kin} = \frac{1}{2} m \cdot v^2$

Damit hat z. B. ein schwerer Lastkraftwagen eine wesentlich größere kinetische Energie als ein gleich schneller Pkw, denn Energie und Masse sind zueinander proportional.

Mit einer Verdopplung der Geschwindigkeit vervierfacht sich die kinetische Energie eines Fahrzeugs, denn für den Zusammenhang zwischen beiden Größen gilt $E_{kin} \sim v^2$ (bei m = konstant). Das ist bei Unfällen von erheblicher Bedeutung.

Federspannarbeit und Energie einer gespannten Feder

Um eine Stahlfeder, einen Expander oder einen Bogen eines Bogenschützen zu spannen, muss mechanische Arbeit verrichtet werden. Wie groß diese **Federspannarbeit** ist, hängt von der wirkenden Kraft und dem zurückgelegten Weg ab. Dabei ist allerdings zu beachten dass die Gleichung $W = F \cdot s$ nicht anwendbar ist, weil beim Dehnen einer Feder die Kraft F nicht konstant ist, sondern sich mit der Dehnung s der Feder vergrößert (Abb. 2). Für elastische Federn gilt das hookesche Gesetz:

$$F \sim s \quad \text{oder} \quad F = D \cdot s$$

D ist dabei die Federkonstante, die für jede elastische Feder einen bestimmten Wert hat.

Die Arbeit, die beim Spannen einer Feder verrichtet wird, kann man aus dem Diagramm (Abb. 2) ermitteln: Im Diagramm ist die verrichtete Arbeit gleich der Fläche unter dem Graphen. Damit gilt für die Federspannarbeit:

$$W = \tfrac{1}{2} F_E \cdot s$$

Mit $F_E = D \cdot s$ erhält man:

$$W = \tfrac{1}{2} D \cdot s^2$$

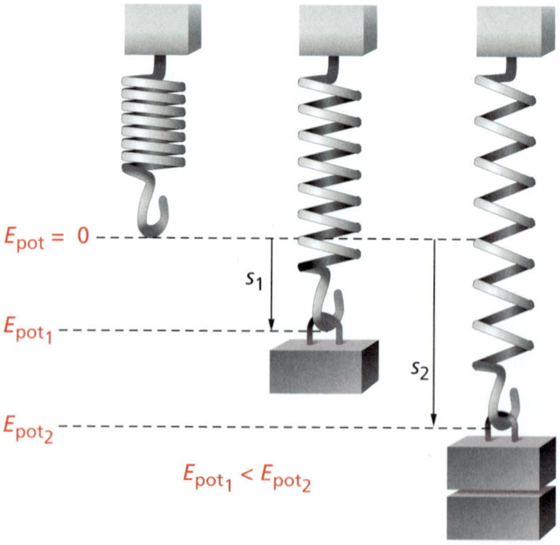

1 Beim Dehnen einer Feder wird Federspannarbeit verrichtet.

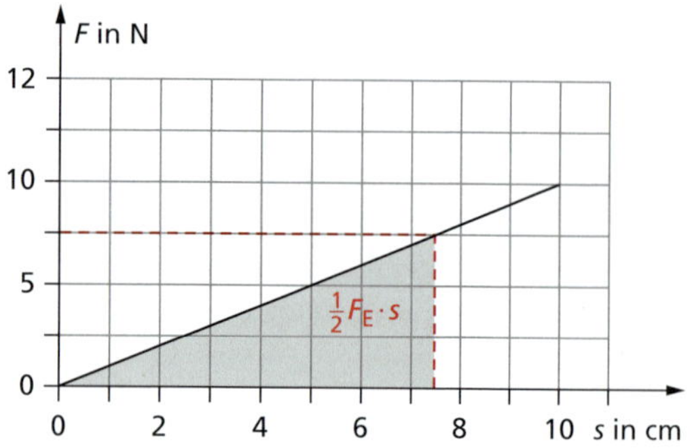

1 Bei der Dehnung einer Feder vergrößert sich die Kraft gleichmäßig mit der Auslenkung s. Es gilt: $F \sim s$

Damit kann man zugleich die Energie, die in einer gespannten Feder gespeichert ist, berechnen, denn es gilt: $W = \Delta E$

> Die Arbeit zum Spannen einer elastischen Feder (Federspannarbeit) beträgt:
>
> $W = \frac{1}{2} F_E \cdot s$ — F_E Endkraft; s Dehnung
>
> $W = \frac{1}{2} D \cdot s^2$ — D Federkonstante

Reibungsarbeit

Wirkt auf einen bewegten Körper eine Reibungskraft, so wird von ihm Reibungsarbeit verrichtet. Ist die Reibungskraft konstant und wirkt sie entgegengesetzt zur Wegrichtung, kann man zur Berechnung die Gleichung $W = F \cdot s$ nutzen.
Mit $F = \mu \cdot F_N$ erhält man:

> Die Reibungsarbeit kann berechnet werden mit der Gleichung:
>
> $W = \mu \cdot F_N \cdot s$ — μ Reibungszahl; F_N Normalkraft (↗ S. 207); s Weg

Da die Reibungskraft immer entgegen der Bewegungsrichtung eines Körpers wirkt, ist Reibungsarbeit immer mit einer Verringerung der mechanischen Energie verbunden. Zwar gilt auch hier $W = \Delta E$, aber die Energie wird in Form von Wärme an die Umgebung abgegeben. Die mechanische Energie wird um ΔE kleiner.

Energetische Ansätze

Beispiel 1: Abbremsen eines Autos bis zum Stillstand

Ein mit konstanter Geschwindigkeit fahrendes Auto besitzt eine bestimmte kinetische Energie. Wird das Auto abgebremst, so wird an ihm Reibungsarbeit verrichtet. Damit verringert sich die kinetische Energie des Autos und wird schließlich null, wenn das Auto steht (Abb. 1).
Durch die Reibungsarbeit wird mechanische Energie in thermische Energie umgewandelt und als Wärme an die Umgebung abgegeben. Wird der Pkw bis zum Stillstand abgebremst, dann gilt:

Zustand 1	Vorgang	Zustand 2
$E_{kin} = \frac{1}{2} m \cdot v^2$	Es wird vom System Arbeit verrichtet.	$E_{kin} = 0$

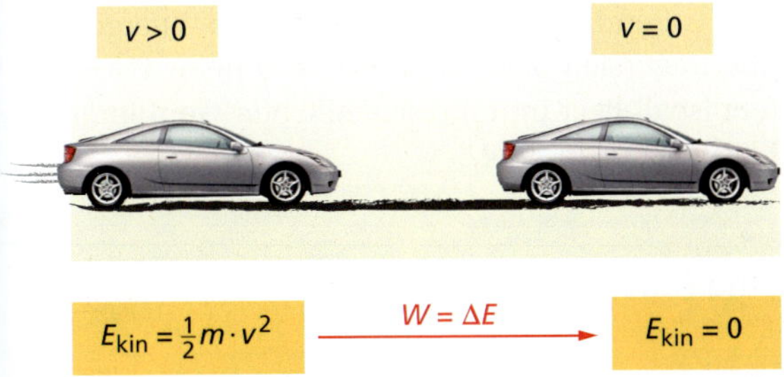

1 Bilanz beim Abbremsen eines Autos

Die Bilanz lautet dann:

kinetische Energie = Reibungsarbeit

$$\frac{1}{2} m \cdot v^2 = F_R \cdot s$$

Für eine ebene Strecke mit $F_R = \mu \cdot F_N$ erhält man dann:

$$\frac{1}{2} m \cdot v^2 = \mu \cdot m \cdot g \cdot h$$

Die Umformung nach dem Bremsweg s ergibt:

$$s = \frac{v^2}{2\mu \cdot g}$$

Beispiel 2: Geschwindigkeit eines Wasserspringers

Es wird potenzielle Energie in kinetische Energie umgewandelt. Damit ergibt sich folgende Energiebilanz:

E_{vorher}	$E_{nachher}$
$E_{pot} = m \cdot g \cdot h$	$E_{pot} = 0$
$E_{kin} = 0$	$E_{kin} = \frac{1}{2} m \cdot v^2$

Die Bilanz lautet in diesem Fall:

potenzielle Energie = kinetische Energie

$$m \cdot g \cdot h = \frac{1}{2} m \cdot v^2$$

Die Umstellung nach der Geschwindigkeit ergibt:

$$v = \sqrt{2 g \cdot h}$$

Reibungsarbeit unter verschiedenen Bedingungen	
Horizontale Ebene	**Geneigte Ebene**
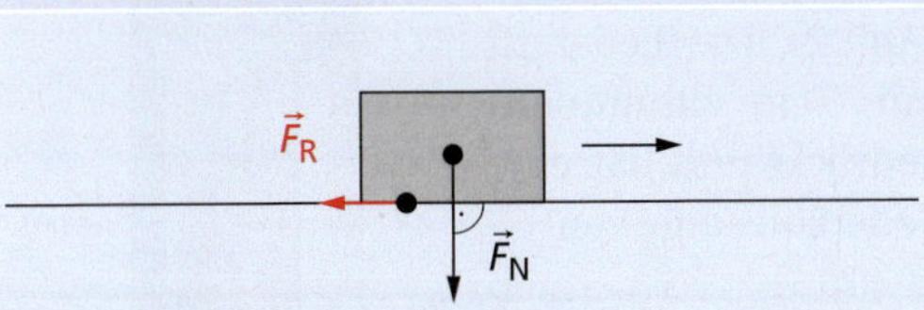	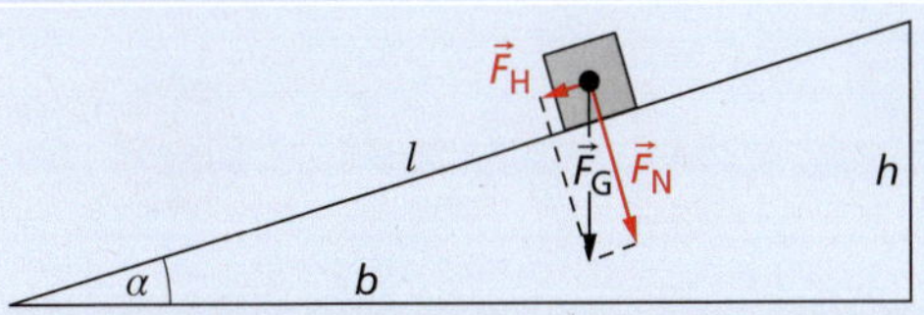
Als Normalkraft wirkt die Gewichtskraft F_G: $F_N = F_G = m \cdot g$	Als Normalkraft wirkt eine Komponente der Gewichtskraft F_G: $F_N = F_G \cdot \cos\alpha = m \cdot g \cdot \cos\alpha$
Damit erhält man als Reibungsarbeit: $W = \mu \cdot F_N \cdot s = \mu \cdot m \cdot g \cdot s$	Damit erhält man als Reibungsarbeit: $W = \mu \cdot F_N \cdot s = \mu \cdot m \cdot g \cdot \cos\alpha \cdot s$

Anwendungen des Energieerhaltungssatzes

Nachfolgend werden einige Beispiele für die Anwendung energetischer Betrachtungen dargestellt. Sie können als Muster für die Lösung weiterer Probleme dienen.

Bälle für alle Fälle

Bälle, die man aus gleicher Höhe fallen lässt, springen nicht nur unterschiedlich hoch, sondern können auch wie im Fall eines Wasserballs oder Medizinballs fast sofort am Boden liegen bleiben. Offensichtlich finden unterschiedliche Energieübertragungen statt.
Beschreibe die Energieübertragungen, wenn ein Superball, ein Tischtennisball und ein Medizinball aus gleicher Höhe fallen! Welche Gemeinsamkeiten und welche Unterschiede gibt es?

Während der Superball A nach dem ersten Aufprall auf dem Boden fast wieder seine ursprüngliche Höhe erreicht und noch lange springt, bleibt der Tischtennisball B deutlich unter seiner Höhe und springt nur noch einige Male immer weniger hoch. Der Medizinball C bleibt sofort liegen (Abb. 1). In allen drei Fällen wird die potenzielle Energie beim Fallen auf kinetische Energie übertragen. Unmittelbar über dem Boden ist die kinetische Energie des Balls am größten und die potenzielle Energie ist gleich null.
Mit dem Aufprall auf dem Boden unterscheiden sich die drei Vorgänge erheblich voneinander.

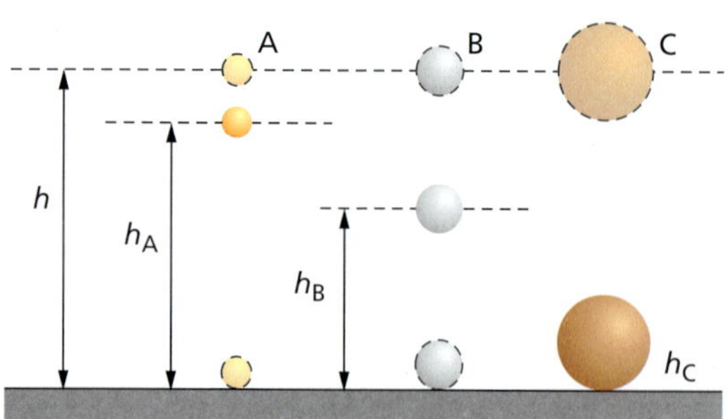

1 Nach dem Aufprall gilt: $h > h_A > h_B$ und $h_C = 0$

Beim **Medizinball** ist die Verformung beim Aufprall zum größten Teil unelastisch. Es entsteht thermische Energie, die in Form von Wärme an die Umgebung abgegeben wird.
Beim **Superball** und beim **Tischtennisball** zeigt sich beim Aufprall auf dem Boden zunächst eine Gemeinsamkeit: Der größte Teil der kinetischen Energie wird zur elastischen Verformung der Bälle genutzt. Die Spannenergie erhöht sich und wird dann wieder auf kinetische Energie übertragen. Beide Bälle springen nach oben, wobei ihre potenzielle Energie in dem Maße zunimmt, wie ihre kinetische Energie abnimmt. Im obersten Punkt ist die kinetische Energie null, die potenzielle Energie hat dann ihren höchsten Wert erreicht. Sie ist aber kleiner als am Anfang, weil bei jedem Aufprall ein Teil der mechanischen Energie durch unelastische Verformung zur Erwärmung führt und die betreffende Energie an die Umgebung abgegeben wird.

Der wesentliche **Unterschied** in den Energieübertragungen beim Superball und beim Tischtennisball liegt im unterschiedlichen Grad ihrer Elastizität begründet.

Eine Federpistole

Vorgänge, bei denen die Reibung vernachlässigbar ist, können mit Energiebilanzen einfach untersucht und erfasst werden. Eine Kugel ($m = 25$ g) wird aus einer Federpistole senkrecht nach oben geschossen (Abb. 2). Die Feder ist um 5 cm zusammengedrückt und hat eine Federkonstante von $D = 10\,\frac{\text{N}}{\text{cm}}$.

Mit welcher Geschwindigkeit fliegt die Kugel aus der Pistole heraus?
Wie hoch fliegt die Kugel?

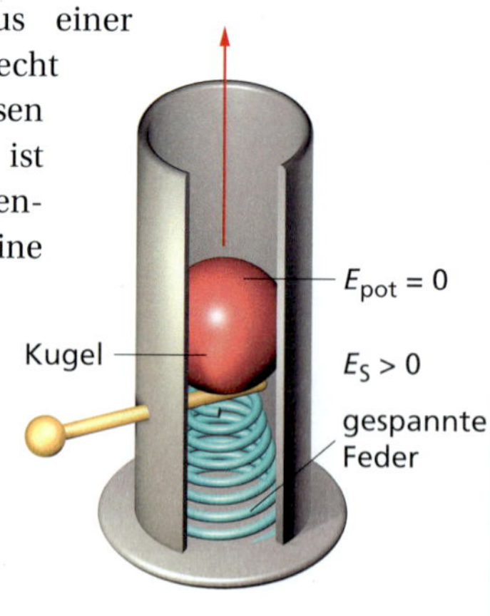

2 Aufbau einer Federpistole

Analyse:
Wir nehmen an, dass der Luftwiderstand und die Reibung keine Rolle spielen und wenden den Energieerhaltungssatz nur für die mechanischen Energien an. Da sich Reibung nicht vollkommen vermeiden lässt, sind die Ergebnisse mögliche Maximalwerte.
Wir setzen das Nullniveau für die potenzielle Energie auf die Höhe der Kugel zum Beginn des Experiments.
Zunächst soll die maximale Geschwindigkeit der Kugel ermittelt werden.

Gesucht: v
Gegeben: $D = 10\,\frac{\text{N}}{\text{cm}}$
$s = 5\text{ cm}$

Lösung:
Den Ansatz für die Berechnung liefert eine Energiebilanz vor und nach dem Abschuss:

vor dem Abschuss	nach dem Abschuss
$E_S = \frac{1}{2}D \cdot s^2 = 1{,}25\text{ J}$	$E_S = 0$
$E_{kin} = 0$	$E_{kin} = \frac{1}{2}m \cdot v^2$
$E_{pot} = 0$	$E_{pot} \approx 0$
Summe: $E = 1{,}25\text{ J}$	Summe: $E = 1{,}25\text{ J}$

Damit kann man die Formel für die kinetische Energie nach der gesuchten Geschwindigkeit umstellen und erhält:

$$v = \sqrt{2\frac{E}{m}} = \sqrt{2 \cdot \frac{1{,}25\text{ J}}{0{,}025\text{ kg}}}$$

$$\underline{v = 10\,\frac{\text{m}}{\text{s}}}$$

Für die Ermittlung der maximalen Höhe lässt sich in analoger Weise eine Energiebilanz aufstellen: Die gesamte Energie wird auf die potenzielle Energie übertragen. Aus $E = m \cdot g \cdot h$ folgt:

$$h = \frac{E}{m \cdot g} = \frac{1{,}25\text{ J}}{0{,}025\text{ kg} \cdot 10\,\frac{\text{m}}{\text{s}^2}} = 5\text{ m}$$

Ergebnis:
Die Kugel verlässt die Feder mit einer Geschwindigkeit von maximal $10\,\frac{\text{m}}{\text{s}}$ und erreicht damit insgesamt eine Höhe von höchstens 5 m.

Mosaik

Höchstgeschwindigkeit und Luftwiderstand

Wenn man mit einem Auto mit Vollgas auf der Autobahn oder auf einer Rennstrecke fährt, dann bringt der Motor ungefähr die maximale Leistung. Obwohl nun dauernd eine erhebliche Kraft wirkt, wird das Auto nicht schneller als die Höchstgeschwindigkeit, weil hauptsächlich wegen des Luftwiderstands eine gleich große Kraft der Bewegung entgegenwirkt.

Schon bei Geschwindigkeiten von über 80 km/h werden mehr als 75 % der Motorleistung nur noch zur Überwindung des Luftwiderstands benötigt.
Fährt das Auto mit der konstanten Geschwindigkeit $v = s/t$, dann muss der Motor folgende Leistung aufbringen:

$$P = \frac{W}{t}$$

Mit $W = F \cdot s$ erhält man:

$$P = \frac{F \cdot s}{t} = F \cdot v$$

Geht man davon aus, dass F etwa so groß wie die Luftwiderstandskraft ist, so gilt:

$$F = \frac{1}{2}c_W \cdot \varrho \cdot A \cdot v^2$$

Daraus ergibt sich insgesamt für die Leistung P: Bei hohen Geschwindigkeiten ist die Leistung eines Pkw etwa proportional zur dritten Potenz seiner Geschwindigkeit:

$$P \sim v^3$$

Das bedeutet: Um die doppelte Höchstgeschwindigkeit zu erreichen, benötigt ein Auto die achtfache Leistung. Obwohl ein Lkw eine sehr große Leistung besitzt, kann er auf der Ebene keine einem Pkw vergleichbare Höchstgeschwindigkeit erreichen, weil sein Luftwiderstand wegen der großen Querschnittsfläche A zu groß ist.

Bergauf und bergab

Fährt man mit einem Pkw oder mit dem Fahrrad im Gebirge, so bewegt man sich nur selten in einer Höhe. Es geht ständig bergauf und bergab. Das gilt auch beim Wandern.

Einer der höchsten Pässe der Alpen, auf die man mit dem Auto fahren kann, ist das Stilfser Joch in Südtirol mit einer Höhe von 2758 m. Die kurvenreiche Bergstraße mit 48 Kehren beginnt im Ort Trafoi, der 1543 m über NN liegt.

Wie ändert sich die potenzielle Energie eines Pkw mit einer Masse von 1250 kg, wenn er von Trafoi zum Stilfser Joch fährt?

Analyse:
Für die Änderung der potenziellen Energie ist neben der Masse der Höhenunterschied zwischen Ausgangs- und Endpunkt entscheidend. Zur Berechnung kann man die Gleichung $E_{kin} = m \cdot g \cdot h$ nutzen.

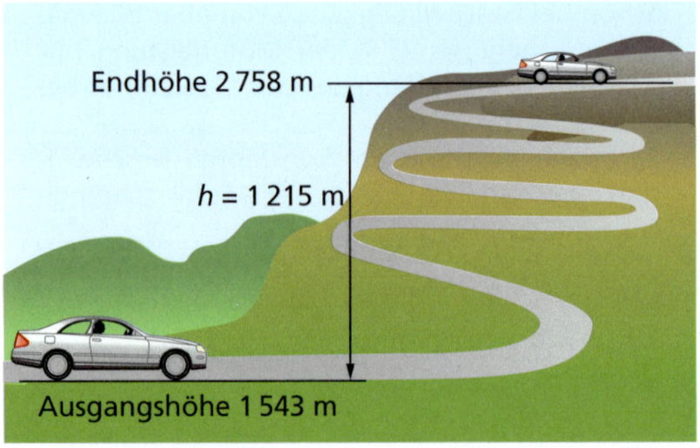

Gesucht: E_{pot}
Gegeben: $m = 1250\ \text{kg}$

$g = 9{,}81\ \frac{\text{N}}{\text{kg}}$

$h = 2758\ \text{m} - 1543\ \text{m} = 1215\ \text{m}$

Lösung:
Für die potenzielle Energie eines Körpers gilt:

$$E_{pot} = m \cdot g \cdot h$$
$$E_{pot} = 1250\ \text{kg} \cdot 9{,}81\ \frac{\text{N}}{\text{kg}} \cdot 1215\ \text{m}$$
$$E_{pot} = 14\,900\,000\ \text{Nm}$$
$$\underline{E_{pot} = 14{,}9\ \text{MJ}}$$

Ergebnis:
Bei einem Höhenunterschied von 1215 m vergrößert sich beim Bergauffahren die potenzielle Energie eines 1250 kg schweren Pkw um etwa 15 MJ.

Erläutere, was mit dieser Energie geschieht, wenn der Pkw zu seinem Ausgangsort zurückfährt!

Beim Bergabfahren verringert sich die potenzielle Energie eines Pkw. Nach dem Energieerhaltungssatz kann diese Energie aber nicht verloren gehen. Sie wird durch das Abbremsen in andere Energieformen umgewandelt, insbesondere in thermische Energie, die an die Umgebung abgegeben wird.

Wie schnell müsste sich der Pkw bewegen, wenn er eine kinetische Energie von ebenfalls 14,9 MJ haben soll?

Analyse:
Bei gegebener Energie lässt sich die Geschwindigkeit mit der Gleichung für die kinetische Energie berechnen.
Gesucht: v
Gegeben: $E_{kin} = 14{,}9\ \text{MJ} = 14\,900\,000\ \text{Nm}$

Lösung:
Für die kinetische Energie gilt: $E_{kin} = \frac{1}{2}\, m \cdot v^2$
Die Umstellung nach der Geschwindigkeit v ergibt:

$$v^2 = \frac{2}{m} \cdot E_{kin} \quad \text{oder}$$
$$v = \sqrt{\frac{2}{m} \cdot E_{kin}}$$
$$v = \sqrt{\frac{2}{1250\ \text{kg}} \cdot 14\,900\,000\ \frac{\text{kg} \cdot \text{m}^2}{\text{s}^2}}$$
$$\underline{v = 154\ \frac{m}{\text{s}} \approx 555\ \frac{\text{km}}{\text{h}}}$$

Damit der Pkw eine kinetische Energie von 14,9 MJ hat, müsste er mit etwa 555 $\frac{\text{km}}{\text{h}}$ fahren. Der Vergleich zeigt: Die Änderung der potenziellen Energie beim Bergauf- und Bergabfahren kann wesentlich größer sein als die kinetische Energie, die ein Pkw bei normaler Geschwindigkeit hat.

Gewusst · Gekonnt

1. Ein Artist ($m = 70$ kg) springt aus einer Höhe von 2 m auf ein Schleuderbrett (↗ Skizze).
a) Beschreibe die Energieumwandlungen!
b) Wie hoch wird seine Partnerin ($m = 55$ kg) höchstens geschleudert?

2. Ein Fahrzeug fährt bei einem Crashtest mit 30 km/h gegen eine feste Wand.

Aus welcher Höhe müsste das Fahrzeug fallen, um eine ebenso große Energie zu besitzen?

3. Welche der Aussagen ist für den freien Fall richtig? Begründe deine Antworten!
a) Eine Verdopplung der Fallhöhe führt zu einer Verdopplung der maximalen kinetischen Energie.
b) Doppelte Endgeschwindigkeit erreicht man durch ein Vervierfachen der Fallhöhe.
c) Die Endgeschwindigkeit ist umso größer, je schwerer der fallende Gegenstand ist.

4. Ein Wagen wird von einem Pferd (1 PS) auf ebener Strecke mit $v = 1\,\frac{\text{m}}{\text{s}}$ gezogen.
Die Reibungszahl beträgt $\mu = 0{,}2$. Wie schwer darf dieser Wagen sein?

***5.** Ein Auto ($m = 950$ kg) fährt mit 50 km/h, wird dann 4 s lang konstant beschleunigt und erreicht eine Geschwindigkeit von 70 km/h.
a) Wie groß ist die Beschleunigungsarbeit und die dann vorhandene Energie?
b) Welche Geschwindigkeit hätte das Auto mit der gleichen Beschleunigungsarbeit erreicht, wenn es aus dem Stand heraus beschleunigt worden wäre?

6. Eine elastische Stahlfeder ($D = 40\,\frac{\text{N}}{\text{m}}$) wird 20 cm auseinandergezogen. Welche Spannenergie steckt nun in der Feder?

***7.** Eine Feder wurde um 2 cm gedehnt. Wie ändert sich die Spannenergie der Feder, wenn man sie um weitere 4 cm auseinanderzieht?

8. Für zwei Federn ergeben sich die im Diagramm dargestellten Zusammenhänge.

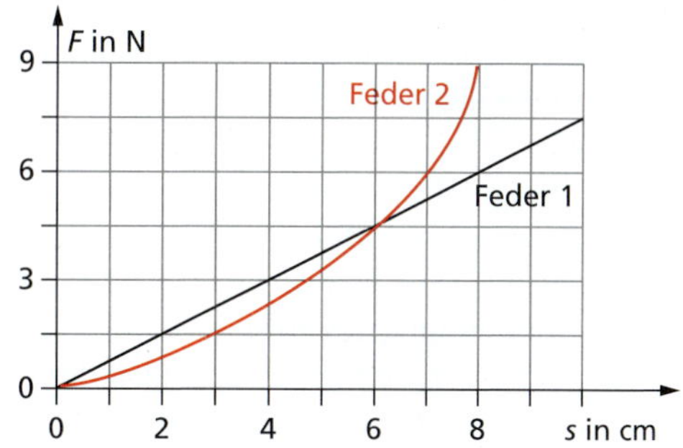

a) Interpretiere das Diagramm! Welche physikalische Bedeutung haben der Anstieg des Graphen und die Fläche unter ihm?
b) Wie groß sind die mechanischen Arbeiten zum Dehnen der Federn 1 und 2 von 0 cm auf 4 cm und von 4 cm auf 8 cm?

***9.** Ein Körper ($m = 12$ kg) fällt aus einer Höhe von $h = 70$ cm auf eine gefederte Unterlage. Die Federung dieser Unterlage hat eine Federkonstante von $D = 40$ N/cm. Um welche Strecke s wird die Feder zusammengedrückt?

10. Welche Arbeit ist erforderlich, wenn man eine Feder ($D = 30\,\frac{\text{N}}{\text{cm}}$, $l_0 = 15$ cm) auf 10 cm zusammendrückt?

11. Eine Kugel (m = 50 g) wird mithilfe einer gespannten Feder ($D = 1{,}5\,\frac{\text{N}}{\text{cm}}$) in die Luft geschossen.
Welche maximale Höhe kann die Kugel erreichen, wenn die Feder zuvor um 4,0 cm gestaucht wurde?

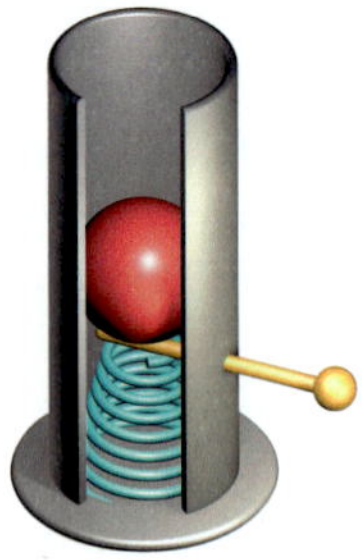

12. Eine Hochspringerin überquerte bei einem Wettkampf im Hochsprung eine Höhe von 2,09 m. Der Höhenunterschied ihres Körperschwerpunkts betrug vom Absprung bis zur maximalen Höhe 1,11 m.
a) Wie groß war die Änderung ihrer potenziellen Energie, wenn ihre Masse 56 kg beträgt?
b) Wie groß war mindestens die senkrecht nach oben gerichtete Komponente der Absprunggeschwindigkeit?

13. Beim Stabhochsprung ermöglichen Glasfiberstäbe das Überspringen von mehr als 6 m Höhe.
a) Beschreibe die Energieübertragungen und -umwandlungen bei einem Stabhochsprung vom Beginn des Anlaufs bis zur Landung des Springers!
b) Einer der weltbesten Springer, der Russe Sergej Bubka, erreichte bei 5,26 m Stablänge eine Höhe von 5,85 m. Bubka ist 1,84 m groß, seine Masse beträgt 77 kg. Als maximale Anlaufgeschwindigkeit wurde bei dem Sprung $v = 9{,}8\,\frac{\text{m}}{\text{s}}$ gemessen. Berechne seine maximale kinetische Energie!
c) Welche Höhe des Körperschwerpunkts über dem Erdboden wäre mit dieser Energie erreichbar, wenn sich der Körperschwerpunkt beim Absprung 1,05 m über dem Erdboden befand?
d) Vergleiche die in Teilaufgabe c berechnete Höhe mit der tatsächlich erreichten Höhe! Diskutiere, wodurch die Unterschiede zustande kommen könnten!
e) Erkunde, bei welcher Höhe der Weltrekord gegenwärtig liegt!

***14.** Ein Pkw (m = 1 100 kg) fährt 30 s lang eine 500 m lange 10 %ige Steigung hinauf. Die Rollreibungszahl beträgt dabei 0,05.
a) Berechne die Reibungsarbeit!
b) Um welchen Betrag vergrößert sich die potenzielle Energie des Pkw?
c) Welche Leistung muss der Motor aufbringen, wenn man von einer gleichförmigen Bewegung des Pkw ausgeht?
d) Welche Strecke würde der Pkw maximal ab Beginn der Steigung noch zurücklegen, wenn seine anfängliche Geschwindigkeit 50 km/h betragen und er sich rollen lassen würde?

15. Warum kann man zügiger anfahren, wenn die Reifen nicht durchdrehen? Warum kommt man schneller zum Stehen, wenn beim Bremsen die Räder nicht blockieren?

16. Bei einem Unfall misst die Polizei für einen Pkw eine Bremsspur von 8,6 m Länge. Aufgrund der Straßenverhältnisse und des Zustands der Reifen kann eine Gleitreibungszahl von 0,45 angenommen werden.
Auf welche Geschwindigkeit des Fahrzeugs kann man daraus schließen?

17. Ein 1,7 t schwerer Pkw fährt auf einer ebenen Autobahn (Beton) mit 130 km/h. Der Fahrer muss wegen eines Unfalls vor ihm bis zum Stillstand abbremsen. Die Reaktionszeit des Fahrers bis zur Betätigung der Bremse beträgt 0,8 Sekunden.
a) Welchen Weg legt das Fahrzeug ungebremst zurück?
b) Wie groß ist der Bremsweg bis zum Stillstand des Fahrzeugs?
*c) Wie ändert sich der Bremsweg, wenn der Fahrer auf einer Fahrbahn mit 5 % Steigung bzw. 5 % Gefälle abbremsen muss?

***18.** Bei der Werbung für einen Pkw wird angegeben: Bei einer Geschwindigkeit von $100\,\frac{\text{km}}{\text{h}}$ beträgt der Bremsweg 35,2 m.
Diskutiere, ob ein solcher Bremsweg unter optimalen Straßenverhältnissen möglich ist!

Energieansätze zur Problemlösung nutzen

Energie E ist die Fähigkeit eines Systems, mechanische Arbeit zu verrichten, Wärme abzugeben oder Strahlung auszusenden.

Energie

- kann von einer Form in andere Formen umgewandelt werden.
- kann durch Arbeit, Wärme, Licht oder elektrischen Strom von einem Körper auf einen anderen übertragen werden.
- kann in Brenn- und Heizstoffen, gehobenen und bewegten Körpern oder Batterien gespeichert werden.

Bei allen Energieumwandlungen gilt der **Energieerhaltungssatz:**

In einem abgeschlossenen System ist die Summe aller Energien konstant. Energie kann weder erzeugt noch vernichtet werden.

$$E_{gesamt} = E_1 + E_2 + E_3 + \ldots = \text{konstant}$$

Für einen Vorgang, bei dem nur potenzielle in kinetische Energie umgewandelt wird und umgekehrt, gilt der **Energieerhaltungssatz der Mechanik:**

$$E_{pot} + E_{kin} = E_{mech} = \text{konstant}$$

Formen mechanischer Energie

- potenzielle Energie (Energie der Lage)

  $$W = F_G \cdot h = m \cdot g \cdot h$$

  Gespannte Federn besitzen ebenfalls potenzielle Energie.

- kinetische Energie (Energie der Bewegung)

  $$E_{kin} = \frac{1}{2} m \cdot v^2$$

  Rotierende Körper besitzen ebenfalls kinetische Energie.

Der Energieerhaltungssatz und die Beziehung $W = \Delta E$ können genutzt werden, um Energiebilanzen aufzustellen und Größen zu berechnen. Bei Vorgängen, bei denen die Reibung eine Rolle spielt, muss die **Reibungsarbeit** einbezogen werden.

6.3 Gleichförmige Kreisbewegung

Eine atemberaubende Fahrt

Eine Achterbahnfahrt mit Loopings ist eine aufregende Sache. Die Fahrt des Wagens wird mal schneller, mal langsamer. Vor allem aber muss die Fahrt sicher sein, auch wenn eine Schleife durchfahren wird. *Wie muss eine Achterbahn konstruiert sein, damit die Wagen mit den Personen immer sicher durch die Loopings kommen?*

Gefährliche Kurvenfahrten

Motorräder und andere Fahrzeuge können nicht beliebig schnell durch eine Kurve fahren. Die maximal mögliche Geschwindigkeit hängt von verschiedenen Faktoren ab. *Welche Kräfte wirken bei einer Kurvenfahrt? Wovon hängen diese Kräfte ab?*

Unterschiedliche Bewegungen

Ein Riesenrad bewegt sich um eine Drehachse. Es führt eine Drehbewegung oder Rotation aus. Eine Person in einer Gondel bewegt sich dagegen auf einer fast kreisförmigen Bahn um diese Achse. *Wie unterscheidet sich eine Drehbewegung von einer Kreisbewegung?*

Gleichförmige Kreisbewegung eines Massepunkts

Bewegt sich ein Körper auf einer Kreisbahn mit einem konstanten Betrag der Geschwindigkeit, so führt dieser Körper eine **gleichförmige Kreisbewegung** aus.
Von einer **Kreisbewegung** spricht man nur dann, wenn der betreffende Körper als Massepunkt angesehen werden kann. Das ist z. B. bei der Gondel eines Riesenrads oder auch bei der Bewegung der Erde um die Sonne der Fall. Auch ein Punkt der Erdoberfläche führt infolge der Erdrotation eine Kreisbewegung um die Erdachse aus. Im Unterschied dazu wird die Bewegung eines gesamten Körpers um eine Drehachse, z. B. die Bewegung des Riesenrads oder die Rotation der Erde um ihre Achse, als **Drehbewegung** bezeichnet (Abb. 1).
Allgemein gilt für die Geschwindigkeit eines Körpers bei gleichförmiger Bewegung:

$$v = \frac{s}{t}$$

Für eine Kreisbewegung kann man diese Gleichung anpassen. Die Zeit für einen vollständigen Umlauf eines Körpers wird in der Physik **Umlaufzeit** T genannt.
Der in dieser Zeit zurückgelegte Weg ist gleich dem Umfang des Kreises: $U = 2\pi \cdot r$

1 Die Gondeln des Riesenrads und mit ihnen die Insassen führen eine Kreisbewegung aus. Das Riesenrad als Ganzes führt eine Drehbewegung aus.

Damit ergibt sich für die Geschwindigkeit:

> Bei einer gleichförmigen Kreisbewegung kann die Geschwindigkeit v mit folgender Gleichung berechnet werden:
>
> $v = \frac{2\pi \cdot r}{T}$ r Radius der Kreisbahn
> T Umlaufzeit

Diese Geschwindigkeit hat bei einer gleichförmigen Kreisbewegung immer den gleichen Betrag. Ihre Richtung ändert sich aber ständig (↗ Übersicht).

Vergleich verschiedener Bewegungen

Gleichförmige geradlinige Bewegung	Gleichförmige Kreisbewegung
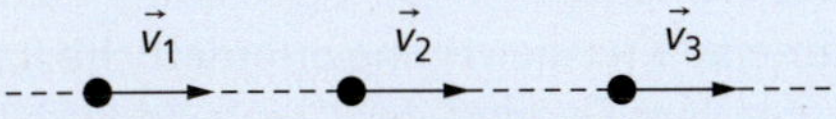	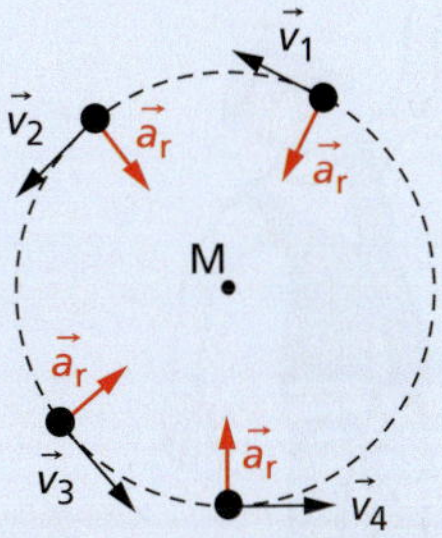
Der Betrag und die Richtung der Geschwindigkeit sind immer gleich.	Der Betrag der Geschwindigkeit ist immer gleich groß. Die Richtung ändert sich ständig.
Die Beschleunigung ist null. Es liegt damit eine unbeschleunigte Bewegung vor.	Die Beschleunigung längs der Bahn ist null. Es ist aber eine Beschleunigung in Richtung Kreismittelpunkt vorhanden. Damit liegt eine beschleunigte Bewegung vor.

Die Radialkraft

Eine Bewegung, bei der sich Betrag oder Richtung der Geschwindigkeit ändert, ist eine beschleunigte Bewegung. Die Beschleunigung bei einer Kreisbewegung ist immer senkrecht zur Geschwindigkeit und damit in Richtung Zentrum der Bewegung gerichtet. Sie wird als **Radialbeschleunigung** bezeichnet.
Nach dem newtonschen Grundgesetz (↗ S. 41) wird eine Beschleunigung durch eine Kraft hervorgerufen. Schleudert man z. B. einen Körper herum, der an einem Faden befestigt ist, dann spürt man an der Hand eine nach außen gerichtete Kraft (Abb. 1). Es ist die Gegenkraft zu der Kraft, die den Körper auf seiner Bahn hält. Diese Kraft wird in der Physik **Radialkraft** genannt, weil sie immer in Richtung des Radius und damit zum Zentrum der Kreisbewegung hinwirkt.

Bei einem Karussell wird die Radialkraft von den Halterungen, an denen die Sitze befestigt sind, aufgebracht.
Wenn ein Auto durch eine Kurve fährt, wird die Radialkraft durch die Reibung zwischen Rädern und Fahrbahn bewirkt.

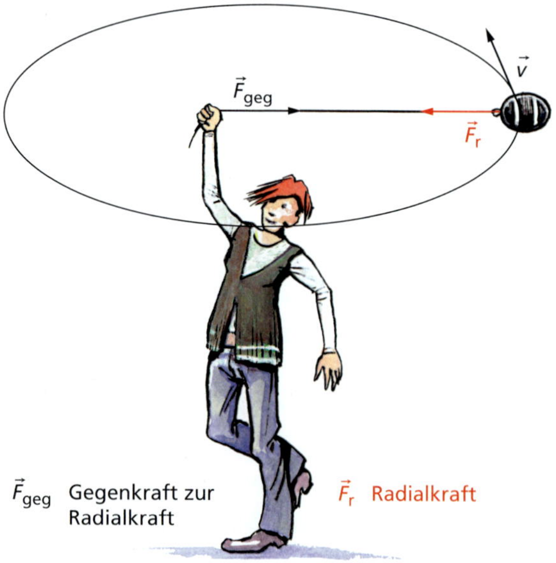

1 Kräfte bei einer Kreisbewegung: Radialkraft und Gegenkraft sind gleich groß.

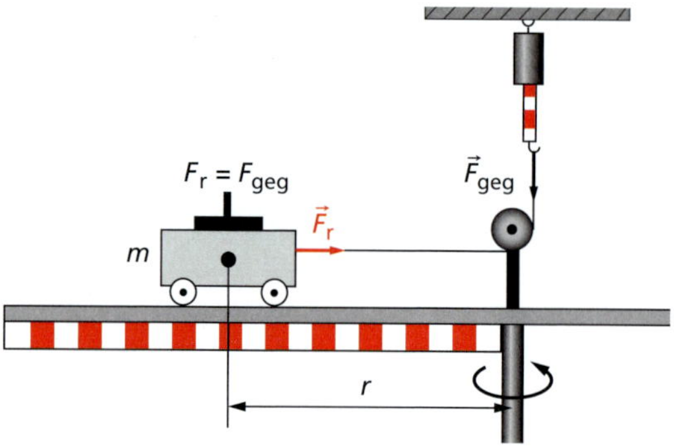

2 Mit einem Federkraftmesser können Radialkräfte experimentell untersucht werden.

Aus den Erfahrungen beim Kurvenfahren oder beim Herumschleudern eines Körpers kann man schließen: Die für die Kreisbahn eines Körpers benötigte Radialkraft ist umso größer,
- je größer die Geschwindigkeit des Körpers ist,
- je kleiner der Radius des Kreises ist,
- je größer die Masse des Körpers ist.

Genauere Untersuchungen ergeben:

> Für die Radialkraft bei einer gleichförmigen Kreisbewegung gilt:
>
> $F_r = m \cdot \frac{v^2}{r}$
>
> m Masse des Körpers
> v Geschwindigkeit des Körpers
> r Radius der Kreisbahn
>
> Die Radialkraft ist die Kraft, durch die ein Körper auf einer Kreisbahn gehalten wird.

Bei Kurvenfahrten ist von Bedeutung, dass sich die für eine Kreisbewegung erforderliche Radialkraft mit dem Quadrat der Geschwindigkeit vergrößert: Bei einer Geschwindigkeit von 40 km/h ist die für ein sicheres Durchfahren notwendige Radialkraft viermal so groß wie bei 20 km/h.
Setzt man für die Geschwindigkeit die Gleichung für die gleichförmige Kreisbewegung $v = \frac{2\pi \cdot r}{T}$ ein, so erhält man eine weitere Gleichung für die Radialkraft, die die Größen Masse m, Radius r und Umlaufzeit T enthält:

$$F_r = m \cdot \frac{4\pi^2 \cdot r}{T^2}$$

Die deduktive Methode

Bei der deduktiven Methode geht man von bekannten Zusammenhängen und Gesetzen und deren Gültigkeitsbedingungen aus (Abb. 2). Unter Nutzung mathematischer Verfahren leitet man daraus ein neues Gesetz ab.
Wir betrachten als Beispiel die Kraft, die man benötigt, um einen Körper auf einer Kreisbahn zu halten.

Die auf S. 216 genannte Formel $F = m \cdot \frac{v^2}{r}$

kann man mit der deduktiven Methode herleiten. Dabei gehen wir davon aus, dass die Bewegungsgesetze für gleichförmige und gleichmäßig beschleunigte Bewegungen sowie das newtonsche Grundgesetz bekannt sind.

Die Kreisbahn wird in zwei voneinander unabhängige Bewegungen zerlegt: eine Bewegung mit konstanter Geschwindigkeit tangential zur Kreisbahn und eine Bewegung mit konstanter Beschleunigung in Richtung des Mittelpunkts der Kreisbahn. Beide Teilbewegungen sind in Abb. 1 rot eingezeichnet.
Das Dreieck ABC ist nach dem Satz des THALES rechtwinklig. Dann gilt nach dem Höhensatz:

$$\overline{AP} \cdot \overline{PB} = \overline{PC}^2$$

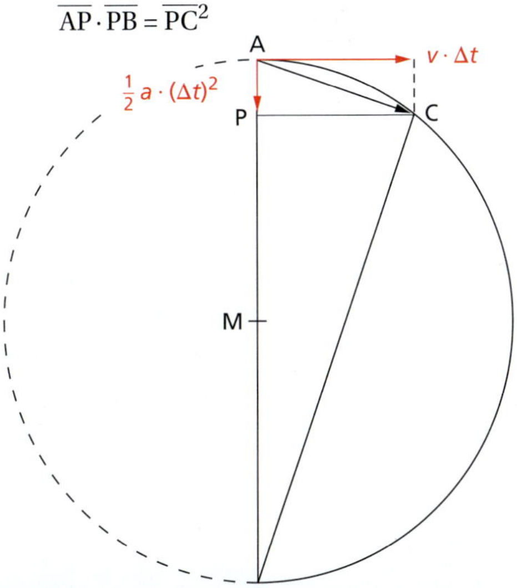

1 Herleitung der Zusammenhänge zwischen Radius, Beschleunigung und Geschwindigkeit

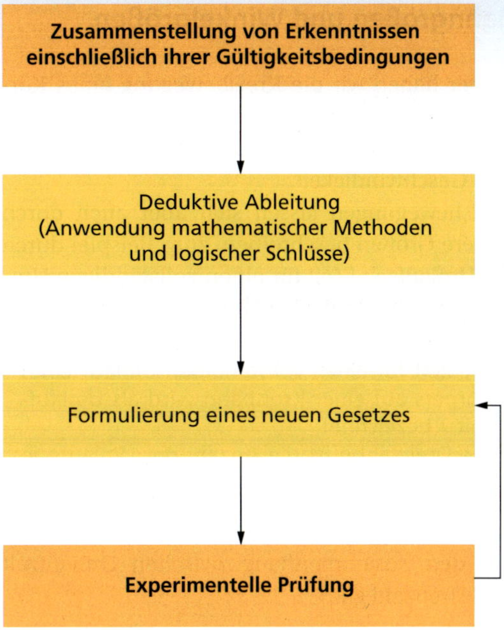

2 Die deduktive Methode im Überblick

Setzt man die in Abb. 1 genannten physikalischen Größen ein, so erhält man:

$$\frac{1}{2} a \cdot (\Delta t)^2 \cdot \left(2r - \frac{1}{2}(\Delta t)^2\right) = (v \cdot \Delta t)^2$$

Die Umformung ergibt:

$$r \cdot a \cdot (\Delta t)^2 - \frac{1}{4} a^2 \cdot (\Delta t)^4 = v^2 \cdot (\Delta t)^2$$

$$r \cdot a - \frac{1}{4} a^2 \cdot (\Delta t)^2 = v^2$$

Lässt man nun Δt immer kleiner werden, dann kann bei $\Delta t \longrightarrow 0$ der Term $\frac{1}{4} a^2 \cdot (\Delta t)^2$ vernachlässigt werden und es gilt:

$$r \cdot a = v^2 \quad \text{oder} \quad a = \frac{v^2}{r}$$

Setzt man diese Beschleunigung a in das newtonsche Grundgesetz $F = m \cdot a$ ein, so erhält man:

$$F = m \cdot \frac{v^2}{r}$$

Wir haben aus bekannten Gesetzen durch mathematische Überlegungen ein neues Gesetz hergeleitet. Ob dieses Gesetz aber tatsächlich gilt, muss experimentell geprüft werden (↗ S. 216, Abb. 2).

Bahngrößen und Winkelgrößen

Bisher haben wir die Kreisbewegung eines Körpers mit den Größen beschrieben, die auch bei geradlinigen Bewegungen genutzt werden – Weg und Geschwindigkeit.
Kreisbewegungen lassen sich aber auch durch andere Größen beschreiben, zum Beispiel durch die Umlaufzeit (Zeit für einen vollständigen Umlauf) und die Drehzahl (Abb. 2).

> Die Zeit für einen vollständigen Umlauf eines Körpers auf einer Kreisbahn wird als Umlaufzeit T bezeichnet.
> Die Drehzahl n ist die Anzahl der Umläufe je Zeiteinheit.

Für den Zusammenhang zwischen Umlaufzeit und Drehzahl gilt:

$$T = \frac{1}{n} \qquad n = \frac{1}{T}$$

Die Bewegung von Körpern bzw. Massepunkten auf einer kreisförmigen Bahn lässt sich auch mit dem Drehwinkel beschreiben (Abb. 1). Eine volle Umdrehung (360°) entspricht im Bogenmaß 2π. Bei gleichem Drehwinkel ist der von einem Massepunkt zurückgelegte Weg umso größer, je weiter der Massepunkt vom Zentrum der Kreisbewegung entfernt ist (Abb. 1).

> Für den Zusammenhang zwischen Drehwinkel φ, Weg s und Radius r gilt:
> $\varphi = \frac{s}{r}$ oder $s = \varphi \cdot r$

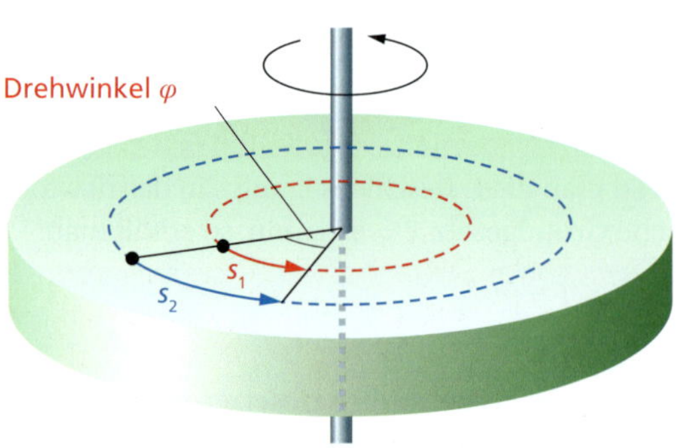

1 Wege und Drehwinkel bei einer kreisförmigen Bewegung

Der Drehwinkel wird dabei in Bogenmaß gemessen. Die Einheit ist rad, abgeleitet von Radiant. Sie wird meist weggelassen.

Bei einer gleichförmigen Bewegung längs einer Bahn wird der Quotient aus Weg s und Zeit t als Geschwindigkeit bezeichnet:

$$v = \frac{s}{t}$$

Analog dazu nennt man den Quotienten aus dem überstrichenen Winkel φ und der Zeit t die **Winkelgeschwindigkeit** ω.

> Die Winkelgeschwindigkeit gibt an, wie schnell eine Kreis- oder Drehbewegung erfolgt.
> $\omega = \frac{\varphi}{t}$ oder $\omega = \frac{v}{r}$

Als Einheit für die Winkelgeschwindigkeit ergibt sich s^{-1}.
Die oben genannte Gleichung $\omega = \frac{v}{r}$ erhält man aus der ersten Gleichung $\omega = \frac{\varphi}{t}$ durch folgende Überlegung:
In die Gleichung $\omega = \frac{\varphi}{t}$ wird $\varphi = \frac{s}{r}$ für den Winkel eingesetzt. Dann erhält man:

$$\omega = \frac{\varphi}{t} = \frac{s}{r \cdot t} = \frac{v}{r}$$

Mit $v = \omega \cdot r$ ergibt sich eine weitere Gleichung für die Radialkraft:

$$F_r = m \cdot \omega^2 \cdot r$$

Diese Gleichung kann genutzt werden, wenn die Winkelgeschwindigkeit bzw. die Drehzahl gegeben oder gesucht sind ($\omega = 2\pi \cdot n$).

2 Für Personen in einem Karussell sind Umlaufzeit bzw. Drehzahl von Interesse.

Gesamtkraft auf einen Körper und seine Bewegung				
Gesamtkraft $F = 0$	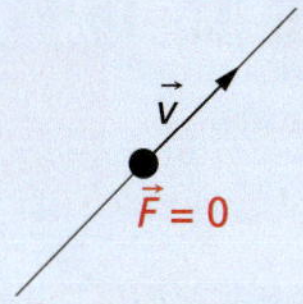	Körper behält Bewegungsrichtung bei, seine Geschwindigkeit ist konstant.	Ein Auto fährt mit konstanter Geschwindigkeit.	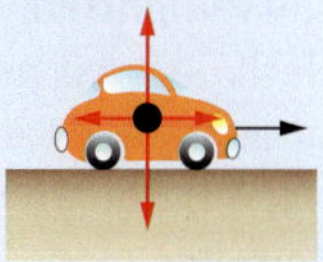
Gesamtkraft F in Bewegungsrichtung	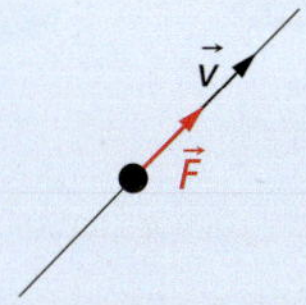	Körper behält Bewegungsrichtung bei, seine Geschwindigkeit nimmt zu.	Ein Auto beschleunigt.	
Gesamtkraft F entgegen der Bewegungsrichtung	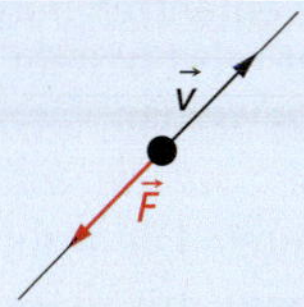	Körper behält Bewegungsrichtung bei, seine Geschwindigkeit nimmt ab.	Ein Auto bremst ab.	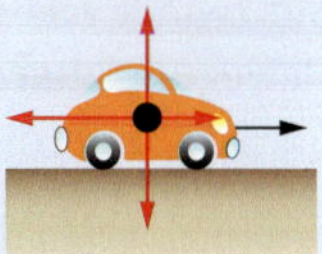
Gesamtkraft F senkrecht zur Bewegungsrichtung	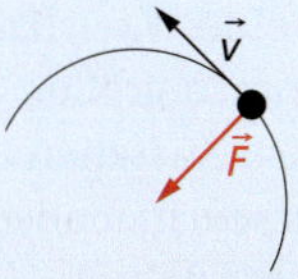	Körper bewegt sich auf einem Kreisbogen.	Bewegung der Erde um die Sonne	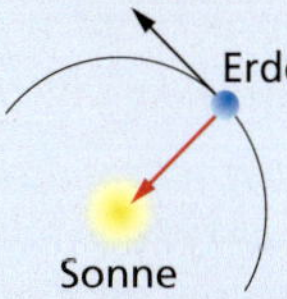
Gesamtkraft F weder parallel noch senkrecht zur Bewegungsrichtung	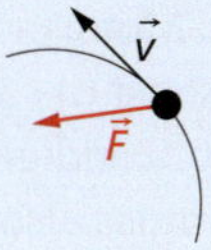	Körper bewegt sich auf einer krummen Bahn, seine Geschwindigkeit ändert sich.	Bewegung eines Kometen um die Sonne	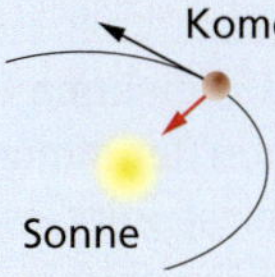

Beispiel 1: Maximalgeschwindigkeit bei einer Kurvenfahrt

Bei Kurvenfahrten passieren nicht selten Unfälle, weil nicht beachtet wird, dass man eine Kurve nicht mit beliebiger Geschwindigkeit durchfahren kann.
Woraus ergibt sich die Maximalgeschwindigkeit?

Die für eine Kreisbewegung erforderliche Radialkraft wird durch die Haftreibungskraft zwischen Reifen und Fahrbahn aufgebracht. Es gilt also:

Radialkraft = Haftreibungskraft

$$m \cdot \frac{v^2}{r} = \mu \cdot m \cdot g$$

Formt man diese Gleichung nach der Geschwindigkeit um, so erhält man:

$$v = \sqrt{\mu \cdot g \cdot r}$$

Das bedeutet: Die Maximalgeschwindigkeit beim Durchfahren einer Kurve hängt von den Fahrbahnverhältnissen (Haftreibungskraft) und vom Kurvenradius ab. Sie ist unabhängig von der Masse des Fahrzeugs.

Diese Überlegungen gelten relativ genau nur unter folgenden Voraussetzungen:

- Die Bewegung erfolgt auf einer ebenen Strecke. Bei Steigung oder Gefälle verändert sich die Reibungskraft ($F_R = \mu \cdot m \cdot g \cdot \cos\alpha$).
- Die Kurve ist nicht überhöht. Überhöhte Kurven können bei ansonsten gleichen Bedingungen schneller durchfahren werden.
- Es geht um einen Pkw oder einen Lkw. Fahrrad- oder Motorradfahrer „legen sich in die Kurve". Dadurch vergrößert sich bei ihnen der Betrag der Reibungskraft und es sind größere Geschwindigkeiten möglich.

Beispiel 2: Vorsicht bei Kurvenfahrten

Kurvenfahrten sind sehr gefährlich, vor allem deshalb, weil man häufig nicht sehen kann, was hinter einer Kurve kommt (Abb. 1). Deshalb ist das Überholen vor und in Kurven grundsätzlich verboten.
Für einen Fahrzeugführer ist darüber hinaus aber vor allem wichtig, so durch eine Kurve zu fahren, dass das Fahrzeug nicht aus der Kurve getragen wird und von der Fahrbahn abkommt. Hierbei spielt die Radialkraft die entscheidende Rolle. Sie zwingt das Fahrzeug zu einer kreisförmigen Bewegung. Bei Kurvenfahrten wird diese Radialkraft durch die Reibungskraft zwischen Straße und Reifen des Fahrzeuges aufgebracht. Die Gleichung für die Radialkraft lautet:

$$F_r = m \cdot \frac{v^2}{r}$$

Interpretiere diese Gleichung für die Radialkraft! Gehe bei den Folgerungen insbesondere auf Konsequenzen für Kurvenfahrten ein!

Die Gleichung beschreibt Zusammenhänge zwischen der Radialkraft F_r, der Masse m eines Körpers, seiner Geschwindigkeit v und dem Radius r der Kreisbahn. Bei der Anwendung dieser Gleichung ist zu beachten, dass die bewegten Körper näherungsweise als punktförmig betrachtet werden können. Bei der Interpretation der Gleichung sollen drei Fälle unterschieden werden.

1. Unter der Bedingung, dass die Geschwindigkeit und der Radius der Kreisbahn konstant sind, gilt:

$$F_r \sim m$$

1 Bei Kurvenfahrten muss man vorsichtig sein. Bei zu schneller Fahrt besteht die Gefahr, aus der Kurve getragen zu werden.

Das bedeutet: Die erforderliche Radialkraft, um ein Fahrzeug mit einer bestimmten Geschwindigkeit auf einer Kreisbahn mit dem Radius r zu halten, ist umso größer, je größer die Masse des Fahrzeugs ist. Zwischen der Masse eines Körpers und der aufzubringenden Radialkraft besteht direkte Proportionalität.
Fährt also ein Motorradfahrer mit Beifahrer durch eine Kurve, so ist die Masse größer als ohne Beifahrer. Die notwendige Radialkraft für die sichere Kurvenfahrt muss also im gleichen Maße wie die Masse steigen, sonst könnte das Fahrzeug aus der Kurve getragen werden.
Da aber die Reibungskraft ebenfalls mit der Masse des Fahrzeugs wächst, kann die Kurve bei gleichen Bedingungen mit der gleichen Geschwindigkeit sicher durchfahren werden.

2. Unter der Bedingung, dass die Masse des bewegten Fahrzeugs und der Radius der Kreisbahn konstant sind, gilt:

$$F_r \sim v^2$$

Das heißt: Die aufzubringende Radialkraft, um ein Fahrzeug der Masse m auf einer Kreisbahn mit dem Radius r zu halten, ist direkt proportional dem Quadrat der Geschwindigkeit. Verdoppelt man die Geschwindigkeit des Fahrzeugs, so muss die notwendige Radialkraft für die Kreisbewegung bereits viermal so groß sein. Verdreifacht man die Geschwindigkeit, so muss die notwendige Radialkraft neunmal so groß sein.

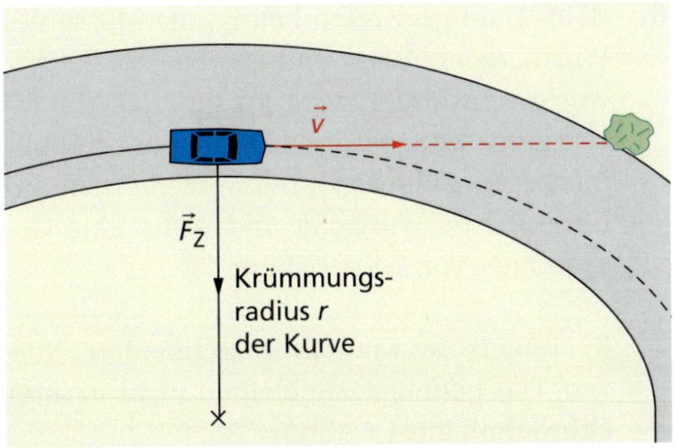

1 Reicht die Radialkraft nicht aus, wird das Fahrzeug aus der Kurve getragen. Es kann zu schweren Unfällen kommen.

Dieser Zusammenhang zeigt, wie wichtig die richtige Wahl der Geschwindigkeit bei Kurvenfahrten ist.
Fährt man mit einer zu hohen Geschwindigkeit in eine Kurve, kann es leicht passieren, dass aufgrund der Abhängigkeit der Radialkraft vom Quadrat der Geschwindigkeit diese Radialkraft durch die Reibungskraft nicht mehr aufgebracht wird und das Fahrzeug tangential und geradlinig aus der Kurve getragen wird (Abb. 1). Häufig kommt es so zu tragischen Unfällen, wenn ein Fahrzeug gegen einen Baum oder gegen ein anderes Fahrzeug fährt.

3. Unter der Bedingung, dass die Masse und die Geschwindigkeit des Körpers konstant sind, gilt:

$$F_r \sim \frac{1}{r}$$

2 Bei Bergstraßen ist der Kurvenradius manchmal sehr klein.

Das bedeutet: Die notwendige Radialkraft, um ein Fahrzeug der Masse m mit der Geschwindigkeit v auf einer Kreisbahn zu halten, ist umgekehrt proportional zum Radius der Kreisbahn. Je kleiner der Radius, umso größer muss die aufzubringende Radialkraft sein.
Für Kurvenfahrten bedeutet dies, dass bei „schärferen“ Kurven, also Kurven mit kleinem Radius, die notwendige Radialkraft größer ist als bei Kurven mit größerem Radius (Abb. 2). Auch hier ist zu beachten, ob die Reibungskraft die notwendige Radialkraft aufbringen kann. Sicherheitshalber sollte man bei „scharfen“ Kurven mit kleineren Geschwindigkeiten fahren, um die notwendige Radialkraft zu verringern.
Da man aber vor einer Kurve meist den Radius (die Krümmung) nicht einschätzen kann, werden gefährliche Kurven mit kleinem Krümmungsradius durch spezielle Verkehrszeichen kenntlich gemacht.

Beispiel 3: Was hält einen Satelliten auf seiner Bahn?

Um die Erde bewegen sich viele künstliche Satelliten, häufig auf näherungsweise kreisförmigen Bahnen mit unterschiedlichen Radien.
Auf einer Kreisbahn bewegt sich ein Körper nur dann, wenn eine Radialkraft wirkt.
Welche Radialkraft wirkt bei einem Erdsatelliten?

Zwischen einem Satelliten und der Erde wirken aufgrund der Massen der Körper Gravitationskräfte. Der Satellit wird von der Erde angezogen. Die Gravitationskraft wirkt dabei in Richtung Mittelpunkt der Erde und damit in Richtung Zentrum der Kreisbewegung. Die Gravitationskraft zwischen Erde und Satellit ist die Radialkraft, die einen Satelliten auf seine Bahn zwingt. Sie nimmt mit wachsendem Abstand von der Erde ab.

Gewusst · Gekonnt

1. Der Minutenzeiger einer Turmuhr ist 1,50 m lang, der Stundenzeiger 1,10 m.
a) Mit welchen durchschnittlichen Geschwindigkeiten bewegen sich die Zeigerspitzen?
b) Wie groß sind die Winkelgeschwindigkeiten der beiden Zeiger?

2. Ein geostationärer Nachrichtensatellit befindet sich in etwa 35 630 km Höhe über der Erdoberfläche.
Mit welcher Geschwindigkeit bewegt er sich auf seiner Bahn?

3. Die Erde rotiert um ihre Achse.
a) Gib für einen Punkt des Äquators die Bahngeschwindigkeit und die Winkelgeschwindigkeit an!
*b) Wie groß ist im Vergleich dazu die Bahngeschwindigkeit und die Winkelgeschwindigkeit bei uns, also auf 52,4° nördlicher Breite (Potsdam)?

4. In den folgenden Abbildungen sind Kreisbewegungen dargestellt.

(1)

(2)

a) Wie wird in jedem einzelnen Fall die notwendige Radialkraft aufgebracht?
b) Was bewirken Radialkräfte?

5. Bei der Erprobung eines Kettenkarussells löst sich die Aufhängung einer Gondel.
a) In welcher Richtung bewegt sich dann diese Gondel? Begründe!
b) Welche Geschwindigkeit hat sie bei $r = 9$ m und $T = 6{,}3$ s?

***6.** Beim Hammerwerfen beträgt die Masse des Wurfkörpers 7,0 kg und die maximale Abwurfgeschwindigkeit 100 km/h.
Wie groß ist die maximale Kraft, die ein Hammerwerfer aufbringen muss, wenn man annimmt, dass Wurfgerät und Arme eine Gesamtlänge von 2,5 m haben?

7. Rücksichtslose Kraftfahrer „schneiden" Kurven. Das bedeutet, sie bleiben nicht in ihrer Fahrbahnhälfte (↗ Abb.).

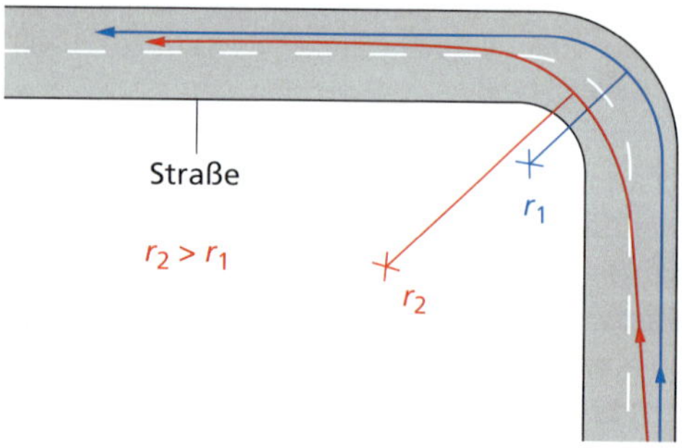

a) Was wird physikalisch mit einem solchen „Schneiden" der Kurve erreicht?
b) Warum neigen Fahrer vor allem bei hoher Geschwindigkeit dazu, Kurven zu schneiden?
c) Warum ist das „Schneiden" von Kurven streng verboten?

8. Ein Radfahrer fährt mit 18 km/h durch eine Kurve mit dem Krümmungsradius 40 m (entspricht etwa einer Stadionkurve). Radfahrer und Fahrrad haben zusammen eine Masse von 90 kg.
a) Welche Zentripetalkraft muss durch die Reibung zwischen Reifen und Fahrbahn aufgebracht werden, damit der Radfahrer nicht aus der Kurve getragen wird?
b) Kann der Radfahrer die Kurve mit einer Geschwindigkeit von 36 km/h durchfahren, wenn die maximale Reibungskraft zwischen Fahrbahn und Reifen in diesem Fall 200 N beträgt?
c) Berechne aus den gegebenen Daten die Reibungszahl zwischen Reifen und Fahrbahn! Diskutiere das Ergebnis!

***9.** Ein Autofahrer durchfährt an einem Autobahnkreuz verschiedene Kurven. Er besitzt zusammen mit dem Auto eine Masse von 1 000 kg. Die maximale Reibungskraft zwischen Straße und Reifen beträgt 1 700 N.

Mit welcher Geschwindigkeit darf er in eine Kurve mit dem Radius 60 m fahren?

***10.** Ein Pkw der Masse 1,5 t will eine Kurve mit dem Radius 30 m durchfahren. Die maximale Reibungskraft zwischen Straße und Reifen beträgt 4 500 N. Mit welcher Geschwindigkeit darf der Pkw höchstens die Kurve durchfahren? Was würde passieren, wenn er schneller fahren würde?

11. Formuliere Aussagen darüber, unter welchen Bedingungen eine Kurve sicher durchfahren werden kann!

12. Bei Kurvenfahrten gibt es aus physikalischer Sicht erhebliche Unterschiede zwischen Zweiradfahrzeugen (Radfahrer, Motorradfahrer) und Vierradfahrzeugen (Pkw, Lkw). Zweiradfahrer „legen sich in die Kurve“. Bei Vierradfahrzeugen ist das nicht möglich. Bei ihnen besteht beim zu schnellen Fahren die Gefahr, dass sie umkippen.

a) Beschreibe Gemeinsamkeiten und Unterschiede bei der Kurvenfahrt eines Radfahrers und eines Lkw!

b) Diskutiere, welche Rolle die Neigung der Fahrbahn spielt!

13. Ein Pkw (m = 1 400 kg) fährt durch eine enge Kurve. Die asphaltierte Straße ist trocken und sie ist nicht überhöht. Man kann von einer Haftreibungskraft von μ = 0,8 ausgehen.

a) Mit welcher maximalen Geschwindigkeit kann der Pkw die Kurve (Krümmungsradius 60 m) durchfahren?

b) Was würde passieren, wenn die Fahrbahn an einer Stelle durch eine Ölspur verschmutzt ist?

14. Ein Eisenbahnwaggon hat beladen eine Masse von 40 t und fährt mit einer Geschwindigkeit von 100 $\frac{\text{km}}{\text{h}}$ in eine Kurve mit dem Radius 600 m.

a) Berechne die Radialkraft, die durch die Schienen aufgebracht werden muss!

*b) Warum sind die Schienen in Kurven bei der Eisenbahn geneigt?

15. Besonders bei nassen Fahrbahnen sind Kurvenfahrten sehr gefährlich. Erkläre, wie das kommt! Welche Maßnahmen muss man deshalb bei Kurvenfahrten auf nassen Fahrbahnen ergreifen?

16. Ein Auto fährt mit einer Geschwindigkeit von 70 km/h durch eine Kurve mit einem Kurvenradius von 60 m.

a) Wie groß ist die erforderliche Radialkraft für eine 75 kg schwere Person?

b) Wie groß muss mindestens die Reibungskraft sein, damit das Auto mit einer Gesamtmasse von 1 450 kg nicht aus der Kurve getragen wird?

Gleichförmige Kreisbewegung

Die Kreisbewegung eines Massepunkts heißt gleichförmig, wenn sich der Betrag der Geschwindigkeit nicht ändert.

Die Richtung der Geschwindigkeit ändert sich aber ständig.

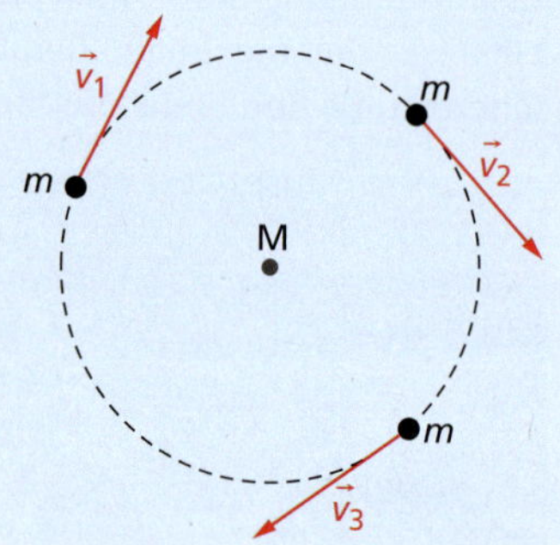

Für eine gleichförmige Kreisbewegung gilt:

$$v = \frac{s}{t} = \frac{2\pi \cdot r}{T}$$

Damit sich ein Körper auf einer Kreisbahn bewegt, muss die Summe aller auf ihn wirkenden Kräfte zum Zentrum der Bewegung hin gerichtet sein. Diese zum Zentrum gerichtete Kraft nennt man **Radialkraft F_r**.

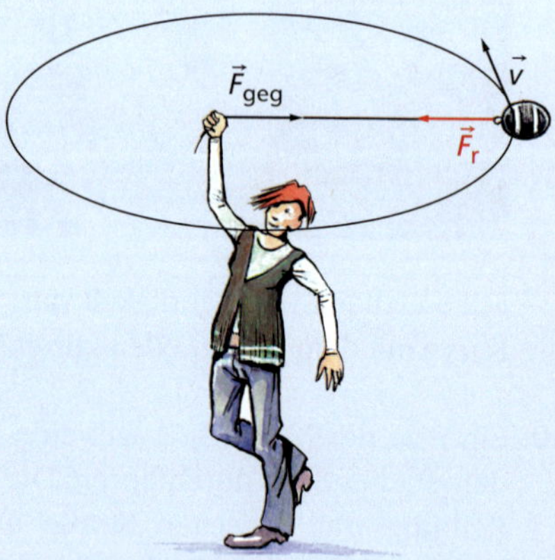

Der Betrag der Radialkraft, die einen Körper auf einer Kreisbahn hält, muss umso größer sein,
- je größer die Masse des Körpers ist,
- je größer die Geschwindigkeit des Körpers ist und
- je kleiner der Radius der Kreisbahn ist.

$$F_r = m \cdot \frac{v^2}{r} \qquad F_r = m \cdot \frac{4\pi^2 \cdot r}{T^2} \qquad F_r = m \cdot \omega^2 \cdot r$$

Die Beschreibung der Bewegung von Massepunkten auf Kreisbahnen kann mit den Größen Weg s und Geschwindigkeit v erfolgen. Man kann auch die Größen Drehwinkel φ und Winkelgeschwindigkeit ω nutzen.

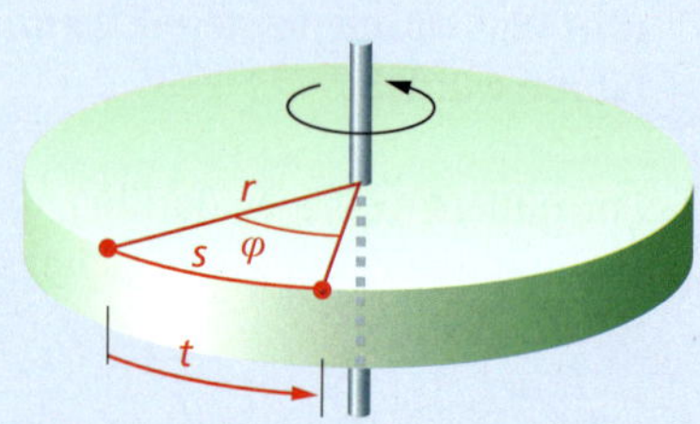

Geradlinige Bewegung	Zusammenhang		Kreisbewegung
Weg s	$s = \varphi \cdot r$	$\varphi = \frac{s}{r}$	Drehwinkel φ
Geschwindigkeit v	$v = \omega \cdot r$	$\omega = \frac{v}{r}$	Winkelgeschwindigkeit ω

Weitere Größen zur Beschreibung sind die Umlaufzeit T und die Drehzahl n.

$$T = \frac{1}{n} \qquad n = \frac{1}{T}$$

6.4 Impuls und Impulserhaltung

Mit der Fähre in den Weltraum

Ein Spaceshuttle hat eine Masse von ca. 2 000 t und muss in kurzer Zeit auf eine Geschwindigkeit von über 28 000 km/h beschleunigt werden. Dazu sind gewaltige Triebkräfte erforderlich. Auch im Weltall benötigt das Spaceshuttle für das Manövrieren einen Antrieb.

Wie funktioniert der Antrieb von Raketen, Weltraumfähren und anderen Raumfahrzeugen?

Flugzeuge mit Strahltriebwerken

Die meisten modernen Flugzeuge verfügen über Strahltriebwerke. Damit werden die für den Start und den Flug erforderlichen Schubkräfte hervorgerufen.

Wie funktioniert ein solches Strahltriebwerk?

Ballspiele – physikalisch betrachtet

Bei vielen Ballspielen, z. B. beim Fußball, Handball, Volleyball oder Beachball, wirkt beim Abspielen auf den Ball kurzzeitig eine Kraft in bestimmter Richtung.

Wie beeinflusst die wirkende Kraft die Bewegung des Balls? Wovon ist die erzielte Geschwindigkeit abhängig?

Kraftstoß und Impuls

Beim Abschlagen eines Balls (Abb. 1), beim Kugelstoßen, bei einem Auffahrunfall oder beim Bowling wirkt kurzzeitig eine Kraft auf einen Körper ein. Welche Wirkung dabei erzielt wird, ist abhängig

- von Betrag, Richtung und Angriffspunkt der Kraft sowie
- von der Dauer der Krafteinwirkung.

In der Physik beschreibt man die kurzzeitige Einwirkung einer Kraft auf einen Körper mit der Größe **Kraftstoß.**

> Der Kraftstoß $\vec{I}$ kennzeichnet die kurzzeitige Wirkung einer Kraft auf einen Körper. Es gilt:
>
> $\vec{I} = \vec{F} \cdot \Delta t$
>
> F die auf einen Körper einwirkende Kraft
> Δt Zeitdauer der Einwirkung

Bei konstanter Kraft ist die genannte Gleichung uneingeschränkt anwendbar. In vielen Fällen, z. B. beim Abschlags eines Fußballs oder beim Schlag gegen einen Tennisball, ist aber der Betrag der Kraft nicht konstant. Dann kann vereinfacht mit einer mittleren Kraft gerechnet werden.
Beim Wirken einer Kraft auf einen beweglichen Körper ändert sich dessen Geschwindigkeit.

1 Auf den Tennisball wirkt kurzzeitig eine Kraft ein und beschleunigt den Ball.

Dafür gilt das newtonsche Grundgesetz $F = m \cdot a$.
Mit $a = \frac{\Delta v}{\Delta t}$ erhält man:

$$F = m \cdot \frac{\Delta v}{\Delta t}$$

Multipliziert man die Gleichung mit Δt, so erhält man:

$$F \cdot \Delta t = m \cdot \Delta v \quad \text{oder}$$

$$F \cdot \Delta t = m(v_2 - v_1) = m \cdot v_2 - m \cdot v_1$$

Das bedeutet: Ein Kraftstoß auf einen Körper der Masse m führt bei diesem Körper zu einer Geschwindigkeitsänderung Δv. Die Größe $m \cdot v$ kennzeichnet dabei den jeweiligen Bewegungszustand des Körpers. Sie wird in der Physik **Impuls** genannt.

> Die physikalische Größe Impuls p beschreibt die Wucht, die ein Körper besitzt. Für den Impuls eines Körpers gilt:
>
> $\vec{p} = m \cdot \vec{v}$ m Masse des Körpers
> v Geschwindigkeit des Körpers

Da die Geschwindigkeit eine vektorielle Größe ist, gilt das auch für den Impuls eines Körpers. Die Richtung von Geschwindigkeit und Impuls stimmt immer überein.
Die oben genannte Gleichung

$$F \cdot \Delta t = m \cdot v_2 - m \cdot v_1$$

kann man mit $p = m \cdot v$ auch so schreiben:

$$F \cdot \Delta t = p_2 - p_1 = \Delta p$$

Das bedeutet für den Zusammenhang zwischen Kraftstoß und Impuls:

> Ein Kraftstoß auf einen Körper bewirkt eine Impulsänderung, wobei gilt:
>
> $\vec{F} \cdot \Delta t = m \cdot \Delta \vec{v}$ oder $\vec{F} \cdot \Delta t = \Delta \vec{p}$

Dabei stimmen die Richtungen von Kraftstoß und Impulsänderung immer überein. Wenn z. B. auf einen Tennisball ein Kraftstoß in bestimmter Richtung erfolgt, dann vergrößert sich der Impuls in dieser Richtung.

Kraftstoß in Bewegungsrichtung	Kraftstoß entgegen der Bewegungsrichtung	Kraftstoß in beliebiger Richtung
vor dem Kraftstoß – nach dem Kraftstoß 	vor dem Kraftstoß – nach dem Kraftstoß 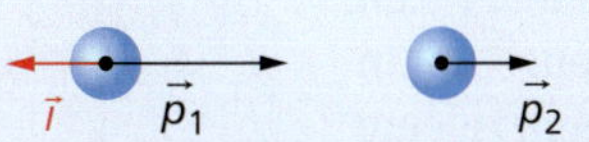	vor dem Kraftstoß – nach dem Kraftstoß 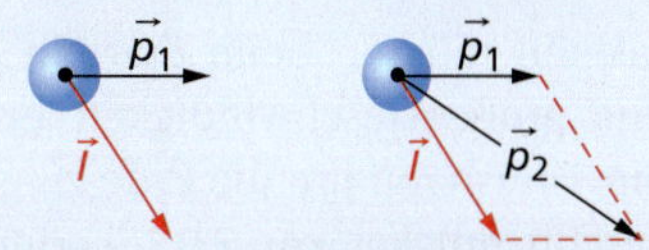
Der Impuls wird größer, die Richtung bleibt erhalten.	Der Impuls wird kleiner, kann auch null werden oder seine Richtung umkehren.	Betrag und Richtung des Impulses ändern sich.

Der Impulserhaltungssatz

Wenn ein Auto auf ein anderes auffährt, dann ändern sich die Impulse beider Autos. Auch beim Zusammenstoß zweier Billardkugeln oder beim Aneinanderkoppeln zweier Waggons (↗Übersicht unten) ändern sich die Impulse der einzelnen Körper. Der Gesamtimpuls ist aber vor und nach der Wechselwirkung der Körper gleich groß.

Das gilt z. B. auch für eine Rakete. Sie hat auf der Startrampe den Impuls null, da ihre Geschwindigkeit $v = 0$ ist. Nach dem Start haben die ausströmenden Gase und die Rakete selbst einen Impuls größer als null. Der Gesamtimpuls des Systems bleibt aber unverändert null.

Ähnlich wie für die Energie gilt für den Impuls ein Erhaltungssatz. Der **Impulserhaltungssatz** ist wie der Energieerhaltungssatz ein grundlegender Erfahrungssatz.

> In einem kräftemäßig abgeschlossenen System bleibt der Gesamtimpuls erhalten. Es gilt:
>
> $\vec{p} = \vec{p}_1 + \vec{p}_2 + \ldots + \vec{p}_n =$ konstant
>
> p Gesamtimpuls des Systems
> $p_1, p_2, \ldots$ Impulse der einzelnen Körper

Kräftemäßig abgeschlossen ist ein System, wenn keine äußeren Kräfte einwirken. Innerhalb des Systems können aber Kräfte wirken, so wie es in der Übersicht unten dargestellt ist.

Besonders einfach überschaubar sind die Zusammenhänge, wenn ein System nur aus einem oder zwei Körpern besteht (↗Übersicht unten). Für ein System aus zwei Körpern gilt:

$$m_1 \cdot \vec{v}_1 + m_2 \cdot \vec{v}_2 = m_1 \cdot \vec{u}_1 + m_2 \cdot \vec{u}_2$$

Dabei sind $\vec{v}_1$ und $\vec{v}_2$ die Geschwindigkeiten vor dem Zusammenstoß, $\vec{u}_1$ und $\vec{u}_2$ die Geschwindigkeiten nach dem Zusammenstoß. Sie können unterschiedliche Richtung haben.

Vor dem Zusammenstoß	Beim Zusammenstoß	Nach dem Zusammenstoß
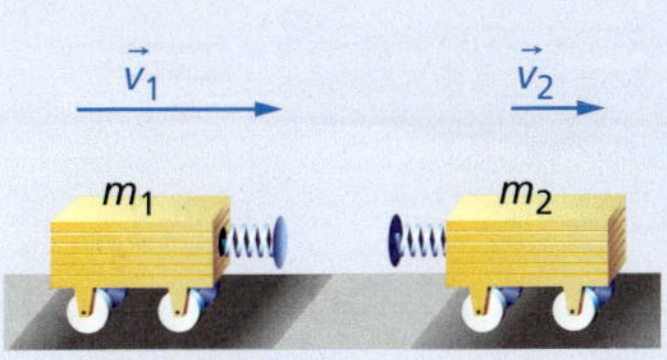	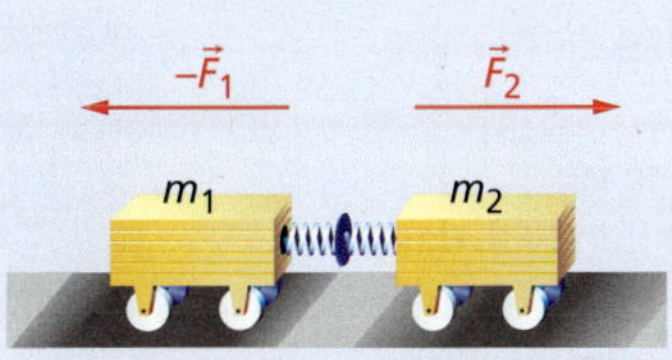	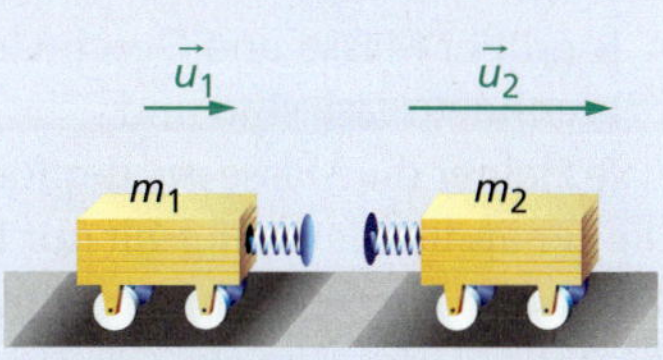
Der Gesamtimpuls beträgt: $m_1 \cdot \vec{v}_1 + m_2 \cdot \vec{v}_2$	Die Impulsänderung ist null. (Impulserhaltungsgesetz)	Der Gesamtimpuls beträgt: $m_1 \cdot \vec{u}_1 + m_2 \cdot \vec{u}_2$

Physik in Natur und Technik

Der Raketenantrieb

Raketen müssen beim Start in sehr kurzer Zeit eine große Geschwindigkeit erreichen. Um in eine Kreisbahn um die Erde zu gelangen, ist eine Geschwindigkeit von 7,9 $\frac{km}{s}$ oder 28 440 $\frac{km}{h}$ erforderlich.
Bei Raketen und Raumflugkörpern wird das Rückstoßprinzip genutzt. Diese Antriebsart stellt die einzige Möglichkeit dar, um Richtung und Geschwindigkeit von Raumflugkörpern zu ändern.
Wie funktioniert bei einer Rakete oder einem Raumflugkörper das Rückstoßprinzip?

Eine Rakete oder ein Raumflugkörper stellt ein kräftemäßig abgeschlossenes System dar. Demzufolge gilt dafür der Impulserhaltungssatz. Vor dem Zünden der Triebwerke ist der Gesamtimpuls null. Das ändert sich auch nicht, wenn die Triebwerke gezündet werden. Dann gilt nach dem Impulserhaltungssatz:

$$\vec{p}_{\text{Rakete}} + \vec{p}_{\text{Gase}} = 0 \qquad \text{oder}$$

$$m_0 \cdot \vec{v}_R + m_G \cdot \vec{v}_G = 0$$

Das bedeutet: Die Verbrennungsgase haben einen Impuls in der einen Richtung, die Rakete einen gleich großen Impuls in der entgegengesetzten Richtung. Für den Betrag der Geschwindigkeit der Rakete erhält man durch Umstellen der oben genannten Gleichung:

$$v_R = \frac{m_G \cdot v_G}{m_0}$$

Das heißt: Die Geschwindigkeit der Rakete v_R ist umso größer,
- je größer Masse und Geschwindigkeit der Verbrennungsgase sind und
- je kleiner die Masse m_R der Rakete ist.

Die genannte Gleichung gilt nur für den Fall, dass die Rakete kurzzeitig beschleunigt wird. Bleiben die Triebwerke längere Zeit eingeschaltet, dann kann die Masse der Rakete nicht mehr als konstant angesehen werden, weil sich ständig die Masse des Treibstoffs verringert.

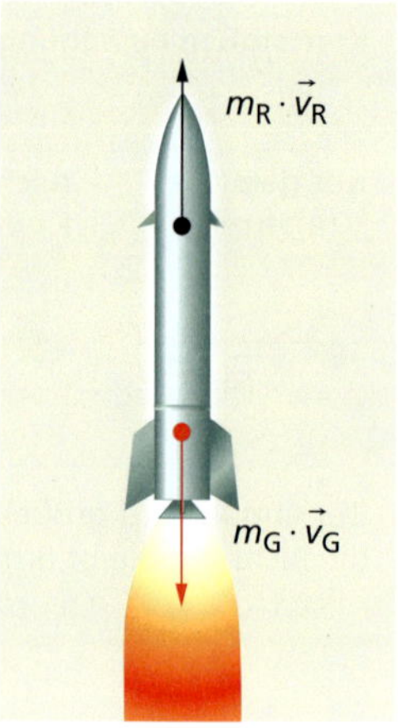

1 Raketen und Raumflugkörper werden mit dem Rückstoßprinzip angetrieben.

Der Rückstoß

Beim Abfeuern einer Waffe spürt man einen Rückstoß. Der Rückstoß wird auch beim Rudern und von manchen Tieren genutzt.
Wie kommt der Rückstoß bei einer Pistole zustande?

Pistole und Geschoss sind vor dem Abfeuern ein kräftemäßig abgeschlossenes System mit dem Gesamtimpuls null (Abb. 2). Das ist auch nach dem Abfeuern der Fall:

$$m_W \cdot v_W - m_G \cdot v_G = 0$$

Das Geschoss bewegt sich in die eine Richtung, die Waffe in die entgegengesetzte. Das spüren wir als Rückstoß.

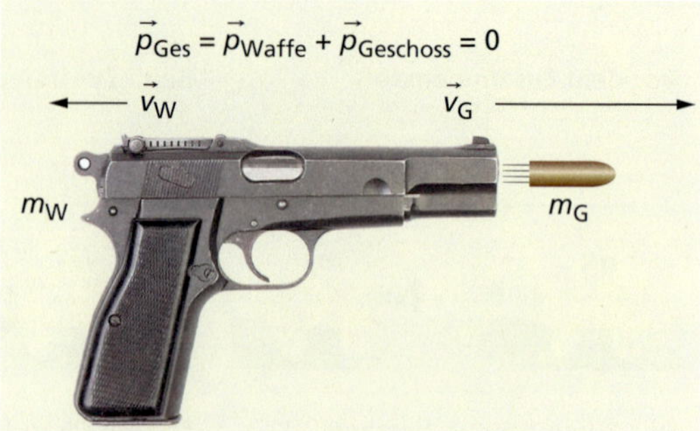

2 Der Gesamtimpuls ist vor und nach dem Abfeuern des Geschosses null.

Aus der Arbeit eines Verkehrssachverständigen

Bei Unfällen müssen Sachverständige aus den Unfalldaten ermitteln, wie schnell z. B. ein Unfallverursacher gefahren ist. Betrachten wir dazu folgendes Beispiel: In einem verkehrsberuhigten Bereich (Höchstgeschwindigkeit 30 km/h) kommt es an einer Kreuzung zweier gleichrangiger Straßen zu einem Unfall. Die Skizze beschreibt den Sachverhalt.

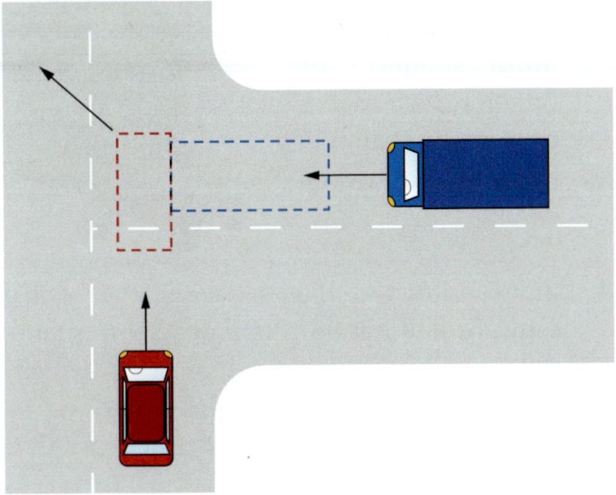

Die beiden Fahrzeuge sind ungefähr rechtwinklig aufeinandergestoßen und haben sich dann diagonal verkeilt weiterbewegt. Aus der Bremsspur des verkeilten Autopaars konnte die Geschwindigkeit des Paars bestimmt werden. Sie betrug 25 km/h. Der Fahrer des roten Pkw gibt seine Geschwindigkeit beim Zusammenstoß mit 30 km/h an. Die Masse des roten Autos beträgt 1,5 t. Das blaue Auto hat eine Masse von 1 t.

Welcher Fahrer hat die Verkehrsregeln missachtet? Wie groß war unter den genannten Voraussetzungen die Geschwindigkeit des blauen Autos?

An Kreuzungen mit gleichrangigen Straßen gilt: rechts vor links. Der Fahrer des roten Autos hat somit die Vorfahrt des blauen Autos missachtet.

Analyse:

Da sich die Autos nach dem Stoß gemeinsam fortbewegt haben, kann man von einem vollständig unelastischen Stoß ausgehen. Es gilt der Impulserhaltungssatz mit den Geschwindigkeiten v_{rot}, v_{blau}, v_{nachher}. Wir können maßstabsgerecht die Impulse als Pfeile darstellen und so den Impuls des blauen Fahrzeugs ermitteln.

Lösung:

Für den Impuls des roten Pkw erhält man:

$$p_{\text{rot}} = m_{\text{rot}} \cdot v_{\text{rot}}$$

$$p_{\text{rot}} = 1{,}5\,\text{t} \cdot 30\,\frac{\text{km}}{\text{h}} = 45\,\text{t} \cdot \frac{\text{km}}{\text{h}}$$

Der Impuls nach dem Zusammenstoß ist:

$$p_{\text{nachher}} = (m_{\text{rot}} + m_{\text{blau}}) \cdot v_{\text{nachher}}$$

$$p_{\text{nachher}} = 2{,}5\,\text{t} \cdot 25\,\frac{\text{km}}{\text{h}} = 63\,\text{t} \cdot \frac{\text{km}}{\text{h}}$$

Wir zeichnen die Impulse und wählen als Maßstab: $10\,\text{t} \cdot \frac{\text{km}}{\text{h}} \mathrel{\hat=} 1\,\text{cm}$

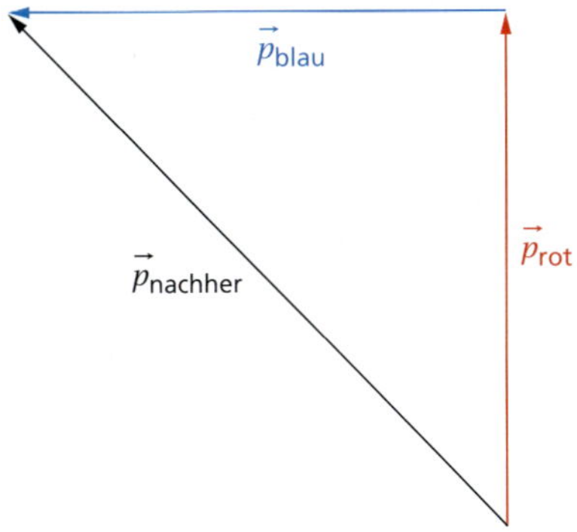

Die Zeichnung liefert uns nicht nur den Betrag des Impulses p_{blau}, sondern auch die Richtung. Da diese tatsächlich ziemlich genau senkrecht zum Weg des roten Autos ist, scheinen die Angaben realistisch zu sein. Würde man die Geschwindigkeit des roten Autos etwas größer oder kleiner annehmen, dann ergäbe sich kein wesentlich kleinerer Impuls für das blaue Auto. Die Aussage des Fahrers vom roten Auto spielt also keine wesentliche Rolle. Sie ist für den Fahrer des blauen Autos eher günstig.

Wir messen die Länge des blauen Pfeils zu 4,4 cm. Das ergibt einen Impuls p_{blau} von 44 t · km/h und damit eine Geschwindigkeit von 44 km/h. Da es sich um eine Tempo-30-Zone handelt, war der Fahrer des blauen Pkw zu schnell unterwegs und wäre damit mitschuldig am Unfall.

Gewusst · Gekonnt

1. Wie ändert sich der Impuls eines Steins, der
a) senkrecht nach unten fällt,
b) senkrecht nach oben geworfen wird,
c) waagerecht geworfen wird?

2. Vergleiche den Impuls eines Fußgängers ($m = 65$ kg, $v = 5$ km/h) mit dem eines Geschosses ($m = 12$ g, $v = 750\,\frac{\text{m}}{\text{s}}$)!

3. Beim Rudern wird der Impulserhaltungssatz genutzt.

a) Erkläre die Vorwärtsbewegung eines Ruderboots mithilfe des Impulserhaltungssatzes!
b) Wie kann man eine möglichst große Geschwindigkeit erreichen?

4. Zum Antrieb von Flugzeugen werden Strahltriebwerke verwendet.

Erkläre die prinzipielle Wirkungsweise eines solchen Strahltriebwerkes!

5. Ein Ziegelstein befindet sich zunächst in Ruhe. Bei starkem Wind lockert er sich und fällt nach unten.
Erläutere an diesem Beispiel die Gültigkeit des Impulserhaltungssatzes!

6. Ein Geschoss ($m = 12$ g) verlässt den Lauf eines Gewehres der Masse 5,2 kg mit $750\,\frac{\text{m}}{\text{s}}$.
Wie groß ist die Rückstoßgeschwindigkeit?

7. Bei einigen Spielzeugautos nutzt man den Druck der Luft in einem Luftballon als Antriebsmittel (↗ Abb.). Erläutere, wie der Druck der Luft im Ballon das Fahrzeug antreiben kann!

8. Beim Elfmeterschießen wird der 450 g schwere Ball mit $96\,\frac{\text{km}}{\text{h}}$ auf das Tor geschossen.
a) Wie groß ist der Impuls des Balles?
b) Der 72 kg schwere Torwart hat Glück und fängt den Ball.
Mit welcher Geschwindigkeit bewegt er sich dadurch nach hinten?
c) Welche mittlere Kraft wirkt auf den Torwart, wenn er den Ball innerhalb einer Zehntelsekunde auffängt?

9. Bereite eine Präsentation zum Thema „Ein Raketenstart“ vor. Gehe dabei auf die wirkenden Kräfte sowie auf die Geschwindigkeit und auf die Masse der Verbrennungsgase ein!

10. Es gibt Tiere, die sich mithilfe des Rückstoßprinzips fortbewegen.
Recherchiere und präsentiere ein Beispiel!

11. Ein Güterwagen der Masse 25 t stößt beim Ankoppeln mit 4 km/h gegen einen stehenden Güterwagen der Masse 5 t. Die automatische Kupplung verbindet beide Wagen sofort.
Mit welcher gemeinsamen Geschwindigkeit bewegen sie sich weiter?

12. Astronauten führen Montage- und Reparaturarbeiten auch außerhalb des Raumschiffes aus. Zur Fortbewegung können Rückstoßpistolen genutzt werden.

a) Welche mittlere Kraft wirkt auf einen Astronauten, wenn aus der Rückstoßpistole in jeder Sekunde 40 g Gas mit einer Geschwindigkeit von $120\,\frac{m}{s}$ ausströmen?
b) Wie groß ist die Beschleunigung des Astronauten, wenn er mit Ausrüstung 83 kg wiegt?
c) Welche Geschwindigkeit erreicht er aus der Ruhe, wenn er die Rückstoßpistole 3 s lang betätigt?
d) Wie lange benötigt er, um mit dieser Geschwindigkeit einen Weg von 5 m zurückzulegen?

13. Juri Gagarin wurde 1961 als erster Mensch mit einer Rakete vom Typ Wostok in eine Erdumlaufbahn geschossen.
Die Startmasse dieser Rakete betrug ca. 370 t, der Startschub etwa 5 MN. Die Ausströmgeschwindigkeit der Verbrennungsgase aus den Düsen der Triebwerke betrug $2\,500\,\frac{m}{s}$.
Wie groß war die Treibstoffmenge, die je Sekunde in der Startphase verbraucht wurde?

14. Ein Pkw und ein dreimal so schwerer Lkw stoßen frontal zusammen.
Begründe, dass ein solcher Unfall für die Insassen des Pkw wesentlich gefährlicher ist als für die des Lkw!

***15.** Das Geschoss einer Pistole ($m = 10$ g) dringt in einen Holzklotz der Masse 600 g ein. Dieser Holzklotz liegt auf einer horizontalen Tischplatte und rutscht infolge des Einschusses 5,5 m weit. Die Reibungszahl beträgt 0,4.
Welche Geschwindigkeit hatte das Geschoss?

***16.** Die Geschwindigkeit des Geschosses einer Pistole soll mithilfe eines ballistischen Pendels bestimmt werden.

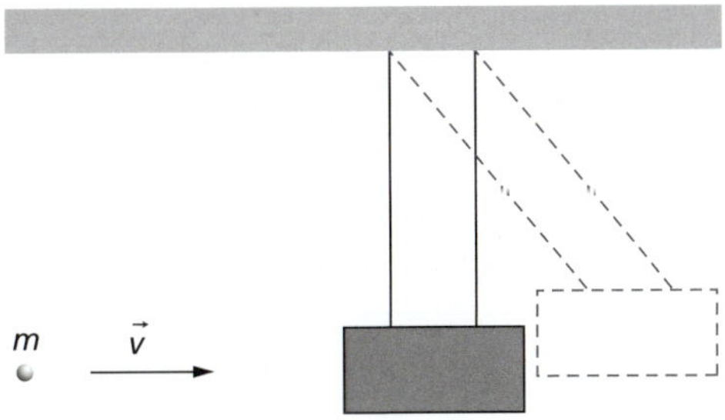

a) Leite eine Gleichung zur Bestimmung der Geschossgeschwindigkeit her!
b) Beschreibe, wie man alle zur Berechnung erforderlichen Größen bestimmen kann!
c) Wie groß ist die Geschwindigkeit eines 10 g schweren Geschosses, wenn das Pendel eine Masse von 3,8 kg hat und es nach dem Einschuss um 5,6 cm gehoben wird?

17. Bei einem Kugelstoßapparat fliegen immer genauso viele Kugeln weg, wie man stoßen lässt. Wie ist das zu erklären?

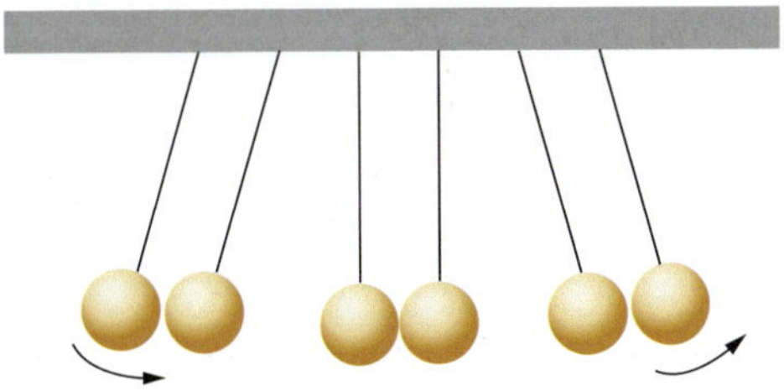

Impuls und Impulserhaltung

Durch eine Kraft wird der Bewegungszustand eines Körpers beeinflusst.
Genauer erfassen lässt sich das mit den physikalischen Größen **Kraftstoß** und **Impuls.**

Der Kraftstoß $\vec{I}$ kennzeichnet die kurzzeitige Wirkung einer Kraft auf einen Körper.

$\vec{I} = \vec{F} \cdot \Delta t$

Der Kraftstoß ist eine vektorielle Größe:
Kraft und Kraftstoß haben die gleiche Richtung.

Der Impuls $\vec{p}$ beschreibt die Wucht, die ein Körper besitzt.

$\vec{p} = m \cdot \vec{v}$

Der Impuls ist eine vektorielle Größe:
Impuls und Geschwindigkeit haben die gleiche Richtung.

Zwischen dem Kraftstoß auf einen Körper und der Änderung seines Impulses gelten folgende Beziehungen:

$\vec{I} = \Delta\vec{p}$ oder $\vec{F} \cdot \Delta t = m \cdot \Delta\vec{v}$

Neben dem **Energieerhaltungssatz** ist der **Impulserhaltungssatz** ein weiterer grundlegender Erhaltungssatz. Er lautet:

In einem kräftemäßig abgeschlossenen System ist der Gesamtimpuls konstant.

$\vec{p}_1 + \vec{p}_2 + \ldots + \vec{p}_n = \text{konstant}$

Mit dem Impulserhaltungssatz kann man den Rückstoß bei Waffen, den Antrieb von Flugzeugen mit Strahltriebwerken oder den von Raketen erklären: Der Gesamtimpuls des Systems ist zunächst null. Er bleibt auch null, wenn ein Geschoss abgefeuert oder ein Triebwerk gezündet wird.

Wahlbereich 7

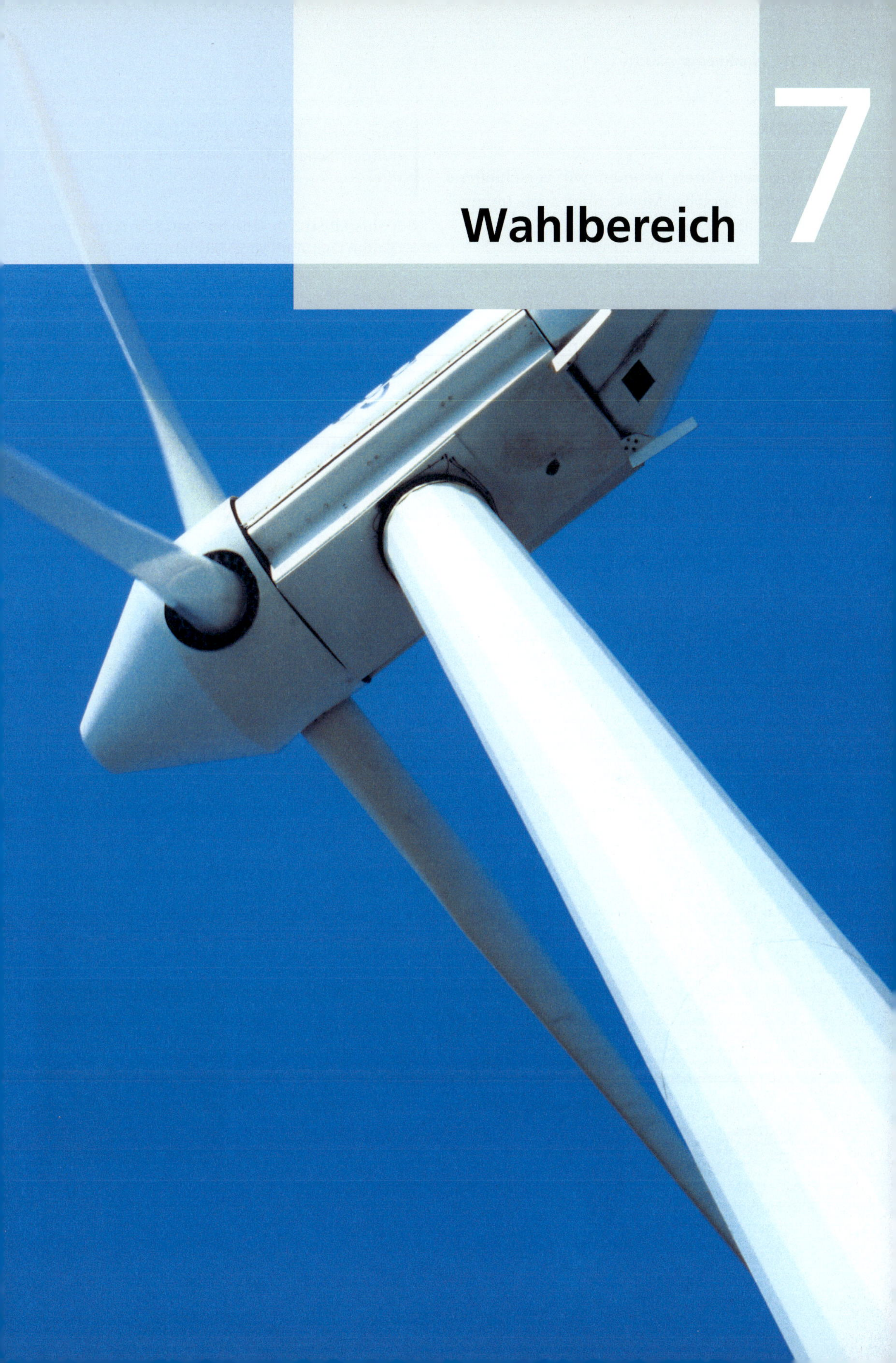

Akustik

Mit unseren Ohren nehmen wir verschiedene Geräusche, Sprache, Musik, aber auch unangenehmen Lärm wahr.

> Alles, was man mit den Ohren hören kann, ist Schall.

Schall entsteht durch mechanische Schwingungen von Körpern. Dadurch kann sich z. B. der Zustand der Luft (Dichte, Druck) zeitlich periodisch ändern. Letztlich erreichen die Druckschwankungen, die durch die Luft übertragen werden, das menschliche Ohr und versetzen dort das Trommelfell in Schwingungen. Diese werden auf das Innenohr übertragen. Wir nehmen den Schall wahr.

Luft kann von verschiedenen Körpern und auf unterschiedliche Weise in Schwingungen versetzt werden. Die menschliche Stimme, Musikinstrumente, die Membran eines Lautsprechers, Stimmgabeln, aber auch vibrierende Fensterscheiben oder Fahrzeuge erzeugen Schall.

> Körper, die durch ihre mechanischen Schwingungen Schall erzeugen, nennt man Schallquellen.

Bei Musikinstrumenten können z. B. schwingen:
- Saiten (bei Zupf- und Streichinstrumenten wie Gitarre, Klavier und Violine),
- Stäbe, Platten oder Membranen (bei Schlaginstrumenten wie Xylofon und Schlagzeug),
- Luftsäulen (bei Blasinstrumenten wie Saxofon, Flöte, Trompete und Orgel).

Bei Schallschwingungen unterscheidet man zwischen **Ton, Klang, Geräusch** und **Knall.** Mithilfe von Mikrofon und Oszillograf oder in den entsprechenden *y*-*t*-Diagrammen können die Unterschiede deutlich sichtbar gemacht werden (↗ Übersicht unten). Töne sind sinusförmige Schwingungen. Überlagern sich mehrere Töne unterschiedlicher Frequenz, so nimmt man einen Klang wahr. Er zeichnet sich – im Unterschied zum Geräusch – durch eine regelmäßige Schwingungsform aus. Charakteristisch für den Knall ist eine einmalige starke Auslenkung.

Ton	Klang	Geräusch	Knall
Die Schwingung ist sinusförmig.	Die Schwingung ist periodisch, aber nicht sinusförmig.	Die Schwingung ist unregelmäßig.	Die Schwingung hat einen großen Ausschlag und klingt schnell ab.
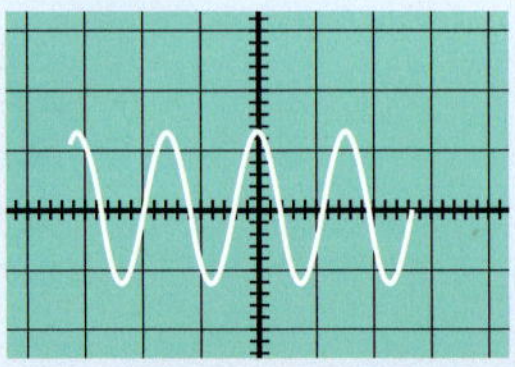	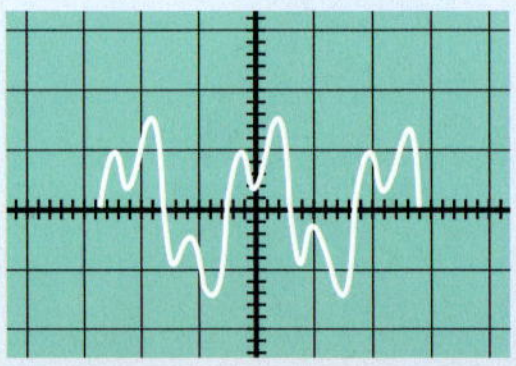	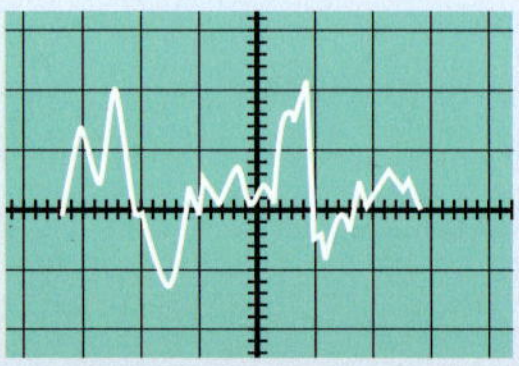	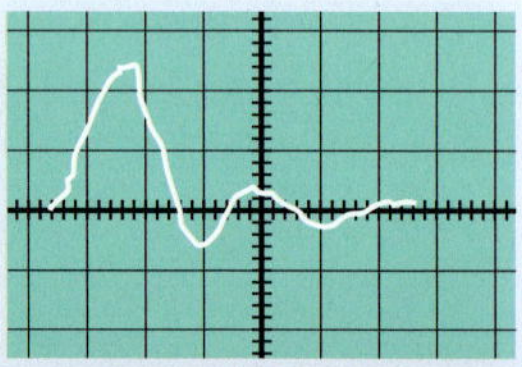

Eine angeschlagene Stimmgabel erzeugt einen ganz klaren Ton.	Mit Musikinstrumenten kann man verschiedene Klänge erzeugen.	Geräusche entstehen z. B. bei Fahrzeugen und Maschinen.	Beim Explodieren eines Feuerwerkskörpers entsteht ein Knall.

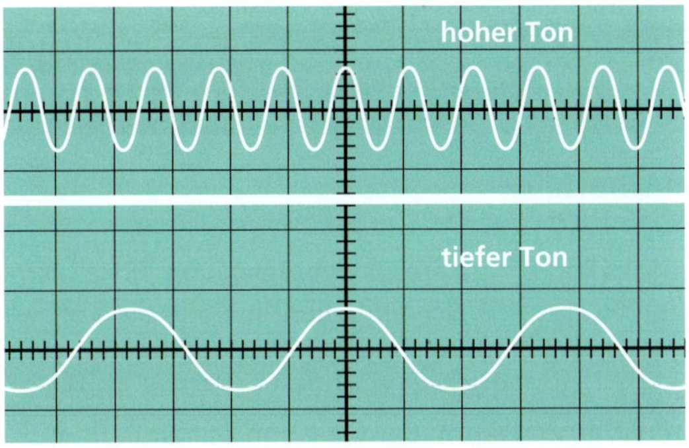

1 Abhängigkeit der Tonhöhe von der Frequenz

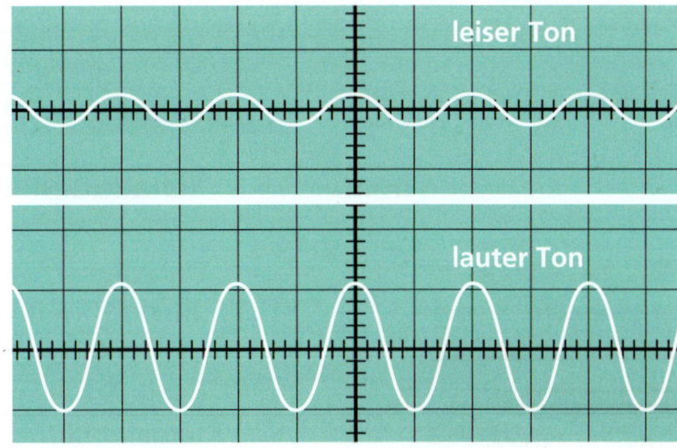

2 Abhängigkeit der Lautstärke von der Amplitude

Töne können höher oder tiefer sowie lauter oder leiser sein. Die **Tonhöhe** ist davon abhängig, mit welcher Frequenz ein Körper schwingt (Abb. 1).

> Je größer die Frequenz der Schwingung ist, umso höher ist der entstehende Ton.

Die **Lautstärke** ist davon abhängig, mit welcher Amplitude ein Körper schwingt (Abb. 2). Es gilt:

> Je größer die Amplitude der Schwingung eines Körpers ist, umso lauter ist der Ton.

Ob man einen Ton hören kann, hängt sowohl von seiner Frequenz als auch von der Lautstärke ab, also von den Druckschwankungen. Wir hören nur Töne in einem Frequenzbereich zwischen 16 und 20 000 Hz, wobei der obere Wert mit zunehmendem Alter deutlich abnimmt.

Mosaik

Hörbereich und Stimmumfang

Sowohl beim Menschen als auch bei Tieren ist zwischen dem **Hörbereich** und dem **Stimmumfang** zu unterscheiden.
Der **Hörbereich** ist derjenige Bereich, in dem ein Lebewesen Schall wahrnehmen kann. Eine Reihe von Tieren hört nicht nur viel leisere Töne als der Mensch, sondern kann auch Schall in anderen Frequenzbereichen als der Mensch wahrnehmen. So hören z. B. Hunde, Katzen und Fledermäuse auch Frequenzen von über 20 kHz, die der Mensch nicht mehr wahrnehmen kann (Abb. 2).

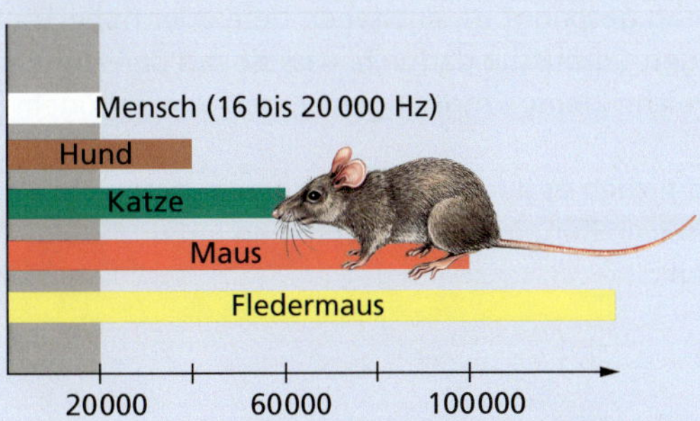

3 Hörbereich von verschiedenen Lebewesen

Beachte: Es gibt auch Schall (Frequenz kleiner als 16 Hz), den ein Mensch zwar nicht hören, der aber trotzdem sein Wohlbefinden negativ beeinflussen kann.
Ähnlich ist die Situation bei der Schallerzeugung. Der **Stimmumfang** ist derjenige Bereich, in dem ein Lebewesen Schall selbst erzeugt.
Auch hier unterscheiden sich viele Tiere erheblich vom Menschen (↗ Übersicht unten). Delfine und Fledermäuse nutzen den Schall zur Orientierung und auch zum Beutefang.

Lebewesen	Stimmumfang (Anzahl der Schwingungen je Sekunde)
Mensch	85–1 100
Hund	450–1 000
Katze	500–2 500
Delfin	250–270 000
Fledermaus	10 000–120 000

Thema

Schallquellen im Überblick

Der Mensch nimmt **Schall** in einem Frequenzbereich von 16 Hz bis 20 000 Hz mit seinen Ohren wahr. **Schallquellen** sind alle die Körper, die in diesem Frequenzbereich hinreichend stark schwingen und damit Schall aussenden, der sich dann im Raum ausbreitet. Nachfolgend betrachten wir ausgewählte Beispiele von Schallquellen.

Menschliche und tierische Stimmen

Beim Menschen erfolgt die Erzeugung von Schall mithilfe der **Stimmbänder.** Das sind zwei elastische Bänder, die sich im Kehlkopf am oberen Ende der Luftröhre befinden (Bild 2). Zwischen diesen beiden Bändern existiert eine Öffnung, die **Stimmritze.**
Wird von der Lunge her Luft durch die Stimmritze gepresst, so geraten die Stimmbänder in Schwingungen. Es entstehen Töne, Klänge oder Geräusche. Werden die Stimmbänder straffer gespannt, so schwingen sie schneller. Die Töne werden höher. Wird mehr Luft durch die Stimmritze gepresst, so schwingen die Stimmbänder heftiger. Die entstehenden Töne sind lauter.
Die menschliche Stimme übertrifft in der Vielfalt der Töne, Klänge und Geräusche jedes Musikinstrument. Die individuellen Unterschiede kommen durch den unterschiedlichen Bau der Stimmbänder und der Resonanzräume zustande.

Bei **Tieren** erfolgt die Schallerzeugung sehr unterschiedlich, wobei jede Tierart charakteristische Laute von sich gibt.
Bei vielen Säugetieren, z. B. Hunden, Katzen, Kühen oder Bären, wird Luft aus den Lungen gepresst und erzeugt im Rachenraum Schwingungen, die wir als Tierlaute wahrnehmen.
Die Lungen der Vögel sind mit kleinen Luftsäcken verbunden, in die Luft gepresst werden kann. Die Luft strömt über eine gespannte Membran aus und bringt diese zum Schwingen. Je nachdem, wie stark diese Membran gespannt ist, entstehen tiefe oder hohe Töne. Grashüpfer erzeugen Geräusche dadurch, dass sie mit den Hinterbeinen über zahlreiche kleine Erhöhungen an den Vorderflügeln streichen.
Tierstimmen ermöglichen es auch, Tierarten zu bestimmen. Im Internet sind zahlreiche Beispiele für Tierstimmen unter diesem Suchwort zu finden.

1 Bei Musikinstrumenten schwingen Saiten, Luftsäulen oder Membranen.

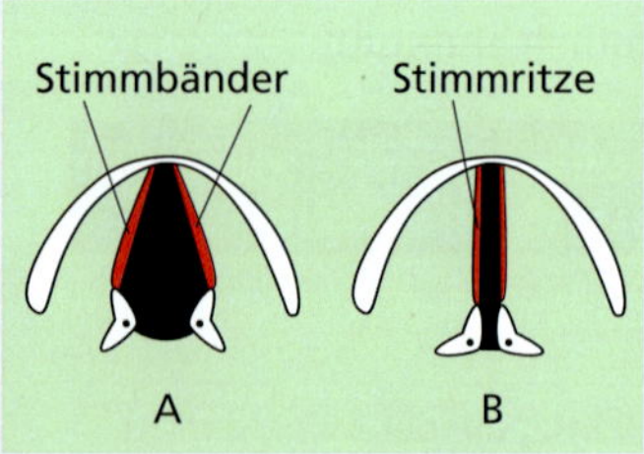

2 Durch ausströmende Luft schwingen die Stimmbänder.

3 Tiere geben charakteristische Laute von sich.

... und mehr

Informiere dich auch unter: *Hörbereich und Stimmumfang, Lärm und Lärmbekämpfung, Schallaufzeichnung und Schallwiedergabe, Schall und Musik, Tonhöhe und Lautstärke, Ultraschall ...*

Nutzung von Strukturen und Analogien

In den verschiedenen Bereichen der Physik gibt es nicht selten ähnliche Strukturen und analoge Gesetze. Solche Strukturen und Analogien ermöglichen es,

- Erkenntnisse von bekannten Sachverhalten auf neue, ähnlich strukturierte Sachverhalte zu übertragen, wobei es neben Gemeinsamkeiten immer auch Unterschiede gibt;
- Lücken in den Erkenntnissen festzustellen und damit neue Untersuchungsfelder zu finden;
- unser Wissen zu systematisieren und zu vernetzen;
- Ähnlichkeiten und Unterschiede zwischen den verschiedenen Bereichen der Physik zu erfassen.

So gibt es z. B. zahlreiche Analogien zwischen Schall und Licht (Abb. 1 und Übersicht unten).

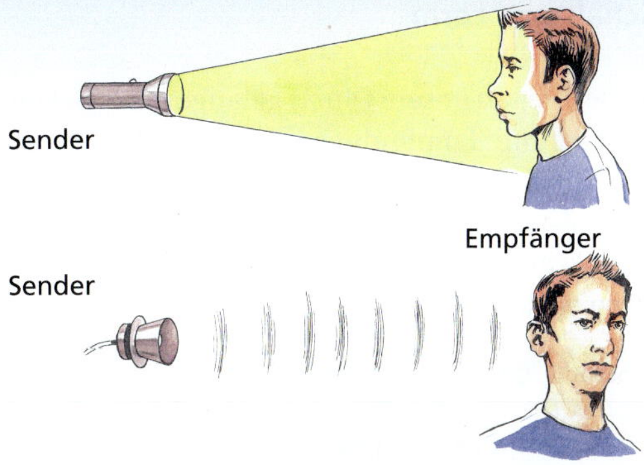

1 Sender-Empfänger-Modell bei Licht und Schall

Die mit einem Fragezeichen versehenen Stellen sind offen. Untersuchungen zeigen: Für Schall gilt ebenfalls das Brechungsgesetz. Man kann experimentell nachweisen, dass Licht ebenso wie Schall gebrochen wird.

	Schall	Licht
Sender	Schallquelle	Lichtquelle
Empfänger (Sinnesorgan)	Ohr	Auge
Ausbreitungsgeschwindigkeit	Schallgeschwindigkeit in Luft: $340 \frac{m}{s}$	Lichtgeschwindigkeit im Vakuum: $300\,000 \frac{km}{s}$
Träger	Träger notwendig, z. B. Luft	kein Träger notwendig
Reflexionsgesetz	Schall wird reflektiert: $\alpha = \alpha'$	Licht wird reflektiert: $\alpha = \alpha'$
Brechungsgesetz	?	Licht wird beim Übergang von Luft in Wasser oder Glas zum Lot hin gebrochen.
Beugung	Schall geht „um die Ecke".	Licht wird an Kanten und Spalten gebeugt.
Frequenz und Wahrnehmung	Die Frequenz der Schwingung hängt mit der Wahrnehmung Tonhöhe zusammen.	Die Frequenz der Schwingung hängt mit der Wahrnehmung Farbe zusammen.
Amplitude und Wahrnehmung	Die Amplitude der Schwingung hängt mit der Wahrnehmung Lautstärke zusammen.	Die Amplitude der Schwingung hängt mit der Wahrnehmung Helligkeit zusammen.
Reine Frequenz	Ton	Spektralfarbe
Mischung von Frequenzen	Klang, Geräusch	Mischfarbe, Farbflimmern

Schall und Lärm

Schall, der an unsere Ohren gelangt, kann bei uns angenehme Empfindungen auslösen, z. B. die Sprache von vertrauten Menschen, Musik oder das knisternde Geräusch eines Lagerfeuers.
Schall kann uns aber auch stören, belästigen oder sogar schädigen.

> Schall, der als belästigend empfunden wird oder gar zu gesundheitlichen Schäden führen kann, wird als Lärm bezeichnet.

Dabei ist zu beachten: Lärm ist eine subjektive Empfindung. Das, was der eine als Lärm empfindet, muss ein anderer nicht zwangsläufig auch als Lärm empfinden.
Lärm ist keine Erscheinung unserer Zeit, sondern hat schon immer Menschen beschäftigt. So bestimmte z. B. das Allgemeine Preußische Landrecht von 1793: *„Mutwillige Buben, welche auf den Straßen lärmen, sollen mit verhältnismäßigem Gefängnis, körperlicher Züchtigung oder Zuchthaus bestraft werden.“*

Unbestritten ist, dass unsere Welt lauter geworden ist. Autos, Flugzeuge, Radios und Fernsehgeräte, Rockkonzerte oder Discomusik tragen zum Lärm bei. Etwa 25 Millionen Bürger der Bundesrepublik Deutschland, das sind ca. 40 %, fühlen sich zeitweise oder dauernd durch Lärm belästigt.
Die wichtigsten **Lärmquellen** sind der Lärm des Straßenverkehrs und des Schienenverkehrs, Fluglärm sowie der Lärm von Maschinen und Anlagen unterschiedlicher Art.
Auch zu laute Musik, z. B. in Diskotheken oder in Kopfhörern, kann in Lärm übergehen. Die wichtigste Lärmquelle ist der Straßenverkehr. Das hängt damit zusammen, dass sich in den letzten Jahrzehnten die Anzahl der Kraftfahrzeuge vervielfacht hat. 1950 gab es in der Bundesrepublik Deutschland etwa 2 Millionen Kraftfahrzeuge, 1986 waren es 31 Millionen, 1995 bereits 40 Millionen und 2003 etwa 45 Millionen. Mit einer weiteren Erhöhung der Anzahl wird gerechnet. Die Lautstärke kann mit einem Schallpegelmesser ermittelt werden. Das Foto rechts zeigt ein solches Messgerät. Den größten Lärm verursachen Mopeds, Motorräder und Lkws.

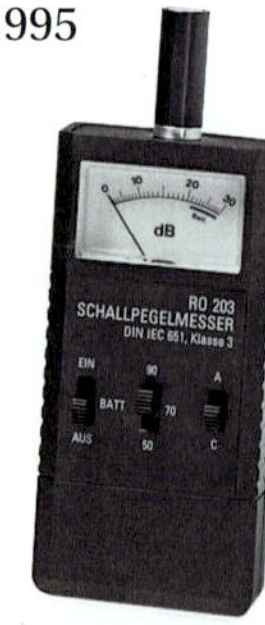

Lautstärken in Natur und Technik in Dezibel (dB)

Lautstärke	Beispiele
0	Hörschwelle
20	Flüstern, ruhiger Garten
40	normale Unterhaltung, leise Musik
60	lautere Unterhaltung, Staubsauger, Bürogeräusche
80	üblicher Lärm im Straßenverkehr, laute Musik im Zimmer
100	Presslufthammer, Autohupe, Diskothek
120	Rockkonzert, Donner, Düsentriebwerk eines Flugzeugs
130	Schmerzschwelle, Gehörschädigung schon bei kurzzeitiger Einwirkung

Wirkungen von Lärm

Dauerhafter und starker Lärm kann den menschlichen Körper stark beeinflussen und zu Gesund-

1 Belästigung der Bevölkerung durch Lärm in Deutschland. Dargestellt sind Durchschnittswerte von Befragungen.

heitsschäden führen. So kann es durch Lärm zu einer Erhöhung des Blutdrucks, zu einer Beschleunigung der Atmung sowie zu einer Erhöhung der Herzfrequenz kommen. Es können Schlafstörungen, Minderung der Konzentration sowie Kopf- und Magenschmerzen auftreten. Medizinisch nachweisbar sind Veränderungen der Gehirnaktivität, der Durchblutung und das Ausscheiden von Stresshormonen.

Wenn man sich längere Zeit stärkerem Lärm aussetzt, kann auch das Gehör geschädigt werden. Die Sinneszellen werden durch Lärm beeinflusst. Kurzzeitiger Lärm verringert ihre Leistungsfähigkeit zeitweise, es kommt zu einer vorübergehenden Betäubung. Länger anhaltender, starker Lärm von über 85 dB führt zu einem allmählichen Absterben von Haarzellen im Innenohr. Da sich diese Zellen nicht regenerieren, entsteht dadurch ein bleibender Gehörschaden. Als Grundsatz gilt deshalb:

> Die Vermeidung von Lärm ist der beste Schutz vor gesundheitlichen Schäden.
> Wo es möglich ist, sollte Lärm gedämmt oder gedämpft werden.

Zur Vermeidung von Lärm kann jeder seinen Beitrag leisten.

1 Schallschutzwand an einer Autoschnellstraße: Der Erdwall und die Wand schützen die Bewohner vor Lärm.

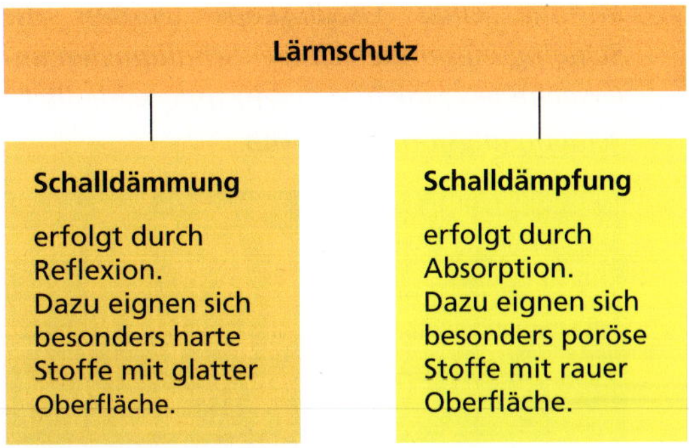

2 Lärmschutz kann durch Schalldämmung oder Schalldämpfung erfolgen.

Lärmschutz

Lärmschutz ist darauf gerichtet, schädliche Umwelteinwirkungen durch Lärm zu vermeiden oder zu beseitigen (Abb. 1). Am besten wäre es, die Entstehung von Lärm zu vermeiden. Wo das nicht möglich ist, gilt es, durch verschiedene Maßnahmen den Lärm zu dämmen oder zu dämpfen (Abb. 2). Wichtig sind vor allem technische Maßnahmen zur Lärmbekämpfung, bei denen genutzt wird, dass Schall an Körpern reflektiert und von porösen Stoffen absorbiert wird.

Zu Maßnahmen des Lärmschutzes gehören:
- die Errichtung von Schallschutzwänden oder Erddämmen an Straßen (Abb. 1),
- der Einbau von Schallschutzfenstern in Wohnungen,
- die Kapselung von Fahrzeugmotoren und die Auskleidung des Motorraums,
- die Verminderung der Reifen-Fahrbahn-Geräusche durch Verbesserung der Reifen und veränderten Straßenbelag („Flüsterasphalt"),
- die zunehmende Nutzung von Flugzeugen mit leisen Triebwerken,
- der Bau leiserer Maschinen und Anlagen (Autos, Rasenmäher, Staubsauger).

Für Fahrzeuge gibt es europaweit Grenzwerte, die eingehalten werden müssen. Sie betragen für Pkw 74 dB, für Lieferwagen 76 dB und für schwere Lkw 80 dB.

1. *Mithilfe eines Oszilloskops wurden die Schwingungsformen einiger Schallquellen untersucht. Es ergaben sich sehr unterschiedliche Schwingungsformen (↗ Abb.).*

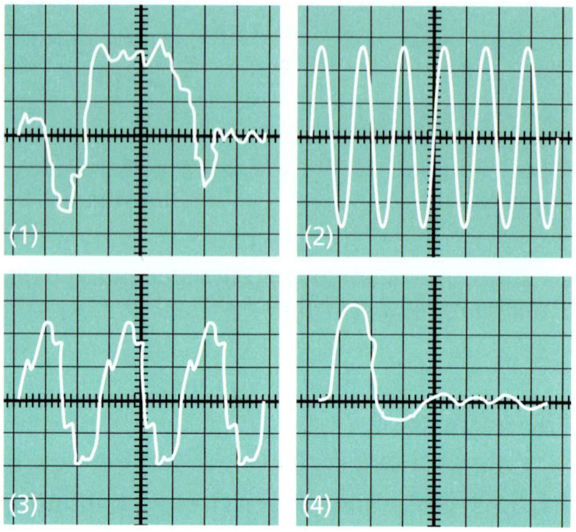

   a) *Um welche Art von Schall handelt es sich jeweils?*
   b) *Nenne Beispiele für die verschiedenen Arten von Schall!*

2. *Vergleiche die beiden Schwingungsbilder!*

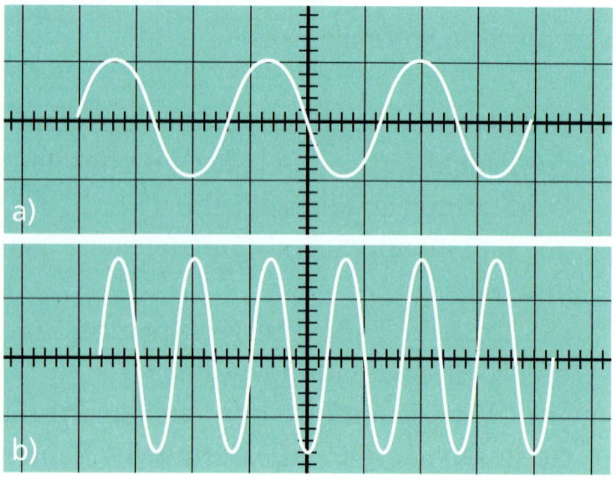

   Welcher der beiden Töne ist lauter, welcher höher? Gib jeweils eine Begründung!

3. *Untersuche mithilfe eines Mikrofons und eines Oszilloskops die Schwingungsformen bei verschiedenen Instrumenten, wenn man jeweils den gleichen Ton auf ihnen spielt!*
   Beschreibe Gemeinsamkeiten und Unterschiede!

4. *Mit Mikrofon und Oszilloskop kann man auch unterschiedliche Stimmen untersuchen.*
   Führt z. B. folgende Untersuchungen durch:
   a) *Verschiedene Schüler sprechen das gleiche Wort.*
   b) *Schüler singen oder pfeifen einen Ton.*
   Vergleicht die Schwingungsbilder für verschiedene Schüler!

5. *Mit einem Frequenzgenerator kann man den menschlichen Hörbereich experimentell untersuchen. Ein Frequenzgenerator erzeugt Töne, deren Höhe verändert werden kann.*
   Testet mit einem solchen Frequenzgenerator euren Hörbereich!

6. *In einem Lautsprecher wird der Schall durch das Schwingen eines kleinen, beweglichen Elektromagneten (Schwingspule) erzeugt.*
   Die geringen Schwingungen dieser Schwingungsspule wären jedoch kaum zu hören, wenn der Lautsprecher nicht noch eine Membran hätte (↗ Abb.).

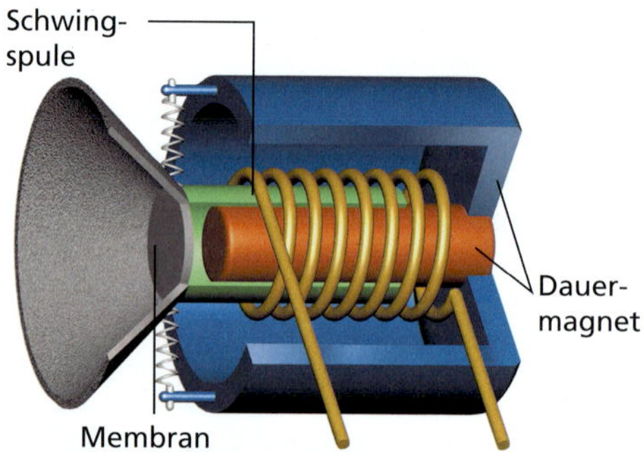

   a) *Beschreibe den Aufbau und erkläre die Wirkungsweise eines Lautsprechers!*
   b) *Wie schwingt die Membran bei leisen und bei lauten Tönen?*
   c) *Wie schwingt die Membran bei tiefen und bei hohen Tönen?*

7. *Motoren, z. B. in Autos, erzeugen Geräusche.*
   a) *Erläutere, wie durch Motoren Schall erzeugt werden kann!*
   b) *Warum sind die Geräusche von älteren Autos besonders laut?*

8. *In manchen Gewölben, den sogenannten „Flüstergewölben“, kann man das Flüstern weit entfernter Leute hören.*

Erkläre, wie dieser Effekt zustande kommt!

9. *Sammle Material (Internetrecherche) über die menschliche Stimme!*
Beantworte folgende Fragen:
- *Wie wird der Ton im Kehlkopf erzeugt?*
- *Wie werden unterschiedlich hohe Töne erzeugt?*
- *Wie unterscheiden sich weibliche und männliche Stimme voneinander?*
- *Was ist eine Kopfstimme und wie funktioniert sie?*

10. *Man kann zwischen Saiteninstrumenten, Blasinstrumenten und Schlaginstrumenten unterscheiden.*
Fertige zur Schallerzeugung mit Instrumenten im Heft eine tabellarische Übersicht nach dem folgenden Muster an:

Instrumentenart	**Beispiele**	**Was schwingt?**	**Wie wird die Schwingung erzeugt?**
Blasinstrumente	Trompete	Luftsäule	durch Vibration der Lippen
...	...	...	...

Gib für jede Instrumentenart mindestens zwei Beispiele an!

11. *Die Lautstärke wird meist in Dezibel (Abkürzung: dB) angegeben.*
Erkundet, wie die Lautstärke definiert ist! Nutzt dazu z. B. das Internet!

12. *Eine Gitarre hat in der Regel sechs Saiten. Erkundet, mit welchen Frequenzen diese Saiten schwingen!*

13. *Untersuche experimentell, wovon die Tonhöhe bei einem schwingenden Draht (Saite) abhängig ist!*
   a) *Welche Größen kann man verändern, welche müssen dann jeweils konstant gehalten werden?*
   b) *Führe die experimentellen Untersuchungen durch! Formuliere ein Ergebnis!*

*14. *Bei der Lärmdämmung von Pkw (Motor- und Reifengeräusche) ist es in den letzten Jahren gelungen, die Lautstärke je Pkw im Durchschnitt um 3 dB zu senken. Gleichzeitig hat sich die Anzahl der Pkw und die Verkehrsdichte auf den Straßen verdoppelt.*
Was bedeuten diese Angaben für die durchschnittliche Lärmbelastung?

15. *Ein Moped ruft bei einer Geschwindigkeit von 50 km/h ein Geräusch mit einer Lautstärke von 70 dB hervor.*
   a) *Wie viele Mopeds erzeugen eine Lautstärke von 73 dB bzw. von 76 dB?*
   b) *Bei wie vielen Mopeds verdoppelt sich die Lautstärke?*

16. *Häuser sollten nicht nur eine gute Wärmedämmung, sondern auch eine gute Schalldämmung aufweisen.*
Nenne und erläutere einige Maßnahmen der Schalldämmung bei Häusern! Welche Eigenschaften des Schalls werden dabei genutzt? Stelle deine Ergebnisse in einer Übersicht zusammen!

Energie nutzen und bereitstellen

In Kraftwerken wird aus Primärenergie über mehrere Umwandlungsprozesse letztlich elektrische Energie erzeugt. Je nach Primärenergieträger und Art der Anlage unterscheidet man zwischen Wärmekraftwerken, Kernkraftwerken, Wasserkraftwerken, Windkraftwerken, Solarkraftwerken und geothermischen Kraftwerken.
Worin unterscheiden sich wichtige Arten von Kraftwerken? Welche Vorteile und welche Nachteile haben einzelne Arten von Kraftwerken?

Art des Kraftwerks	Wirkungsgrad
Solarkraftwerk	20 %
Windkraftwerk	25 ... 30 %
Kernkraftwerk	38 %
modernes Kohlekraftwerk	40 %
Gasturbinenkraftwerk	52 %
Pumpspeicherkraftwerk	75 %
Kraftwerk mit Kraft-Wärme-Kopplung	85 %
Wasserkraftwerk	90 %

Wesentliche Kriterien zur Beurteilung von Kraftwerken sind neben dem Wirkungsgrad die Kosten, die Risiken, die Umweltbelastung und die Verfügbarkeit der Primärenergieträger.
Eine Übersicht über die Wirkungsgrade gibt die obige Tabelle. Die meisten Kraftwerke in Deutschland sind **Wärmekraftwerke** mit einem Wirkungsgrad von ca. 40 % (Abb. 1). Durch die Nutzung der unvermeidlichen Abwärme für Heizzwecke (Kraft-Wärme-Kopplung) sind Wirkungsgrade bis 85 % möglich. Der Vorteil von Wärmekraftwerken besteht darin, dass einheimische Primärenergieträger genutzt werden können und diese Energieträger auch noch über Jahrzehnte hinweg verfügbar sind. Entscheidender Nachteil sind die beim Verbrennen fossiler Brennstoffe auftretenden Umweltbelastungen. Dazu gehören die Belastung durch Staub, die bei der Verbrennung auftretenden Stickoxide (NO, NO_2) und Schwefeldioxid (SO_2) sowie Kohlenstoffdioxid (CO_2), das entscheidenden Einfluss auf den zusätzlichen Treibhauseffekt auf der Erde hat.
Kraftwerke und Heizkraftwerke haben einen Anteil von ca. 40 % am CO_2-Ausstoß in Deutschland, der insgesamt etwa 900 Mio. Tonnen im Jahr be-

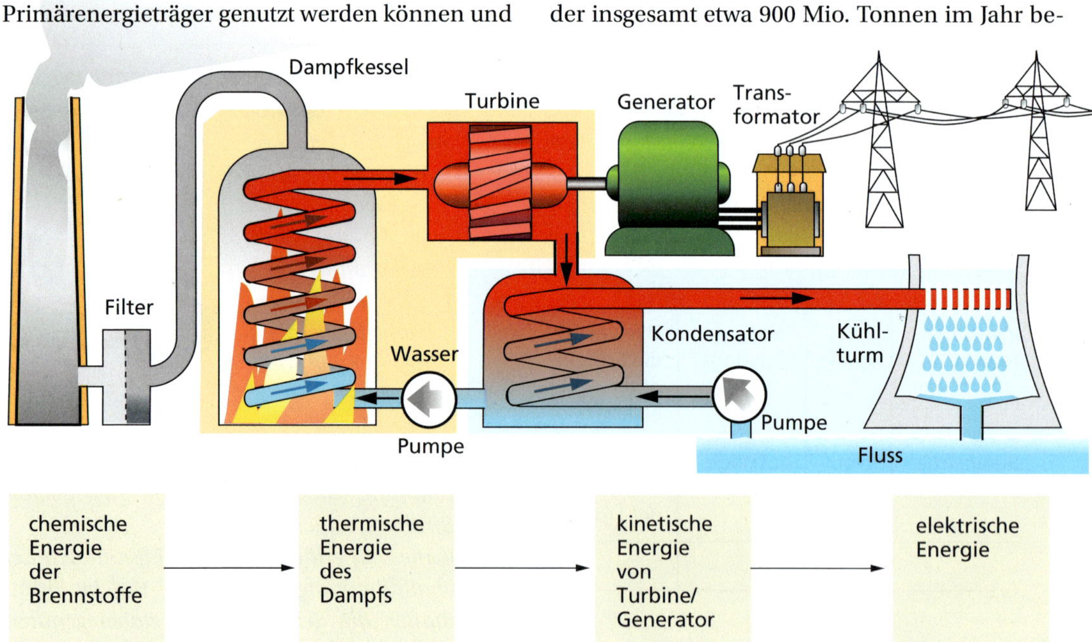

1 Die Energieumwandlungen sind in allen Arten von Wärmekraftwerken prinzipiell gleich.

1 Das Kraftwerk Schwarze Pumpe wird mit Braunkohle betrieben.

trägt. Moderne Wärmekraftwerke sind mit vielen Zusatzanlagen ausgerüstet, die dazu dienen, die Umweltbelastungen zu verringern. Dazu gehören z. B. Anlagen zur Rauchgasentschwefelung, Elektrofilter zur Verringerung der Staubbelastung und Anlagen zur Entstickung. Der Ausstoß von CO_2 kann durch solche technischen Maßnahmen prinzipiell nicht verhindert werden. Es müssen deshalb andere Möglichkeiten der Reduzierung gesucht werden. Forschungen dazu werden seit geraumer Zeit betrieben.

Kernkraftwerke sind spezielle Wärmekraftwerke. Wie alle anderen Kraftwerke haben auch Kernkraftwerke Vorteile und Nachteile. Einige Hinweise dazu findest du auf S. 189.

Eine weitere Art von Wärmekraftwerken sind **Blockheizkraftwerke.** In ihnen wird Strom erzeugt und zugleich die entstehende Abwärme genutzt (Abb. 2). Kernstück solcher Anlagen sind Motoren, die meist mit Gas betrieben werden und über einen gekoppelten Generator elektrische Energie erzeugen. Parallel dazu wird dem Kühlwasser des Motors mit den Abgasen Wärme entzogen und über einen Wärmetauscher an Heizungsanlagen weitergegeben. Das Prinzip wird als **Kraft-Wärme-Kopplung** bezeichnet. Solche Anordnungen haben einen Wirkungsgrad bis zu 85 % und sind vor allem dort gut nutzbar, wo über das ganze Jahr hinweg ein hoher Strom- und Wärmebedarf besteht (Betriebe, Krankenhäuser).

Wasserkraftwerke (Abb. 1) haben einen hohen Wirkungsgrad und lassen sich sehr umweltfreundlich betreiben. Allerdings gibt es in Deutschland für die Errichtung größerer Wasserkraftwerke nur beschränkte Möglichkeiten.

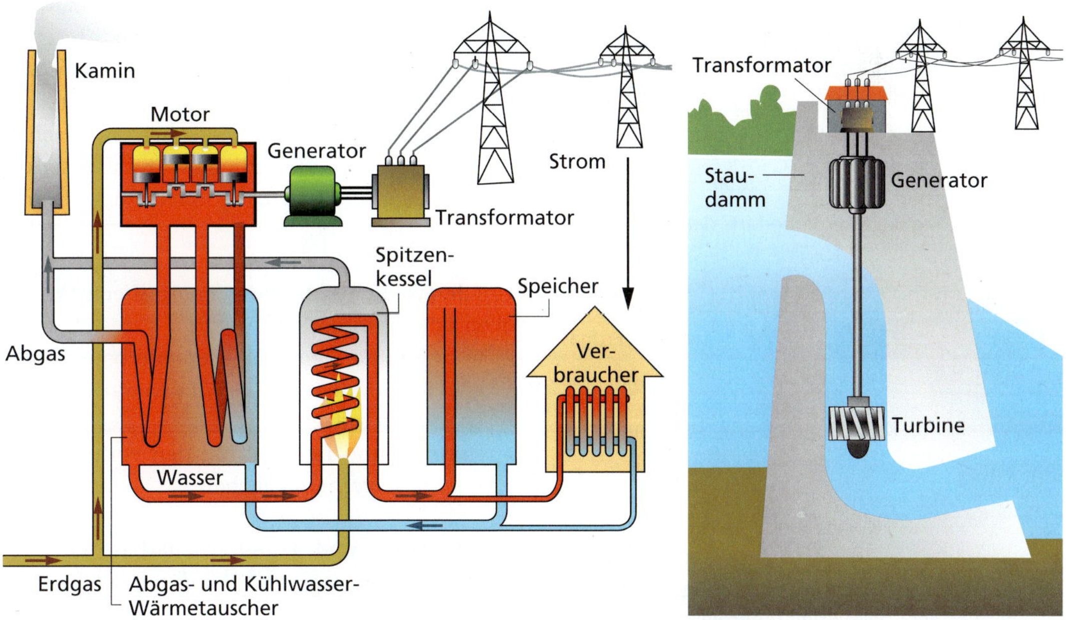

2 Blockheizkraftwerk mit Kraft-Wärme-Kopplung (links) und Wasserkraftwerk (rechts)

Nicht erneuerbare und erneuerbare Energieträger

Der Energiebedarf der Menschheit ist in den letzten Jahrzehnten sprunghaft angestiegen (Abb. 1). Er hat inzwischen einen Wert von über $4 \cdot 10^{20}$ J pro Jahr erreicht. Für Deutschland liegt dieser Wert 2007 bei etwa $1{,}4 \cdot 10^{19}$ J.

Aufgrund der weiter fortschreitenden Industrialisierung in China, Indien und einer Reihe weiterer Länder wird der Energiebedarf weiterhin deutlich ansteigen (Abb. 1).

In Deutschland decken wir unseren Energiebedarf hauptsächlich mit fossilen Brennstoffen, also mit Kohle, Erdöl und Erdgas (Abb. 2). Fossile Brennstoffe entstehen über Jahrmillionen. Wenn die Vorräte verbraucht sind, müssen wir die Energie aus anderen Quellen beziehen. Man sagt, fossile **Brennstoffe** sind **nicht erneuerbare Energieträger.**

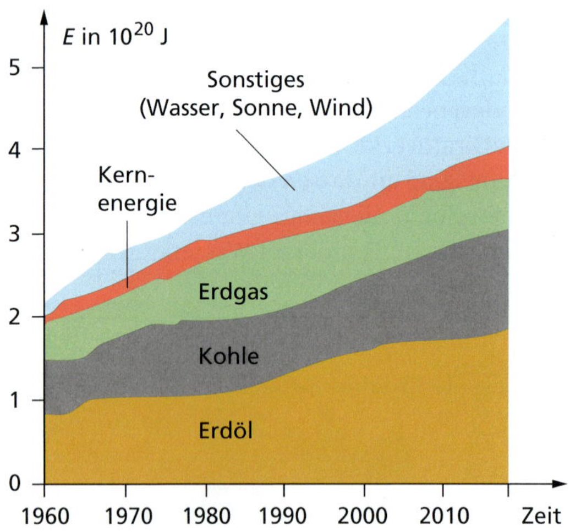

1 Entwicklung des Energiebedarfs der Menschheit

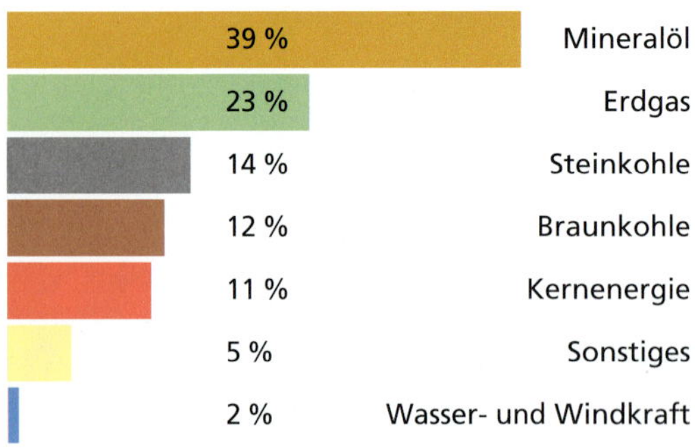

2 Energieträger beim Primärenergieverbrauch in Deutschland (Stand: 2007)

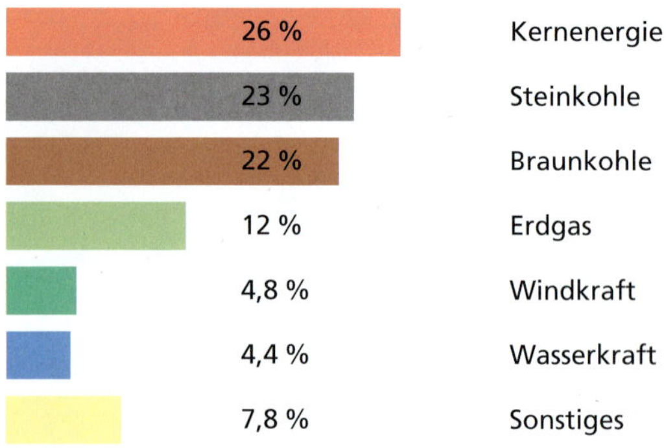

3 Energieträger für die Elektroenergieerzeugung in Deutschland (Stand: 2006)

Auch spaltbares Uran für die Kernspaltung in Kernkraftwerken gehört zu den nicht erneuerbaren Energieträgern. Die Vorräte an solchen Energieträgern sind begrenzt.

Ihr Abbau wird immer teurer und ist auch mit ökologischen Problemen verbunden. Dazu zählen nicht nur die Zerstörung von Landschaften durch riesige Braunkohlentagebaue, sondern vor allem auch die Umweltbelastung durch Verbrennungsprozesse mit ihren Verbrennungsprodukten. Trotz aller Maßnahmen zur Abgasreinigung haben Kraftwerke und die Motoren von Millionen Kraftfahrzeugen erheblichen Anteil an der Luftverschmutzung, aber auch an Erscheinungen wie dem **zusätzlichen Treibhauseffekt** und dem **sauren Regen,** der sich auf unser Klima auswirkt.

Um den weiter wachsenden Energiebedarf zu decken, ist es erforderlich,

- in zunehmendem Maße erneuerbare Energien wie Sonnenenergie, Windenergie, Wasserenergie zu nutzen;
- sparsam und rationell mit den vorhandenen Energieträgern umzugehen.

In den Abb. 2 und 3 sind erneuerbare Energieträger unter Wasser- und Windkraft sowie unter „Sonstiges" erfasst. Aktuelle Energiedaten sind unter **www.bmwi.de** zu finden.

Jeder Einzelne kann einen Beitrag dazu leisten, vernünftig mit der uns zur Verfügung stehenden Energie umzugehen. Dazu gehört z. B.:

- Statt einen Pkw zu nutzen, können kurze Strecken mit dem Fahrrad oder zu Fuß zurückgelegt werden. Auf längeren Strecken sind öffentliche Verkehrsmittel umweltfreundlicher als die Nutzung eines Pkw.
- Beim Heizen sollte die Raumtemperatur der Raumnutzung angepasst werden.
- Kurzes, intensives Lüften ist günstiger als ständiges Offenstehen von Fenstern.
- Geräte in Stand-by-Schaltung benötigen Energie. Sie sollten abgeschaltet werden. Das gilt auch für nicht genutzte Lampen oder Geräte.
- Energiesparlampen sind günstiger als Glühlampen oder Halogenlampen.

Energieträger	Aufwand für 1 kWh Elektroenergie
Braunkohle	1,1 kg
Steinkohle	0,3 kg
Erdgas	0,22 m^3
Uran (angereichert)	0,0045 g
Wasser	410 m^3 bei 1 m Fallhöhe
Heizöl	0,2 kg
Müll	1,5 kg ... 3,5 kg
Sonnenstrahlung	15 m^2 Solarzellen (1 h)

Aktuell wird vor allem über die intensivere Nutzung von erneuerbaren Energieträgern diskutiert (↗ Übersicht unten). Dabei ist allerdings zu beachten, dass bei Nutzung dieser Energieträger nicht nur Vorteile vorhanden sind, sondern auch Nachteile auftreten können.

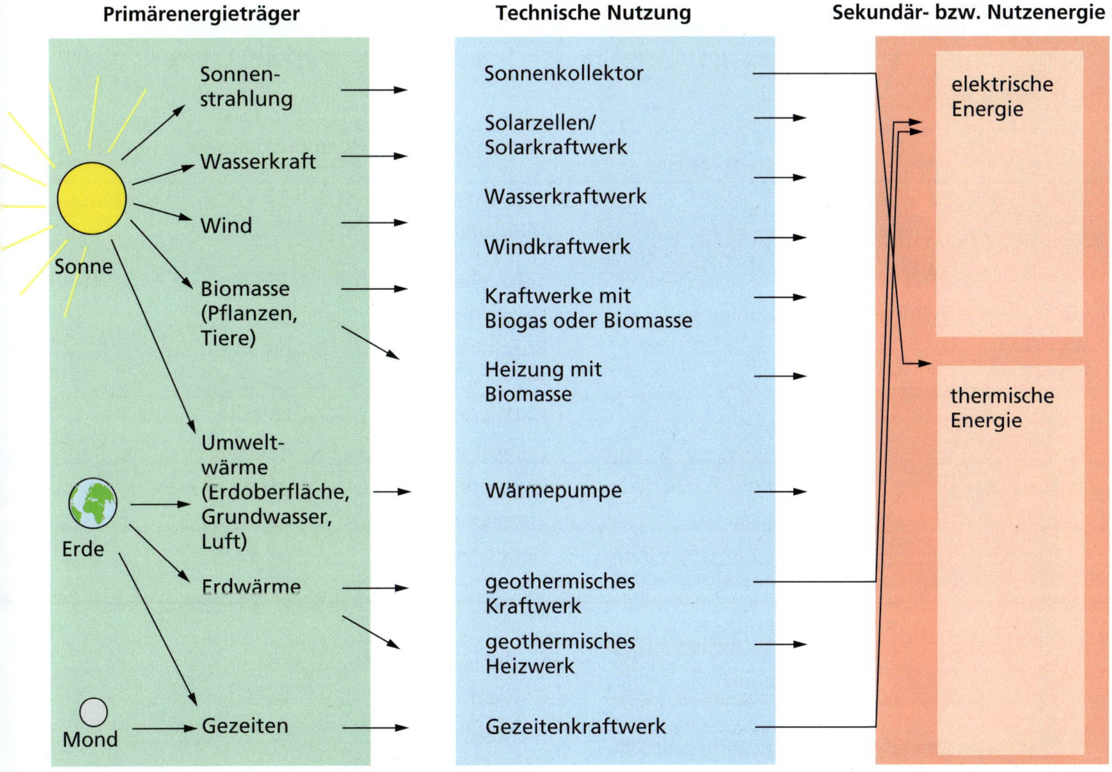

1 Die erneuerbaren Energieträger haben ihre Quellen in der Sonne, der Erde und dem Mond. Für ihre technische Nutzung gibt es vielfältige Möglichkeiten.

Der Wirkungsgrad

Bei den meisten Vorgängen in Natur, Technik und Alltag wird eine Energieform in mehrere andere Energieformen umgewandelt. Dabei sind einige der entstehenden Energieformen für den beabsichtigten Zweck erwünscht und andere unerwünscht. So wird z. B. bei einer Glühlampe elektrische Energie in Licht und Wärme umgewandelt (Abb. 1). Die entstehende thermische Energie ist dabei für den Zweck der Beleuchtung unerwünscht.

Der Motor eines Pkw soll das Fahrzeug in Bewegung setzen. Durch das Verbrennen des Kraftstoffs im Motor entsteht nicht nur kinetische Energie, sondern auch unerwünschte Wärme, die über Abgase und Kühlwasser an die Umgebung abgegeben wird (Abb. 2).

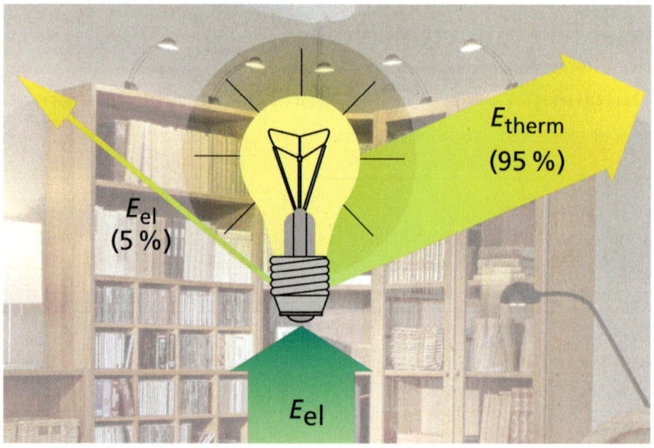

1 Energieumwandlung bei einer Glühlampe

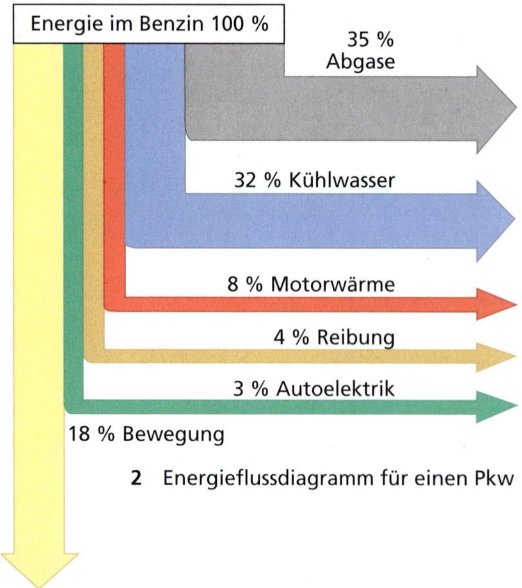

2 Energieflussdiagramm für einen Pkw

Je größer der Anteil der nutzbringenden Energie ist, desto günstiger ist ein Gerät, eine Maschine oder eine Anlage für die Energieübertragung. Die Güte einer Anlage zur Energieübertragung wird durch den **Wirkungsgrad** gekennzeichnet.

Der Wirkungsgrad gibt an, welcher Anteil der zugeführten Energie in nutzbare Energie umgewandelt wird.

Formelzeichen: η

Ein Wirkungsgrad von 0,40 oder 40 % bedeutet, dass 40 % der zugeführten Energie in nutzbare Energie umgewandelt werden. Der andere Teil der Energie, im genannten Fall also 60 %, wird nicht genutzt und meist in Form von Wärme an die Umgebung abgegeben.

Der Wirkungsgrad kann berechnet werden mit der Gleichung:

$$\eta = \frac{E_{nutz}}{E_{zu}}$$

E_{nutz} nutzbringende Energie
E_{zu} zugeführte Energie

Wirkungsgrade in Natur und Technik	
erste Dampfmaschine	3 bis 4 %
Glühlampe	5 %
Solarzelle	15 %
Leuchtstofflampe	25 %
Benzinmotor	bis 30 %
Dieselmotor	bis 40 %
Kohlekraftwerk	40 %
Dampfturbine	bis 45 %
Wasserturbine	85 %
Elektromotor	bis 90 %
Generator	bis 99 %
bei körperlicher Tätigkeit des Menschen:	
Schwimmen	3 %
Gewichtheben	10 %
Radfahren	25 %
Gehen (ebene Strecke)	27 %
Bergaufgehen	30 %

Mosaik

Brennstoffzellen – Energiequellen der Zukunft

Brennstoffzellen sind technische Anordnungen, mit deren Hilfe aus Wasserstoff und Sauerstoff elektrischer Strom erzeugt werden kann.
Bereits 1839 demonstrierte der englische Astronom und Physiker WILLIAM GROVE im Labor die prinzipielle Wirkungsweise einer Brennstoffzelle: Elektrolytisch erzeugter Wasserstoff und Sauerstoff werden Elektroden aus Platin zugeführt. Dabei bildet sich zum einen Wasser, zum anderen entsteht zwischen den Elektroden eine Spannung, die zu einem Strom führt. Das Foto zeigt eine moderne Experimentieranordnung.

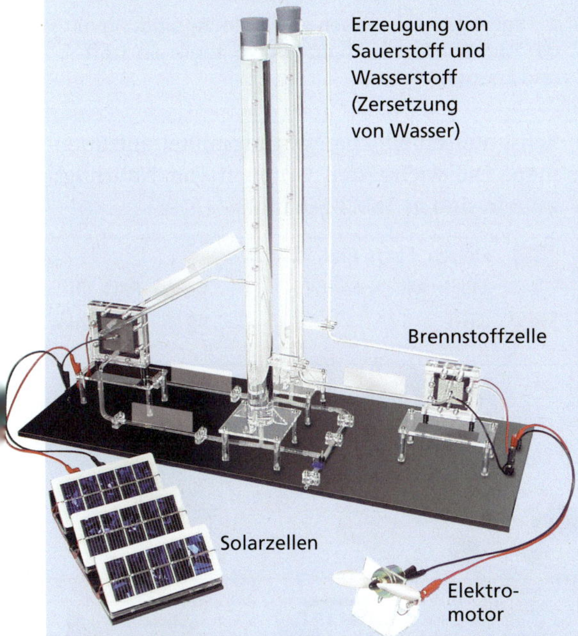

Die Entwicklung einer leistungsfähigen elektrischen Quelle erwies sich allerdings als so schwierig, dass dieses Konzept nicht weiterverfolgt wurde. Hinzu kommt, dass mit der Entdeckung des elektrodynamischen Prinzips im Jahre 1866 durch WERNER VON SIEMENS (1816–1892) die Konstruktion von Dynamomaschinen möglich wurde, mit denen ausreichende Mengen Elektroenergie erzeugt werden konnten. Erst als elektrische Quellen für U-Boote und für Raumfahrzeuge gewannen Brennstoffzellen wieder an Bedeutung. Sie wurden erstmals 1965 genutzt. Heute wird daran gearbeitet, sie als Energiequellen zu nutzen.

Eine Brennstoffzelle besteht aus zwei Elektroden und einem Elektrolyten (Abb. 1). Die Anode wird mit dem Brennstoff, meist Wasserstoff, und die Katode mit Sauerstoff versorgt. Der Elektrolyt verbindet die beiden Elektroden miteinander. Bei einer Betriebstemperatur zwischen 80 und 1 000 °C gibt Wasserstoff an der Anode (Minuspol) Elektronen ab:

$$2H_2 \longrightarrow 4H^+ + 4e^-$$

Die frei gewordenen Elektronen fließen über einen Verbraucher zur Katode und transportieren dabei Energie.
An der Katode nimmt Sauerstoff Elektronen auf. Sauerstoff-Ionen bewegen sich durch den Elektrolyten zur Anode und vereinigen sich dort mit Wasserstoff-Ionen zu Wasser:

$$O_2 + 4e^- + 4H^+ \longrightarrow 2H_2O$$

Als Gesamtreaktion entsteht aus Wasserstoff und Sauerstoff Wasser.
Eine einzelne Zelle liefert eine Spannung von 0,6 bis 0,9 V. Durch Reihenschaltung solcher Zellen erreicht man Spannungen bis etwa 200 V.
Der Vorteil von Brennstoffzellen besteht vor allem darin, dass bei ihrem Betrieb keine Umweltbelastungen auftreten. Darüber hinaus ist ihr Wirkungsgrad mit 35 bis 85 % sehr hoch.
Die derzeitigen Nachteile bestehen vor allem in den hohen Produktionskosten.

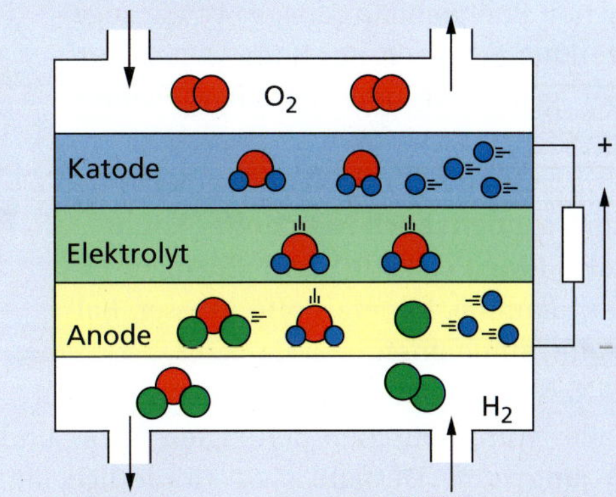

1 Aufbau und Wirkungsweise einer Brennstoffzelle: Es erfolgt ein Austausch von Elektronen.

Energie für Lebensprozesse

Menschen, Tiere und Pflanzen benötigen Energie, um sich zu entwickeln, zu wachsen, ihre Lebensprozesse aufrechtzuerhalten. Energie ist bei Mensch und Tier auch erforderlich, um alle Organe funktionsfähig zu halten, um die notwendige Körpertemperatur zu gewährleisten, um sich zu bewegen und um zu arbeiten.

> Für alle Lebensprozesse ist Energie erforderlich. Diese muss dem Organismus zugeführt werden.

Die für Organismen erforderliche Energie wird meist mit Stoffen (Nahrungsmitteln) aufgenommen. Im Organismus selbst erfolgen sowohl Stoff- als auch Energieumwandlungen.

Merkmale für alle Lebewesen sind:
- die Aufnahme von Stoffen und Energie aus der Umwelt,
- die Umwandlung von Stoffen und Energie im Organismus, verbunden mit Energieentwertung,
- die Abgabe von Stoffen und Energie an die Umgebung.

Schematisch lassen sich die Zusammenhänge so darstellen, wie es Abb. 2 zeigt.

Geht man von einer über längere Zeit ausgeglichenen Energiebilanz aus, so ist die zugeführte Energie gleich der Summe der vom Körper genutzten und der abgegebenen Energie.
Wichtig ist, dass wir mit Nahrung nicht nur Energie, sondern auch Nährstoffe (Kohlenhydrate, Eiweiße, Fette) und Ergänzungsstoffe (Vitamine, Mineralstoffe, Wasser, Ballaststoffe) aufnehmen.
Jedes Nahrungsmittel enthält immer nur einen Teil aller vom Menschen benötigten Nähr- und Ergänzungsstoffe. Deshalb ist es erforderlich, täglich unterschiedliche Nahrungsmittel aufzunehmen. Die wichtigsten Gruppen von Nahrungsmitteln sind in Abb. 1 genannt.

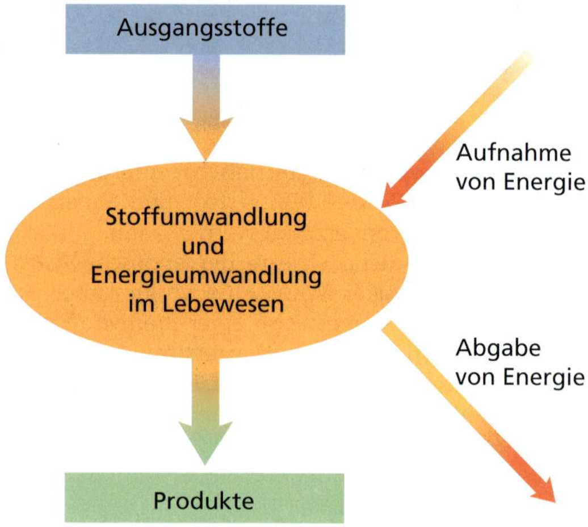

2 Bei jedem Lebewesen erfolgt in Verbindung mit der Aufnahme und Abgabe von Energie ein Stoff- und Energiewechsel.

1 In dem „Nahrungsmittelkreis" sind die Gruppen von Nahrungsmitteln dargestellt, aus denen man täglich etwas zu sich nehmen sollte.

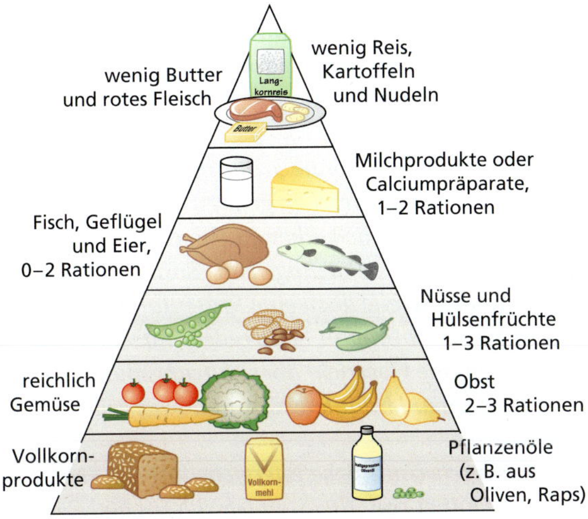

1 Ernährungspyramide für den Menschen: Die Angaben beziehen sich auf die empfohlene Menge der Nahrungsmittel pro Tag

In welchen Anteilen man die verschiedenen Nahrungsmittel zu sich nehmen sollte, ist aus einer **Ernährungspyramide** abzulesen (Abb. 1).

> Grundlage von Gesundheit und Wohlbefinden ist eine vielseitige und vollwertige Ernährung.

Wie die Übersicht rechts oben zeigt, ist der Energiegehalt der einzelnen Nahrungsmittel sehr unterschiedlich.

Energiegehalt einiger Nahrungsmittel

Nahrungsmittel	Energiegehalt je 100 g in kJ
Joghurt	300
Butter	3000
Schmalz	3770
Hühnerei	680
Honig	1270
Milchschokolade	2180
Brötchen	1130
Spaghetti	1540
Kotelett	1430
Rindsfilet	510
Cervelatwurst	1070
Forelle	420
Karpfen	610
Apfel	240
Banane	360
Kartoffeln	320
Haselnüsse	2620

Sehr unterschiedlich ist auch der **Energiebedarf,** den der einzelne Mensch benötigt. Er hängt nicht nur von der Körpermasse und vom Alter ab, sondern vor allem auch von der Art der Tätigkeit, die der Einzelne ausübt.

Mosaik

Grundumsatz und Leistungsumsatz beim Menschen

Die Energie, die für die Aufrechterhaltung aller Lebensprozesse erforderlich ist, wird als **Grundumsatz** bezeichnet. Bei Kindern und Jugendlichen kann der Grundumsatz GU nach folgender Gleichung berechnet werden:

$$\text{GU} = 6{,}2\,\frac{\text{kJ}}{\text{kg}\cdot\text{h}}\cdot m\cdot t$$

Dabei bedeuten m die Körpermasse in Kilogramm und t die Zeit in Stunden.

Bei einer Masse von 50 kg und einem vollständigen Tag (24 Stunden) erhält man:

$$\text{GU} = 6{,}2\,\frac{\text{kJ}}{\text{kg}\cdot\text{h}}\cdot 50\ \text{kg}\cdot 24\ \text{h} = 7\,440\ \text{kJ}$$

Das bedeutet eine notwendige Energie von 86 J in jeder Sekunde.

Übt man sportliche oder andere Tätigkeiten aus, so kommt zu dem Grundumsatz noch der **Leistungsumsatz** hinzu. Der Leistungsumsatz ist die Energie, die für die unterschiedlichsten Tätigkeiten erforderlich ist. Grundumsatz und Leistungsumsatz zusammen ergeben den Gesamtumsatz, also den Gesamtenergiebedarf. So benötigen Menschen bei leichter körperlicher Tätigkeit etwa 10 000 kJ pro Tag. Bei schwerer Tätigkeit kann der Wert bis auf 25 000 kJ steigen. Nimmt ein Mensch mehr Energie als erforderlich auf, so erfolgt im Körper eine Energiespeicherung in Form von Fett.

1. *Biomasse ist aufgrund des ständigen Nachwachsens von Pflanzen und Tieren ein wichtiger erneuerbarer Energieträger.*
Trage in einer Tabelle verschiedene Verfahren zur Nutzung der Biomasse als Energieträger für die Energieversorgung zusammen! Beschreibe den Weg der Energie über die einzelnen Energieträger!

Verfahren	Energieübertragungen
Verbrennung von Biomasse (z. B. Holz)	...
...	...

2. *Sammle Informationen über Umweltschäden durch Energienutzung und über Möglichkeiten der Verringerung solcher Schäden!*

3. *Die Übersicht unten zeigt, wie lange die Reserven an fossilen Energieträgern reichen, wenn man von den heute bekannten Lagerstätten ausgeht und die jetzige Förderung zugrunde legt.*

Energieträger	Reichweite in Jahren	
	weltweit	Deutschland
Braunkohle Steinkohle	515 151	230 330
Erdöl Erdgas	43 65	31 16

a) *Welche Folgerungen kann man aus diesen Daten ableiten?*
b) *Welche Konsequenzen ergeben sich aus diesen Daten für die künftige Nutzung regenerativer Energieträger?*

4. *Erkunde, wie sich die Nutzung erneuerbarer Energieträger in Deutschland im letzten Jahrzehnt entwickelt hat! Nutze dazu das Internet!*

5. *Die Nutzung erneuerbarer Energieträger hat nicht nur Vorteile. Sie ist auch mit Problemen verbunden. Diskutiert Vor- und Nachteile!*

6. *Wärmepumpen sind umweltfreundlich und effektiv. Bereite einen Vortrag zum Thema „Wärmepumpen" vor!*

7. *Die Energie der Sonne kann mit Sonnenkollektoren und Solarzellen genutzt werden.*
a) *Informiere dich über Aufbau, Wirkungsweise und Nutzung von Sonnenkollektoren! Bereite dazu eine Präsentation vor!*
b) *Wozu kann man Solarzellen nutzen? Fertige eine Übersicht über Nutzungsmöglichkeiten an! Erläutere Vor- und Nachteile!*

8. *Der durchschnittliche Energiebedarf des Menschen hängt von Alter und Geschlecht ab.*

Energiebedarf pro Tag in kJ in verschiedenen Lebensaltern

Lebensalter	Energiebedarf in kJ/Tag	
Kinder 1–4 Jahre 7–10 Jahre	 5000 8400	
Jugendliche 12–15 Jahre 16–19 Jahre	**männlich** 10000 13000	**weiblich** 8000 10500
Erwachsene 25 Jahre 45 Jahre 65 Jahre	**männlich** 10900 10000 9200	**weiblich** 9200 8400 7500

a) *Erkunde den Energiegehalt verschiedener Nahrungsmittel! Meist sind Angaben dazu auf der Verpackung zu finden.*
b) *Versuche abzuschätzen, wie viel Energie am Tag du mit Nahrungsmitteln zu dir nimmst! Vergleiche den ermittelten Wert mit der Angabe in der Tabelle!*
c) *Welche Auswirkungen hätte es, wenn man ständig mehr Energie zu sich nimmt, als man benötigt?*

9. *Windenergieanlagen gelten als besonders umweltfreundlich. Neben Befürwortern gibt es aber auch Gegner. Führt mit sachlichen Argumenten eine Diskussion zum Thema „Pro und Kontra Windenergie"!*

Elektronische Bauelemente

Elektronische Bauelemente wie Thermistoren, Dioden, Transistoren, Leuchtdioden oder Solarzellen werden in vielfältiger Weise genutzt. Allen ist gemeinsam, dass in ihnen elektrische Leitungsvorgänge vor sich gehen, dass also z.B. durch einen Widerstand oder durch ein Halbleiterbauelement ein elektrischer Strom fließt.

Vergleicht man das Zustandekommen und den Verlauf von elektrischen Leitungsvorgängen in verschiedenen Stoffen, dann lassen sich einige allgemeingültige Aussagen treffen. Sie gelten für beliebige Stoffe und auch für das Vakuum.

Voraussetzungen für einen elektrischen Leitungsvorgang sind:

(1) das Vorhandensein frei beweglicher (wanderungsfähiger) Ladungsträger,

(2) die Existenz eines elektrischen Felds (einer elektrischen Spannung) in dem betreffenden Bereich. Ein solches elektrisches Feld existiert z.B. zwischen den beiden Polen einer elektrischen Quelle (Abb. 2).

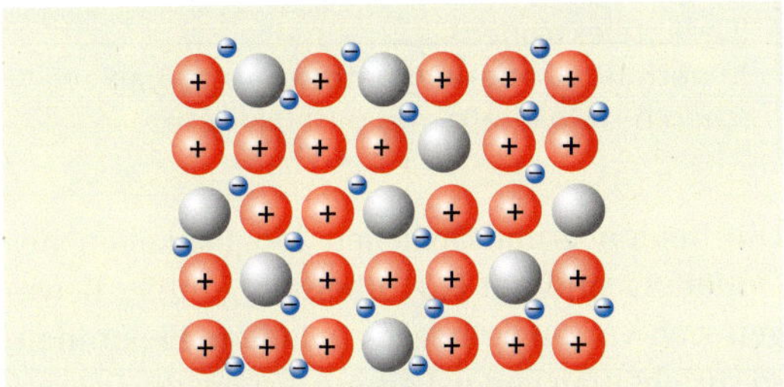

1 Metallischer Leiter ohne Vorhandensein eines elektrischen Felds

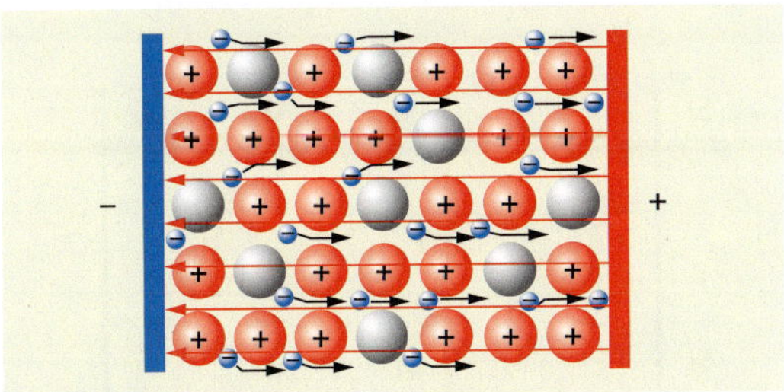

2 Bei Vorhandensein eines elektrischen Felds bewegen sich die Elektronen in einer Vorzugsrichtung.

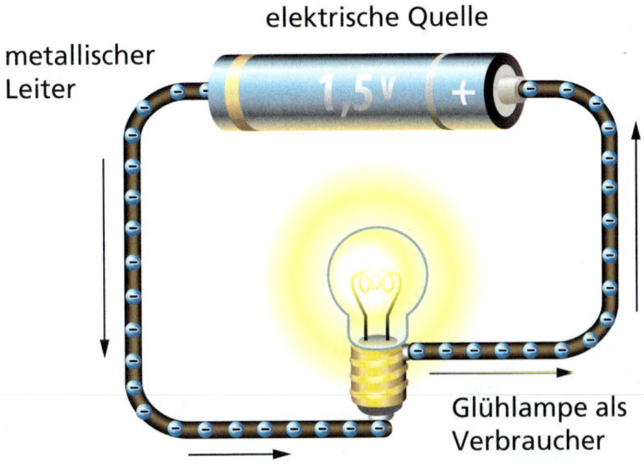

3 Elektronenstrom durch einen metallischen Leiter

Der **Verlauf** eines elektrischen Leitungsvorgangs hängt ab von

(1) der Art und der Anzahl der zur Verfügung stehenden beweglichen Ladungsträger,

(2) der Stärke des elektrischen Felds im betreffenden Raumbereich,

(3) der Behinderung der gerichteten Bewegung der Ladungsträger durch andere Teilchen. Diese Behinderung äußert sich als elektrischer Widerstand des betreffenden Stoffs.

Leitung in Metallen

In einem metallischen Leiter ist ein Teil der negativ geladenen Elektronen nicht an bestimmte Atome gebunden, sondern kann sich frei im Leiter bewegen. Diese freien Elektronen führen im Leiter eine unregelmäßige Bewegung aus (Abb. 1).

Wird der Leiter mit einer elektrischen Quelle verbunden, so bildet sich in ihm ein elektrisches Feld aus. In diesem Feld wird auf die Elektronen eine Kraft ausgeübt. Sie bewegen sich gerichtet.

> Stromfluss in metallischen Leitern bedeutet die gerichtete Bewegung von Elektronen in diesem Leiter.

In metallischen Leitern bewegen sich die negativ geladenen Elektronen vom Minuspol zum Pluspol (Abb. 2, 3). Ihre Geschwindigkeit liegt bei etwa 1 $\frac{mm}{s}$.

Leitung in Halbleitern

Halbleiter sind Stoffe, deren elektrische Leitfähigkeit zwischen der von Leitern und Isolatoren liegt.

Diese Leitfähigkeit ist bei reinen Halbleitern wie Silicium, Germanium und Selen nur gering und technisch kaum nutzbar. Von reinen Halbleitern spricht man, wenn auf mehr als 10^9 Siliciumatome ein Fremdatom oder ein Gitterfehler kommt.

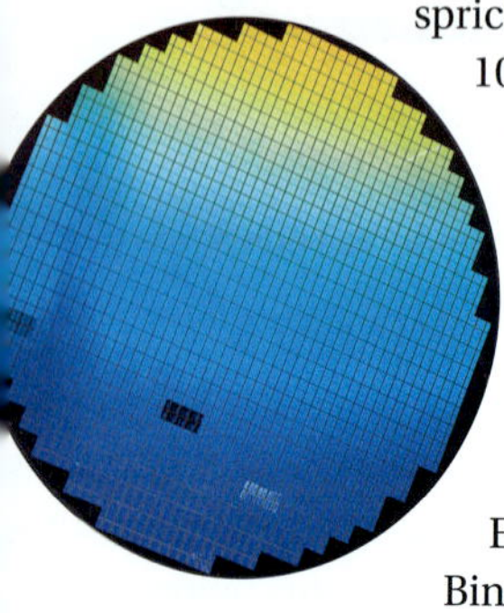

Bei Zimmertemperatur sind bei einem reinen Halbleiter fast alle Elektronen im Gitter fest gebunden (Abb. 3). Einzelne Elektronen können aber diese Bindung verlassen. Dabei entsteht jeweils eine Fehlstelle, ein Loch.

Man spricht auch von Defektelektronen. Diese Löcher oder Defektelektronen werden teilweise wieder durch Elektronen besetzt. Man sagt: Die Elektronen und Löcher rekombinieren. Im Mittel sind aber immer ein paar freie Elektronen und Löcher vorhanden.

Wird an einen solchen reinen Halbleiter eine Spannung angelegt, dann gehen parallel zueinander folgende Vorgänge vor sich:

- Die wenigen freien Elektronen bewegen sich in Richtung Pluspol der Spannungsquelle.
- In Löcher springen benachbarte, ursprünglich gebundene Elektronen.

Dadurch erfolgt insgesamt eine Bewegung von Elektronen in der einen Richtung und gleichzeitig von Löchern in der entgegengesetzten Richtung (Abb. 1).

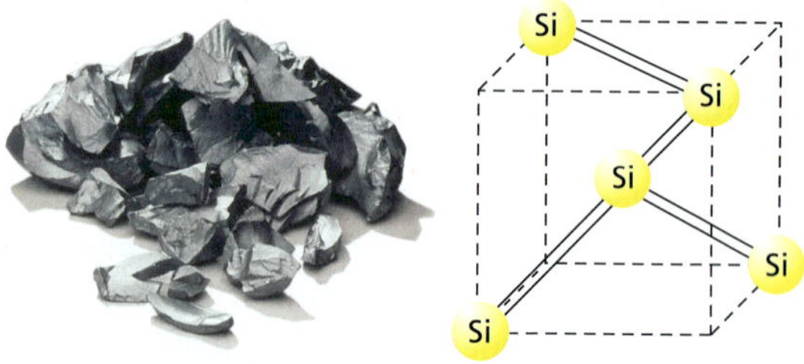

2 Räumliche Darstellung von Silicium. Bei reinem Silicum sind fast alle Elektronen im Gitter fest gebunden. Das Foto links zeigt Silicium.

Dieser Leitungsmechanismus wird als **Eigenleitung** bezeichnet. Er hat nur geringe praktische Bedeutung.

Die Leitfähigkeit eines Halbleiters kann gezielt erhöht werden, wenn man Atome anderer Elemente (Fremdatome) einbringt, die mehr oder weniger Außenelektronen haben als die Halbleiteratome. Man nennt diesen Vorgang **Dotieren.** Beim Dotieren entstehen **Störstellen** mit freien Elektronen oder Löchern. Die darauf basierende Leitung wird **Störstellenleitung** genannt.

> Bei Halbleitern erfolgt der elektrische Leitungsvorgang durch Elektronen und Löcher (Defektelektronen).
> Je nach der Dotierung unterscheidet man zwischen n-Halbleitern und p-Halbleitern.

Die beiden grundsätzlichen Möglichkeiten des Dotierens sind auf S. 31 oben dargestellt. Bewegen sich vorrangig negativ geladene Elektronen, so spricht man von **n-Leitung.** Erfolgt die Leitung vor allem durch Löcher, so wird von **p-Leitung** gesprochen. Das gezielte Dotieren selbst erfolgt in einem technisch aufwendigen Verfahren.

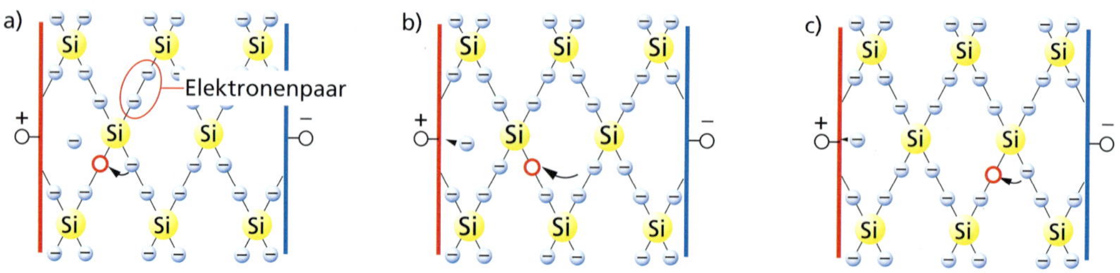

1 Eigenleitung in Silicium: Elektronen bewegen sich nach links, Löcher nach rechts.

n-Halbleiter	**p-Halbleiter**
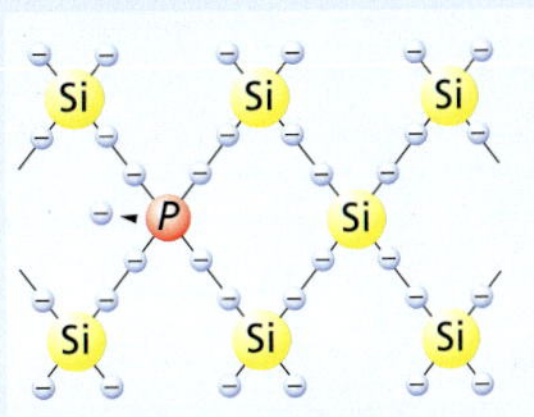 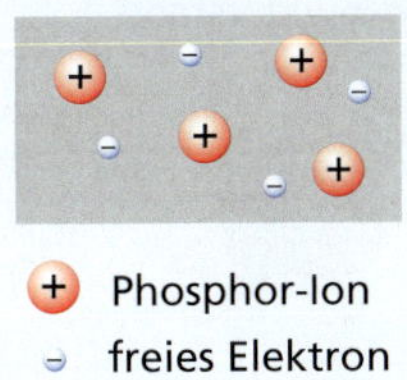	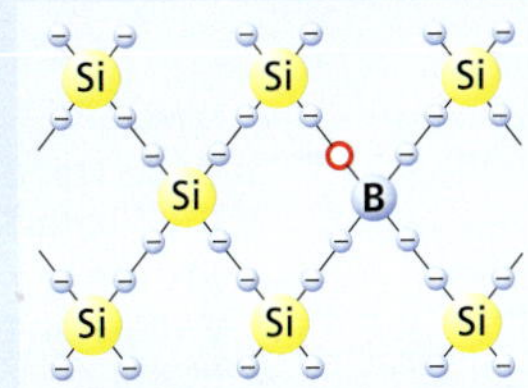 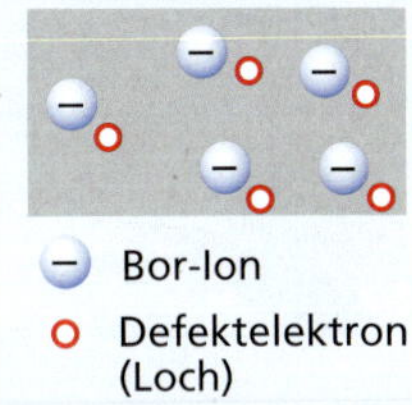
Wird ein Phosphoratom (5-wertig) in Silicium dotiert, kann ein Außenelektron des Phosphors nicht gebunden werden und steht als freies Elektron für eine n-Leitung zur Verfügung.	Wird in ein Siliciumkristall ein Boratom (3-wertig) dotiert, kann ein Außenelektron eines Siliciumatoms nicht gebunden werden. Es bleibt ein Loch, das für eine p-Leitung zur Verfügung steht.

Der elektrische Widerstand eines Halbleiters ist von dessen Temperatur abhängig. Dabei wirken zwei gegensätzliche Vorgänge. Einerseits führen bei höherer Temperatur die Atome und Ionen des Halbleiterkristalls stärkere Schwingungen um ihre Ruhelage aus und behindern dadurch stärker die Bewegung der frei beweglichen Elektronen.

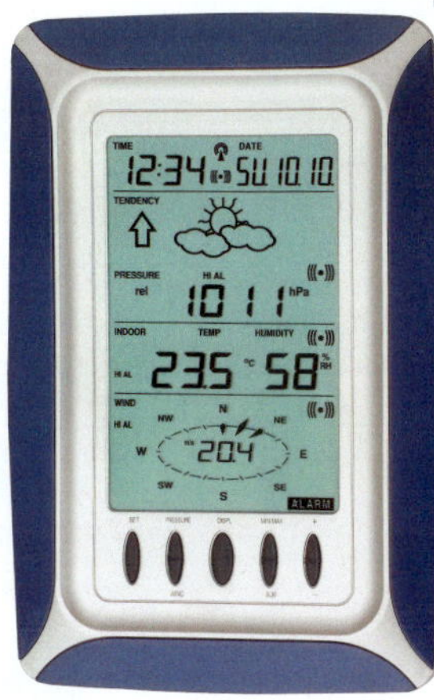

Andererseits können sich bei einer höheren Temperatur mehr Außenelektronen aus ihren Bindungen lösen. Somit stehen mehr frei bewegliche Ladungsträger und Löcher zur Verfügung.
Je nachdem, welcher dieser Vorgänge überwiegt, steigt oder sinkt der Widerstand eines Halbleiters bei Temperaturerhöhung. Solche temperaturabhängigen Halbleiterwiderstände bezeichnet man als **Thermistoren,** wobei man zwischen Kaltleitern und Heißleitern unterscheidet.
Bei **Kaltleitern** wird der elektrische Widerstand umso größer, je höher die Temperatur ist. Bei **Heißleitern** nimmt der elektrische Widerstand mit steigender Temperatur ab (↗ Übersicht unten).
Die Leitfähigkeit und damit der Widerstand von Halbleitern können auch durch die Stärke des einfallenden Lichts beeinflusst werden. Das wird bei **Fotowiderständen** (↗ unten) genutzt: Je stärker sie mit Licht beleuchtet werden, umso kleiner ist ihr elektrischer Widerstand.

Thermistoren		**Fotowiderstände (LDR)**
Heißleiter (NTC-Widerstand)	**Kaltleiter (PTC-Widerstand)**	
Mit steigender Temperatur ϑ verringert sich der Widerstand.	Mit steigender Temperatur ϑ vergrößert sich der Widerstand.	Mit zunehmender Beleuchtungsstärke E verringert sich der Widerstand.
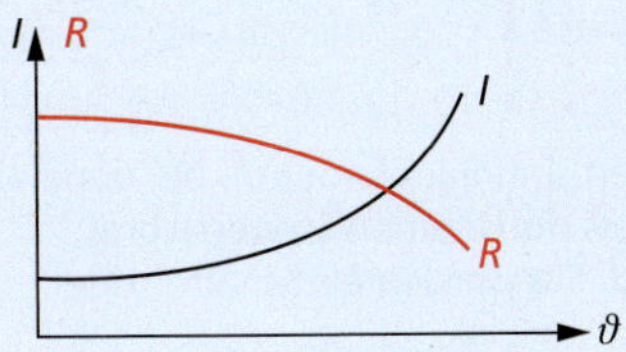	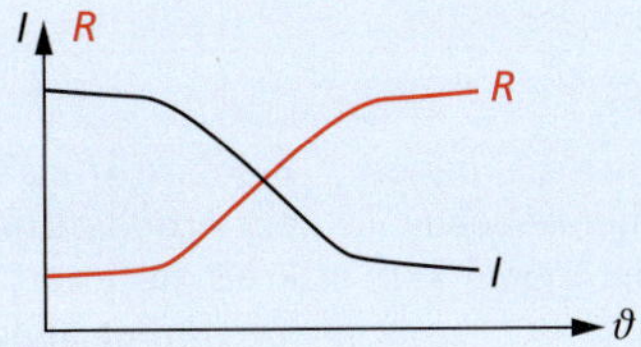	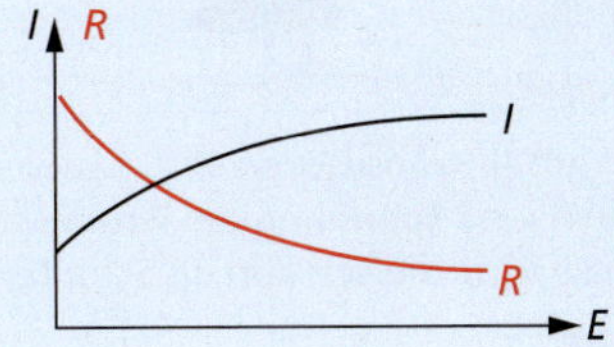

Ausgewählte elektronische Bauelemente im Überblick

Thermistor

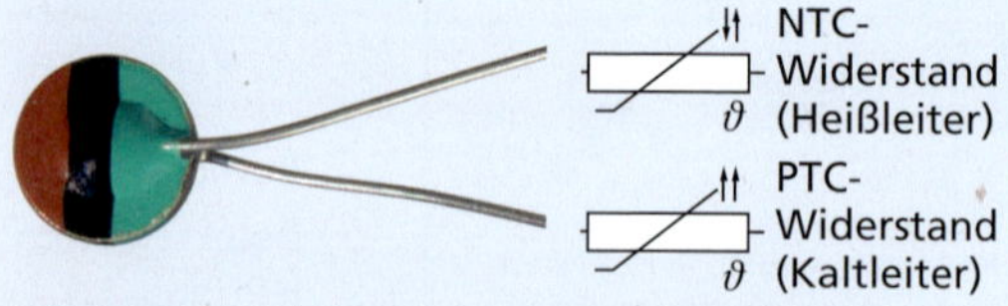

Thermistoren sind stark temperaturabhängige Widerstände aus halbleitenden Metalloxiden. Ihr Widerstand vergrößert oder verkleinert sich mit steigender Temperatur.

Fotowiderstand

Fotowiderstände sind beleuchtungsabhängige Widerstände, z. B. aus Cadmiumsulfid, die auf ein Trägerplättchen aufgebracht sind. Ihr Widerstand verkleinert sich mit der Beleuchtungsstärke.

Gleichrichterdiode

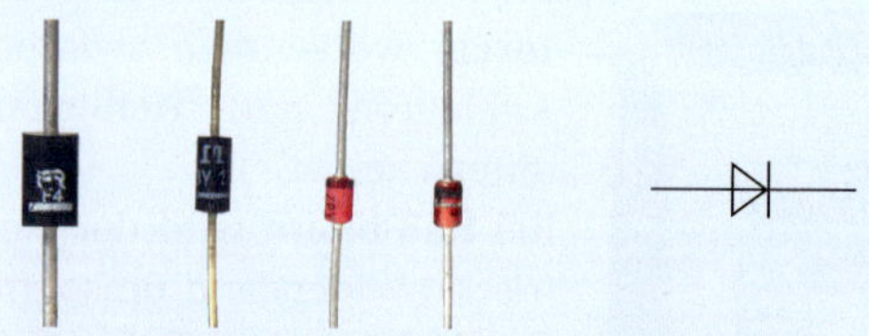

Gleichrichterdioden sind Bauelemente mit einem pn-Übergang, die in Sperrrichtung einen großen und in Durchlassrichtung einen kleinen Widerstand haben.

Leuchtdiode (LED)

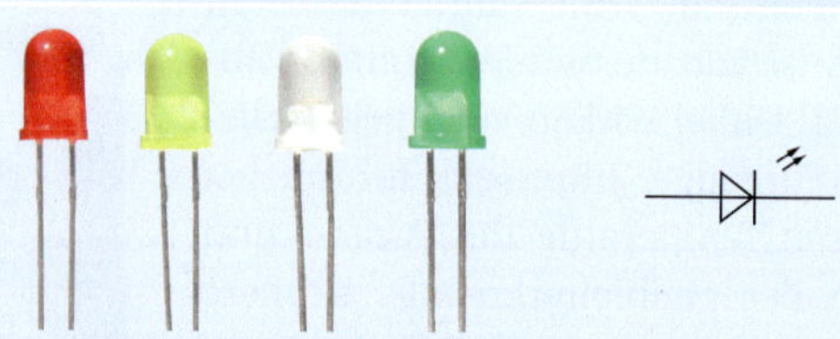

Leuchtdioden, z. B. aus GaAs, werden in Durchlassrichtung betrieben. Bei der Neutralisierung von Elektron-Loch-Paaren im pn-Übergang wird Energie frei, die mit Licht abgegeben wird.

Fotodiode

Fotodioden werden in Sperrrichtung betrieben. Bei Beleuchtung des pn-Übergangs mit Licht erfolgt eine Bildung von Elektron-Loch-Paaren. Die Stromstärke steigt an.

Fotoelement, Solarzelle

Solarzellen sind flächenhafte Anordnungen von Fotoelementen. Bei einem Fotoelement entsteht bei Lichteinstrahlung zwischen p- und n-Anschluss eine Spannung.

Feldeffekttransistoren

Feldeffekttransistoren sind Bauelemente, bei denen durch eine Spannung ein Arbeitsstromkreis beeinflusst wird. Sie werden als Schalter oder Verstärker genutzt.

Bipolarer Transistor

Bipolare Transistoren sind Bauelemente, bei denen ein Arbeitsstromkreis durch einen Steuerstromkreis gesteuert wird. Sie werden als Schalter oder Verstärker genutzt.

Widerstände als Sensoren

Mithilfe von **Sinnesorganen** und **Sinneszellen** (Rezeptoren) kann der Mensch unterschiedliche Informationen wahrnehmen, z. B. hell und dunkel unterscheiden, die Höhe und die Lautstärke eines Tons feststellen oder verschiedene Temperaturen registrieren.

Auch technische Einrichtungen können Reize aus unserer Umwelt wahrnehmen. Das geschieht mithilfe von **Sensoren.** Die Bezeichnung ist abgeleitet vom lateinischen *sensus* = Sinn. Es gibt z. B. Sensoren für Druck, Helligkeit oder Schall (↗ S. 260).

Als Sensoren können auch metallische Widerstände, Heißleiter oder Kaltleiter genutzt werden, z. B. als Sensoren für die Temperatur.

Erhöht sich die Temperatur, so verändert sich der Widerstand des Leiters. Bei konstanter Spannung verändert sich dann wegen $I \sim \frac{1}{R}$ die Stromstärke. Damit man mit einer solchen Anordnung tatsächlich Temperaturen messen kann, muss das Thermometer geeicht werden. Abb. 2 zeigt den entsprechenden Versuchsaufbau, Abb. 3 ein Beispiel für eine Eichkurve. Damit kann einer bestimmten Stromstärke eindeutig eine bestimmte Temperatur zugeordnet werden (Abb. 3).

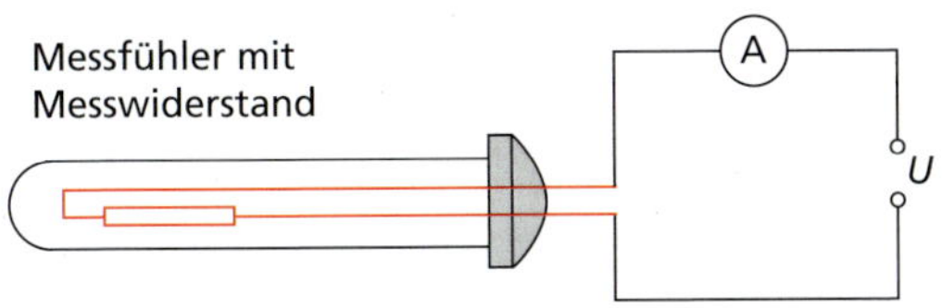

1 Aufbau eines einfachen elektrischen Thermometers

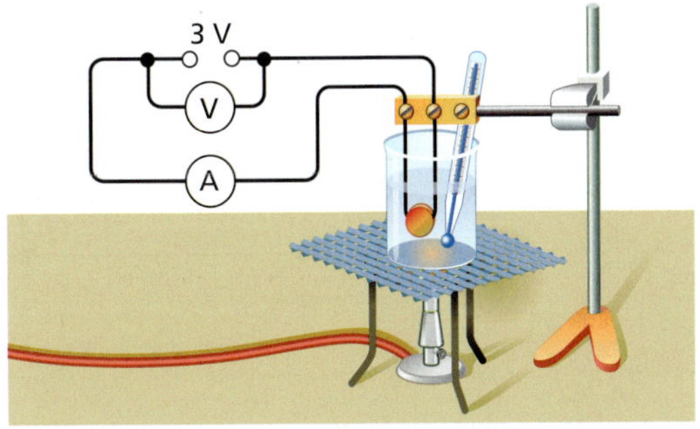

2 Versuchsaufbau zur Aufnahme einer Eichkurve

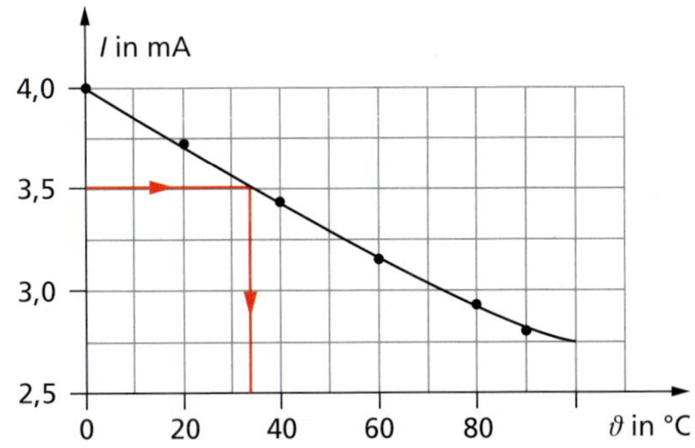

3 Beispiel für eine Eichkurve

1. *Kaltleiter (PTC-Widerstände) nutzt man z. B. zur Füllstandsmessung. Baue das Modell einer Füllstandsmessung!*

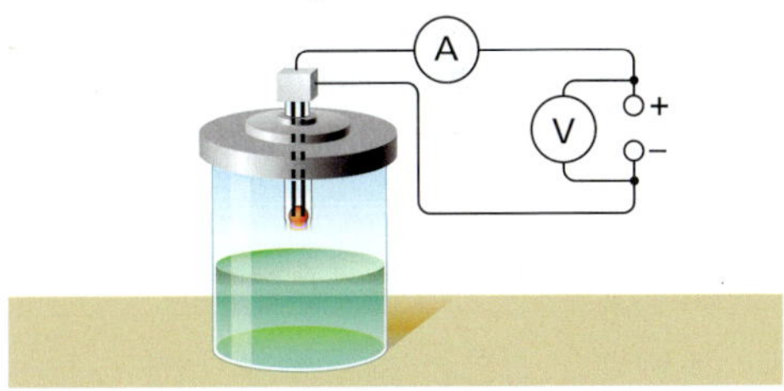

Zeige, dass bei einem Kaltleiter die Stromstärke in einem Stromkreis zunächst gering ist und dass sie ansteigt, wenn der Flüssigkeitsspiegel den Widerstand erreicht!

2. *Untersuche, wie sich die Stromstärke durch einen Fotowiderstand in Abhängigkeit von der Beleuchtung ändert!*

Vorbereitung:
Entwirf einen Schaltplan und eine Messwertetabelle!
Durchführung:
a) Baue den Versuch entsprechend dem Schaltplan auf!
b) Miss die Stromstärke, wenn der Widerstand vollständig abgedunkelt ist!
c) Beleuchte den Widerstand mit einer Taschenlampe aus verschiedenen Entfernungen!
Auswertung:
a) Formuliere ein Ergebnis!
b) In welchen technischen Anwendungen nutzt man Fotowiderstände?

Halbleiterdioden

Eine **Halbleiterdiode** besteht aus zwei unterschiedlich dotierten Schichten desselben Grundmaterials, häufig Silicium.
In dem Bereich, in dem sich die unterschiedlich dotierten Schichten, der **p-Halbleiter** und der **n-Halbleiter,** berühren, bildet sich ein pn-Übergang heraus. Er ist nur Bruchteile eines Millimeters breit. In Abhängigkeit von der Polung der Spannungsquelle ist dieser pn-Übergang leitend (Abb. 2) oder es bildet sich eine nicht leitende Grenzschicht heraus (Abb. 3).

3. *Nimm die I-U-Kennlinie einer Germaniumdiode und einer Siliciumdiode auf!*
Vorbereitung:
Bereite eine Messwertetabelle vor!
Durchführung:
a) Baue die Schaltung auf!

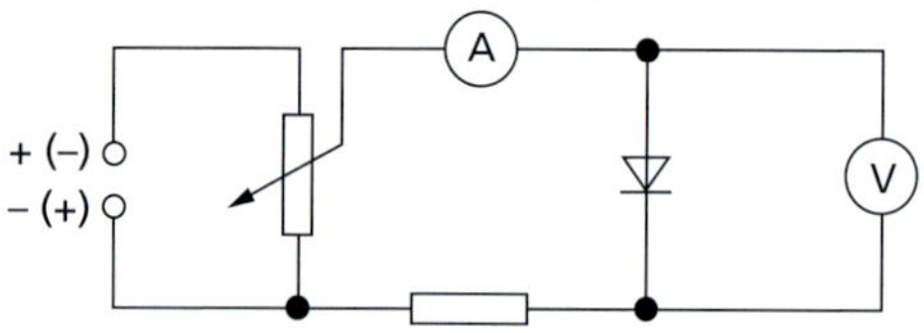

b) Beachte: Zur Begrenzung der Stromstärke durch die Diode wird ein Widerstand in Reihe geschaltet.
c) Beginne mit 0 V und erhöhe die Spannung schrittweise um 0,1 V!
d) Beende die Messung, wenn ein merklicher Stromfluss durch die Diode einsetzt!
e) Pole um und wiederhole die Messungen!

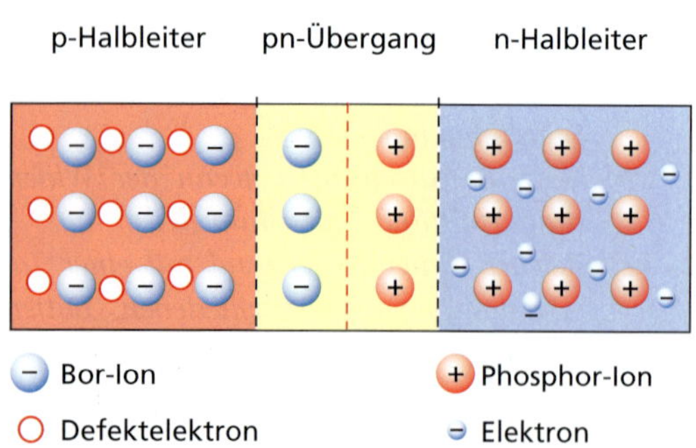

1 Aufbau einer Halbleiterdiode: Die großen Teilchen sind die ortsfesten Ionen der Dotierungsstoffe.

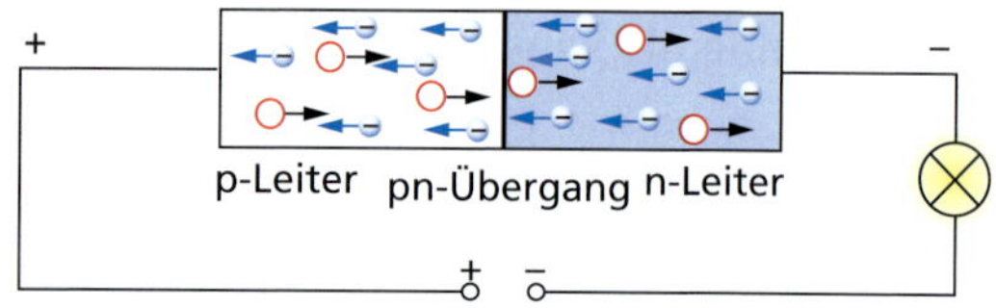

2 Diode in Durchlassrichtung: Der Pluspol der Spannungsquelle liegt am p-Leiter.

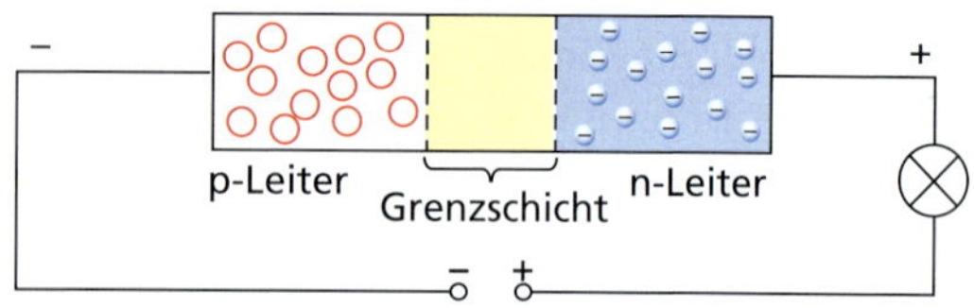

3 Diode in Sperrrichtung: Der Pluspol der Spannungsquelle liegt am n-Leiter.

Auswertung:
Zeichne die U-I-Kennlinien beider Dioden in dasselbe Diagramm und interpretiere die Kennlinien!

Für den Betrieb vieler elektronischer Schaltungen benötigt man eine konstante Spannung. Man braucht also eine elektrische Quelle, die auch bei Netzschwankungen oder bei der Entladung von Batterien ihre Spannung kaum ändert. Dazu schaltet man Dioden in Durchlassrichtung über einen Vorwiderstand an eine elektrische Quelle und kann über den Dioden eine relativ konstante Spannung abgreifen (Abb. 4).

4. *Erkläre, wie man mit der in Abb. 1 dargestellten Schaltung eine relativ konstante Spannung erhalten kann!*

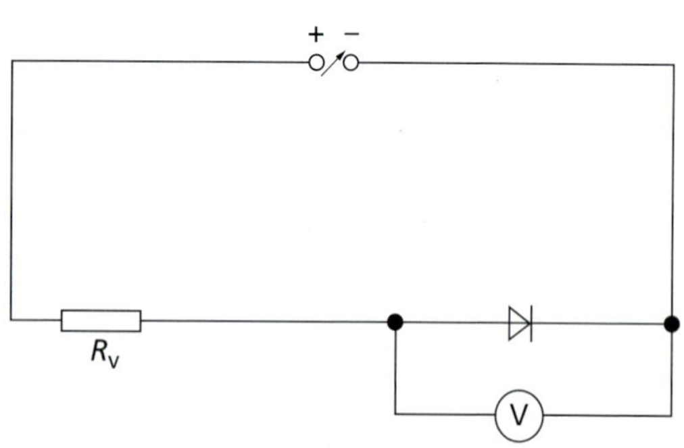

4 Schaltplan einer einfachen Konstantspannungsquelle

Leuchtdioden

Leuchtdioden, auch **Lumineszenzdioden, Lichtemitterdioden** oder **LED** (abgeleitet vom englischen **l**ight **e**mitting **d**iode) genannt, sind spezielle Halbleiterdioden, die beim Betrieb in Durchlassrichtung Licht in einer bestimmten Farbe aussenden.

Die Farbe hängt von dem verwendeten Halbleitermaterial ab. Genutzt wird u. a. Gallium-Arsenid, Gallium-Arsenid-Phosphid oder Gallium-Phosphid.

5. *Wie sind Leuchtdioden aufgebaut und wie funktionieren sie?*

6. *Informiere dich über Einsatzmöglichkeiten von Leuchtdioden!*

7. *Welche Vorteile haben Leuchtdioden gegenüber Glühlämpchen?*

8. *Interpretiere die in Abb. 1 angegebenen Kennlinien!*

9. *Untersuche analog zur Kennlinie einer Gleichrichterdiode (↗ S. 256) selbst die Kennlinie einer gegebenen Leuchtdiode!*
   Vorbereitung:
   a) *Entwirf einen Schaltplan! Beachte dabei, dass die in Durchlassrichtung betriebene Leuchtdiode mit einem Widerstand in Reihe zu schalten ist.*

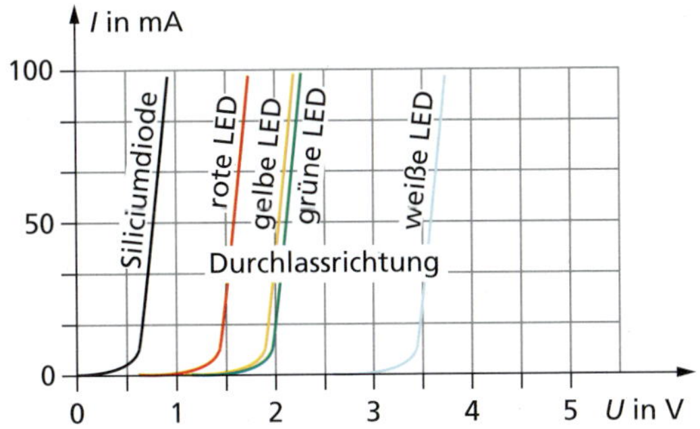

1 Kennlinien von verschiedenfarbigen LEDs im Vergleich mit einer Siliciumdiode

2 Leuchtdioden, die unsichtbares infrarotes Licht aussenden, nutzt man bei Fernbedienungen.

   b) *Wie kann man den erforderlichen Widerstand R berechnen, wenn Spannung und Stromstärke bekannt sind?*
   Durchführung:
   Baue die Schaltung auf und führe die erforderlichen Messungen durch!
   Auswertung:
   Stelle die Kennlinie dar! Vergleiche sie mit den Kennlinien in Abb. 1!

10. *Mithilfe von Leuchtdioden kann man eine Füllstandsmessung bei einer leitenden Flüssigkeit durchführen (Abb. 3).*
    a) *Erkläre die Funktionsweise einer solchen Anordnung, wie sie in Abb. 3 dargestellt ist!*
    b) *Baue eine solche Anordnung auf! Probiere sie aus!*

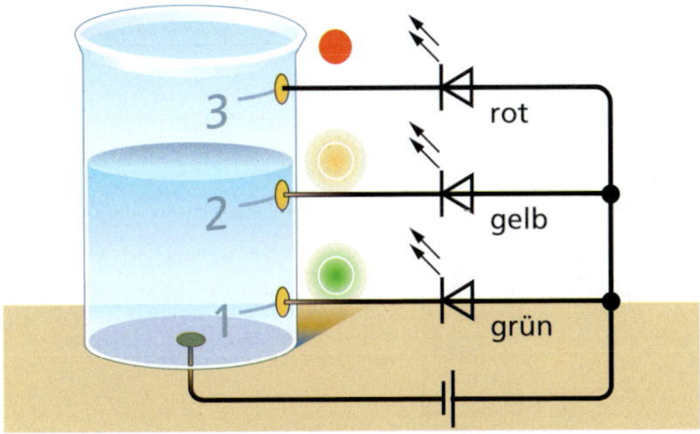

3 Aufbau einer einfachen Füllstandsanzeige: Die grüne und die gelbe LED leuchten.

Transistoren

Transistoren sind Halbleiterbauelemente, die aus drei unterschiedlich dotierten Schichten desselben Grundmaterials, meistens Silicium, bestehen (Abb. 1). Je nach Dotierung unterscheidet man **npn-Transistoren** und **pnp-Transistoren.** An den Leitungsvorgängen sind sowohl Elektronen als auch Defektelektronen beteiligt. Man nennt diese Art von Transistoren **bipolare Transistoren.**

11. Erkunde, woher die Bezeichnung „Transistor“ kommt! Wann und von wem wurden die ersten Transistoren entwickelt? Welche Arten von Transistoren gibt es?

Abb. 1 zeigt den prinzipiellen Aufbau eins pnp-Transistors: Er besteht aus drei Bereichen mit unterschiedlicher Dotierung.

12. Untersuche, unter welchen Bedingungen in einem Transistor Ströme fließen!
Vorbereitung:
Übernimm den Schaltplan in das Protokoll!

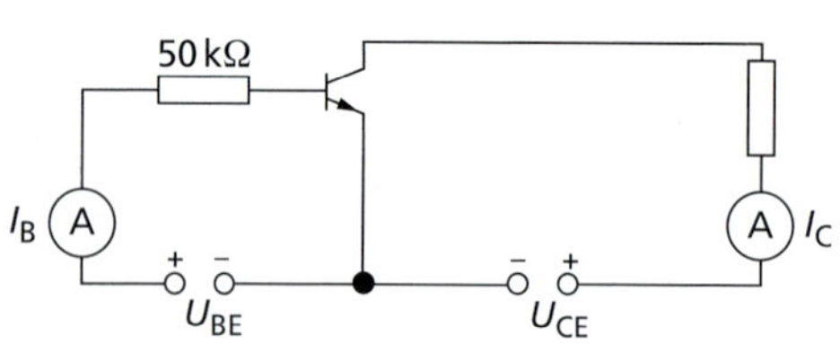

Kennzeichne im Schaltplan den Basis- und Kollektorstromkreis mit zwei unterschiedlichen Farben! Benenne im Schaltzeichen Basis, Emitter und Kollektor!
Durchführung:
a) Baue die Experimentieranordnung auf!
b) Miss jeweils I_B und I_C unter den Bedingungen, wie sie in der Tabelle vorgegeben sind!

Bedingungen		I_B in mA	I_C in mA
$U_{BE} = 0$	$U_{CE} = 10$ V		
$U_{BE} = 1{,}5$ V	$U_{CE} = 0$ V		
$U_{BE} = 1{,}5$ V	$U_{CE} = 10$ V		

Auswertung:
a) Welche Abhängigkeit besteht zwischen dem Fließen eines Kollektorstroms und dem Fließen eines Basisstroms?
b) Vergleiche Kollektor- und Basisstromstärke im letzten Teilversuch und formuliere ein Ergebnis!

Aus der experimentellen Untersuchung ergibt sich:
- Es fließt nur dann ein Kollektorstrom, wenn auch ein Basisstrom fließt. Der Transistor kann als **elektronischer Schalter** dienen.
- Eine kleine Änderung der Basisstromstärke kann eine große Änderung der Kollektorstromstärke bewirken. Damit kann ein Transistor als **Verstärker** genutzt werden.

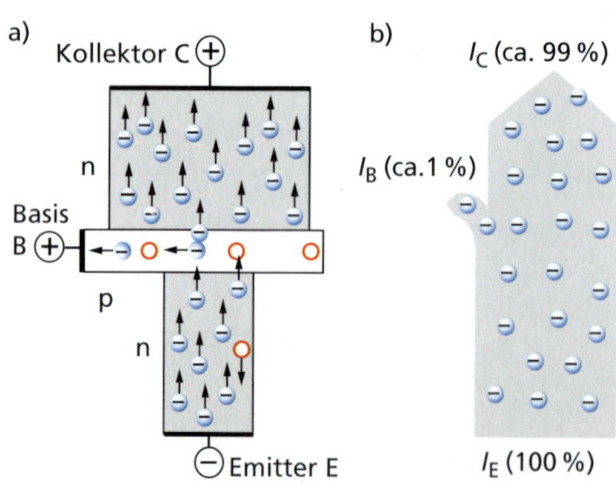

1 Aufbau eines npn-Transistors und Ströme in ihm

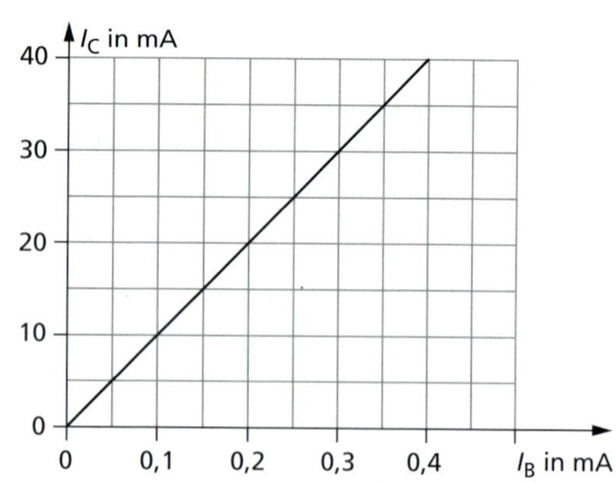

2 I_B-I_C-Kennlinie eines Siliciumtransistors

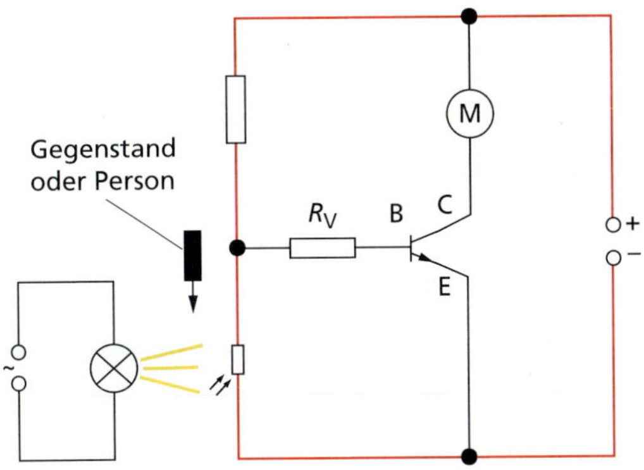

1 Schaltplan für eine Lichtschrankenanlage mit einem Transistor

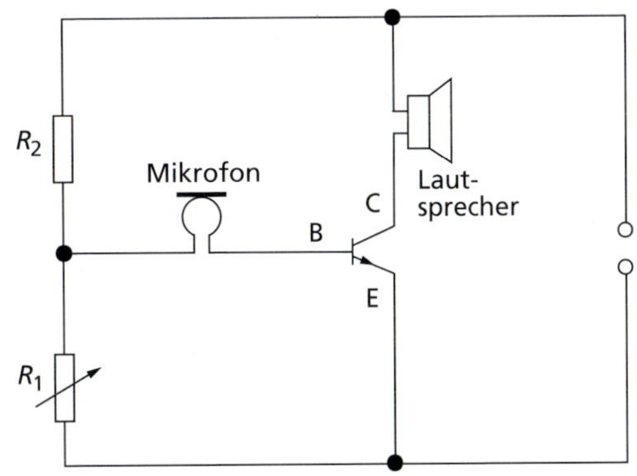

2 Schaltplan eines einfachen Mikrofonverstärkers mit einem Transistor

Bei Lichtschranken an Rolltreppen und Fahrstuhltüren werden Transistoren als Schalter genutzt (Abb. 1). Geht eine Person durch die Lichtschranke, dann wird ein Lichtbündel unterbrochen. Dadurch setzt sich eine Rolltreppe in Bewegung oder bleibt eine Fahrstuhltür offen.

13. *Erläutere anhand von Abb. 1 die Wirkungsweise einer Lichtschranke! Baue eine solche Anordnung auf und probiere sie aus!*

In ähnlicher Weise funktioniert ein **Dämmerungsschalter,** mit dem die Straßenbeleuchtung automatisch betätigt wird.

14. *Die Abbildung zeigt einen Schaltplan für eine Alarmanlage, mit der Schaufenster gesichert werden. Die rot gezeichnete Leitung wird als dünne Metallfolie um die Scheibe geklebt. Beim Zerreißen der Metallfolie wird Alarm ausgelöst.*

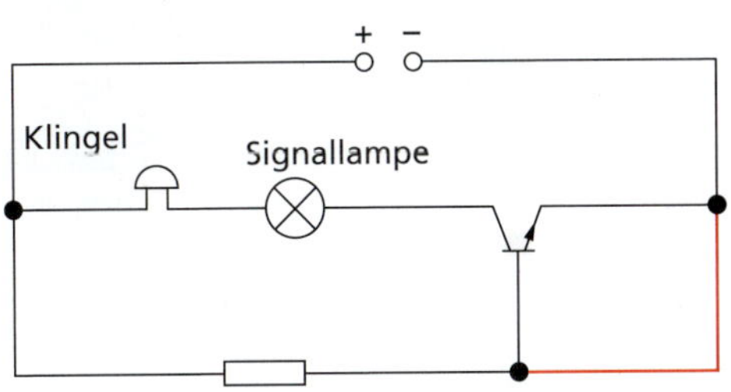

Erkläre die Wirkungsweise dieser Alarmschaltung!

Ein Transistor kann nicht nur als **elektronischer Schalter,** sondern auch als **Verstärker** genutzt werden. Ein Beispiel dafür ist ein einfacher Mikrofonverstärker (Abb. 2), mit dem die schwachen elektrischen Signale eines Mikrofons verstärkt und über einen Lautsprecher hörbar gemacht werden.

15. *Beschreibe anhand von Abb. 2 den Aufbau und erkläre die Wirkungsweise eines einfachen Mikrofonverstärkers!*

16. *Suche eine weitere Anwendung des Transistors als Schalter oder Verstärker! Bereite dazu eine Präsentation vor!*

17. *Seit etwa 1960 begann man Chips herzustellen. Heute können sich auf Chips Millionen Bauelemente befinden. Die Fotos zeigen solche komplexen Bauelemente. Bereite zum Thema „Entwicklung der Halbleiterelektronik" ein Referat vor! Nutze Nachschlagewerke und das Internet!*

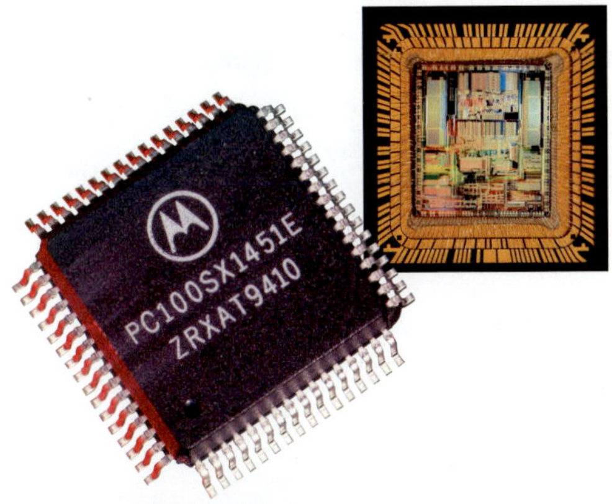

Sensoren

Mithilfe von **Sinnesorganen** und **Sinneszellen** (Rezeptoren) kann der Mensch unterschiedliche Informationen wahrnehmen.
Auch technische Einrichtungen können Reize aus unserer Umwelt wahrnehmen. Das geschieht mithilfe von **Sensoren.** Sie registrieren nichtelektrische Größen und wandeln sie in elektrische Signale um. Das wird zur Messung nichtelektrischer Größen oder zur Steuerung von Robotern genutzt (↗ Übersicht unten).

18. Nenne Beispiele für die Verwendung von Sensoren im Alltag! Prüfe dabei auch, welche Haushaltsgeräte über Sensoren verfügen!

Ein Beispiel für die Nutzung von Sensoren sind Fahrradcomputer, mit denen man nicht nur die Momentangeschwindigkeit, sondern auch den zurückgelegten Weg und andere Größen bestimmen kann. Solche Fahrradcomputer gibt es in unterschiedlichen Varianten. Im abgebildeten Fall nutzt man als Sensor für die Bestimmung der Geschwindigkeit eine an der Radgabel befestigte Spule. An ihr läuft ein an einer Speiche befestigter kleiner Magnet bei jeder Raddrehung einmal vorbei (Abb. 1).

1 Fahrradcomputer und montierter Sensor

19. Erläutere, wie man mit einer solchen Anordnung die Momentangeschwindigkeit ermitteln kann! Warum ist es wichtig, die Radgröße einzugeben?

Personenwaagen, Küchenwaagen oder Obst- und Gemüsewaagen in Supermärkten sind heute meist elektronische Waagen mit digitaler Anzeige.
Ein weitverbreiteter Sensor zur elektrischen Messung der nichtelektrischen Größe Masse ist der **Folien-Dehnungsmessstreifen** (Folien-DMS).

20. Erkunde, wie ein solcher DMS aufgebaut ist und wie er funktioniert! Welche Messgrößenwandlung erfolgt?

Sinne	Gehörsinn	Gesichtssinn	Temperatursinn	Druck-, Berührsinn
Reizart	Schall (akustischer Reiz)	Licht (optischer Reiz)	Wärme, Kälte (Temperaturreiz)	Druck, Berührung (mechanischer Reiz)
Messgerät	Schallpegelmesser 	Beleuchtungsmesser 	Thermometer 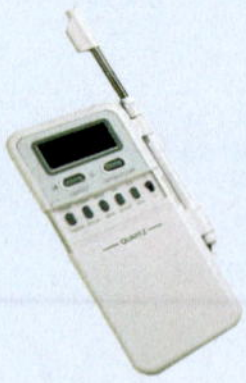	Barometer 
Sensor	Mikrofon 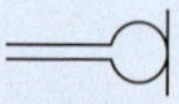	Fotodiode 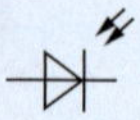	Thermistor 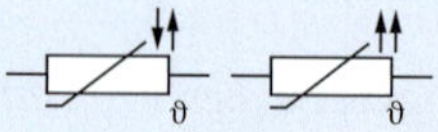	Dehnungsmessstreifen 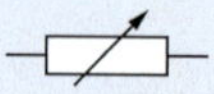

Z Ziel erreicht

Basiskonzept Materie

Materie ist all das, was in der uns umgebenden Welt in Form von Stoffen (Wasser, Luft, Plastik, Eisen ...) sowie in Form von elektrischen und magnetischen Feldern existiert.

Kräfte, Bewegungen, Vertiefungen zur Mechanik

- Kräfte können auf einen Körper oder zwischen Körpern wirken.
- Körper bestehen aus Teilchen. Ihr Verhalten kann mit dem Teilchenmodell beschrieben werden.
- Bei der Beschreibung der Bewegung von Körpern nutzt man das Modell Massepunkt.

Magnetfelder und elektromagnetische Induktion

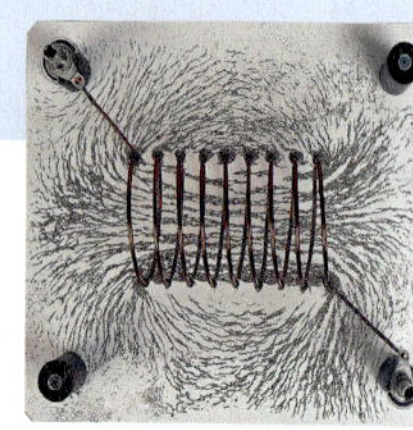

- Elektrische und magnetische Felder sind eine Form der Materie.
- Felder lassen sich mit dem Modell Feldlinienbild beschreiben.

Natur des Lichts, Kernphysik

- Licht ist eine physikalische Erscheinung, die sich mit dem Strahlenmodell oder mit dem Wellenmodell beschreiben lässt.
- Stoffe bestehen aus Atomen oder Molekülen.
- In der Atomhülle befinden sich negativ geladene Elektronen, im Atomkern positiv geladene Protonen und neutrale Neutronen.
- Beim Zerfall von Atomkernen entsteht radioaktive Strahlung. Die Strahlung ist teilweise Teilchenstrahlung (Alpha- und Betastrahlung), teilweise sind es elektromagnetische Wellen kleiner Wellenlänge (Gammastrahlung).

Basiskonzept Wechselwirkung

Von einer Wechselwirkung spricht man, wenn sich zwei oder mehrere Körper gegenseitig beeinflussen, z. B. Kräfte aufeinander ausüben.

Kräfte, Bewegungen, Vertiefungen zur Mechanik

- Zwischen Körpern wirken Kräfte, z. B. die Gewichtskraft als Anziehungskraft der Erde auf einen Körper oder Reibungskräfte zwischen den Oberflächen zweier Körper.
- Reibungskräfte bewirken, dass die Bewegung eines Körpers verhindert oder gehemmt wird.
- Kräfte und Kraftstöße bewirken die Veränderung der Form oder des Bewegungszustands von Körpern.

Magnetfelder und elektromagnetische Induktion

- Zwischen Magneten wirken anziehende oder abstoßende Kräfte.
- Auf stromführende Leiter und bewegte Ladungsträger wirken im Magnetfeld Kräfte.
- Verändert sich das von einer Spule umfasste Magnetfeld, so wird in der Spule eine Spannung induziert.

Mechanische Schwingungen und Wellen

- Sind schwingungsfähige Teilchen miteinander gekoppelt, so kann sich ein Schwingungszustand als Welle im Raum ausbreiten.
- Wellen können miteinander wechselwirken. Es tritt Interferenz auf.
- Wellen wechselwirken mit Stoffen. Es tritt Reflexion, Brechung, Streuung und Absorption auf.

Natur des Lichts, Kernphysik

- Sichtbares, infrarotes und ultraviolettes Licht hat jeweils unterschiedliche Wirkungen auf Stoffe.
- Die Wirkungen radioaktiver Strahlung auf Stoffe werden teilweise genutzt und sind teilweise unerwünscht.

Basiskonzept System

Unter einem System wird in der Physik ein gedanklich abgeschlossener Bereich verstanden, in dem bestimmte Vorgänge ablaufen.

Kräfte, Bewegungen, Vertiefungen zur Mechanik

- Ruhe und Bewegung sind davon abhängig, auf welches System (Bezugssystem) man die Betrachtungen bezieht.
- In einem abgeschlossenen System bleibt die Gesamtenergie erhalten.
- Die Energie eines Systems kann durch Arbeit am System oder durch Arbeit vom System verändert werden. Dabei gilt: $W = \Delta E$
- Für ein kräftemäßig abgeschlossenes System gilt der Impulserhaltungssatz: Der Gesamtimpuls bleibt erhalten.

Magnetfelder und elektromagnetische Induktion

- In Magnetfeldern richten sich kleine Magnetnadeln längs der Feldlinien aus.
- Befinden sich Spulen in sich ändernden Magnetfeldern, so wird in ihnen eine Spannung induziert.

Mechanische Schwingungen und Wellen

- Schwingungsfähige Systeme können unterschiedliche Arten von Schwingungen ausführen.
- Sind Schwinger kräftemäßig miteinander gekoppelt, so können mechanische Wellen entstehen und sich ausbreiten.

Natur des Lichts, Kernphysik

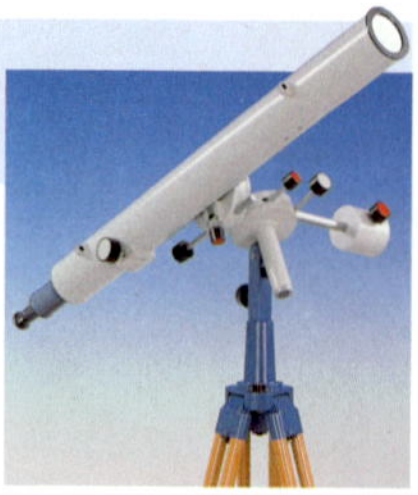

- Mit optischen Systemen (Fotoapparat, Mikroskop, Fernrohr) können Bilder erzeugt werden.
- Beispiele für kernphysikalische Systeme sind Kernkraftwerke oder Geräte für die Bestrahlung bzw. die Durchstrahlung von Körpern.

Basiskonzept Energie

Energetische Betrachtungen, insbesondere die Nutzung des Energieerhaltungssatzes, spielen in vielen Bereichen der Physik, aber auch in der Technik und im Alltag eine wichtige Rolle.

Kräfte, Bewegungen, Vertiefungen zur Mechanik

- In einem abgeschlossenen System bleibt die Gesamtenergie erhalten.
- Energie kann von einer Energieform in andere umgewandelt werden.
- Energie kann transportiert und gespeichert werden.
- Bei ihrer Nutzung wird Energie entwertet.
- Formen mechanischer Energie sind die potenzielle und die kinetische Energie.

Magnetfelder und elektromagnetische Induktion

- Elektrische Felder und magnetische Felder besitzen Energie.
- Bei der elektromagnetischen Induktion wird mechanische Energie in elektrische Energie umgewandelt (Generator).

Mechanische Schwingungen und Wellen

- Bei mechanischen Schwingungen wird potenzielle in kinetische Energie umgewandelt und umgekehrt.
- Mit Wellen wird Energie, aber kein Stoff transportiert.

Natur des Lichts, Kernphysik

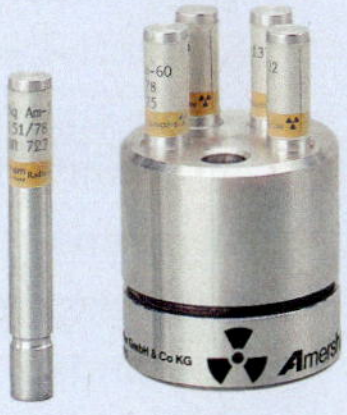

- Mit Licht wird Energie transportiert.
- Bei Kernumwandlungen wird Energie freigesetzt. Das wird z. B. in Kernkraftwerken genutzt.
- Radioaktive Strahlung besitzt Energie.

Ziel erreicht

Mit Fachwissen umgehen

1. Ein 100-m-Lauf

Bei einem 100-m-Lauf legt ein Läufer die ersten 25 m mit einer konstanten Beschleunigung von 3,13 m/s^2 zurück. Die restlichen 75 m läuft er mit der erreichten Geschwindigkeit weiter. Er benötigt für die gesamte Strecke 10,20 s.

a) Berechne seine maximale Geschwindigkeit! Vergleiche sie mit der Durchschnittsgeschwindigkeit für diesen Lauf!

b) Skizziere das s-t-, v-t- und a-t-Diagramm für den gesamten Lauf!

c) Diskutiere verschiedene Möglichkeiten zur Verbesserung der Laufleistung des Sportlers aus physikalischer Sicht!

2. Tiefe eines Brunnens

Um die Tiefe eines Brunnens zu bestimmen, wird vom Brunnenrand aus ein Stein fallen gelassen und die Zeit bis zum Hören des Aufschlags auf die Wasseroberfläche gemessen. Daraus kann dann die Tiefe des Brunnens ermittelt werden.

a) Nenne die Bedingungen und Gesetze, die für diese Berechnung genutzt werden!

b) Erkunde, ob es noch andere Möglichkeiten gibt, die Tiefe eines Brunnens zu bestimmen! Präsentiere eine Möglichkeit deinen Mitschülern!

3. Ariane 5 in Aktion

Die Ariane 5 ist eine Trägerrakete, die im Auftrag der Europäischen Weltraumorganisation (ESA) entwickelt wurde. Sie ist die leistungsstärkste europäische Trägerrakete und wird dazu genutzt, Satelliten in Erdumlaufbahnen zu bringen.

Ihre Startschubkraft beträgt 13 000 kN. Nach dem Zünden erreichen die Triebwerke innerhalb von 0,3 s die volle Schubkraft. Diese wird 130 s lang aufrechterhalten. Beim Start wiegt die Rakete 770 t.

a) Wie groß müsste die Schubkraft sein, damit die Rakete nach dem Start gerade schwebt? Fertige dazu eine Skizze mit den wirkenden Kräften an!

b) Welche Geschwindigkeit hat die Rakete nach der Beschleunigungsphase? Gib an, unter welchen Bedingungen du die Berechnung durchführst!

c) Diskutiere den Einfluss von Luftwiderstand und Treibstoffverbrauch auf die Beschleunigung der Rakete!

4. Eigenschaften von Wellen

Mit Wellen wird Energie, aber kein Stoff transportiert. Das kann auch über größere Entfernungen geschehen. Beschreibe zwei Beispiele aus der Technik, bei denen diese Eigenschaft von Wellen genutzt wird!

5. Rationelles Kochen

Kartoffeln werden auf einem Gasherd in einem Topf mit Wasser gekocht. Auf dem Topf liegt ein Deckel. Nachdem die Gasflamme entzündet wurde, wird die Temperatur des Wassers in regelmäßigen Zeitabständen gemessen. Aus den Messwerten ergibt sich folgendes Diagramm:

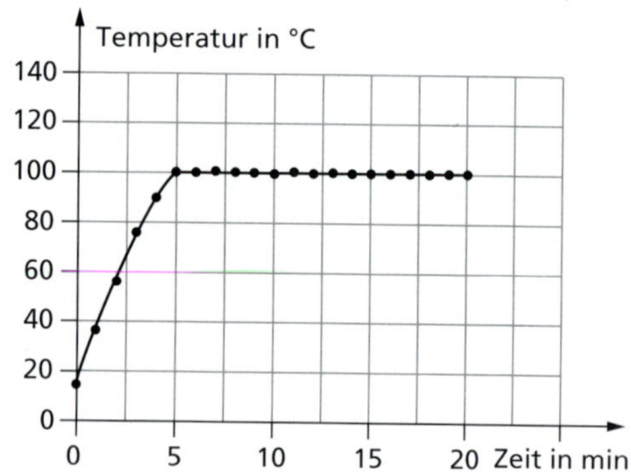

a) Beschreibe anhand des Diagramms den Temperaturverlauf des Wassers in Abhängigkeit von der Zeit!

b) Erläutere, wozu die von der Gasflamme zugeführte Energie in den ersten fünf Minuten und in den folgenden 15 Minuten verwendet wird!

c) Begründe, warum es empfehlenswert ist, nach den ersten 5 Minuten die Gasflamme kleiner zu stellen!

d) Berechne die Energie, die dem Wasser und den Kartoffeln in den ersten 5 Minuten zugeführt werden muss! Da Kartoffeln im Wesentlichen aus Wasser bestehen, kannst du davon ausgehen, dass insgesamt 500 g Wasser erwärmt werden.

6. Die Strahlung der Sonne

Ohne Sonnenstrahlung würde auf der Erde kein Leben existieren. Sie ist aber auch mit Gefahren verbunden.

a) Erkunde, aus welchen Anteilen sich Sonnenstrahlung zusammensetzt!
Nutze dazu verschiedene Informationsquellen (Internet, Lexika, Lehrbücher)!

b) Wirkungen der Sonnenstrahlung sind die Fotosynthese, die deutliche Erwärmung eines Körpers oder ein Sonnenbrand.
Ordne diese drei Wirkungen den betreffenden Anteilen zu!

c) Mit UV-Licht kann man Geldscheine auf ihre Echtheit prüfen. Wie könnte man für diesen Zweck Sonnenstrahlung nutzen? Präsentiere eine Möglichkeit!

7. Winkelspiegel für die Vermessung

Bei der Ausmessung von Flächen und zur Festlegung rechter Winkel verwenden Landvermesser im Gelände oft einen Winkelspiegel. Er besteht aus zwei Spiegeln, die in einem Winkel von 45° zueinander stehen.

a) Zeichne einen solchen Winkelspiegel ins Heft! Konstruiere den Verlauf eines beliebigen Lichtstrahls! Der Winkel α soll dabei zwischen 0° und 45° liegen.

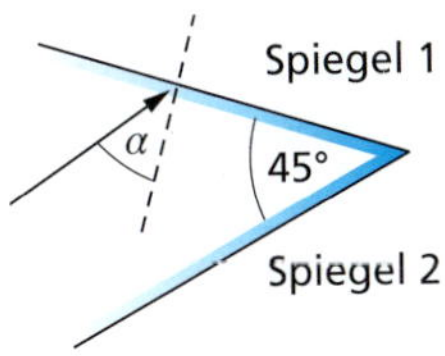

b) Zeichne zwei weitere Lichtstrahlen und deren Verlauf ein! Welche allgemeine Aussage über den Verlauf von Lichtstrahlen an einem solchen Winkelspiegel lässt sich ableiten?

Methoden der Physik nutzen

8. Beschleunigung eines Radfahrers

Es soll ermittelt werden, wie groß die Beschleunigung eines Radfahrers ist, der zunächst steht und dann anfährt.
Entwickle dafür eine experimentelle Möglichkeit!

9. Fallschirmspringer in Aktion

Für einen Fallschirmspringer wurde das folgende *s*-*t*-Diagramm aufgenommen:

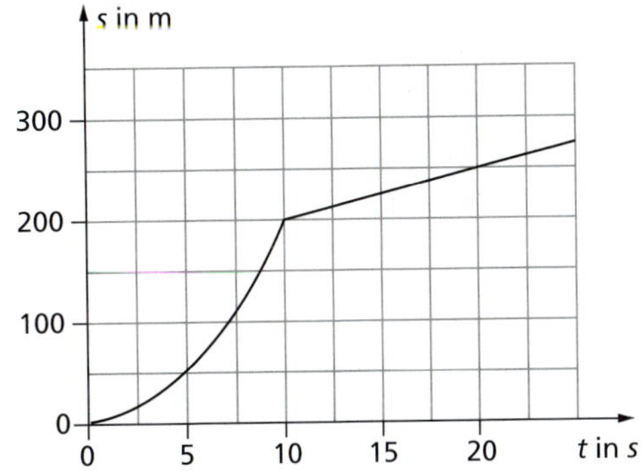

a) Interpretiere dieses Diagramm!

b) Schätze die maximale Fallgeschwindigkeit des Fallschirmspringers unmittelbar vor Öffnen des Fallschirms ab!

c) Wie groß ist seine Sinkgeschwindigkeit mit Schirm?

10. Moderne Altersbestimmung mit der C-14-Methode

In lebenden organischen Substanzen ist das Radionuklid ${}^{14}_{6}C$ (Halbwertszeit: 5 730 Jahre) aufgrund des Stoffwechsels in einer konstanten Konzentration vorhanden. Mit dem Tod des Organismus endet der Stoffwechsel. Damit verringert sich auch die Konzentration an ${}^{14}_{6}C$-Atomen ständig.

a) Wie alt wäre ein im Moor gefundener Baum, wenn sein Gehalt an C-14-Atomen auf 30 % der ursprünglichen Konzentration abgeklungen ist?

b) Wie groß wäre der C-14-Anteil bei einem 11 460 Jahre alten Fund?

11. Kennlinie einer Solarzelle

Nimm die *I-U*-Kennlinie einer Solarzelle auf! Nutze dazu die folgende Schaltung:

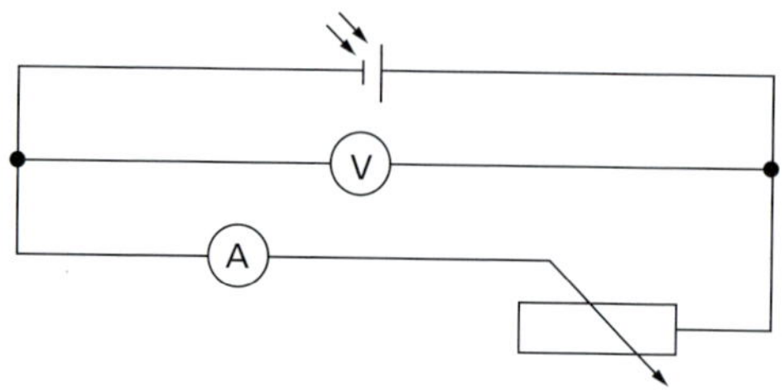

Vorbereitung:
Bereite ein Protokoll mit Messwertetabelle (10 Wertepaare) vor! Baue die Schaltung auf!
Durchführung:
Verändere die Größe des regelbaren Widerstands in 10 gleichen Schritten! Miss jeweils Stromstärke und Spannung!
Auswertung:
a) Stelle die Kennlinie dar! Interpretiere sie!
b) Ermittle aus der Kennlinie, wie groß der Widerstand gewählt werden muss, damit an der Solarzelle die maximale Spannung liegt!

12. Ausbreitung von Wellen

Wenn in einer flachen Wanne mit Wasser an zwei Stellen gleichzeitig kreisförmige Wellen erzeugt werden, entsteht ein typisches Bild.

Beschreibe die Beobachtung! Erkläre sie!

13. Modell Lichtstrahl

Erläutere an je einem Beispiel die Leistungsfähigkeit und die Grenzen des Modells Lichtstrahl!

14. Blaue Berge

Jeder hat schon beobachtet: Weit entfernte Berge erscheinen heller und in einer bläulichen Farbe.

Stelle eine Hypothese (begründete Vermutung) zur Erklärung dieser Erscheinung auf! Prüfe sie durch eine Recherche im Internet!

Informationen erschließen und austauschen

15. Aktive und passive Sicherheit

Erkunde und beschreibe an Beispielen, wie durch Berücksichtigung physikalischer Erkenntnisse die Sicherheit motorisierter Verkehrsteilnehmer erhöht werden kann!

16. Anwendung radioaktiver Nuklide

Stelle eine Präsentation zu Anwendungen radioaktiver Nuklide zusammen! Erläutere an je einem Beispiel das Bestrahlungs-, Durchstrahlungs- und Markierungsverfahren! Nutze das Internet, Lehrbücher, Nachschlagewerke und Zeitschriften!

17. Strahlenbelastung heute

Erkunde, wie hoch die Belastung mit ionisierender Strahlung (Röntgenstrahlung, radioaktiver Strahlung) in Deutschland gegenwärtig ist! Nutze dazu das Internet! Präsentiere deine Ergebnisse!

18. Moderne Sehhilfen

Informiere dich über Möglichkeiten der Korrektur von Sehfehlern sowie über Vor- und Nachteile dieser Möglichkeiten! Präsentiere!

Sachverhalte erkennen und bewerten

19. Ein gefährlicher Irrtum

Bewerte die folgende Aussage aus physikalischer Sicht: „Das Anschnallen von Passagieren in Pkws ist bei Geschwindigkeiten bis 30 km/h nicht erforderlich, weil bei so geringen Geschwindigkeiten kaum Verletzungen auftreten können."

20. Sicherheit im Straßenverkehr

Laut Straßenverkehrsordnung (StVO) gilt: Die zulässige Höchstgeschwindigkeit beträgt auch unter günstigen Umständen innerhalb geschlossener Ortschaften für alle Kraftfahrzeuge 50 km/h. In Wohngebieten ist sie teilweise auf 30 km/h begrenzt.

a) Warum sind das sinnvolle Festlegungen?

b) Ein unverantwortlicher Pkw-Fahrer fährt statt mit maximal 50 mit 70 km/h. Um wie viele Meter verlängert sich sein Bremsweg, wenn die Bremsverzögerung bei Vollbremsung $7{,}0\ \frac{m}{s^2}$ beträgt?

21. Was ist effektiver?

Um sich Tee zu kochen, braucht man heißes Wasser. Das kann man sich in unterschiedlicher Weise herstellen, z. B.:

- Nutzung einer Mikrowelle
- Verwendung eines Wasserkochers
- Erhitzen mit einer Kochplatte

a) Stelle eine begründete Vermutung (Hypothese) darüber auf, bei welcher der Varianten der Wirkungsgrad am höchsten ist!

b) Messungen ergeben folgende Werte:
Mikrowelle:
$V = 0{,}4$ l; $\Delta T = 58$ K, $t = 160$ s, $P = 800$ W
Wasserkocher:
$V = 0{,}6$ l; $\Delta T = 78$ K, $t = 170$ s, $P = 1\,200$ W
Kochplatte:
$V = 0{,}3$ l; $\Delta T = 62$ K, $t = 120$ s, $P = 1\,500$ W
Berechne daraus jeweils den Wirkungsgrad! Vergleiche das Ergebnis mit deiner Hypothese!

c) Diskutiere Ursachen für die verschiedenen Wirkungsgrade! Wie könnte man die Wirkungsgrade vergrößern?

22. Physik und Medizin

Untersuchungen der Schilddrüse kann man mithilfe radioaktiver Nuklide durchführen. Sie werden vom Patienten eingenommen und reichern sich in der Schilddrüse an. Die Stärke der Strahlung wird registriert und daraus ein Bild berechnet (↗ Foto).

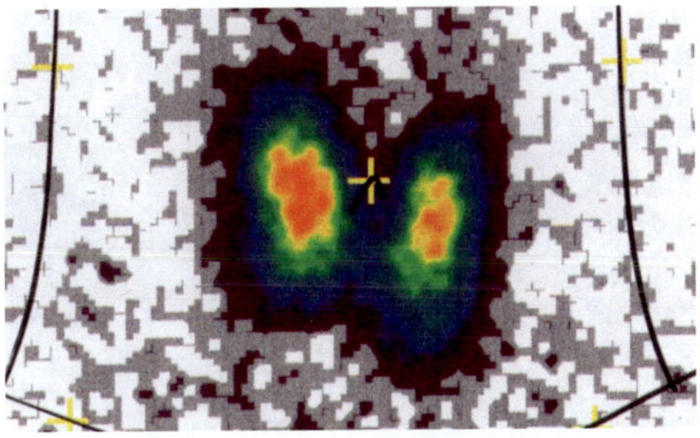

a) Diskutiere Vorteile und Gefahren einer Untersuchung mit radioaktiven Nukliden!

b) Welche der nachfolgend angegebenen Nuklide sind für eine Schilddrüsenuntersuchung geeignet? Begründe!

Stoff	Strahlung	Reichweite im Gewebe	Halbwertszeit
A	α	0,1 mm	3 Stunden
B	γ	viele Meter	2 Jahre
C	β	5,5 cm	6 Stunden
D	β	4,3 cm	70 Tage

23. Teures Stand-by

In vielen der etwa 45 Mio. Haushalte in Deutschland existieren elektrische Geräte mit Stand-by-Funktion.
Wir nehmen an: In jedem zweiten Haushalt befindet sich ein Fernsehgerät täglich 8 Stunden lang im Stand-by ($U = 230$ V, $I = 20$ mA).

a) Wie viel Elektroenergie wird dadurch in einem Jahr unnötig genutzt? Vergleiche das Ergebnis mit dem Jahresenergiebedarf eines Haushalts (3 000 kWh)!

b) Bewerte das Ergebnis unter dem Aspekt der rationellen Nutzung von Energie!

A

B

C

D

E

F

G

H

I

J

K

L

Bildquellenverzeichnis

Adam Opel AG: 57/3b, 57/3c, 62/02; adpic Bildagentur/A. Buss: 234/02; adpic Bildagentur/M. Baumann: 7/01, 265/03; adpic Bildagentur/B. Leitner: 8/02; AEG Elotherm, Remscheid: 93/02; Archiv der Archenhold-Sternwarte Berlin: 143/1, 146/01; B. Mahler, Fotograf, Berlin: 261/01, 262/01; Bibliographisches Institut & F. A. Brockhaus, Mannheim: 43/02; Big Box oft Arts: 34/04, 218/2; BMW Rolls-Royce GmbH, Oberursel: 225/01; BAM Berlin: 183/1; Canon Deutschland GmbH: 130/02; Carl Braun Camerawerk GmbH: 153/1; Carl Zeiss Jena GmbH: 264/06; CERN: 170/1; Comstock Images/Fotosearch: 125/03; Corel Photo Inc.: 9/2, 34/03, 40/3, 42/1, 47/03, 61/01, 98/03, 99/1a , 99/02, 108/02, 111/01, 111/02, 114/01, 127/01d, 127/02, 190/03, 192/01, 192/02, 192/03, 196/01, 220/01, 222/02, 226/1, 262/02, 263/01, 263/03, 268/02; Cornelsen Experimenta: 17/02, 28/1, 72/2, 99/1c, 119/2, 135/1a, 135/1b, 135/1c, 230/03, 234/01, 238/01, 260/03, 260/04, 265/06; DB AG/Jazbec: 24/1; DB AG/Bernd Lammel: 264/03; DB AG/Claus Weber: 35/01; DB AG Bildarchiv: 9/1, 10/01; Deutsche Gesellschaft für Ernährung: 248/1; DRK: 53/1; SV-Bilderdienst / S.M.: 43/1; CNES - Octobre 2005/illus. D. Ducros: 221/01 ; DUDEN PAETEC GmbH: 11/01, 11/02, 23/1, 26/1, 27/1, 81/2, 89/1, 103/01, 109/02, 143/2, 143/3, 157/1, 177/01, 177/02, 177/03 ; ESA: 52/1, 228/1, 232/01, 264/01; ESA/EUMETSAT: 264/02; ESO: 151/1; Euro Speedway Lausitz: 209/01; Euromaster GmbH: 265/05; Fichtel & Sachs GmbH: 107/1, 107/2, 107/3, 109/01; morane - Fotolia.com: 190/02; Fulda Reifen GmbH & Co. KG: 59/01; Heinz-Günter Lau GmbH: 260/01, 260/02; Hemera Photo Objects: 35/02, 76/01, 108/01, 123/1, 127/01a, 202/03, 205/2, 208/01, 208/02, 215/1, 228/2, 241/02, 249/01, 249/02, 249/03; H-TEC Wasserstoff-Energie: 247/01; Ikea GmbH: 155/01b, 246/1; iStockphoto / Milos Luzanin: 127/01c; iStockphoto / Marko Mavec: 17/2; iStockphoto / Christian Waldegger: 189/01; iStockphoto: 8/03, 205/1; Istockphoto/MH: 265/01; Istockphoto/I. Wierink-vanWetten: 265/02; iStockphoto/Ina Peters: 74/1; iStockphoto/Tammy Peluso: 98/02; Joerg Brockstedt/VISUM: 225/03; John Foxx Images: 86/2, 155/01a, 233/01; Claudia Kilian: 230/01; Knorr-Bremse AG: 63/01; Kyocera: 254/06; LD Didactic, Hürth: 19/1, 21/1, 71/1, 85/1, 115/2, 115/3, 115/4, 154/01a; G. Liesenberg:10/02, 66/02, 79/01, 91/2, 108/03, 129/01, 157/0, 222/01; LPS, Berlin: 174/01; Werner Krüger/Deutsche Lufthansa AG: 128/01; B. Mahler, Fotograf, Berlin: 66/01, 133/4, 133/5, 133/6, 150/1a, 150/1b, 263/04; H. Mahler, Fotograf, Berlin: 40/01, 61/02, 67/3, 159/02, 184/01; Mannesmann Dematic AG, Wetter: 66/03, 73/1, 202/08; mauritius images/age fotostock: 165/01; mauritius images /Janusz Pokorski: 200/03; mauritius images/Helmut Payer: 214/02; mauritius images/Bernhard Spöttel: 22/1; mauritius images/Schlief: 98/01; Messe Berlin GmbH und BDLI : 230/02; Meyer, L., Potsdam: 12/1, 20/1, 23/2, 59/1, 68/1, 69/3, 71/01, 77/01, 78/02, 90/1, 90/2, 93/01, 123/2, 130/01, 131/1, 138/1, 139/1, 139/2, 153/01, 158/02, 159/01, 162/02, 185/01, 220/1, 221/2, 236/1, 253/02, 254/01, 254/02, 254/03, 254/04, 254/05, 254/07, 254/08, 255/01, 260/1, 268/01; Möller, Heike, Rödental: 235/3; Moser, Freiburg: 269/01; Motorola GmbH: 259/01, 259/02; Mountain High Maps: 44/1, 44/2, 152/01; NASA: 44/3, 62/01, 155/02, 202/05, 225/02; NASA, Nick Galante/PMRF: 191/1; Neckermann GmbH: 99/1b; NTL Austria: 34/02, 69/1, 70/1, 80/2, 83/2, 108/05, 112/3, 137/1b, 137/2b, 195/1, 196/1, 262/03, 263/02, 264/04; ÖAMTC: 39/02, 39/03, 47/01, 211/01, 214/01, 223/02; Osram GmbH: 155/01c; panthermedia/Mario Kaul: 193/1; panthermedia/C. Rother: 39/01; panthermedia/Franz Haumer: 41/2; Pettkus, J., Zepernick: 202/04; Photo Disc Inc.: 10/03, 38/01, 45/01, 54/1, 99/2, 103/1, 108/04, 125/01, 125/02, 125/04, 127/01b, 154/01b, 157/02, 158/01a, 158/01b, 161/01, 166/01, 166/03, 179/2, 202/02, 202/06, 202/07, 231/01, 234/04, 236/3, 238/02, 257/2, 264/05; PHOTO DISC ROYALTY FREE: 130/03; Physikalisch-Technische Bundesanstalt (PTB): 103/2; PHYWE SYSTEME GmbH & Co. KG, Götttingen: 83/4, 88/2, 117/1, 147/1, 174/02; picture-alliance/maxppp: 11/3; picture-alliance/akg-images: 171/2; picture-alliance/dpa/dpaweb: 198/01; picture-alliance/dpa: 47/02, 56/1, 79/02, 214/03, 265/04; picture-alliance/KPA/HIP/Oxford Science Archive: 81/1; picture-alliance/ASA: 200/01, 200/02; picture-alliance/Fotoreport /dpa: 179/1; picture-alliance/dpa/dpaweb: 97/01; picture-alliance/dpa/Lehtikuva: 190/01; picture-alliance/dpa-Report: 43/01; Raum, B., Neuenhagen: 202/01; rebelpeddler Chocolate Cards: 116/01; Ruppin, Ch., Berlin: 8/01; Uwe Schmidt: 62/03; Siemens AG/München: 65/01, 78/01, 79/03, 86/3, 87/2, 89/2, 124/01, 136/1, 180/2, 182/2, 202/09, 252/01; Strassen.NRW: 223/01; Technorama, Schweiz, www.technorama.ch: 100/1, 174/03; Thüringisches Landesamt für Archäologie und Denkmalpflege, Weimar: 179/01; THW, Bonn: 111/03; THW Neu-Ulm / Thomas Würth: 204/1; Toyota: 58/2, 207/1; UFOP e.V.: 234/03; Dr. Michael Unger: 239/1; üstra Hannoversche Verkehrsbetriebe AG. Hannover: 34/01; VEAG Berlin: 243/1; VEAG Hohenwarte/ Photo- König, Lobenstein: 203/1; Vogt, Patrik, Landau: 70/3, 84/1, 95/01; Volkswagen AG: 10/2, 25/1, 49/1, 51/2; Wacker Siltronic AG Burghausen: 252/2; WML-Weathershop GbR: 253/01.

Lösungen zu den numerischen Aufgaben „Ziel erreicht"

1. a) $v = 12{,}5\,\frac{\text{m}}{\text{s}}$, $\bar{v} = 9{,}8\,\frac{\text{m}}{\text{s}}$

3. a) $F_G = 7\,550\,\text{kN}$ b) $v = 920\,\frac{\text{m}}{\text{s}} = 3\,300\,\frac{\text{km}}{\text{h}}$

5. d) $Q = 178\,\text{kJ}$

9. b) $v \approx 40\,\frac{\text{m}}{\text{s}}$ c) $v = 5\,\frac{\text{m}}{\text{s}}$

10. a) 9 950 Jahre
    b) 25 %

20. b) $\Delta s = 13{,}2\,\text{m}$

21. b) Mikrowellen: $\eta = 0{,}76$
    Wasserkocher: $\eta = 0{,}96$
    Kochplatte: $\eta = 0{,}43$

22. b) C

23. a) $E = 1{,}1 \cdot 10^{15}\,\text{Ws} = 3{,}1 \cdot 10^{8}\,\text{kWh}$
    Das entspricht dem Jahresenergiebedarf von etwa 100 000 Haushalten.

Die ersten künstlichen Himmelskörper

Versuche, Raketen zu bauen, gab es schon im Mittelalter. Aber erst gegen Ende des 19. und in der ersten Hälfte des 20. Jahrhunderts begannen sich Wissenschaftler und Techniker intensiv mit dem Raketenantrieb zu beschäftigen. Namen, die dafür stehen, sind K. E. Ziolkowski in Russland, H. Oberth und W. von Braun in Deutschland oder R. H. Goddard in den USA.
Die erste Rakete, mit der bereits 1942 eine Höhe von ca. 80 km erreicht wurde, war die von W. von Braun konstruierte A4, besser bekannt unter dem Namen V2. Nach dem Zweiten Weltkrieg wurden vor allem in den USA und in der Sowjetunion Raketen für militärische Zwecke entwickelt.
Im Jahr 1957 geschah die Sensation: Am 4. Oktober 1957 wurde in der Sowjetunion mit „Sputnik 1" der erste künstliche Erdsatellit gestartet. Die USA zogen wenig später mit dem „Explorer 1" nach.

Satelliten und Raumsonden dienen der Forschung

Seit den Sechzigerjahren des 20. Jahrhunderts dienen Satelliten und Raumsonden auch der Erforschung von Himmelskörpern. Dazu zählt die Erkundung des Erdmonds durch zahlreiche Sonden und die Erkundung der meisten Planeten unseres Sonnensystems. Sehr erfolgreich waren die 1977 gestarteten Sonden „Voyager 1" und „Voyager 2". Im Jahr 2006 hatte „Voyager 1" eine Entfernung von 100 AE (15 Mrd. km) zurückgelegt und damit die Grenzen unseres Sonnensystems erreicht.
Faszinierende und tiefe Einblicke in den Weltraum ermöglichte das 1990 gestartete und inzwischen mehrfach verbesserte Weltraumteleskop Hubble, das sich im Erdorbit befindet und Aufnahmen von Sternen, Galaxien, Quasaren oder Supernovä ohne den störenden Einfluss der Erdatmosphäre machen kann.
Ein Schwerpunkt war in den letzten Jahren die Erforschung des Mars, u. a. mit automatischen, fahrbaren Labors wie dem Mars-Rover. Der Mars ist deshalb von besonderem Interesse, weil er der Planet ist, auf dem am ehesten die Landung eines bemannten Raumschiffs möglich ist.